Un savoir-faire
de bergers

Un savoir-faire de bergers

Ouvrage collectif

Coordinateur : Michel Meuret

Édition : Martine Poillot
Maquette : Éditions Quæ
Montage PAO et couverture : Brigitte Mignotte
Infographie : Dominique Azan et Michel Meuret
Photo de couverture : Michel Meuret

© Educagri éditions/Éditions Quæ, 2010
ISBN (Éditions Quæ) : 978-2-7592-0860-9
ISBN (Educagri éditions) : 978-2-84444-797-5

Educagri éditions
BP 87999 - 21079 DIJON CEDEX
Tél. 03 80 77 26 32 - Fax 03 80 77 26 34
www.editions.educagri.fr editions@educagri.fr

Éditions Quæ
c/o Inra - RD 10   78026 VERSAILLES CEDEX
Tél. 01 30 83 35 48 - Fax 01 30 83 34 49
www.quae.com

Remerciements

Je tiens à remercier très chaleureusement, non seulement les auteurs, mais aussi toutes celles et ceux m'ayant épaulé avec conviction et talent au cours des trois ans de réalisation de cet ouvrage collectif :

Gérard BALENT – Chercheur Inra Toulouse
Jessica BARDEY – Bergère
Claude BÉRANGER – Inra Paris
Didier BÉTORED – Inra Avignon
Marc BOUILLON – Berger
Mark BRUNSON – Chercheur Utah State University
Olivier CLÉMENT – Chercheur Inra Saint-Pée-sur-Nivelle
Vinciane DESPRET – Chercheur Université de Liège
Hermann DODIER – Association française de pastoralisme
Michel ETIENNE – Chercheur Inra Avignon
Michèle GASCOIN – Éleveuse et maire
Sylvain GOLÉ – Conseil général des Alpes-de-Haute-Provence
Jocelyn K. HASKELL – Bergère dans l'Utah et le Nebraska
Yolande JANKENS – Bergère
Antoine LE GAL – Berger
Christophe MAITRE – Inra Paris
René MEZUREUX– Inra Mirecourt
Jean PLUVINAGE – Chercheur Inra et Université Lyon 2
Fred PROVENZA – Professeur Utah State University et coordinateur de la version anglo-américaine de l'ouvrage
Michèle QUIBLIER – Cerpam Hautes-Alpes
Camille RAICHON – Inra Versailles
Sophie RASPAUT – Inra Grignon
Jacques RÉMY – Chercheur Inra Ivry-sur-Seine
Jérôme THOLEY – Berger
James WRIGHT – Office national des forêts
Sylvie ZASSER-BEDOYA – Inra Toulouse

Je salue tout spécialement Pierre-Louis OSTY (Inra Toulouse) et Pierre MARTINAND (Cemagref Montpellier) pour leur enthousiasme et leur ténacité. Il en va de même pour les bergères et bergers m'ayant encouragé à «*être aussi patient avec la gestation du manuscrit que nous le sommes avec nos troupeaux*».

Cet ouvrage n'aurait jamais vu le jour sans le soutien du département Sciences pour l'action et le développement (SAD) de l'Inra. Pour sa confiance et sa patience, je remercie très sincèrement Jean-Marc MEYNARD, chef de département.

Michel Meuret

Les auteurs

– Isabelle BAUMONT : bergère.
Adresse de contact : Route du Portail, 04700 Entrevennes - baumont_isabelle@yahoo.fr

– Olivier BEL : berger-éleveur et formateur à l'école de bergers du Merle
Adresse de contact : Ferme des Roux, 05400 La Roche des Arnauds

– Olivier BONNEFON : Chambre d'agriculture des Bouches-du-Rhône, Maison des agriculteurs, 22 avenue Henri Pontier, 13626 Aix-en-Provence Cedex 1

– Émilien BONNET : berger-éleveur.
Adresse de contact : Les Cabanes, 84229 Lioux

– Jean-Pierre DEFFONTAINES† : agronome et géographe à l'Institut national de la recherche agronomique (Inra), Unité Versailles-Dijon-Mirecourt, Route de Saint-Cyr, 78026 Versailles Cedex

– Christian DEVERRE : sociologue à l'Inra, UMR 1048 SADAPT, AgroParisTech, 16 rue Claude-Bernard, 75231 Paris – christian.deverre@agroparistech.fr

– Rémi DUREAU : ingénieur pastoraliste au Centre d'études et de réalisations pastorales Alpes Méditerranée (Cerpam), Maison des agriculteurs, 22 avenue Henri Pontier, 13626 Aix-en-Provence Cedex 1
Adresse de contact : Campagne les Craux, 04110 Villemus – campagne-les-craux@orange.fr

– Mathieu ERNY : berger au Conservatoire Rhône-Alpes des espaces naturels, antenne de l'Ain, 1 rue de la Poste, 01360 Béligneux – mathieu.erny@espaces-naturels.fr

– Patrick FABRE : ingénieur agricole, Maison de la transhumance, Centre d'interprétation des cultures pastorales, Mairie, BP 50001, 13558 Saint-Martin-de-Crau Cedex

– Jean-Michel GASCOIN : éleveur-chevrier, Association Les Caprines.
Adresse de contact : La Combe, 26400 Cobonne

- Pierre GASCOUAT : formateur en école de bergers et vachers, lycée des Métiers de la Montagne, BP 144, 1051 route du Gave d'Aspe, 64404 Oloron-Sainte-Marie pierre.gascouat@educagri.fr

– Jean-Do GUYONNEAU : berger, Domaine du Merle, route d'Arles, 13300 Salon-de-Provence

– Bernard HUBERT : écologue à l'Inra, président d'Agropolis international, avenue Agropolis, 34394 Montpellier cedex 5 ; École des hautes études en sciences sociales (EHESS), 54 boulevard Raspail, 75006 Paris – bernard.hubert@avignon.inra.fr

– Michelle JALLET : directrice de l'école de bergers du Merle, route d'Arles, 13300 Salon-de-Provence – Michelle.Jallet@supagro.inra.fr

– Pascaline KROPP : bergère.
Adresse de contact : 6 avenue du col de l'Izoard, 05100 Briançon

– Marie LABREVEUX : formatrice en école de bergers et vachers, CFPPA de Die, avenue de la Clairette, 26150 Die

– Étienne LANDAIS : zootechnicien, directeur de SupAgro, 2 place Pierre Viala, 34060 Montpellier Cedex 1 - etienne.landais@supagro.inra.fr

– Danielle LASSALLE : formatrice en école de bergers et vachers, Association pour la formation en milieu rural, 64120 Etcharry

– Elisabeth LÉCRIVAIN : écoéthologue à l'Inra, UR 767 Écodéveloppement, Agroparc, 84914 Avignon, Cedex 9 – lecriv@avignon.inra.fr

– Jean-Pierre LEGEARD : président de l'Association française de pastoralisme et directeur du Centre d'études et de réalisations pastorales Alpes Méditerranée (Cerpam), route de la Durance, 04100 Manosque – cerpam.region@free.fr

– André LEROY : berger.
Adresse de contact : Le Chatelard, 05260 Champoléon

– Pierre MARTINAND : agroéconomiste et zootechnicien au Cemagref, UMR TETIS, Maison de la Télédétection, 500 rue J-F. Breton, 34093 Montpellier Cedex 5 pierre.martinand@teledetection.fr

– Michel MEURET : écologue et zootechnicien à l'Inra, UR 767 Écodéveloppement, Agroparc, 84914 Avignon, Cedex 9 – meuret@avignon.inra.fr

– Jean-Lou MEUROT : éleveur-berger.
Adresse de contact : Le Village, 26150 Vachères-en-Quint

– François MILLO : agronome, Société coopérative de l'agneau de Haute-Provence, boulevard Gassendi, 04000 Digne

– Roger MINARD : berger et vice-président de l'association des bergers et vachers des Hautes-Alpes.
Adresse de contact : Le Plan, 04110 Aubenas-les-Alpes – minard.roger@gmail.com

– Francis MULLER : responsable des relations à l'élevage à la Fédération des conservatoires d'espaces naturels (FCEN), Pôle relais-tourbières, Maison de l'environnement de Franche-Comté, 7 rue Voirin, 25000 Besançon – francis.muller@enf-conservatoires.org

– François SALMON : chargé de projets au Conservatoire Rhône-Alpes des espaces naturels, Antenne de l'Ain, Château Messimy, 01800 Charnoz

– Isabelle SAVINI : pastoraliste, Inra, Collège de direction, 147 rue de l'Université, 75338 Paris Cedex 07 – isabelle.savini@paris.inra.fr

– Pascal THINON : géographe à l'Inra, UMR 0951 Innovation, 2 place Pierre Viala, 34060 Montpellier Cedex 1

– Hervé TRIPARD : éleveur-berger.
Adresse de contact : Longo Maï, Le Pigeonnier, 04300 Limans

– Sandrine VERDIER : formatrice en école de bergers et vachers, CFPPA de Lannemezan, 131 rue du Bidalet, 65300 Lannemezan

– Marc VINCENT : zootechnicien et pastoraliste à l'Inra, UR 767 Écodéveloppement, Agroparc, 84914 Avignon, Cedex 9 – vincent@avignon.inra.fr

Sommaire

Introduction

Pourquoi cet ouvrage et pourquoi maintenant?

Michel MEURET

Pour un randonneur qui s'achemine en montagne ou en collines et qui croise à distance un berger et son troupeau occupé à brouter, il peut sembler à première vue que le berger ne fait pas grand-chose et qu'il serait probablement aussi efficace et moins coûteux de le remplacer par des clôtures. Il marche, scrute de temps à autre avec ses jumelles, s'assoit parfois longuement, fouille dans son sac, relace ses chaussures puis, soudain, se relève et fait démarrer à grands cris son chien telle une fusée. Il entretient visiblement une relation assez instable avec le troupeau. Tantôt, les brebis ou les chèvres broutent paisiblement de façon dispersée, certaines quasiment à ses pieds, et toutes semblent l'ignorer. Tantôt, c'est la bousculade, car le berger d'un côté et le chien de l'autre manœuvrent le troupeau comme le feraient par gros temps des marins de leur bateau. L'impression première domine que le berger n'agit que pour contraindre le troupeau. Il l'empêche de trop monter ou descendre, de s'égayer par petits groupes, de dépasser certaines limites. Si l'on en juge par les jurons, ses efforts ne sont pas toujours couronnés de succès, ce qui conforte l'idée qu'une bonne clôture ferait tout aussi bien l'affaire.

Mais dans le cas où le randonneur aura pris la peine de rester, d'observer plus assidûment, il assistera à une scène pour le moins différente, qui l'obligera à revoir ses conclusions. Un appel du berger, suivi d'un silence. Alors, les brebis ou les chèvres, qui l'instant d'avant avaient toutes le nez enfoui dans les herbes ou les broussailles, lèvent la tête puis s'avancent calmement vers lui en une multitude de petites files indiennes. Le berger, son chien devenu muet à ses pieds, prend la direction du prochain secteur de pâturage, ou celui du retour vers la cabane. Il tourne le dos au troupeau, et ce dernier le suit, comme si la confiance mutuelle n'avait jamais été remise en cause. Le randonneur y verra peut-être une scène d'apparence biblique, mais il s'interrogera surtout sur cette relation entre l'homme, le chien et le troupeau, faite d'une alternance de courtes actions autoritaires et de longs moments de laisser-faire, le tout apparemment guidé par la connaissance réciproque et la confiance mutuelle. Sur le chemin du retour, le randonneur longera toutes sortes de clôtures. L'esprit demeuré auprès du berger, il n'y portera plus aucune attention.

J'ai été ce randonneur, il y a trente ans. Originaire de Bruxelles, sans parenté dans le monde rural, j'étais comme beaucoup amateur de nature et de vastes paysages. Par chance, j'ai pu rencontrer des chevriers et chevrières, puis des bergers et bergères du Sud de la France. J'ai apprécié leurs fromages ou leurs agneaux, mais j'ai surtout vite constaté combien la plupart aimaient raconter les choses, partager leurs journées et leurs expériences, mais ceci à condition qu'on y prenne le temps, qu'on les accompagne, qu'on participe à leurs activités. Devenu ingénieur agronome, puis chercheur plutôt que berger, j'ai été surpris et heureux de voir à quel point, au moment d'évoquer leurs façons de faire, leurs choix de conduite du troupeau, la plupart se plaisaient à mettre en exergue leurs doutes, me décrivaient en détail leurs essais et erreurs, leurs tâtonnements. Ils se tenaient ainsi à grande distance de toute démarche visant à appliquer une recette, et cela y compris après cinquante ans, c'est-à-dire à l'âge où on vous considère dans la profession comme un vieux berger, celui qui sait, celui auprès de qui on apprend le métier. Apprendre signifiait pour eux apprendre à essayer, à ajuster, à se tromper sans se démoraliser, à considérer comme une chance l'absence de normes techniques au sujet de la garde des troupeaux au pâturage. Parfois, au retour à la ferme ou à la cabane, certains me disaient avec un sourire «*être devenu aussi un peu chercheur*». Je ne pouvais qu'en convenir, vu leur curiosité sans cesse renouvelée envers le vivant, que ce soit les animaux ou les plantes, leur enthousiasme et leur ténacité à inventer et tester de nouvelles façons d'agir avec lui.

Il me faut dire ici que les bergers avec qui j'ai partagé des instants de vie étaient en grande majorité issus également de la ville. Ils y avaient tiré enseignement d'un parcours scolaire classique, voire d'un précédent métier, où il ne s'agit d'apprendre que les connaissances certifiées, puis à respecter au plus près des normes préétablies. Ils avaient cherché à s'en détourner, espérant trouver dans le pastoralisme et l'usage des ressources naturelles, non seulement la vie en plein air, mais aussi et surtout un espace d'autonomie, d'imagination et de création. C'est d'ailleurs l'une des raisons pour laquelle cet ouvrage s'intitule *Un savoir-faire de bergers* et non pas *Le manuel du bon berger*. C'est aussi, je crois, pourquoi des bergers ont volontiers accepté d'y contribuer, aux côtés de chercheurs, entre autres.

Une commande venue d'outre-Atlantique

L'idée d'origine de cet ouvrage répond à une commande venue des États-Unis et plus précisément du réseau BEHAVE (*Behavioral Education for Human, Animal, Vegetation & Ecosystem Management* – behave. net). Fondé en 2001, ce réseau regroupe des chercheurs, des professionnels de l'élevage et des gestionnaires d'espaces naturels de l'Ouest et du centre des États-Unis ainsi que d'autres pays de langues anglo-saxonnes et hispaniques. Il vise à stimuler le partage des connaissances scientifiques et empiriques (on dit là-bas «expérientielles») au sujet des façons de gérer le pâturage des troupeaux domestiques et sauvages, plus habilement avec l'animal et plus respectueusement vis-à-vis de l'environnement. Cherchant à rompre avec l'approche classique des herbivores d'élevage, assimilés à des machines et dont les actes seraient guidés par l'instinct, BEHAVE privilégie les connaissances sur les comportements adaptatifs et les capacités d'apprentissage, ceux des animaux mais aussi des humains qui s'en occupent. Ses travaux sont relayés par de nombreux organismes de conseil technique et d'enseignement, tant publics que privés, avec l'appui financier du *Natural Resource Conservation Service*, agence fédérale chargée de promouvoir une meilleure conservation des ressources naturelles sur les terres privées.

La commande de l'ouvrage m'a été faite par Fred Provenza, l'un des fondateurs et animateurs de BEHAVE. Il avait repéré mes rares écrits en anglais sur la conception de circuits de pâturage par des bergers en France. Travaillant lui-même sur les effets d'association d'aliments sur l'appétit des herbivores, il était très intéressé par la technique de bergers consistant à enchaîner dans un certain ordre différentes zones de pâturage afin de stimuler l'appétit. Sa question était : «*Qui sont-ils, et surtout comment ont-ils appris à faire ainsi ?*».

Fred associe une compétence pointue de chercheur en écologie et nutrition animale à une expérience d'éleveur, ce qui est original. Il a débuté sa vie professionnelle comme salarié durant cinq ans d'un petit ranch bovin dans les montagnes du Colorado. Il s'est engagé ensuite dans des études de biologie, puis est devenu gestionnaire du ranch. Reprenant à nouveau ses études, il s'est fait recruter en 1976 comme technicien à l'Université de l'Utah, puis y décrocha un doctorat en Science des parcours. Il est aujourd'hui chercheur de renommée internationale et professeur émérite au département Ressources naturelles de *Utah State University*, un campus situé aux pieds des Montagnes Rocheuses.

Avec son équipe et ses étudiants, Fred a notamment montré que les apprentissages faits par l'animal dès son jeune âge orientent ensuite ses choix alimentaires et l'incitent à consommer des mélanges de plantes aux caractéristiques nutritionnelles complémentaires. Il plaide donc pour que l'on conserve des pâturages composés d'une diversité de plantes comestibles, où l'animal aura le loisir d'exprimer ses compétences de consommateur averti.

De telles connaissances prennent assez radicalement à revers les façons de penser et d'agir, à la fois en science et dans la pratique. Aux États-Unis comme en Europe, il est en effet le plus souvent recommandé d'homogénéiser les pâturages en éliminant toutes les plantes de valeur inconnue ou trop incertaine au profit des espèces référencées comme «bonnes fourragères». Le broyage des arbustes et leur remplacement par des graminées introduites ont ainsi été envisagés sur plusieurs millions d'hectares de la steppe à *Sagebrush* (*Artemisia tridentata* Nutt., une armoise arbustive de l'Ouest nord-américain). Ce faisant, on nie le fait que des herbivores peuvent en réalité tirer un excellent profit des mélanges d'arbustes et d'herbes, et que ceci résulte d'une forme de «culture alimentaire» qui s'acquiert en élevage selon les modes de conduite au pâturage. Bien entendu, reconnaître ainsi la capacité des animaux d'élevage à développer des cultures alimentaires renvoie à la question des savoirs et des cultures techniques humaines, celles des gestionnaires de troupeaux et de pâturages.

En France, nous ne bénéficions pas d'un réseau analogue à BEHAVE, avec partage et mise en débat des connaissances de toutes origines, sans que les uns prétendent en imposer aux autres, qu'ils soient chercheurs, éleveurs, techniciens, bergers, forestiers ou gestionnaires d'espaces naturels. Avec son séminaire annuel, l'Association française de pastoralisme tente depuis 2005 de pallier ce manque.

Lorsqu'en 2006 Fred Provenza me demanda de venir témoigner à BEHAVE de l'état des connaissances de l'Inra sur les savoir-faire de bergers en France, il me suggéra, afin de respecter l'esprit du réseau, d'inviter également un berger expérimenté. J'ai d'abord pensé que c'était là une gageure de réussir à trouver un berger disposé à venir témoigner de son métier, dans l'Utah et en anglais. J'avais tort car, via internet, plus de trente bergers se sont déclarés candidats. Yolande, une bergère aux multiples expériences, fut retenue. Nous ne nous étions jamais croisés auparavant et elle n'avait jamais eu écho de mes travaux de recherche. À sa descente d'avion, elle me dit : «*Je lirai tes papiers après mon séjour, pour éviter de mélanger avec mes expériences personnelles*». Fort heureusement, elle ne se considérait donc pas comme le faire-valoir du chercheur. Suite à nos conférences respectives et aux débats qui s'en suivirent, la réalisation d'un ouvrage m'a été suggérée car les participants à BEHAVE désiraient en savoir plus. J'ai opté pour un ouvrage collectif, car nous ne souhaitions pas, ni la bergère ni moi, apparaître comme les seuls ayant des témoignages à faire à partir de la France.

Aussitôt contactés, la plupart des auteurs m'ont fait état de leur souhait de ne pas nous limiter à un ouvrage en anglais. Le contenu leur paraissait inédit y compris en France. Une responsable d'école de bergers m'a déclaré : «*On ne va pas proposer à nos stagiaires un livre en anglais !*». C'est pourquoi j'ai réalisé deux versions, celle-ci et une seconde en anglo-américain à paraître bientôt aux États-Unis avec l'aide de Fred Provenza.

Quel intérêt en France aujourd'hui ?

L'ambition de notre ouvrage est de mieux faire connaître et donner sens au savoir-faire de bergers, à l'heure où des politiques publiques cherchant à concilier agriculture et meilleur respect des ressources naturelles réinterrogent les modes de production agricole. Par contraste avec les techniques artificialisées, les pratiques de bergers semblent relever d'un monde à part, archaïque et folklorique. Cette idée est confortée par le fait qu'elles demeurent mystérieuses pour quiconque n'est pas berger, ou n'a pas passé de longs moments avec eux.

Il y a pourtant déjà bien des ouvrages dont le propos consiste, superbes photos à l'appui, à témoigner de la persistance des bergers dans nos campagnes. La plupart sont consacrés à la grande transhumance, une culture vivante qui fait toujours rêver mais qui est aujourd'hui dissimulée par le transport des troupeaux en camions et non plus à pieds et à pattes dans l'espace public. D'autres portent sur le ou les «derniers bergers», avec empathie mais surtout avec fatalisme. Des bergers en activité, jeunes et moins jeunes, m'ont dit être offusqués par cette forme de muséification.

Proposer une alternative à un excès de folklorisation ou à la muséification prématurée des bergers et de leurs pratiques a exigé de penser quel biais donner à nos propos, quelle composante de savoir-faire privilégier ?

Les bergers revendiquent un savoir-faire qui peut être décliné grosso modo en trois activités : 1) contribuer à la production et à la reproduction du troupeau, qu'il s'agisse de l'agnelage ou de la confection des fromages dans le cas de troupeaux laitiers ; 2) assurer la veille sanitaire et prodiguer les soins urgents, notamment en montagne ou en toute autre période où le berger se retrouve seul avec le troupeau ; 3) assurer une bonne alimentation, en étant chargé au jour le jour de la garde du troupeau au pâturage, que ce soit en montagne, en collines ou en plaine.

C'est l'activité de garde du troupeau pour son alimentation qui occupe les bergers le plus de temps dans l'année, mais elle est paradoxalement la plus méconnue pour quiconque ne s'y est pas consacré. C'est la raison pour laquelle j'ai tenu à la privilégier ici, même si les savoir-faire en matière de surveillance, de veille sanitaire et de soins aux individus mériteraient aussi d'y consacrer un ouvrage entier.

J'avais connaissance des quelques travaux de chercheurs qui, en étroite collaboration avec des bergers, avaient tenté de comprendre puis de modéliser des pratiques de garde, non pas en vue de les standardiser et d'en réduire la complexité, mais afin de les rendre plus intelligibles, donc plus attractives et enseignables, et afin aussi de leur donner sens y compris hors de la profession. Ils avaient montré à quel point la conduite d'un troupeau « à la garde » relève en réalité d'un savoir-faire très technique. Il y a déjà vingt ans, ces travaux avaient suscité un vif intérêt, non seulement chez des pastoralistes et conseillers en élevage, mais aussi chez des gestionnaires de parcs nationaux et parcs naturels régionaux, dont beaucoup manquaient alors d'arguments pour encourager au maintien des bergers pour des raisons techniques et écologiques, et non pas seulement patrimoniales.

Pourquoi tenter de renouveler aujourd'hui l'intérêt vis-à-vis des pratiques de garde des troupeaux par des bergers ? Je suggère ici quatre enjeux : viabilité économique de l'élevage ; conservation des ressources naturelles ; dynamiques foncières ; transmission des savoirs et savoir-faire. Chacun relève d'une arène sociopolitique distincte, avec ses porteurs d'enjeux spécifiques et qui, généralement, ignorent les autres. Les bergers et leurs pratiques se retrouvent ainsi à la croisée de différents enjeux sectorisés, un peu comme sur une scène de théâtre où ils seraient partiellement et provisoirement mis en lumière par des projectionnistes non coordonnés. N'étant eux-mêmes pas constitués en syndicat professionnel national, y compris pour ce qui concerne les salariés, ils sont actuellement dans l'incapacité de provoquer un débat sur la mise en concordance de ces enjeux au regard de leur profession. Au niveau international, la *World Initiative for Sustainable Pastoralism* s'y emploie depuis peu sous l'égide de l'UICN (Union internationale pour la conservation de la nature), mais l'attention porte essentiellement ailleurs qu'en Europe. Au niveau national, c'est le réseau des Maisons du pastoralisme qui s'est attelé à la question, mais avec des moyens qui mériteraient assurément d'être améliorés.

Le premier enjeu relève de la crise économique que traverse l'agriculture française, et plus particulièrement l'élevage ovin viande confronté comme d'autres secteurs agricoles à la mondialisation des échanges commerciaux. Il est porté par les opérateurs des filières d'élevage et de mise en marché des produits animaux, depuis ceux qui contribuent à la définition de la politique agricole jusqu'à ceux en charge du conseil technique aux éleveurs. Le cheptel ovin français, constitué à 80 % d'animaux élevés pour la production de viande, a perdu en vingt-cinq ans plus de la moitié de ses éleveurs : de 197 000 en 1979 à 60 000 en 2008. En dépit de l'augmentation des effectifs dans les troupeaux, le revenu des moutonniers est moitié moindre du revenu moyen national agricole, toutes productions confondues. Aides agricoles comprises, il atteint souvent à peine le SMIC, et il s'avère alors impossible de poursuivre l'activité si le conjoint ne rapporte pas un second revenu acquis en dehors de la ferme. Les importations de viande ovine, à partir du Royaume-Uni et de Nouvelle-Zélande notamment, représentent plus de la moitié de la consommation en France. Le consommateur n'hésite en effet plus trop, surtout en période de crise, à privilégier en grande surface un gigot d'agneau néo-zélandais vendu seulement 6 à 7 € le kg. Le prix moyen pondéré des agneaux de boucherie abattus en France se retrouve ainsi à peine 2 à 2,5 fois plus élevé que le prix de gros du « poulet PAC standard », celui élevé en batterie et aux aliments industriels. Est-il donc raisonnable de continuer à produire de l'agneau en France ? Je pense que oui, mais peut-être pas à n'importe quel coût. Au-delà des plans d'urgence de soutien à la filière ovine, il devient urgent de s'intéresser d'avantage à des modes de production plus économes et autonomes, c'est-à-dire moins dépendants des fluctuations de prix des céréales, des aliments industriels du bétail, des semences, des phytocides, du gasoil et des engrais de synthèse.

Une des solutions ayant déjà fait ses preuves consiste à utiliser plus systématiquement des ressources fourragères locales, dont celles qu'un berger est susceptible de mobiliser sur pâturages naturels, ou à partir d'une association entre pâturages naturels et cultivés. Car, comme on le verra dans cet ouvrage, un berger peut réussir à tirer un excellent profit alimentaire de friches, coteaux embroussaillés, pelouses naturelles, landes et sous-bois, profit comparable à celui attendu d'un herbage cultivé. Une pratique de berger consiste en effet à intervenir régulièrement au cours des repas du troupeau afin de stimuler l'appétit, surtout lorsqu'il y a des ressources grossières à faire manger. Moins de gasoil, moins d'engrais, et plus de savoir-faire de bergers, c'est une alternative qui, malgré le salaire du berger, peut avoir économiquement bien du sens aujourd'hui.

Le second enjeu qui incite à s'intéresser d'avantage aux pratiques de garde des troupeaux par des bergers est issu d'un tout autre horizon : les politiques environnementales chargées de la conservation des ressources naturelles et de la biodiversité. Il est porté par des collectivités territoriales, des gestionnaires d'espaces protégés, des experts de faune et flore sauvages et de leurs habitats. Témoignages concrets à l'appui, il devient admis en Europe que la biodiversité sauvage dépend pour sa survie de certaines pratiques agricoles et en particulier du pâturage. Les exemples foisonnent où l'interdiction du pâturage au titre de la protection de la nature s'est avérée catastrophique pour le maintien des mosaïques paysagères et de leurs habitats d'espèces : banalisation des couverts végétaux avec dominance de quelques espèces seulement, embroussaillement excessif, érosion des sols mis à nu suite à la répétition des incendies. Toutefois, il apparaît tout aussi clairement que la seule présence de troupeaux ne suffit pas. L'impact environnemental positif dépend des façons de mener les troupeaux au pâturage. Or, un pâturage en milieu naturel ne se gère pas comme sur un pré de ray-grass, du fait de l'hétérogénéité et de la variabilité des végétations, variabilité accentuée par les effets du changement climatique. Faire pâturer requiert alors un savoir-faire spécifique pour l'observation concomitante des dynamiques de végétations et des comportements de troupeaux. Car c'est par l'ajustement du pâturage en cours de saison, au fil des jours et parfois même des heures, qu'un éleveur parvient à tirer un double profit : bonne valorisation alimentaire par le troupeau et contribution rémunérée à la conservation de la biodiversité.

Et lorsqu'il est question de talents d'observateurs, d'anticipation réaliste mais aussi d'ajustements en cours de saisons et de journées, qui donc peuvent mieux satisfaire que des bergers pratiquant la garde? Bien des bergers, et notamment les plus jeunes, ont de bonnes connaissances naturalistes, qui dépassent souvent les connaissances utiles à leur activité. Mais encore faut-il qu'ils soient reconnus, interpellés, et aussi rémunérés, comme des experts dont le savoir est à valoriser.

Le troisième enjeu, qui invite à son tour à s'intéresser aux pratiques de garde des troupeaux par des bergers, nous renvoie à la question de l'accès au foncier dans l'espace rural. Il est à la fois porté par les opérateurs de la politique des structures agricoles et par ceux en charge de la valorisation du patrimoine foncier. Car qui dit pastoralisme dit mobilité des troupeaux, et qui dit mobilité dit accès à d'assez grands espaces, et notamment aux espaces collectifs. Il est en effet bien beau d'encourager les éleveurs à recourir aux fourrages issus de végétations naturelles (voir ci-dessus), ou de les inciter à contribuer à la conservation de la biodiversité (voir également précédemment), mais encore faut-il que des espaces leur soient accessibles en location, ou en convention, et pas uniquement à la saison et de façon trop précaire. Or, nous vivons dans un pays où la reconnaissance sociale et le respect au sein de la profession agricole s'acquièrent par la propriété des terres et non par une activité nomade. C'est la norme dans les dossiers d'installation de jeunes agriculteurs, et il est quasiment impossible pour un éleveur très mobile en cours d'année de se voir attribuer des aides agricoles s'il n'est pas en mesure de déclarer l'adresse d'un « siège d'exploitation » et d'un certain nombre d'hectares dont il est assuré de l'usage durant plusieurs années. Jusqu'aux années soixante-dix et quatre-vingt, suite à la concentration de la plupart des élevages sur des surfaces fourragères intensifiées, il devenait possible à d'autres de faire pâturer à moindre coût sur les vastes espaces laissés en friches. Mais aujourd'hui, ces derniers ont été convertis en espaces résidentiels et de loisirs pour les actifs urbains et les retraités. Le prix de location pluriannuelle de parcelles en friche ou de sous-bois non entretenus devient inabordable pour un éleveur, car la majorité des propriétaires, même lorsqu'absentéistes, caressent l'espoir de voir un jour leurs parcelles rendues constructibles ou louées en attendant à une société de chasse privée. Les alpages mis à part, c'est donc devenu une gageure pour un éleveur de réussir à stabiliser un territoire pastoral cohérent à l'année et de prendre ainsi connaissance avec ses diverses ressources. Quant à certains bergers, ils sont parfois conviés par un propriétaire à venir faire brouter une petite friche derrière sa résidence, un peu comme on demanderait un coup de main pour venir entretenir le jardin.

Pour un éleveur désirant accéder à de nouveaux espaces à faire pâturer, et qui aurait face à lui un ou des propriétaires réticents, le recours à la garde du troupeau s'avère bénéfique. Le propriétaire, en toute bonne foi, ne sait pas trop quoi attendre de l'impact du pâturage. Il peut même imaginer une terre dévastée. Mais surtout, il s'inquiète face à l'idée de la pose de clôtures infranchissables qui marqueraient aux yeux de tous une forme d'appropriation par l'éleveur. Négocier l'usage des parcelles par la pratique de la garde, surtout si le berger et ses chiens sont compétents pour faire respecter les limites de terrain par le troupeau, va permettre de montrer concrètement quels sont les atouts du pâturage. L'espace est défriché, des fleurs et du petit gibier s'y réinstallent. Satisfait et surtout devenu moins craintif, le propriétaire demandera sans doute à l'éleveur d'y revenir. La confiance instaurée, il sera alors temps de négocier plutôt la pose de clôtures mobiles et légères, assez discrètes dans le paysage. La garde en tant qu'outil de mise en confiance et de négociation de l'accès au foncier, c'est une pratique qui a du sens sur des espaces où se côtoient aujourd'hui des usagers de toutes origines, la plupart n'ayant plus de culture agricole et pastorale.

Le quatrième et dernier enjeu concerne la transmission des savoirs et des savoir-faire de bergers. Il est porté par l'enseignement professionnel agricole, mais il concerne aussi les représentants des salariés agricoles dans les chambres d'agriculture et plus généralement les opérateurs de l'emploi et des services sociaux. Après enquête, un groupe interministériel sur le pastoralisme a dressé en 2002 le constat selon lequel la demande en bergers qualifiés est à présent supérieure à l'offre, et il a souligné que ce déficit risque de s'accroître car la population de bergers est âgée. J'ai eu par ailleurs écho d'une solution qui consisterait à recruter dans les Balkans et en Europe centrale, régions où les bergers abondent et se transmettent les savoirs au sein des familles, comme c'était encore le cas en France jusque dans les années 1950-1960. Il est vrai qu'il n'y a pas si longtemps, de nombreux bergers compétents sont venus d'Italie du Nord et du Maroc. Renouveler aujourd'hui un apport similaire de compétences, probablement moins exigeant en niveaux de salaire et conditions de travail, éviterait d'avoir à se soucier de l'intérêt de nos concitoyens vis-à-vis de cette profession.

Mais comment réagir alors face à l'intérêt actuel grandissant de Français et, aujourd'hui, de plus en plus de Françaises, à s'engager dans ce métier ? Les quatre établissements de formations longues en écoles de bergers reçoivent en effet chaque année deux cents à trois cents actes de candidatures au total. La grande majorité provient de jeunes urbains en recherche d'emploi, mais aussi d'autres, souvent moins jeunes, désireux de s'engager dans un métier en pleine nature et qui aurait plus de sens par rapport à celui qu'ils ont déjà exercé en ville. Ils n'ont d'expérience familiale ou personnelle, ni dans la garde des troupeaux, ni même dans l'élevage. Malheureusement, pour des raisons de coûts des formations, qui procèdent par alternance d'apprentissages pratiques en milieu réel et d'enseignements dans les écoles, le nombre de places reste très limité et plus de 60 % des candidats ne sont pas retenus. C'est pourquoi beaucoup choisissent de se tester dans le métier en tant que berger débutant non diplômé. Vu la pénurie, et grâce aux réseaux informels des bergers salariés, ils réussissent néanmoins à trouver un emploi.

Avec cet ouvrage, nous ne prétendons suppléer, ni aux formations dispensées en écoles de bergers, ni aux apprentissages acquis exclusivement « sur le tas » et auprès de bergers expérimentés.

En associant divers points de vue sur ce métier, et plus spécifiquement sur la pratique trop méconnue de la garde des troupeaux pour leur alimentation, nous espérons contribuer à encourager certains à s'engager dans ce métier riche de sens, mais aussi aider à faire revenir sur terre certains autres, en leur décrivant par l'exemple à quel point ce métier est exigeant, techniquement, physiquement et parfois humainement. *« Nos propos contrastent avec l'image idyllique et folklorique du berger sur sa montagne »* ont écrit les auteurs, bergers, au dernier chapitre. Ils ont aussi tenu à rappeler que : *« Nous aimons tous profondément notre métier »*.

Le contenu de l'ouvrage

Trente-trois auteurs d'origines et compétences diverses ont contribué : onze bergers salariés ou éleveurs-bergers ; dix chercheurs ; cinq ingénieurs pastoralistes ; cinq formateurs en écoles de bergers ; deux gestionnaires d'espaces naturels. Je regrette l'absence de contributeurs venus de Corse, où éleveurs et bergers s'attachent à faire vivre une culture pastorale méditerranéenne. Je regrette aussi l'absence de gestionnaires forestiers, ayant accumulé sur près de trente ans des expériences avec des bergers en contrat dans le Sud de la France au titre de la défense des forêts contre les incendies.

L'ouvrage est organisé en six parties.

La première est intitulée : *Berger en France : un savoir-faire à revaloriser.* Pourquoi chercher à revaloriser et à quel titre ? J'ai donc choisi de démarrer l'ouvrage par un chapitre confié à Bernard Hubert, qui fut directeur scientifique à l'Inra, à propos des changements successifs de fonction et de valeur attribuées au cours des deux derniers siècles aux parcours (friches, pelouses naturelles, landes et sous-bois), espaces de prédilection des bergers pour la garde des troupeaux au pâturage. Les auteurs rappellent ici comment, dans le contexte de la modernisation agricole, la recherche agronomique a contribué à une rupture des savoirs techniques en élevage, avec disqualification des ressources de parcours et donc des savoir-faire de bergers. Ils plaident pour des pratiques de recherche volontairement «subjectives», où devient primordial le partage des connaissances entre chercheurs et praticiens de terrain.

Les praticiens sont ici des bergers, mais qui sont-ils en réalité? Combien sont-ils, comment leur métier a-t-il évolué depuis quarante ans et quelles sont leurs actuelles conditions de travail? C'est le propos du second chapitre, confié à Jean-Pierre Legeard, président de l'Association française de pastoralisme à laquelle sont affiliés les services pastoraux de France. On y comprend notamment pourquoi il y a un «s» à «berger» dans le titre de l'ouvrage, et pourquoi il est nécessaire de considérer avec plus d'attention leurs savoirs, notamment lorsqu'il s'agit de concevoir des politiques agri-environnementales déclinées en cahiers des charges de pâturage à la fois pertinents et réalistes.

La seconde partie est intitulée : *Les pratiques de bergers : explorations scientifiques*. Les quatre chapitres regroupés ici ont en commun d'associer chercheurs, bergers et parfois ingénieurs pastoralistes. Pour la première fois en science, les chercheurs ont tenté de comprendre comment des bergers conçoivent et pratiquent la garde du troupeau à l'échelle d'un territoire, afin de valoriser les ressources tout en évitant surpâturage et érosion.

J'ai placé en premier l'écrit précurseur de Pierre Martinand, agroéconomiste et zootechnicien. En mission pour le ministère de l'Agriculture dans les années soixante-dix, il était chargé de promouvoir des techniques d'élevage substituant le capital au travail. Il avait donc essayé de comprendre pourquoi des éleveurs des Alpes de Haute-Provence s'évertuaient à faire garder leurs troupeaux par des bergers. Cette pratique s'est révélée pertinente, notamment par son articulation des surfaces cultivées avec celles de parcours, mais son analyse s'est heurtée à la vive incompréhension des zootechniciens de l'Inra, alors occupés à publier les tables de valeurs des fourrages cultivés et les principes de rationalisation de l'alimentation du bétail à l'auge.

Les second et troisième chapitres de cette partie sont consacrés aux recherches tout aussi exploratoires menées dix ans plus tard sur un alpage du massif des Écrins. Jean-Pierre Deffontaines, géoagronome des paysages ruraux et des pratiques agricoles, avait rencontré un berger au détour du chemin, André Leroy. Ils avaient échangé durant plusieurs années, et André avait ensuite accepté de travailler avec les chercheurs afin d'expliciter ses pratiques de garde et d'aider à les modéliser. Dans le chapitre d'Isabelle Savini, la montagne change de visage. Elle apparaît stratégiquement structurée en début de saison, puis tactiquement utilisée au fil des jours et des semaines. Ce savoir-faire est empirique mais sans conteste très technique, à la fois respectueux des brebis et du milieu pastoral.

Le chapitre d'Elisabeth Lécrivain, écoéthologue, explique à la suite, et à l'aide des minutieux dessins réalisés par André, la façon dont un berger est en mesure de juger de la qualité relative des lieux en observant les différentes formes (allongée, ovoïde...) prises par le troupeau au cours d'un circuit de garde. Pas de doute, c'est bien le troupeau dans son ensemble qui est l'entité biologique pilotée par le berger.

Les résultats de ces deux derniers chapitres ont pour ainsi dire été ignorés par les agronomes et zootechniciens. La démarche de recherche n'était vraiment pas canonique et les conclusions trop déroutantes au regard des modèles scientifiques habituels consacrés aux pâturages. Par exemple, le constat fait par le berger comme quoi c'est le modelé du terrain, concave ou convexe, qui modifie la stabilité du troupeau et donc aussi le temps consacré par chaque animal à sa prise de nourriture, remet en question l'idée établie selon laquelle la valeur pastorale n'est fonction que de la biomasse, valeur nutritive et préhensibilité des plantes. A contrario, ces travaux ont été très bien valorisés et développés comme outils d'aide à la gestion d'alpages.

Le quatrième et dernier chapitre de cette partie nous redescend en plaine, sur la steppe de Crau dans les Bouches-du-Rhône, un vaste espace d'allure uniforme et plate où les bergers transhumants pratiquent depuis des siècles. J'ai tenu à placer ici ce chapitre confié à un ingénieur pastoraliste, Rémi Dureau, afin de montrer que, les bergers et les animaux étant les mêmes qu'en alpage, la façon de concevoir la garde est similaire. Le milieu physique, climatique et végétal change, mais les savoir-faire s'imposent, avec les mêmes règles d'action à valeur générale.

La troisième partie s'intitule : *L'étonnant appétit des troupeaux gardés par des bergers*. J'ai déjà évoqué mes travaux à propos de la commande initiale de Fred Provenza. Le premier chapitre reproduit un échange d'expériences entre un berger et un chevrier au sujet des façons de pratiquer la garde. Par-delà les conditions très différentes de chacun, et les espèces animales également distinctes, le chercheur qui a organisé et commente ce débat découvre qu'il existe des règles communes pour ce qui concerne les façons de piloter l'appétit d'un troupeau lorsqu'on est berger.

Le second chapitre est la synthèse de recherches menées sur près de dix ans avec des bergers et des chevriers pratiquant la garde en collines et en alpages. Par une conception ajustée de ses circuits de garde, un berger est en mesure d'optimiser la valeur alimentaire des pâturages en faisant consommer le double de ce qui est prévu en science à partir des qualités nutritives des plantes. Les clefs de cette étonnante réussite sont nombreuses, mais elles peuvent être explicitées, depuis l'éducation alimentaire des jeunes animaux jusqu'aux interventions du berger en cours de repas afin de renouveler l'appétit vis-à-vis des végétaux les moins appétents. Il apparaît donc qu'un lieu, friche, pelouse ou sous-bois, n'a pas de valeur en soi dans le cas d'un troupeau gardé. Tout dépend de l'ordre dans lequel le berger le mettra à disposition en cours de circuit-repas.

La quatrième partie est intitulée : *Les bergers et la conservation de la nature*. Les politiques de l'environnement, et plus particulièrement celles ayant en charge la biodiversité et la gestion d'habitats de faune et flore remarquables, s'intéressent de façon nouvelle aux pratiques pastorales et plus particulièrement aux savoir-faire de bergers. Mais qu'en est-il concrètement sur le terrain ? Le premier chapitre a été confié à Francis Muller, au titre de la Fédération nationale des conservatoires d'espaces naturels. Un peu partout en France, et jusque dans le Pas-de-Calais, des conservatoires ont en effet recruté des bergers, ou contractualisé avec eux, afin d'aider à la restauration et à l'entretien de sites naturels protégés. Le problème est qu'aujourd'hui ces sites sont situés dans des régions où l'agriculture est devenue très artificialisée, où il est donc difficile de trouver des éleveurs et des bergers expérimentés face à ces milieux qui ne sont pas les habituelles prairies semées. Faisant le bilan de près de dix ans d'expériences, les conservatoires nous dressent ici un tableau en demi-teintes. Passer d'une posture de défiance à une volonté de partenariat ne se fait pas en un jour. Les embûches sont nombreuses, et beaucoup dépend de la capacité à se comprendre mutuellement. C'est pourquoi le second chapitre de cette partie a été confié à un binôme : Mathieu Erny, berger salarié d'un conservatoire, et François Salmon, son employeur. Ils nous décrivent, outre leurs itinéraires professionnels respectifs, ce qu'ils jugent être les clefs de réussite de leur collaboration.

Dans ces deux premiers chapitres, les politiques de la nature et de la biodiversité apprécient et encouragent les bergers et leurs pratiques. Mais parfois, et ailleurs, la situation est assez différente, du fait qu'une des composantes de la biodiversité est aussi un prédateur protégé. J'ai ainsi confié à Marc Vincent, chercheur, le soin de témoigner comment le retour des loups dans l'arc alpin bouleverse actuellement les pratiques de bergers. De cette étude, réalisée en majeure partie dans le parc naturel régional du Queyras, on retient que les mesures de protection des troupeaux préconisées par l'État ne sont pas très efficaces, ni surtout humainement acceptables. Du fait de la présence des chiens de protection, les espaces utilisés par les bergers deviennent parfois zones à risque pour les randonneurs. Quant aux incessants allers et retours imposés aux troupeaux pour accroître surveillance et protection, ils empêchent la bonne gestion pastorale et dégradent les pelouses de montagne. Plus fondamentalement, il y a contradiction entre politique d'encouragement des pratiques pastorales au titre de la conservation de la nature et politique de non-gestion de la population française de loups, dont le statut strictement protégé et le comportement opportuniste qui en découle découragent éleveurs et bergers à persévérer dans le métier.

La cinquième partie est intitulée : *Les écoles de bergers*. Nous avons en France quatre établissements de formation longue de bergers. C'est une particularité que d'autres pays nous envient, tels les États-Unis où, comme chez nous, la transmission des savoirs ne se réalise plus dès l'enfance et au sein des familles. J'ai tenu à confier les deux chapitres de cette partie aux enseignants eux-mêmes. Le premier à Michelle Jallet, responsable de formation de l'école du Merle, en Provence, et le second à Pierre Gascouat, coresponsable de formation au lycée agricole d'Oloron, dans les Pyrénées. Marie Labreveux, enseignante à la formation de Rhône-Alpes, cosigne le premier chapitre. Toutes ces formations ont été conçues suite à une demande de professionnels de l'élevage, mais aussi car elles étaient reconnues comme ayant du sens au niveau régional, par exemple le pâturage sur les estives de montagne. L'objectif des écoles est de transmettre les techniques de base, en alternant séjours à l'école et stages pratiques auprès de bergers confirmés. Mais leur enjeu est surtout de suggérer des pistes permettant d'acquérir ensuite une culture de berger, par soi-même et au fil des premières années de travail. Cet enjeu est redoutable pour les formateurs, dont les stagiaires, à 80 % issus du monde urbain, sont chaque année très divers en termes de vécus scolaires et professionnels mais aussi d'attendus personnels. Il s'agit donc d'une sorte d'expérimentation sociale et pédagogique, où les apprentissages doivent aussi s'opérer par échanges de points de vue au sein des promotions de stagiaires.

La sixième et dernière partie est intitulée : *Le métier vu de l'intérieur*. J'ai tenu à ce que des bergers et bergères, à savoir ceux dont il est question tout au long de cet ouvrage, aient le dernier mot. Pour autant, et comme ce fut le cas de tous, ces auteurs n'avaient pas pris connaissance des autres chapitres au moment de rédiger le leur. Il ne s'agit donc pas de réponses, validations ou critiques des autres écrits.

J'ai confié le premier chapitre à Isabelle Baumont, bergère salariée ayant provisoirement interrompu la garde des troupeaux pour mener des enquêtes auprès de ses collègues afin d'obtenir un diplôme en sociologie. Sont abordées ici, et peut-être enfin, la part affective du métier, mais aussi la question de la « discipline » que ce métier impose, du fait d'un travail au quotidien et par tous les temps avec le troupeau et la montagne. Les témoignages et analyses sur les conditions d'apprentissage du métier en situation réelle montrent à quel point ces conditions s'avèrent rigoureuses, et sans doute plus que la plupart ne se l'imaginent au départ. Isabelle nous fait également comprendre en quoi l'activité de garde, physiquement et mentalement exigeante, permet au berger d'établir une intime familiarité avec le troupeau, et aussi de s'approprier la montagne comme un véritable «chez soi», espace de liberté mais aussi d'enfermement et parfois de désocialisation.

Le second et dernier chapitre a été confié à Roger Minard, berger salarié et par ailleurs vice-président de l'Association des bergers et vachers des Hautes-Alpes. Il est tiré d'un débat que lui et moi avons organisé à son domicile et avec six de ses collègues d'âges et d'expériences divers. Le débat porte sur l'actualité du métier, telle que ces professionnels la vivent au jour le jour. Le chapitre est signé par les bergers, et ce sont eux qui ont choisi les thèmes à aborder ainsi que leur ordre de présentation, à commencer par les façons dont ils se sentent aujourd'hui considérés par les autres usagers des espaces ruraux. On n'y trouvera que peu de nostalgie, beaucoup de franc-parler et de réalisme, et aussi, tout comme d'ailleurs dans le précédent chapitre, une grande part de réflexivité.

Enfin, je tiens à préciser ici que d'autres bergers et bergères ont également tenu à contribuer à cet ouvrage, mais sous une forme non écrite. Le plus souvent invité par eux, j'étais venu prendre des photos sur les lieux et à des périodes de l'année où ils pratiquaient la garde d'un troupeau. Ces clichés ont été complétés par ceux de Patrick Fabre. Les bergers et bergères ont ensuite choisi individuellement les photos qu'ils jugeaient les plus représentatives de leur métier et ambiances de travail. Elles sont placées «hors texte» entre les différentes parties de l'ouvrage, comme autant de petites respirations mais aussi de témoignages complémentaires.

PARTIE 1

Berger en France : un savoir-faire à revaloriser

Chapitre 1

Deux siècles de changements radicaux pour les parcours du Sud de la France

Bernard HUBERT, Christian DEVERRE et Michel MEURET

Les paysages ruraux du Sud de la France sont appréciés par beaucoup. Des Français vivant en majorité en ville et à la recherche d'un bol d'air pour le week-end, mais aussi des visiteurs venus d'autres pays, ayant loué pour les vacances un gîte rural avec vue sur les collines et les montagnes alentour. Tous se régalent de ces assemblages de villages et fermes, petites parcelles de cultures, chemins longés de murettes, coteaux fleuris et bois de feuillus et de résineux. Et lorsqu'aux bruits de la nature s'ajoute la musique d'un troupeau muni de ses sonnailles, c'est un enchantement. Comme nous l'a dit une amie venue d'Amérique du Nord: «*J'ai été élevée près de Grand Teton* [Wyoming] *et, pour ce qui concerne les paysages, je ne suis pas quelqu'un qu'on impressionne facilement… mais là, je dois bien avouer que c'est splendide*».

À première vue, il serait naturel de penser que ces paysages sont là depuis toujours, du moins depuis plusieurs siècles. Ils auraient bénéficié de riches savoirs ancestraux transmis naturellement au sein des familles par des générations de paysans. Tout paraît serein, minutieusement pensé et agencé, pour le profit conjoint de la nature et de l'agriculture. Mais ça, c'est un point de vue depuis le bord de la route, ou la fenêtre de la chambre du gîte.

Car lorsqu'on s'achemine plus avant, qu'on remonte à pieds jusque dans les sous-bois, on constate que, sous les arbres, c'est en réalité couvert de ruines, et notamment de murs de pierres éboulés et d'anciens chemins enfouis sous les ronces. Si l'on progresse d'avantage, on trouve au milieu des broussailles d'anciens poiriers, ou d'autres arbres fruitiers, visiblement plantés là un jour, mais qui suffoquent à présent de n'être ni taillés, ni récoltés, depuis des décennies. Plus loin encore, par terre, quelques tessons d'assiette, un débris d'auge à cochon, ou un fer à cheval tout rouillé. On prendra alors le temps de s'asseoir sur une pierre pour s'interroger. Qui mangeait ces poires, qui nourrissait ces cochons et qui avait érigé ces innombrables murs de terrasses? Quelle guerre aurait-elle donc frappé ces campagnes, de première apparence si paisible?

On pourrait songer à aller interroger le berger croisé tout à l'heure à l'avant de son troupeau. Il doit très certainement en savoir beaucoup. Mais on serait sans doute surpris d'apprendre que c'est en réalité quelqu'un venu récemment de la ville et qui, s'il connaît fort bien les brebis, ne connaît pas l'histoire locale (voir chapitres 2 et 12).

C'est la raison pour laquelle nous proposons de décrire ici quels ont été les bouleversements successifs qu'ont subis ces paysages ruraux, du fait notamment des changements de fonction attribuée aux parcours, ainsi que leurs conséquences sur le savoir-faire des éleveurs et le travail des bergers. Nous définirons d'abord ce qu'on qualifie en Europe de « parcours », terres de prédilection pour le gardiennage, notamment des ovins. En nous limitant aux deux siècles derniers, nous décrirons trois époques ayant conduit la société française, dont les éleveurs, à changer fortement d'opinion au sujet de leur valeur. D'abord profondément intégrés à des systèmes de production de polyculture-élevage, les parcours ont été marginalisés ensuite par le développement des techniques agricoles dites « rationnelles ». Depuis les années quatre-vingt-dix, ils font l'objet d'une attention sociale et politique nouvelle au titre de leurs valeurs environnementales. Nous conclurons en rappelant comment la recherche agronomique a accompagné, voire contribué à provoquer ces bouleversements, et nous plaiderons pour de nouvelles pratiques de recherche, à la fois décloisonnées et volontairement « subjectives » dans l'information des enjeux liés aux terres de parcours et à leurs ressources.

1. Les parcours : un « entre-deux »

Les parcours sont des espaces ruraux désignés par les agronomes depuis l'époque romaine, puis par les géographes, sous le nom de *saltus* (Kuhnholtz-Lordat, 1944 ; Dion 1991). Cette catégorisation ancienne les oppose à l'*ager*, qui désigne l'ensemble des terres cultivées, et à la *silva*, qui désigne les forêts. Les parcours englobent l'ensemble de l'espace agricole non cultivé, dont les ressources sont spontanées et communément dédiées à l'élevage d'herbivores, *aux parcours des troupeaux* bovins, ovins, caprins, équins et asins. C'est pourquoi l'expression « terres de parcours » désigne en France des espaces à la végétation très diverse et souvent pluristratifiée (strates herbacée, arbustive et arborée) qui ne font l'objet, ni d'interventions agronomiques (labour, semis, fertilisation…), ni d'exploitations forestières planifiées (plantation, coupe d'éclaircissage, élagage…).

Dans cet « entre-deux » entre cultures et forêt, c'est l'effet du pâturage qui constitue le mode principal d'intervention sur les dynamiques végétales. Sur parcours, et ceci au contraire des prairies cultivées, c'est en organisant les prélèvements alimentaires de son troupeau au cours de l'année qu'un éleveur doit également assurer le renouvellement des ressources fourragères pour les saisons ou les années ultérieures. Dans certaines situations, il peut compléter l'effet du pâturage par des brûlages dirigés, des écobuages, ou la coupe et le broyage des broussailles qu'il juge trop denses.

La valeur accordée aux parcours dépend des fonctions techniques, économiques ou sociales qui leur sont attribuées, et celles-ci le sont le plus souvent en regard d'objectifs donnés à des enjeux plus larges que ceux liés à leur utilisation pastorale. Ils ont d'abord constitué la source principale d'apport de matière organique transférée par les troupeaux sur les terres cultivées. Ensuite, ils ont été abandonnés par les exploitations agricoles, en particulier dans celles se spécialisant vers les productions végétales, car ils étaient devenus sans intérêt lorsque se sont développées les techniques de fertilisation minérale. Ils retrouvent désormais leur sens dans la conservation de la biodiversité ou la préservation de paysages jugés remarquables (Poux *et al.*, 2009). Quant à eux, les éleveurs ont souvent été amenés à changer d'opinion au sujet de la valeur des parcours, non pas que ces surfaces changeaient de caractéristiques, mais bien parce que les finalités et processus productifs de leurs élevages étaient modifiés selon les époques par leur insertion dans un contexte social changeant.

2. Les parcours intégrés aux systèmes de polyculture-élevage

Jusqu'à la seconde moitié du XIXe siècle, l'espace rural français, y compris dans les zones montagneuses et méditerranéennes du Sud du pays, est partout un «espace plein», support d'une population dense et en croissance (Young, 1909). Les agriculteurs et éleveurs sont déjà engagés dans les rapports marchands, mais leurs systèmes de production, couvrant la majeure partie des besoins familiaux, reposent presque exclusivement pour leur fonctionnement et leur reproduction sur les ressources locales. Ils sont basés sur un principe d'organisation sociale et spatiale que l'on peut caractériser comme une «coordination domestique» (Boltanski et Thévenot, 1991), au sein de laquelle les paysans exercent une diversité d'activités selon les saisons et les opportunités, les amenant parfois à s'éloigner pour un temps de la maison familiale.

L'espace rural est alors l'objet d'usages complémentaires qui associent ses différentes composantes, cultures, parcours, mais aussi forêt, selon leur localisation, leur statut foncier et leurs «potentialités», compte tenu des techniques disponibles. Ceci compose un paysage en mosaïque assez fine et contrastée à l'échelle des collectivités locales: cultures, jachères, pelouses semi-naturelles, landes, parcelles forestières exploitées ou non. Les parcours, plus ou moins boisés, comme la forêt, sont l'objet d'une importante exportation d'énergie et de fertilité: coupes de bois (en taillis pour les chênes et les hêtres, dont l'exploitation est souvent suivie d'un essartage avec mise en culture pendant deux à trois ans), cueillette des plantes aromatiques et médicinales, ramassage des petits arbustes pour les fagots et le compost, pâturage dans la journée par des troupeaux parqués la nuit sur les parcelles cultivées (Hubert, 1991a). À cette époque, la fonction première de l'élevage ovin du Sud de la France, plus que la production de laine et de viande, est la fourniture de fumier, composante essentielle de la fertilité d'une rotation biennale de céréales destinées pour l'essentiel à la consommation familiale. Les troupeaux ovins sont d'ailleurs constitués en majorité de «moutons», c'est-à-dire de mâles castrés, qui ne sont pas abattus avant leur quatrième ou cinquième tonte annuelle. Les parcours ont ainsi joué un rôle de réserve de fertilité au sein d'un système local fortement consommateur de travail. Ils ont contribué à la reproduction biologique du système de production, tout en se transformant progressivement avec la répétition de ces usages: ouverture des landes, baisse de croissance des taillis, érosion des sols les plus fragiles, nouvelles orientations des dynamiques de végétation vers des formations arbustives et arborées plutôt basses.

Du point de vue des éleveurs et de leurs bergers ayant à produire du fumier, les parcours étaient à cette époque considérés de valeur intéressante lorsque les animaux pouvaient s'y constituer des rations que l'on qualifierait aujourd'hui de «grossières», car riches en fibres peu digestibles. La pratique du gardiennage, qui peut encore s'observer dans de nombreuses régions du monde, consistait fréquemment en de longs circuits quotidiens en forme de boucles, où les moments de repos avec rumination et défécation étaient localisés autant que possible sur les champs à cultiver, ou juste à côté. On réservait les zones de parcours comportant des végétaux plus nutritifs, ainsi que les résidus de récolte des cultures, aux périodes où le troupeau comprenait aussi les mères allaitantes. Les zones plus grossières assuraient aux autres périodes l'entretien des adultes et les fins de croissance des animaux de renouvellement.

Le déplacement quotidien du troupeau créait un lien direct entre les parcours, réserve d'éléments fertilisants, et les parcelles cultivées où s'activait la famille pour la production de biens autoconsommés ou vendus. La pression démographique s'accentuant, les bergers emmenaient les troupeaux de plus en plus loin, au risque d'affaiblir la performance du système par l'augmentation des dépenses énergétiques liées aux déplacements. Certaines parcelles cultivées furent ainsi relocalisées plus loin également, de façon à mieux tenir compte des déplacements vers ce qui restait des ressources de parcours. Lorsque les landes et les sous-bois manquèrent de ressources, les bergers s'attaquèrent aux feuillages des canopées forestières. À partir du milieu du XIXe siècle, cette pratique conduit l'État à les bannir de toute surface boisée, par de nouveaux règlements et lois. Au nom de l'intérêt général, il y eut ainsi une brutale remise en cause des droits locaux d'accès et d'usage à des ressources gérées jusqu'alors au sein des collectivités paysannes, à l'aide de règles et normes locales spécifiques.

Les bergers étaient généralement fils cadets des familles paysannes. Selon la coutume, ils étaient voués au célibat et ceci les empêchait, outre d'hériter des biens familiaux, également d'avoir un pouvoir de décision concernant ces biens. Toutefois, leur savoir-faire technique de berger était reconnu comme une qualité professionnelle à valoriser et à transmettre d'une génération à l'autre. Ce savoir-faire s'enseignait au sein des groupes familiaux entre « anciens » et « jeunes bergers », et on trouvait partout des lignées de *« bons bergers »*, qui *« savaient les bêtes »*. Mais ces savoirs n'étaient pas formalisés, ni de ce fait directement enseignables à des tiers. Il s'agissait d'un apprentissage fondé sur une forme de compagnonnage entre bergers, mais aussi de formation « sur le tas », dans l'interaction au jour le jour entre le berger, le troupeau et le territoire de garde.

3. Les parcours marginalisés par la rationalisation de l'agriculture

3.1 Répondre au marché

À partir de la seconde moitié du XIXe siècle, et de manière généralisée au XXe siècle, un nouveau régime économique s'impose dans les campagnes françaises, ceci de concert avec l'établissement de la suprématie démographique urbaine et surtout du développement des moyens et réseaux de transports : création des marchés alimentaires nationaux, coloniaux et internationaux, essor de l'agro-industrie d'amont et d'aval, etc. La « coordination marchande » imprime sa marque sur les systèmes de production agricole et conduit à des processus de spécialisation territoriale, au niveau régional comme local

(Juillard, 1976 ; Weber, 1976). Le marché définit à la fois les zones les plus aptes à chaque production et, à l'intérieur même de chaque localité et exploitation agricole, les parcelles ayant la meilleure potentialité économique à assurer une production marchande rentable, grâce à l'adoption de « techniques modernes ». La mise en œuvre et l'efficacité de ces techniques sont elles-mêmes le produit des progrès des transports et de la circulation marchande (engrais, aliments importés, carburants issus d'énergies fossiles, etc.). La fertilisation est désormais assurée par des ressources extérieures à l'exploitation, ne rendant plus nécessaire aux cultivateurs la possession ou le recours aux troupeaux. L'élevage devient une spécialisation professionnelle, entièrement tournée vers la production marchande de viande ou de lait, exigeant pour des animaux sélectionnés à ces fins une « alimentation riche » fournie par des prairies cultivées, des ensilages, du maïs fourrage, des oléoprotéagineux et aliments composés d'origine industrielle.

3.2 Un bouleversement paysager

Laissés pour compte de la concentration du travail et du capital sur les terres de culture et de la spécialisation de l'élevage, les parcours sont voués à l'abandon par les usages agricoles ou à la reforestation. En France, cette dernière prend la forme d'une politique volontariste de l'État, qui incite les propriétaires à reboiser leurs terres. Un grand nombre de parcelles sont ainsi l'objet de plantations de résineux, sans grande logique spatiale ni économique : reboisements dits « en timbres-poste » sur de très petites parcelles isolées (parfois moins d'un hectare), travaux d'éclaircies ou d'élagage rarement exécutés par des propriétaires absentéistes, difficultés d'exploiter le bois en raison de l'exiguïté des surfaces et de leur faible accessibilité. À l'inverse, on observe quelques cas liés à une stratégie foncière ambitieuse de grandes sociétés (compagnies d'assurance, banques…) ayant réalisé des politiques d'acquisition foncière suivies de reboisement en résineux, ce qui aboutit à la désertification de vallées entières. Ainsi, une partie des terres de parcours passe à la forêt. Le maillage paysager devient plus grossier, débouchant sur un paysage dual, constitué de parcelles cultivées cantonnées en fond de vallées et, sur les pentes rendues à l'état de friche, d'espaces qui se boisent progressivement, soit du fait des plantations, soit par la simple dynamique des accrus forestiers. La dynamique d'afforestation est souvent rapide (+ 30 à 40 % de recouvrement en 30 ans), homogénéisant le paysage sur les anciennes terres agricoles éloignées et abandonnées, les pelouses, les landes, ainsi que sur les versants non aménagés et peu ou non entretenus car trop pentus. Les activités humaines visibles se cantonnent dans les fonds de vallées que rejoint la lisière forestière, accentuant ainsi l'impression de fermeture des paysages (Eychenne, 2006 ; Brossier *et al.*, 2008).

Si ce qui reste des parcours ne fait plus l'objet d'usages agricoles ni d'interventions sylvicoles, il ne s'agit pas pour autant d'espaces abandonnés : ce sont les espaces privilégiés pour la chasse, activité très populaire y compris chez les paysans français, mais aussi des activités de loisirs des citadins comme des ruraux à la recherche de « nature » (promenade, cueillette, contemplation, sports). Les us et coutumes, droits et usages locaux qui régulaient les rapports des individus et des collectifs aux ressources naturelles renouvelables locales se sont en quelque sorte évanouis au profit d'une nouvelle dichotomie. D'un côté, l'appropriation des terres productives bénéficie, soit de crédits facilitant l'acquisition foncière et le faire-valoir direct, soit d'une législation sur le « fermage » (location d'une exploitation agricole) favorable à ceux qui mettent les terres en valeur (Deverre, 2005). De l'autre, on assiste à l'émergence de biens publics (chasse, loisirs…) sur des espaces de moins en moins revendiqués en terme de propriété. Les enjeux fonciers se sont ainsi simplifiés entre, d'une part, une priorité aux agriculteurs sur les terres cultivables, accompagnée d'une gestion individualisée et, de l'autre, une priorité au multi-usage sur le reste, mais sans gestion identifiable ni régulation collective, à l'exception parfois de celle des sociétés de chasse.

Cette absence de régulation sur les vastes espaces laissés aux dynamiques d'embroussaillement et d'afforestation n'est pas sans conséquence sur la dégradation brutale de certains paysages et de leurs usages dans une grande partie de l'arrière-pays méditerranéen. C'est en effet là que, chaque été, se développent les grands incendies qui font la première page des journaux quand ils « dévorent » en quelques heures plusieurs centaines ou milliers d'hectares, face à l'impuissance de la plupart de moyens de lutte les plus modernes (Hubert *et al.*, 1993).

3.3 Une rupture dans les savoirs et les techniques en élevage

Dans le contexte de modernisation agricole, les parcours ne valent plus rien aux yeux de la presque totalité des éleveurs (Joffre *et al.*, 1991 ; Chabert *et al.*, 2002). De nouveaux génotypes animaux, plus « performants » pour la production de viande ou de lait, donc exigeant une alimentation standardisée et plus nutritive, sont élevés sur l'exploitation. Mais surtout, les nouvelles règles d'alimentation du bétail, enseignées aux jeunes dans les écoles d'agriculture, postulent l'optimisation du rationnement quotidien par ajustement de l'offre à la demande alimentaire. Or, comment appliquer cela sur parcours ? Il est impossible d'y estimer de façon fiable une demande énergétique, puisque l'animal se déplace constamment et subit des écarts thermiques parfois importants, ce qui peut faire varier sa demande de plus de 50 %. Et il devient très aventureux de définir l'offre fourragère, puisque les animaux trient en permanence parmi une multitude de végétaux qui, s'ils sont pour la plupart comestibles, sont à la fois divers et variables en appétibilité et donc en quantité ingérée prévisible. La solution recommandée par les services d'appui à l'élevage est donc de laisser le troupeau « producteur » en bâtiment, ou sur cultures fourragères, c'est-à-dire en conditions pour lesquelles l'optimisation du rationnement a été conçue, s'appuyant sur des tables de valeurs des aliments (Leroy, 1943 ; Jarrige, 1978).

Que deviennent les bergers à cette époque où domine l'optimisation par calcul des rations alimentaires ? Ils sont pour la plupart remisés au rayon des outils obsolètes, le gardiennage des troupeaux devenant synonyme d'activité peu rentable, valable uniquement pour la grande transhumance ovine entre les plaines et les pelouses des estives de haute montagne. Pour ce qui concerne les parcours de collines, la prescription technique dominante est de « *gagner du temps* [et de l'argent : le salaire du berger] *en clôturant* » (voir chapitre 2), ce qui est supposé permettre aussi d'optimiser le pâturage, comme en prairies cultivées, en ajustant le « chargement ». Les bergers, membres de la famille ou employés à l'année dans un élevage se convertissent alors, soit en poseurs de clôtures, soit en organisateurs du rationnement sur prairies. Dans ce cas, ils exercent encore partiellement leur talent en marquant les limites de façon à offrir chaque jour une nouvelle tranche d'herbe dont la surface est définie en fonction de sa hauteur et de sa maturité. Comme l'a constaté un vétérinaire (Meuret, 2006) : « *Aujourd'hui, pour les éleveurs* [caprins]*, le gardiennage sur parcours ça ne fait pas sérieux. Alors que parquer sur* *une espèce végétale qu'on connaît bien, déplacer son fil de quelques centimètres chaque jour, ça fait plus technique, plus rationnel.* »

Dans ce contexte, l'agriculteur, lui aussi, change de métier. Il n'est plus un paysan aux activités multiples, mais devient un producteur spécialisé, un « exploitant agricole », dont la performance s'évalue en termes de rendement énergétique et de critères technico-économiques. Un tel changement ne s'opère pas spontanément. Il résulte d'un important effort national d'adaptation et de conception de technologies agricoles, reposant sur un dispositif complet sous l'égide du ministère de l'Agriculture : recherche agronomique publique, services d'appui technique, formations professionnelles (initiale, continue et supérieure). Il bénéficie également d'un effort considérable de mutualisation via les coopératives, des rapports avec l'agrofourniture et des processus de commercialisation du secteur agricole, dont le cœur repose néanmoins toujours sur le modèle de l'exploitation familiale.

Au cours de seulement une génération (période 1960-1990), la modernisation a provoqué ce qu'on peut appeler une « rupture épistémique » concernant les savoirs sur le vivant (animaux d'élevage, cultures végétales et ressources naturelles). D'un côté, les praticiens de terrain (agriculteurs, éleveurs, forestiers…) ont l'habitude d'exercer en reproduisant et expérimentant au cas par cas des solutions ajustées à leurs conditions historiques, géographiques, sociales et économiques. De l'autre, les scientifiques s'éloignent du terrain et privilégient les travaux de laboratoire sur des objets de plus en plus spécialisés, en bénéficiant des techniques et d'instruments performants en biologie. Relayées par les services de développement agricole, les équipes scientifiques produisent d'abondantes connaissances, pour la plupart dites « fondamentales », c'est-à-dire conçues pour être indépendantes de tout contexte local. Pour en tirer profit, les agriculteurs doivent alors se rapprocher du modèle technologique industriel, qui distingue clairement les savoirs et compétences des concepteurs et des exécutants. Un exemple flagrant est l'amélioration génétique des races animales (Vissac, 2002 ; Micoud, 2003) et des variétés végétales. L'alimentation et la nutrition animales n'ont pas échappé à cette nouvelle distinction des connaissances : seuls deviennent recommandables les aliments du bétail référencés dans les tables de valeurs alimentaires, suite aux travaux en stations expérimentales utilisant des fourrages et animaux standardisés. Ainsi, les végétaux de parcours ne sont plus utilisables car, particulièrement nombreux et complexes, ils n'ont pas été testés et ne sont donc pas référencés dans les tables. Pour les éleveurs, il est donc plus facile, et surtout moins risqué, de se procurer des animaux et des aliments qui s'apparentent le plus possible au standard, que de s'entêter à utiliser leurs ressources naturelles locales.

En France, l'industrialisation de l'agriculture n'a pas été sans conséquences sur les sociétés rurales. De 1954 à 1992, la production agricole a été multipliée par deux et demi, la productivité du travail agricole par dix, et la population agricole a été divisée par quatre. De trois millions de paysans au début des années cinquante, pour la plupart porteurs de savoirs empiriques appris de leurs pères et pairs, on est passé à six cent mille « exploitants agricoles », formés dans plus d'une centaine de lycées agricoles et/ou étroitement conseillés par un nombre croissant de techniciens spécialisés. La transmission du savoir s'effectue alors selon un modèle linéaire qui repose sur le volet « vulgarisable » des connaissances scientifiques et techniques, c'est-à-dire la partie de ces connaissances considérée comme transmissible. Elle repose également sur la valorisation de nouvelles technicités, liée entre autres à l'appropriation de préconisations appuyées sur des « outils d'aide à la décision ».

4. La revalorisation des parcours à fins environnementales et leurs nouveaux usages

4.1 Des objectifs de production dépassés et des effets en retour mal anticipés

En Europe occidentale, la «réussite» des modèles de production définis par la coordination marchande et le modèle industriel de division des savoirs et du travail, fortement appuyée sur des financements publics, provoque à partir des années soixante-dix l'apparition et la croissance d'excédents structurels de produits agricoles non solvables. Ceci conduit à une exacerbation de la concurrence internationale. Le poids croissant que prend dans la crise des finances publiques le coût des guerres commerciales et de gestion des stocks excédentaires amène les responsables de l'Union européenne à une reconsidération du soutien public au développement des productions agricoles. Cette réorientation politique, consacrée par la première réforme de la Politique agricole commune (PAC) en 1992, va s'accentuer dans une nouvelle réforme en 2003, poussée également par la volonté de l'Organisation mondiale du commerce de voir cesser tout soutien public à la production agricole.

Certains secteurs influents de l'opinion ont mis à profit dès le début des années quatre-vingt-dix la perte de légitimité de l'agriculture industrialisée pour souligner des effets néfastes de ses pratiques et de la spécialisation territoriale : d'un côté, l'artificialisation et les pollutions des espaces productifs ; de l'autre, l'abandon de larges fractions du territoire rural, avec des conséquences jugées négatives (altération des paysages, réduction de la biodiversité, croissance des risques d'incendies...). Ces accusations ont conduit les responsables européens de la politique agricole à réorienter une partie des crédits de soutien à la production vers des incitations à «*adopter ou maintenir des pratiques plus respectueuses de l'environnement*» (Buller, 1995). Ces incitations, qui se traduisent par des contrats volontaires entre l'État et les agriculteurs qui s'engagent à ajuster leurs pratiques, se sont nettement durcies en 2003, devenant peu à peu la condition de l'obtention des autres soutiens publics, selon le principe des «conditionnalités» (Deverre et de Sainte Marie, 2008).

La restauration des qualités des territoires ruraux «vidés» de leurs agriculteurs par la politique précédente devient l'objet d'incitations publiques à réinventer de nouvelles formes territoriales de «coordination civique» (Boltanski et Thévenot, *op. cit.*), notamment un nouvel équilibre agropastoral au sein duquel les parcours se voient assigner de nouvelles valeurs sociales et les éleveurs de nouvelles fonctions (Deverre et Hubert, 1994). Un nombre de plus en plus important d'acteurs intervient dans ce processus de recherche d'un «développement durable des territoires ruraux» : au côté des administrations de l'agriculture et de l'environnement, des associations naturalistes ou de consommateurs, des collectivités territoriales, de nouveaux résidents des espaces ruraux, voire certaines firmes agroalimentaires en quête d'image de qualité pour leurs produits, participent de la pression sur les agriculteurs.

Un nouveau regard sur ces espaces, fait de culture littéraire ou de plus en plus scientifique, conduit à y voir une composante essentielle de «paysages sains et équilibrés», réservoirs d'espèces rares ou en péril et supports de la biodiversité. C'est en quelque sorte la vision d'une campagne idéalement «re-naturalisée», «ensauvagée», «écologisée», qui s'oppose également à celle d'une campagne agricole «aménagée» par les remembrements, l'arasion des haies et des talus, le drainage, l'irrigation, aux parcellaires bien ordonnés et consacrés aux grandes cultures et à l'élevage industrialisé, qu'on qualifie bien volontiers de «banalisée».

Les questions qui se posent alors sont celles de la reconquête et de la gestion de ces espaces, après des siècles d'exploitation intensive et quelques décennies de délaissement. Comment maîtriser les dynamiques de communautés végétales qui, à terme, homogénéisent ces paysages de parcours évoluant vers la forêt, en les «fermant» et en augmentant leur sensibilité aux grands incendies? Comment intervenir pour piloter leur évolution, préserver les habitats d'espèces animales ou végétales en voie de disparition, assurer une biodiversité satisfaisante aux différentes échelles? Comment rendre attrayantes et réintégrer dans le paysage des parcelles boisées mal entretenues et dont les fonctions productives sont largement remises en question? Comment reconstituer un maillage paysager plus fin que les oppositions grossières entre bois et cultures? Il ne s'agit pas de reconstituer les mosaïques paysagères issues des usages anciens disparus, mais de recomposer un «assemblage d'écosystèmes» divers et fonctionnels jugés indispensables à la durabilité de la vie sur terre. C'est une recommandation forte, par exemple, du *Millennium Ecosystem Assessment* (UNESCO, 2005), porteur de notions nouvelles, du moins pour le monde de l'agriculture, telle celle de «services rendus par les écosystèmes».

4.2 La montée des préoccupations et des prescriptions environnementales dans les politiques agricoles

Pour asseoir cette nouvelle politique, on attend beaucoup des agriculteurs qui subsistent et qui sont souvent restés propriétaires, si ce n'est usagers, de ces espaces. Leur fonction de production de biens marchands est de plus en plus remise en cause, du moins sous sa forme exclusive. Ainsi, en cohérence avec une vision d'un espace rural qui ne serait plus exclusivement dédié à la production marchande, au nom de l'intérêt général et de nouveaux biens publics (la biodiversité, la qualité de l'air, la préservation des sols, etc.), se constituent de nouveaux appareils législatifs et réglementaires qui organisent les collectifs territoriaux (parcs naturels régionaux, chartes de Pays, sites Natura 2000[1], etc.). Une gamme de mesures générales est mise en place, fondée sur des incitations contractuelles, telles les «mesures agri-environnementales» (MAE), individuelles, et les «opérations locales», collectives. Les mesures sont cofinancées par la France et l'Union européenne depuis la réforme de la PAC de 1992 qui rend les MAE obligatoires. Celles-ci engagent des collectifs d'agriculteurs, ainsi que d'autres acteurs des espaces ruraux, comme les collectivités locales ou les associations naturalistes en charge de la gestion d'espaces remarquables, dans la définition et la mise en œuvre concrète de pratiques agricoles prenant en compte les qualités de l'environnement.

---

1. Sites prioritaires pour la conservation des habitats écologiques remarquables et de leurs espèces, en application de la «directive habitats» de l'Union européenne, édictée en 1992, année du Sommet de la Terre de Rio (Pinton *et al.*, 2006).

Depuis 2003, dernière réforme en date de la PAC, *«le respect de bonnes conditions agricoles et environnementales»* est exigé pour bénéficier des financements publics aux productions agricoles marchandes, et ceci sous toutes leurs formes. Le processus s'étend donc, puisqu'il s'adresse également à tous les espaces dits de «nature ordinaire», par exemple des bords de rivière dans une plaine céréalière. Incitation, contractualisation et pénalisation deviennent la règle afin d'engager les agriculteurs dans des responsabilités environnementales. C'est ce qu'on peut appeler «l'écologisation de l'agriculture» européenne (Deverre et de Sainte Marie, 2008).

Ces incitations contractuelles provoquent des sorties de plus en plus fréquentes d'herbivores d'élevage hors de leurs bâtiments et prairies cultivées, c'est-à-dire sur les parcours alentour. Pour les éleveurs, il s'agit de contribuer à une meilleure maîtrise des dynamiques végétales indésirables, telle une colonisation excessive de broussailles et d'accrus forestiers ou une homogénéisation de pelouses sèches par des tapis de graminées à feuilles larges. Les espaces prioritaires le sont, soit au titre de la diversité biologique et des habitats d'espèces sauvages, soit à celui du risque d'incendie. Les contrats sont à signer généralement à l'échelle des parcelles et pour cinq ans, l'éleveur ayant à fournir la preuve de son titre de propriété ou de son droit d'usage. Sur chaque parcelle, ou ensemble de parcelles utilisées conjointement par un troupeau, il s'agit de concevoir et ajuster un calendrier de «pâturage ciblé», dont l'objectif est de contribuer à une meilleure maîtrise des dynamiques végétales indésirables (Léger *et al.*, 1999; Launchbaugh, 2006).

4.3 Mais quels savoirs pour les prendre en compte et les appliquer?

Malgré des rémunérations parfois conséquentes (de 50 à près de 450 €/ha/an, selon les régions et le niveau d'enjeu sur les parcelles), l'engagement des éleveurs ne se fait pas avec grand enthousiasme. La plupart sont même pour le moins désorientés. Il était jusqu'alors recommandé d'alimenter le troupeau en bâtiments ou sur prairies avec des aliments bien référencés. Et soudain, il s'agit de faire pâturer aussi en «terre inconnue», puisque quasiment aucune référence en alimentation ne traite des parcours et, aussi, que la mémoire de leurs usages a été perdue. Qu'y a-t-il là-haut comme fourrages comestibles? Combien y en a-t-il, quelle est leur valeur fourragère et, si valeur il y a, pourra-t-elle satisfaire, non seulement à la survie des animaux, mais surtout à leur croissance et à leur production zootechnique? Autant de questions auxquelles l'abondante littérature technique d'élevage ne répond pas, toute consacrée qu'elle est depuis trente ans à l'alimentation à partir de fourrages cultivés, céréales, soja et sous-produits. Quelques écrits scientifiques épars existent au sujet du pâturage sur parcours, mais ils ne sont pas aisément «vulgarisables», car ils traitent généralement de thèmes pour le moins étranges au regard du modèle industriel d'élevage: fonctionnalité des combinaisons de parcelles, comportement social au sein des troupeaux, effet des associations de toxines de plantes sur l'ingestion...

Les références et les recommandations techniques n'existant plus aux sources habituelles, les éleveurs, leurs structures d'appui technique, mais aussi les gestionnaires de milieux naturels, se décident à regarder du côté des éleveurs «hors norme», utilisateurs persistants de parcours et donc très marginalisés lors de la période précédente, ainsi que de quelques bergers expérimentés. Mais ces éleveurs se révèlent étonnants car, contrairement aux *a priori*, beaucoup élèvent des troupeaux de races génétiquement améliorées et leurs performances zootechniques sont similaires à celles obtenues à partir de fourrages cultivés. Ils ajustent finement l'usage des parcours au niveau de leurs calendriers de pâturage, en successions ou en combinaisons avec des prairies cultivées, et les périodes de pâturage sur parcours ne sont pas synonymes de baisses de performances zootechniques (Meuret *et al.*, 1995). Quant aux bergers, certains se construisent de riches référentiels empiriques à partir d'une observation constante et répétée de l'état des relations perçues entre le troupeau et les ressources du territoire de garde (Ravis-Giordani, 1983 ; Landais et Deffontaines, 1988).

Depuis une vingtaine années, des travaux de recherche et de développement menés en France ont tenté de rendre intelligible, puis enseignable, le savoir-faire d'éleveurs et bergers devenus experts, et d'en évaluer les performances dans la maîtrise de l'alimentation des troupeaux et du renouvellement des ressources de parcours (Hubert, 1991b ; Landais et Balent, 1993 ; Institut de l'Élevage, 1999 ; Guérin *et al.*, 2001). Dans le cas du gardiennage sur parcours avec un berger, ce savoir-faire s'exprime dans la structuration du territoire en « quartiers » et « secteurs » de pâturage (voir chapitre 4), puis dans la conception de « circuits de pâturage » favorisant des synergies alimentaires entre secteurs successivement pâturés au cours des repas (Meuret, 1993 ; voir également chapitre 8). Face à l'hétérogénéité d'un espace de parcours, les bergers ne cherchent pas à repérer les quelques secteurs homogènes et de qualité pour y réaliser les repas. Au contraire, ils misent sur les effets bénéfiques sur l'appétit du troupeau d'un enchaînement de ressources très différentes, et cette pratique les incite à utiliser des territoires diversifiés. Ce qui tranche particulièrement par rapport aux modèles d'alimentation à l'auge ou en prairies, c'est que, plutôt que de chercher à réduire le comportement sélectif des animaux, les bergers visent à utiliser l'expression prévisible de ce comportement tel un « outil » leur permettant de maîtriser au mieux la nature et les lieux des prélèvements alimentaires durant la journée. Ceci leur permet d'orienter en même temps l'impact du pâturage sur des végétations cibles, dont les dynamiques de colonisation sont à mieux contrôler, une pratique qui peut donner lieu à des cahiers des charges contractuels.

Un problème cependant : les mesures PAC relatives à l'environnement s'adressent aux responsables d'exploitations agricoles, et les contrats sont à signer avec eux. Or, il est fréquent que des éleveurs, les plus jeunes notamment et surtout ceux qui emploient *« un bon berger »*, délèguent à ce dernier la charge concrète de mener le troupeau sur parcours. Occupés à bien d'autres activités sur l'élevage, ces éleveurs ont perdu beaucoup du savoir-faire pastoral de leurs parents, savoir-faire aux mains des bergers et dont dépend beaucoup la réussite des contrats. Il apparaît ainsi opportun d'impliquer les bergers dans la conception des mesures et des contrats de pâturage, mais cela ne peut se faire sans une sérieuse revalorisation du statut des bergers salariés (voir chapitre 2).

Conclusion : pour des pratiques de recherche « subjectives »

La recherche scientifique a souvent accompagné plutôt qu'anticipé les grandes transformations économiques et sociales du monde agricole. Elle a parfois plus formalisé des savoir-faire « indigènes » que réellement « inventé » de nouvelles pratiques. Les grands agronomes des XVIIIe et XIXe siècles ont théorisé les principes de la fertilisation organique, alors que l'agriculture européenne avait déjà en grande partie permis l'essor démographique, et ils basaient leurs analyses sur la rationalisation de la comparaison des performances des systèmes de production déjà établis (Young, 1909). C'est paradoxalement à l'époque même où la chimie organique connaît ses plus grands développements, que la révolution des transports et l'essor des relations marchandes en rendent inutile l'application à la production agricole et lui font préférer la fertilisation minérale.

Au XXe siècle, il est par contre incontestable que la recherche agronomique a élaboré les bases scientifiques et techniques du formidable développement des productivités végétale et animale par voie génétique. Cela a permis à beaucoup de secteurs agricoles de répondre rapidement et adéquatement à la généralisation du monde de la marchandise (Polanyi, 1944). Cela a également conduit à quelques échecs retentissants, lorsque l'encadrement technologique ne suffisait pas à vaincre à la fois les pratiques traditionnelles et les aléas climatiques. Ainsi, quelques «révolutions vertes» et quelques «races améliorées», vendues du Nord au Sud, n'ont pas survécu à l'inéquation du simple transfert technologique, car il n'y avait ni politique d'accompagnement volontariste, ni prise en compte des savoirs locaux préexistants. Il en est résulté la marginalisation d'une partie de la planète, voir même l'identification de «zones difficiles» en Europe, tels les parcours, où les agriculteurs se voient attribuer des aides au titre de leurs «handicaps naturels»[2].

Aujourd'hui, la maîtrise des génotypes, la prévision des comportements animaux et végétaux, ainsi que le recours massif aux produits de synthèse, rendent possible une production agricole hors-sol bien contrôlée et très indépendante des conditions locales. Mais l'évolution sociale et politique conduit au même moment à affecter aux agriculteurs de nouvelles missions, leur imposant non seulement de se redéployer sur les territoires ruraux délaissés, mais d'y développer des pratiques «favorables à l'environnement», minimisant les impacts négatifs et maximisant les positifs, en particulier pour ce qui concerne le maintien ou l'accroissement de la richesse biologique. Face à cette évolution, les méthodes et connaissances de l'agronomie moderne sont d'abord apparues peu opératoires. Puis la science expérimentale s'est rapidement ressaisie devant ces nouvelles «demandes sociales». Il est question aujourd'hui d'évaluer le bien-être animal en élevage extensif, de remettre au goût du jour des espèces d'herbivores rustiques, en vertu de leurs capacités à résister aux intempéries et aux terrains accidentés, et de formuler des additifs alimentaires permettant de mieux digérer certains fourrages de parcours. Mais peu de propositions de recherche se sont vraiment donné les moyens de traiter ce changement de nature des objets étudiés. Par exemple, en s'intéressant au comportement des troupeaux sur parcours afin de faire de leurs aptitudes comportementales un allié au regard de ces nouvelles finalités ; ou bien en encourageant les capacités d'apprentissage des animaux existants à consommer ce qui leur convient, quelle que soit leur race, plutôt que de relancer des programmes génétiques coûteux et incertains. Une autre question n'est-elle pas d'avoir l'audace de reconsidérer certains modes d'élevage et d'alimentation trop artificialisés, pour s'éviter des effets systémiques indésirables (tels que maladies émergentes, émissions de gaz à effet de serre…), plutôt que d'essayer sans fin de les traiter *end of pipe* ?

Le nouveau cours de la politique agricole européenne «écologisée» ne serait-il pas une bonne occasion pour rompre avec la tradition séculaire d'une recherche agronomique trop sectorielle, focalisée sur son souci d'«objectivité» ? Elle pourrait participer pleinement à l'émergence de nouveaux compromis dans les rapports de l'agriculture à la société et poser des questions originales, aussi bien sur la faisabilité technique des nouveaux projets que sur la qualité de leur inscription dans les sociétés locales.

---

2. Ainsi, les zones marginalisées par la modernisation de l'agriculture bénéficient de compensations dans le cadre de la PAC, avec la mesure dite «Indemnité de compensation des handicaps naturels» (ICHN).

Il devient en effet nécessaire et urgent de poser de nouveaux regards sur les activités techniques agricoles, du fait même des nouvelles conceptions quant aux «valeurs des territoires» (Thompson, 1995). En un peu plus d'un siècle, nous sommes passés d'une diversité de faisceaux de droits locaux à des réglementations nationales imposées au nom de l'intérêt général, puis désormais à des engagements communautaires ou internationaux dans le cadre de conventions internationales qui s'appliquent sur l'ensemble de la planète, comme celles qui visent à réduire l'érosion de la biodiversité ou à accompagner l'adaptation au changement climatique. Les sociétés ont changé, mais les milieux également, même s'ils conservent leurs dynamiques propres, certes sous influence des actions de l'homme. Les territoires ruraux, marqués autrefois par la diversité des activités exercées par les hommes pour en produire leurs ressources, puis simplifiés à l'extrême sous l'effet de quelques modèles techniques performants, retrouvent aujourd'hui un intérêt pour la diversité de leurs fonctionnalités, desquelles dépendent les grands équilibres écologiques d'une planète devenue très humanisée. Cela devrait motiver le décloisonnement des disciplines scientifiques, en privilégiant les démarches interdisciplinaires entre sciences de la Nature, de la Technologie et de l'Homme et de la Société.

De telles recherches pourraient avoir pour ambition d'être directement opératoires pour les acteurs concernés : agriculteurs, gestionnaires de milieux et décideurs politiques (Osty, 1993). Elles doivent alors concevoir des méthodologies qui s'articulent à trois points de vue : 1) les représentations des praticiens de terrain quant à leurs milieux et aux raisons de leurs activités ; 2) la modélisation des processus observés en situation ; 3) Les acquis des recherches analytiques expérimentales. Par exemple, pour ce qui concerne l'alimentation sur parcours, un thème de recherche privilégié concerne l'action de «piloter l'ingestion des ressources de moindre appétibilité» (Meuret, 1993). L'acte de rationner le troupeau est considéré, à la fois, dans ses aspects biologiques (*processus d'ingestion*) et dans ses aspects organisationnels (*faire ingérer*). En observant le processus d'ingestion aux échelles de temps et d'espace qui sont perceptibles par les bergers, le scientifique reste cohérent avec leurs propres représentations. Cela conduit à se focaliser sur un nouvel objet de recherche[3] : le circuit de pâturage, et ses effets sur la cinétique des repas quotidiens, car le circuit est l'objet des pratiques du berger. L'étude de cet objet renvoie des questions, aussi bien dans le champ de l'analyse spatiale des dynamiques territoriales (géographie et écologie du paysage), que dans celui de la compréhension des facteurs externes, ou facteurs circonstanciels, d'appétit (nutrition animale).

De tels nouveaux objets de recherche sont issus de démarches interdisciplinaires volontairement «subjectives», car liées au sujet agissant, chercheur aussi bien qu'éleveur ou berger (Albaladejo *et al.*, 2009). L'information de ces objets permet d'identifier des questions que les démarches objectives traditionnelles risquent de trop négliger, comme les considérations éthiques visant les activités d'élevage, la gestion de la performance de l'ensemble d'un troupeau ou les valeurs sociales collectives ou individuelles dans l'utilisation des parcours.

---

3. Un objet de recherche est une construction intellectuelle du chercheur nettement plus délimitée qu'un thème de recherche. Il comprend une problématique scientifique insérée dans une perspective théorique, ainsi que la démarche permettant de mettre à l'épreuve les hypothèses. Le terme «objet» conduit à définir ce qui sera concrètement étudié et à en évaluer la faisabilité ; on peut ainsi constater que des objets de recherche peuvent être, soit trop larges et mal délimités, donc non traitables, soit trop petits et portés par une problématique assez pauvre car relevant du sens commun.

Si, en cinquante ans à peine, les savoirs sur le vivant se sont ainsi déplacés des campagnes vers les laboratoires, n'est-il pas temps de rapprocher des formes de connaissances qui se révèlent complémentaires ? Sinon, on risque de s'étonner quand on assiste, dans le monde agricole tout particulièrement, à une rupture entre des inventions de plus en plus audacieuses et des praticiens de terrain de moins en moins associés à leur production, et vus comme des applicateurs malheureusement pas toujours enthousiastes ! N'y a-t-il pas urgence à élaborer de nouveaux espaces d'interaction entre chercheurs et praticiens, avant que les derniers savoirs pratiques n'aient disparu au profit de principes et de recettes spécifiques à chaque problème ? Cet ouvrage traitant des pratiques de bergers devrait y contribuer.

Bibliographie

ALBALADEJO C., HUBERT B. et ROCHE B., 2009. «Chercheurs en situation de partenariat : prescrire la subjectivité. Réflexions à partir du programme de pérennisation de l'agropastoralisme au Pays Basque». *In :* BÉGUIN P. ET CERF M., dir., *Dynamique des savoirs, dynamiques des changements,* Octarès, Toulouse, 131-154.

BOLTANSKI L. et THÉVENOT L., 1991. *De la justification. Les économies de la grandeur.* Éditions Gallimard.

BROSSIER J., BRUN A., DEFFONTAINES J-P., FIORELLI J-L., OSTY P-L., PETIT M., ROUX M., LECLERC V., 2008. *Quels paysages avec quels paysans ? Les Vosges du Sud à 30 ans d'intervalle,* éditions Quæ, Versailles, 126 p.

BULLER H., 1995. «Regards croisés : Angleterre, Irlande, France». *In :* ALPHANDÉRY P., BILLAUD J.-P. (coord.), «Cultiver la Nature». *Études Rurales* 141-142, 171-174.

CHABERT J-P., LÉCRIVAIN E., MEURET M., 2002. «Livestock farmers, researchers and scrub». *In : Inra faced with sustainable development: landmarks for the Johannesburg conference. Dossiers Environnement Inra,* éditions ME-S Inra, Paris, 22, 135-141 (http://www.inra.fr/dpenv/do22-e.htm).

DEVERRE C. et HUBERT H., 1994. «Agriculture et Environnement : derrière un nouveau slogan, de nécessaires reformulations pour la recherche». *In :* SÉBILOTTE M. (dir.) *Systems-Oriented Research in Agriculture and Rural Development. Int. Symp.,* Montpellier, 483-488.

DEVERRE C., 2005. «Les dispositifs réglementaires et institutionnels pour la gestion des usages agricoles du territoire. De l'aménagement au ménagement». *In :* LAURENT C., THINON P. (dir.), *Agricultures et Territoires,* Hermès-Science, 269-281.

DEVERRE C. et DE SAINTE MARIE C., 2008. «L'écologisation de la politique agricole européenne. Verdissement ou refondation des systèmes agroalimentaires». *In : Revue d'Études en Agriculture et Environnement/Review of Agricultural and Environemental Studies,* 89, 4 (sous presse).

DION R., 1991 (première édition 1934). *Essai sur la formation du paysage rural français,* Flammarion.

EYCHENNE C., 2006. *Hommes et troupeaux en montagne. La question pastorale en Ariège,* L'Harmattan, 311 p.

GUÉRIN G., BELLON S., GAUTIER D., 2001. «Valorisation et maîtrise des surfaces pastorales par le pâturage», *Fourrages,* 166, 239-256.

HUBERT B., 1991a, «Changing Land Uses in Provence : Multiple Use as a Management Tool». *In : Land Abandonment and its Role in Conservation,* Options méditerranéennes, Série Séminaires, 15, 31-52.

HUBERT B., 1991b. «Comment raisonner de manière systémique l'utilisation du territoire pastoral ?». *In :* GASTON A., KERNICK M., LE HOUÉOU H-N. (ed.), *Proc. IVth Intern. Rangeland Congress,* Montpellier, 3, 1 026-1 043.

HUBERT B., RIGOLOT E., TURLAN E. and COUIX N., 1993. «Forest Fire Prevention in the Mediterranean Region : New Approaches to Agriculture-Environnement Relations». *In :* BROSSIER J. et DE BONNEVAL L. (ed.), *Systems Studies in Agriculture and Rural Development,* Inra Press, Paris, 63-86.

Institut de l'Élevage, 1999. *Référentiel pastoral parcellaire*, Paris, 30 p. + 405 fiches techniques.

Jarrige R. (dir.), 1978. *Alimentation des ruminants*. Versailles, éditions Inra Pub., 621 p.

Joffre R., Hubert B. et Meuret M., 1991. «Les systèmes agrosylvopastoraux méditerranéens : réflexions à propos de la gestion des espaces fragiles». *Dossier MAB 10*, Paris, UNESCO.

Juillard E. (dir.), 1976. *Histoire de la France rurale*, vol. III : 1789-1914, éditions du Seuil.

Kuhnholtz-Lordat G., 1944. «La Silva, le Saltus et l'Ager de garrigue». *Ann.* ENSA Montpellier, XXVI, IV, 1-84.

Landais E., Deffontaines J.-P., 1988. *André L. : un berger parle de ses pratiques*, Doc. Inra SAD Versailles, 111 p.

Landais E., Balent G. (eds), 1993. «Pratiques d'élevage extensif : identifier, modéliser, évaluer», *Études et recherches sur les systèmes agraires et le développement*, 27, 389 p.

Launchbaugh K. (éd.), 2006. *Targeted grazing : a natural approach to vegetation management and landscape enhancement. American Sheep Industry Association*, USA, 208 p.

Léger F., Bellon S., Meuret M., Chabert J.-P., Guerin G., 1999. *«Technical approach to local agro-environmental operations : results and means». In :* Rubino R., Morand-Fehr P. (ed.), *Options méditerranéennes*, Série A, 38, 163-167.

Leroy A., 1943. *Élevage rationnel des animaux domestiques : zootechnie générale*, Encyclopédie des Connaissances agricoles, éditions Hachette, 364 p.

Meuret M., 1993. «Piloter l'ingestion au pâturage». *In :* Landais E. (ed.), «Pratiques d'élevage extensif : identifier, modéliser, évaluer», *Études et recherches sur les systèmes agraires et le développement*, 27, 161-198.

Meuret M., Bellon S., Guérin G., Hanus G., 1995. «Faire pâturer sur parcours», *Rencontres Recherches Ruminants*, 2, 27-36.

Meuret M., 2006. *Pages de garde : les raisons de garder les chèvres*. Film documentaire, DVD Inra Audiovisuel, 30 min.

Micoud A., 2003. «Ces bonnes vaches aux yeux si doux». *Communications*, 74, 217-237.

Osty P.L., 1993. «*The Farm Enterprise and its Environment : Proposals for Structuring an Appraisal of Strategy». In :* Brossier J. et de Bonneval L. (ed.), *Systems Studies in Agriculture and Rural Development*, éditions Inra, 360-372.

Pinton F., Alphandéry P., Billaud J.-P., Deverre C., Fortier A., Geniaux G., 2006. *La construction du réseau Natura 2000 en France*, La Documentation Française, 249 p.

Polanyi K., 1944. *The great transformation : the political and economic origins of our time*, New-York, USA, Rinehart & Company.

Poux X., Narcy J.-B., Ramain B., 2009. «*Le saltus* : un concept historique pour mieux penser aujourd'hui les relations entre agriculture et biodiversité», *Courrier de l'Environnement de l'INRA*, 57, 23-34.

Ravis-Giordani G., 1983. *Bergers corses : les communautés villageoises du Niolu*, Edisud, 512 p.

Thompson P.B., 1995. *The spirit of the Soil : Agriculture and Environmental Ethics*, Routledge, London, 196 p.

UNESCO, 2005. *Ecosystems and Human Well-being. Global Assessment Reports*, Island Press, Washington, DC.

Vissac B., 2002. *Les vaches de la République : saisons et raisons d'un chercheur citoyen*, éditions Inra, collection Espaces ruraux, 505 p.

Weber E., 1976. *Peasants into Frenchmen. The Modernization of Rural* France, 1870-1914, Stanford California, Stanford University Press, 615 p. (Édition française : *La fin des terroirs. La modernisation de la France rurale*. 1870-1914, Librairie Arthème Fayard/Éditions Recherches, 1983, 844 p.).

Young A., 1909. *Arthur Young's Travels in France during the Years 1787, 1788, 1789,* éditions Miss Betham-Edwards, Londres George Bell and Sons, (http://oll.libertyfund.org/files/292/0455_Bk_SM. pdf) (first edition : 1792, édition française : *Voyages en France*, A. Colin, 1976).

Chapitre 2

Où en sont les bergers aujourd'hui?

Jean-Pierre LEGEARD, Michel MEURET,
Patrick FABRE et Jean-Michel GASCOIN

1. Qu'est-ce qu'un berger?

1.1 Plus qu'une sentinelle

Le qualificatif de «berger» a une origine ancienne et une acception en principe univoque: c'est une personne qui garde les moutons. Son origine étymologique remonte au XIIe siècle: «bergier» signifiait alors «gardien», tiré du latin populaire «*berbicarius*», dérivé de «*berbex*», brebis. Des textes anciens font référence aux bergers et à leurs compétences. Sous forme d'allégories dans les écrits bibliques: «*Le bon pasteur connaît ses brebis, et ses brebis le connaissent*» (Ezéchiel 34) et «*[…] je donne ma vie pour mes brebis. […] Je dois aussi les conduire; elles écouteront ma voix, et elles deviendront un seul troupeau avec un seul berger*» (Jean 10). En France, le premier écrit technique est un *Traité de l'état, science et pratique de bergerie et garde des brebis et bêtes à laine* commandé en 1379 par Charles V, Roi de France, à un berger autodidacte venu à Paris (Jehan de Brie, 1542). Des *Instructions pour les bergers* furent ensuite publiées en 1795 par un professeur du Muséum d'histoire naturelle: «*[…] Un berger instruit et soigneux qui gouverne un grand troupeau est occupé presque continuellement à le bien conduire pendant le jour, à le faire parquer pendant la nuit, à le nourrir pendant la mauvaise saison et le tenir proprement, à traiter les maladies, etc. Aussi les bergers ont de bons gages dans les pays où l'on a soin des bêtes à laine; ils sont bien payés, lorsqu'ils savent leur métier et qu'ils l'exercent soigneusement*» (Citoyen Daubenton, An III).

De ces écrits anciens, on retient que le travail du berger ne se limite pas à «*faire manger*» le troupeau en pratiquant la garde. Il consiste plus largement à en surveiller l'état général, le comportement, à repérer et soigner les brebis malades, mais aussi à organiser le pâturage dans le temps et dans l'espace afin de gérer au mieux les ressources pastorales. Il consiste parfois aussi à traire et à fabriquer les fromages. Le berger doit donc aimer vivre auprès du troupeau, développer une empathie avec les brebis, savoir interpréter leurs attitudes et en saisir les habitudes, afin d'en «*devenir* [le] *guide habile*» (Landais et Deffontaines, 1988). Seuls les bergers ayant acquis la «*passion des bêtes*», «*l'instinct du troupeau et de la montagne*» sont considérés au sein de leur profession comme de bons bergers (Mallen, 1995 ; Lassalle, 2007). Si la fonction première de sentinelle demeure, que rappelle l'usage du bâton, le métier de berger se diversifie aujourd'hui à vive allure : entretien des équipements pastoraux, restauration de ressources environnementales, cohabitation avec les randonneurs, défense vis-à-vis des prédateurs. C'est pourquoi certains bergers désireraient à présent se voir plutôt qualifiés de «techniciens d'alpage» (SEA Savoie et Haute-Savoie, 2001). Ceci renvoie au besoin de requalification du métier, question que nous aborderons en fin de chapitre.

Il n'y a pas si longtemps en France, «le berger» était souvent, soit le petit dernier de la famille à qui on confiait la garde du troupeau à défaut de lui apprendre un autre métier, soit l'enfant recueilli dont le travail auprès des brebis justifiait de lui offrir le gîte et le couvert, soit encore l'immigré sans famille, venu d'un pays dont la réputation est de fournir de longue date des bergers compétents, notamment l'Italie et l'Espagne. Comme dans bien d'autres pays du monde, ceux-ci «faisaient le berger» auprès d'un ou de plusieurs propriétaires de moutons, tant que l'âge et la santé le permettaient. Pour passer au rang «d'éleveur», il leur fallait, et il leur faut encore aujourd'hui, non seulement devenir propriétaire d'un troupeau, mais aussi et surtout de terres agricoles.

Lorsqu'on est ou que l'on devient éleveur, il n'est toutefois pas exclu de pratiquer la garde. Il y a ainsi des éleveurs qui gardent, aux côtés des bergers spécialisés et non éleveurs, et d'une kyrielle de cas intermédiaires. Ainsi, il est difficile de qualifier strictement ce qu'est un «berger». Pour notre part, nous faisons le choix d'en revenir à la définition première : un berger est «*celui qui pratique la garde d'un troupeau de moutons*». Ne seront donc pas considérés ici ceux dont la conduite du troupeau au pâturage se déroule exclusivement en parcs clôturés. Par contre, nous évoquerons les «chevriers» pratiquant la garde. Enfin, vu le propos de l'ouvrage, nous ne traiterons pas ici de ceux qui conduisent des bovins, que l'on devrait appeler «vachers» mais qui en certaines régions, dans les Alpes françaises et suisses, se désignent également comme «bergers».

1.2 Onze catégories de bergers et chevriers

En France, la garde de troupeaux ovins et caprins est assurée aujourd'hui par une diversité de praticiens. Comme nous le verrons ensuite, ceci contribue à la grande difficulté de recensement de leurs effectifs.

Nous proposons figure 1 une typologie simplifiée des praticiens de la garde de troupeaux. Quatre distinctions sont d'abord liées à leur origine : Éleveur qui Garde (EG), Éleveur-Berger Sans Terre (EBST), Berger Salarié (BS) et Aide-Bergers (AB). Une autre distinction vient ensuite : sédentaire ou transhumant (indices s ou t). Sédentaire signifie utilisateur à l'année d'un territoire pastoral circonscrit aux abords d'une habitation unique et de sa ou de ses bergeries. Transhumant signifie ici une personne qui déplace durant une ou plusieurs saisons son siège d'habitation afin de garder au pâturage tout ou partie d'un troupeau, ou un troupeau collectif constitué pour l'occasion. Contrairement au nomadisme, ce déplacement s'effectue généralement d'une seule traite. La transhumance peut être locale (quelques kilomètres) ou lointaine (jusqu'à plusieurs centaines de kilomètres, dite grande transhumance). Elle peut s'effectuer, non seulement en haute montagne durant l'été (estive), mais aussi en plaine ou dans les piedmonts durant l'hiver (transhumance hivernale). Des éleveurs des Alpes ou des Pyrénées qui transhument localement et vivent à l'année en montagne ne tiennent pas à être qualifiés de «transhumants», afin de se différencier de ceux dont le troupeau vient pour une saison seulement d'autres régions que la leur.

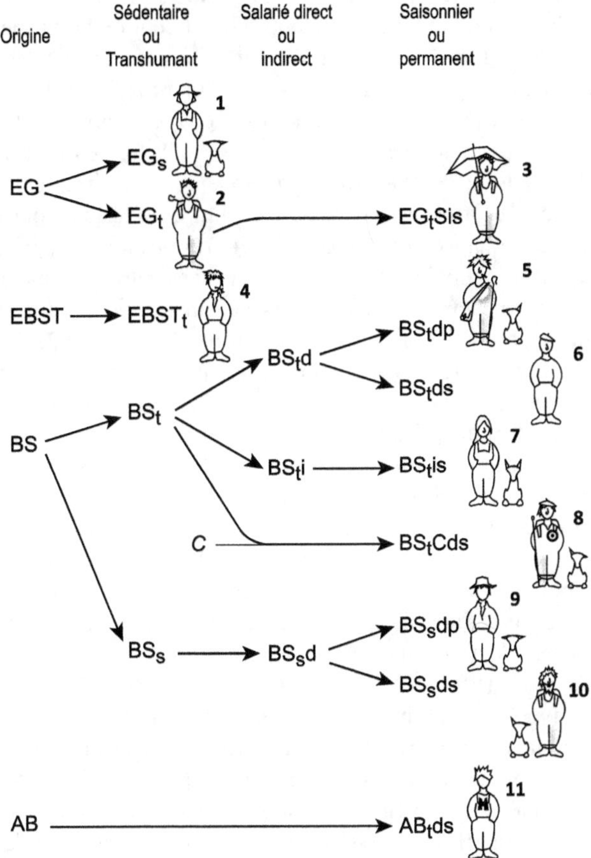

Figure 1. Typologie simplifiée des 11 catégories de praticiens de la garde de troupeaux ovins et caprins, identifiés selon 4 critères de discrimination (voir le texte pour la signification des codes).

Un éleveur qui garde peut donc être, selon notre terminologie, soit sédentaire (EGs), soit transhumant (EGt). Le sédentaire est souvent un éleveur disposant d'un troupeau de petit ou moyen effectif (ex. 200 à 400 brebis allaitantes environ), mené aux côtés d'autres activités. C'est aussi le cas de chevriers, notamment ceux valorisant très bien leurs fromages fermiers (40 à 70 chèvres environ). Leur territoire pâturé est habituellement géré en parcs clôturés dressés sur terres cultivées, prairies permanentes et parcours. Toutefois, lorsque les ressources des parcs s'avèrent insuffisantes ou trop saisonnières, l'éleveur choisit alors d'économiser son foin et de pratiquer la garde. Lorsque ses ressources propres sont épuisées, et après autorisation, il peut utiliser des terres communales, celles de ses voisins non éleveurs, voire celles de forestiers. Il n'est pas rare également qu'il utilise des terres dont les propriétaires, vivant à présent en ville, ignorent jusqu'à l'existence. Le cas de l'éleveur transhumant pratiquant uniquement la garde de son propre troupeau en estive est peu fréquent. Les raisons en sont qu'il a au même moment à faire les foins, mais aussi qu'il est économiquement préférable de se regrouper avec d'autres éleveurs afin de salarier un berger saisonnier. Des formes juridiques spécifiques, sur lesquelles nous reviendrons, encouragent en effet depuis 1972 les organisations collectives.

Le cas de l'éleveur-berger sans terre (EBST), appelé «herbassier» en Provence, tend à se raréfier. Il s'agit d'un berger propriétaire d'un effectif de brebis permettant de tirer un revenu suffisant. Toutefois, pour des raisons liées au coût d'achat des terres, mais aussi parfois éthiques (cf. le slogan «*La terre à ceux qui la travaillent*», formulé en réaction à l'enfrichement des terres agricoles non utilisées; Leroy et Gaubert, 2000), ils ne sont pas propriétaires, ni durablement locataires, des terres qu'ils font pâturer. Ils sont pour ainsi dire tous transhumants (EBSTt) et leur pratique demeure apparentée au nomadisme, un mode de vie précaire et souvent déconsidéré en France. Plusieurs ont toutefois réussi à tisser un réseau de confiance auprès de propriétaires des terrains, privés ou publics. La limite est ici de nature humaine car, dans un pays sans culture nomade, il n'est pas rare d'échouer à fonder une famille lorsque persiste l'incertitude quant aux conditions du prochain lieu de vie, notamment en hiver (Benarous et Sourd, 2002).

Le cas du berger salarié (BS) demeure fréquent, mais plusieurs distinctions sont à faire. Le berger peut être salarié d'un éleveur, ce dernier étant lui-même, soit transhumant (BSt), soit sédentaire (BSs). Il peut être alors, soit salarié direct de cet éleveur (BStd et BSsd), soit salarié indirect de plusieurs éleveurs transhumants (BSti) associés au sein d'un groupement pastoral. En tant que salarié direct, il peut être, soit salarié permanent (BStdp et BSsdp), soit salarié saisonnier (BStds et BSsds). Tous les bergers salariés indirects sont des salariés saisonniers de groupement pastoral (BStis). Enfin, existe le cas du berger salarié communal, notamment lorsque la commune (C) comporte une station de ski où il s'agit de bien rabattre l'herbe durant l'été afin de prévenir le risque d'avalanches. Ce berger a généralement la charge d'un troupeau issu de plusieurs éleveurs transhumants (BStCds).

Enfin, notre typologie serait incomplète si nous omettions le cas récent des aides-bergers (AB) recrutés sur cofinancement de l'État français et de l'Union européenne afin d'aider à protéger les troupeaux contre les attaques de prédateurs. Ils sont tous salariés directs saisonniers, soit d'éleveurs transhumants, soit d'un groupement pastoral (ABtds). Les bergers salariés professionnels ne les considèrent généralement pas comme leurs analogues, leurs tâches étant limitées en théorie à gérer les parcs de nuit électrifiés et à y veiller le troupeau en compagnie des chiens de protection (voir chapitre 11). Des bergers savoyards ont d'ailleurs proposé de les nommer plutôt «auxiliaires de prévention» (SEA Savoie et Haute-Savoie, 2001).

À ce stade, notre typologie ne tient pas compte des changements de statut pouvant survenir en cours d'année, ce qui la diversifierait plus encore et peut-être excessivement. Mentionnons juste le cas assez fréquent d'un éleveur (EGt) devenant, le temps d'une estive, salarié indirect employé par un groupement pastoral (EGtSis), groupement auquel il contribue lui-même en intégrant ses brebis au troupeau collectif. Mais d'autres cas existent, par exemple celui d'un berger salarié indirect en été d'un groupement pastoral (BStis) qui, aux autres saisons, devient berger salarié direct d'un éleveur.

En définitive, nous identifions onze catégories de praticiens (numéros 1 à 11, fig. 1). Mais ceci sans tenir compte, rappelons-le, des changements statutaires pouvant intervenir en cours d'année.

Suivant notre définition du berger, nous n'avons également pas tenu compte de ceux dont l'occupation parfois exclusive consiste à traire le troupeau et à fabriquer des fromages.

D'autre part, la comptabilisation des aides-bergers peut être jugée discutable, car ceux-ci ne contribuent qu'à une fraction particulière des activités de garde.

2. Le périlleux recensement des bergers

Combien y a-t-il aujourd'hui de bergers en activité en France ? Quels sont leurs origines, âges, sexes, statuts familiaux et niveaux de formation ? Ce sont des questions auxquelles nous ne pouvons malheureusement répondre.

L'administration des services statistiques nationaux, ainsi que celle des impôts, recensent les éleveurs, ceux à plein-temps et ceux dits « pluriactifs », mais il n'est jamais détaillé s'ils pratiquent ou non la garde. Quant aux statistiques concernant les salariés saisonniers en agriculture, la catégorie des bergers est actuellement fondue, tout comme celle des vachers ou porchers, dans celle des « salariés saisonniers d'exploitations agricoles », au sein de laquelle les bergers n'occupent qu'une place minime aux côtés des gros bataillons recrutés par le maraîchage, l'arboriculture et la viticulture (ex. près de 20 000 saisonniers agricoles estimés en 2007 pour le seul département du Vaucluse). Si des bergers saisonniers s'inscrivent parfois à l'Agence nationale pour l'emploi, il est peu fréquent qu'ils le fassent en mentionnant leur activité de garde de troupeau, car ce qu'ils recherchent, ce sont avant tout des possibilités d'emploi hors saison d'estive. De plus, les modalités de recrutement des bergers en estive restent dominées par des usages qui échappent pour la plupart aux administrations. Enfin, et c'est peut-être la principale difficulté du recensement, la population de bergers salariés reste de nature assez intermittente. D'une estive à l'autre et d'une année à l'autre, elle connaît un fort renouvellement, même si certaines situations témoignent d'une stabilité sur plus de dix ans. Une fois la saison d'estive achevée, des bergers salariés quittent le département, voire même la région, à la recherche d'emplois dans divers autres secteurs d'activité, et ceci jusqu'à l'année suivante.

2.1 Les enquêtes pastorales

Des efforts ont été déployés en France depuis près de quarante ans afin de mieux cerner la pratique et les lieux du pastoralisme, notamment en zones de montagne. Les Régions Provence-Alpes-Côte d'Azur (PACA) et Rhône-Alpes (RA) ont fait réaliser leurs atlas pastoraux (Ernoult et Favier, 1997 ; Ernoult *et al.*, 1999), sous la responsabilité des services statistiques du ministère de l'Agriculture (Landrot, 1999). Des enquêtes spécifiques sur les bergers furent menées entre 1995 et 1997 avec l'aide du Cerpam, le service pastoral PACA (Legeard, 1996, 1999 et 2003). Sur le massif des Pyrénées, réparti sur plusieurs régions, une enquête pastorale a été réalisée en 1999 puis, nouveaux outils informatiques aidant, un Système d'information géographique (SIG) spécialisé est à présent en libre accès sur internet, permettant de consulter les données liées aux estives du massif (Roucolle et Plainecassagne, 2003). Toutefois, seules y sont à ce jour cartographiées les estives gérées collectivement (APEM, 2007). La Corse a également procédé en 1999 au recensement de son vaste domaine pastoral d'altitude, où la transhumance demeure une pratique vivante (Dubost, 2000). Enfin, les cinq parcs nationaux (PN) et quatorze parcs naturels régionaux (PNR) où se pratique le pastoralisme, et notamment la garde de troupeaux ovins, font régulièrement de même, et ceci sur un total de 3.10^6 hectares.

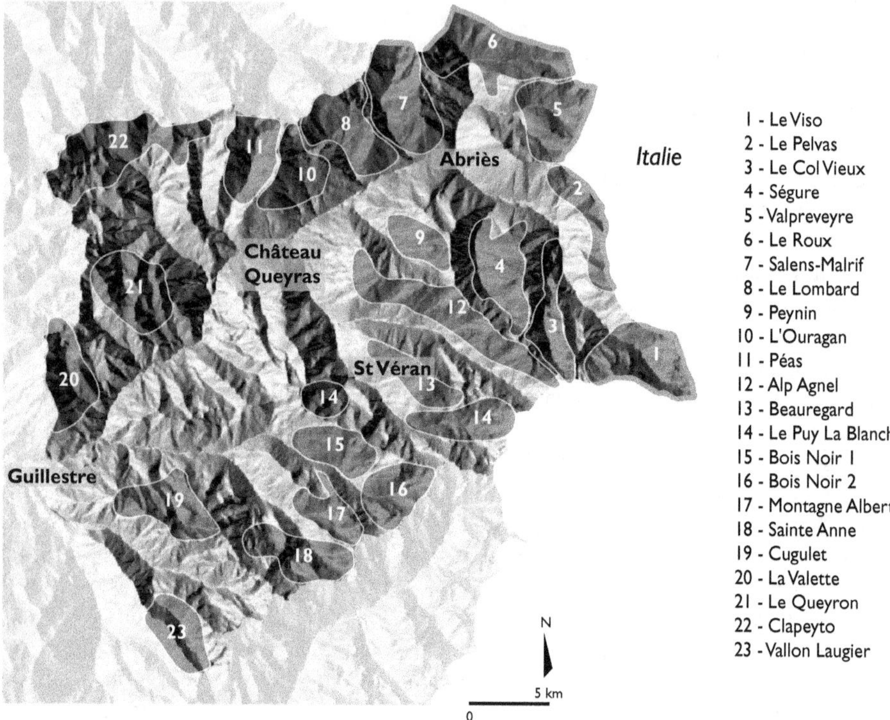

Figure 2. Les 23 unités pastorales ovines localisées dans le périmètre du parc naturel régional du Queyras, période 2002-2005. (D'après : Vincent M., 2007. Données topographiques source : NASA/NGA/USGS public domain – adapté par : Cellule SIG base de données, INRA URFM Avignon).

Les enquêtes pastorales ont eu pour principal objectif de localiser les « unités pastorales » (UP), espaces agricoles n'étant généralement pas comptabilisés dans les recensements généraux de l'agriculture (voir exemple des UP du parc naturel régional du Queyras, fig. 2). La définition des UP et de leurs catégories date des premières enquêtes nationales conduites sur chaque commune en 1972 (Martinand, 1991). Ces enquêtes ont été tout d'abord circonscrites aux estives : « espaces de haute altitude utilisés moins de quatre mois par an ». Depuis 1999, elles ont été étendues aux « espaces de parcours en moyenne et basse altitudes utilisés une grande partie de l'année, y compris en hiver ». Certaines UP situées à cheval sur plusieurs communes ont parfois échappé à ce jour aux enquêtes communales. La définition d'une UP diffère légèrement selon les régions, mais nous en retiendrons ici une simplifiée : « Une UP correspond à tout territoire exclusivement pâturé (hors prairies permanentes et parcelles cultivées) généralement de façon saisonnière en raison des conditions pédoclimatiques ; formant une unité géographique continue, égale ou supérieure à 10 hectares ; parcourue par un même troupeau, ou un même ensemble de troupeaux, conduit par un unique gestionnaire ».

Les bases de données auxquelles se rattachent les cartographies d'UP comportent principalement les informations suivantes : superficie, nature et effectif du troupeau (bovin, ovin, caprin, troupeau mixte…), nature des propriétaires des terrains, nature des gestionnaires (ex. groupement pastoral), saison(s) d'utilisation, nature et état des équipements, dont la ou les cabanes de bergers. Mais ce qui nous importe ici, c'est que plusieurs d'entre elles détaillent également le statut du gestionnaire du troupeau et son mode de conduite : éleveur, berger salarié… ; gardiennage permanent, à mi-temps, épisodique ; troupeau laissé en pâturage libre ou mené en parcs clôturés.

Ces abondantes données ne permettent toutefois pas de recenser de façon fiable les effectifs de bergers, notamment selon nos onze catégories de praticiens (voir précédemment). Il y a plusieurs raisons à cela. Tout d'abord, les bergers ou chevriers de type EG rencontrent souvent quelques difficultés à devoir déclarer à l'administration publique leurs surfaces utilisées pour la garde, ceci au contraire des parcs clôturés. Les exigences actuelles des contrôleurs administratifs obligent en effet à situer chaque année sur fond cadastral, et depuis peu sur photo aérienne, les limites très précises des surfaces utilisées et susceptibles de bénéficier des aides agricoles. Or, si la pratique de garde inclut le strict respect des limites, notamment celles des parcelles des éleveurs voisins, il est souvent irréaliste pour un berger de devoir localiser avec une marge d'erreur de seulement quelques mètres toutes ses limites de secteurs pâturés, avec le nombre précis de jours d'utilisation. C'est la raison pour laquelle, lors de certaines opérations locales agri-environnementales (voir chapitre 1), la pratique de la garde fut d'abord récusée par les administrations, car jugée « trop floue » (Meuret et Chabert, 1999). Une autre raison importante de la difficulté de recensement est que la population de bergers d'estive ne peut être comptabilisée aisément que durant la saison en question. Ainsi, en l'absence de moyens considérables mis en œuvre par les services pastoraux, toute enquête statistique par contact direct se heurte à l'isolement et aux conditions d'accès qui caractérisent les estives et leurs bergers (Legeard, 1996). Certes, on pourrait songer à comptabiliser les cabanes de bergers qui, en France, ne sont pas mobiles. Mais, en réalité, une cabane peut être utilisée par plusieurs bergers, célibataires ou en couple, sans parler des stagiaires bergers, voire de l'aide-bergers sous sa tente de camping. Il y a aussi des cas où un berger enchaîne en saison l'utilisation de plusieurs cabanes, disposées sur différents quartiers de pâturage. Aussi, d'une part une UP peut être parfois gérée par une succession de plusieurs bergers et, d'autre part, deux UP, voire deux troupeaux, peuvent être gérés au fil de la ou des saisons par un même berger. Enfin, sur les parcours de moyenne altitude, l'usage de clôtures est devenu courant, ce qui oblige à soustraire à présent toutes les UP clôturées.

Selon nos estimations, ceci à titre indicatif et sans que cela nous permette d'extrapoler au nombre de bergers en activité, il y aurait environ actuellement un total de 1 200 UP ovines conduites tout ou partie en gardiennage en Provence et dans l'arc alpin (c'est-à-dire depuis le département du Var jusqu'aux Savoies). Sur le même espace, mais en se limitant aux estives, Landrot (1999) en recense 922. Les massifs accueillant des troupeaux mixtes (Pyrénées et Corse) sont naturellement encore plus difficiles à recenser. Selon nous, et ceci à partir de données encore assez disparates, il y aurait sur ces massifs environ 2 000 UP à dominante ovine conduites en gardiennage, dont la majorité concerne plusieurs éleveurs (EGt) se relayant à la garde d'un troupeau collectif, ceci notamment dans les Pyrénées-Atlantiques. En allant rechercher les données issues d'autres régions et également ailleurs qu'en montagne (Massif Central, Jura, Bourgogne, Vosges, Pays de Loire et Lorraine), principalement celles issues des parcs naturels, nous estimons approximativement à 3 600 le nombre total d'UP ovines ou caprines dont le troupeau est conduit tout ou partie à la garde, en montagne, en piedmonts et en plaine.

Confronté aux difficultés de recensement des bergers, le Cerpam a enquêté en régions PACA et RA en 1995 et 1996, en choisissant la voie du questionnaire postal adressé à tous les «responsables d'alpages» identifiés, c'est-à-dire des éleveurs (Legeard, 1996, 1999 et 2003). Dans chaque dossier envoyé, étaient joints trois «questionnaires berger», non cachetés par souci de transparence, dont la distribution était laissée aux bons soins des éleveurs. Le taux de retour des responsables d'alpages fut de 18 %. Pour ce qui concerne les bergers, le taux de réponse reste inconnu puisque, si trente bergers ont retourné le questionnaire, nul ne sait combien l'ont reçu, ce dernier transitant par les éleveurs. Comme nous le verrons plus loin, ces réponses, quoique limitées en nombre, se sont révélées pour le moins instructives.

2.2 Quand les ministères et l'Assemblée nationale s'en mêlent

En 2001, un «groupe interministériel sur le pastoralisme» fut constitué, ayant pour mission de dresser l'état du pastoralisme en France et de formuler des propositions en faveur de cette activité «confrontée à la présence d'acteurs ou d'espèces concurrentes» (MAPAR, 2002). Deux ans plus tard, une commission d'enquête de l'Assemblée nationale, siège des députés, a elle aussi enquêté sur «les conditions de la présence du loup en France et l'exercice du pastoralisme […] » (Estrosi et Spagnou, 2003).

La commission de l'Assemblée nationale affirme que «dans les Alpes du Sud […], 80 % des alpages disposent d'un berger» et que «les bergers salariés sont en France entre 700 et 750». Si on compare avec notre estimation de 3 600 unités pastorales (cf. précédemment) sur le territoire national, et en estimant qu'il y ait à comptabiliser un supplément d'environ 40 % de bergers non salariés, notamment dans les Pyrénées-Atlantiques où le cas général est celui des éleveurs se relayant à la garde du troupeau collectif (Lassalle, 2007), chaque berger aurait ainsi à sa charge durant l'année près de trois UP, ce qui paraît bien excessif. Il est donc probable que les sources ministérielles aient pris la précaution de ne strictement comptabiliser que les salariés déclarés à l'administration. Il est surtout confirmé ici que la population de bergers, sous toutes ses formes, est périlleuse à inventorier, alors que ce n'est pas le cas de celle des éleveurs, de leurs surfaces et de leur cheptel différencié par espèces. Mais ce qui est également confirmé par le groupe interministériel, c'est que «pastoralisme» n'est plus aujourd'hui implicitement synonyme de «garde de troupeau par un berger», tant la diversification du métier et la «rationalisation» des techniques pastorales, dont l'usage des clôtures, se sont développées depuis trente ans.

3. Les bergers face aux politiques publiques

La transformation des campagnes françaises, sous influence conjointe des politiques économiques, territoriales, agricoles et environnementales, ayant été traitée au chapitre précédent, nous n'y reviendrons pas. Nous nous limitons à situer ce qui paraît être ses principales conséquences sur l'activité des bergers, et ceci depuis environ quarante ans.

3.1 Trois nouveaux outils juridiques à vocation collective

La modernisation du pastoralisme en France a débuté en janvier 1972, suite à la loi n° 72-12 «relative à la mise en valeur pastorale dans les régions d'économie montagnarde». Celle-ci a institué trois outils juridiques complémentaires et conçus «sur mesure» (Landrot, 1999) qui, avec les améliorations successives apportées ensuite, ont eu un impact important et s'avèrent encore aujourd'hui pertinents, notamment sur le recrutement et le travail des bergers :

1. *La convention pluriannuelle de pâturage* (CPP) permet à un propriétaire foncier de concéder à un éleveur, ou à un groupement d'éleveurs, non pas la pleine disposition de ses terrains et de leurs produits, mais uniquement leur usage pastoral sur une période déterminée de l'année, et ceci pour un minimum de cinq ans. Cette précarité moindre permet à l'éleveur d'envisager quelques travaux (par exemple la mise en place d'abreuvoirs, de parcs de tri et de contention du troupeau…) ;

2. *Le groupement pastoral* (GP) incite les éleveurs à exploiter collectivement les surfaces pastorales en leur offrant une structure juridique ad hoc. Un GP bénéficie de l'agrément de l'État français et ouvre droit à des financements conséquents pour réaliser des investissements d'équipement (construction ou rénovation de cabanes, parcs de tri ou de contention…) ainsi qu'à des rémunérations liées aux contrats agri-environnementaux. Il devient ainsi possible à des éleveurs de rémunérer correctement un ou des bergers saisonniers et d'améliorer leurs conditions de vie et d'exercice du métier.

3. *L'association foncière pastorale* (AFP) apporte une solution fiable et pérenne au problème complexe du morcellement foncier (en Provence, il n'est ainsi pas rare qu'un berger ait, pour son circuit de garde quotidien, à traverser les terres de plus de vingt propriétaires). Sous le contrôle et l'agrément de l'État français, cet outil juridique permet de regrouper en une entité unique de gestion et d'aménagement toutes les propriétés communales ou privées circonscrites dans le périmètre de l'AFP, et ceci pour une durée de vingt à trente ans. En respectant les règles de majorité en nombre de propriétaires et en surfaces, les propriétaires opposés à sa constitution peuvent être contraints d'adhérer à l'AFP, dont le Conseil et le président décident des locations des surfaces ainsi que des travaux de mise en valeur pastorale, forestière ou touristique. Les produits de location ainsi que les charges financières sont répartis entre propriétaires, au prorata des surfaces de chacun.

Une évaluation récente a dénombré 900 GP agréés à l'échelle nationale (Dodier, 2005). Les CPP se sont également généralisées, même si la location verbale précaire ou par enchères reste par endroits la règle. En revanche, les AFP se sont moins développées : on en comptait en 2004 environ 500 réparties sur 150 000 hectares. Des propriétaires privés, ainsi que des communes, demeurent en effet très hésitants à s'engager pour vingt à trente ans. Il n'est pas rare que certains bergers aient encore ainsi à devoir s'organiser sur un foncier en damier où, parmi tous les propriétaires, un ou deux s'opposent au moindre débordement sur leurs parcelles pourtant laissées à l'abandon.

3.2 Le métier sous l'emprise des politiques agricole et environnementale

Le temps de la diversification des modèles de développement agricole

Durant une première période, approximativement de 1970 à 1985, l'objectif du développement de l'élevage était de réintégrer dans le schéma de « modernisation » les ressources des espaces pastoraux, jusqu'ici marginalisés par l'attention quasi exclusive portée aux surfaces fourragères cultivées offrant le meilleur potentiel d'intensification. Jusque dans les années soixante-dix, les espaces pastoraux étaient relégués dans le domaine de la « non-maîtrise », en raison de leur statut foncier précaire, de leur relief souvent accidenté et donc défavorable à l'importation du gros machinisme agricole, mais aussi de la diversité et variabilité de leurs ressources fourragères, qui plus est de valeurs pour la plupart inconnues. Comme développé en avant-propos du chapitre 3, la pratique des bergers était alors considérée par la recherche agronomique et le développement agricole comme une sorte de cueillette opportuniste, pratique inintéressante car ne donnant pas prise aux paradigmes de rationalisation de l'alimentation des troupeaux.

Toutefois, une démarche nouvelle, adoptée dès cette époque dans le Sud-Est de la France à partir d'un point de vue économique, a visé à mieux associer surfaces cultivées et pastorales afin de privilégier l'allégement des coûts de production. La pratique des bergers est alors apparue digne d'intérêt, du fait de sa mobilité et donc de sa capacité à valoriser des ressources naturelles diversifiées et peu coûteuses en intrants (pelouses d'estives et parcours boisés, landes et friches, maquis et garrigues, steppe de Crau…). L'enjeu consista d'abord à moderniser les techniques d'utilisation de ces espaces variés : clôtures, cabanes, points d'eau, accès, parcs de tri et de contention… (fig. 3). On décida ensuite d'encourager la réhabilitation pastorale d'espaces délaissés suite à la déprise rurale (débroussaillements, éclaircies, sursemis d'espèces fourragères…). C'est dans le courant de cette époque que furent d'ailleurs développées les analyses fonctionnelles des savoirs techniques d'éleveurs et de bergers pratiquant, soit la conduite en parcs (Guérin et Bellon, 1990), soit la garde (Landais et Deffontaines, 1988). Le regard porté sur les bergers s'est alors considérablement renouvelé, ceux-ci apparaissant en réalité capables d'une gestion empirique techniquement pointue et robuste, fondée sur l'anticipation et les ajustements, et dont certaines règles devenaient intelligibles par d'autres que les bergers eux-mêmes (Landais, 1993).

Le temps de la gestion multi-usage en partenariat

En fin de période précédente, le regard porté sur la technicité des éleveurs et bergers s'étant renouvelé aux yeux des chercheurs et du développement agricole, ces praticiens demeuraient néanmoins assimilés à des « pilotes de troupeaux et de ressources », seuls maîtres à bord du territoire. Mais il est assez vite apparu que pratique pastorale était en réalité synonyme de négociation quasi permanente avec de multiples autres usagers des mêmes territoires, qui tous avaient une légitimité et étaient porteurs d'enjeux aussi importants : foresterie, chasse, cueillette, activités récréatives, tourisme, protection de la

Figure 3. Affiche conçue et diffusée en 1986 par le Centre d'Études et de Réalisations Pastorales Alpes Méditerranée (Cerpam).

nature. Et, comme l'a exprimé un chevrier en contrat de débroussaillage avec l'Office national des forêts (ONF) : « *Il n'est pas toujours évident de garder sur un lieu public !* » (Faure *et coll.*, 1990).

Plutôt que de revendiquer l'usage prioritaire des espaces pastoraux, la politique pastorale a alors visé à s'insérer dans celle, plus globale, de l'aménagement des territoires. La technicité acquise par des services pastoraux au cours de la période précédente a contribué à donner un contenu opératoire au concept de «gestion multi-usage de l'espace», testé d'abord et en vraie grandeur sur plusieurs sites expérimentaux. Parmi ceux-ci, les forêts du Sud-Est de la France soumises au risque d'incendie furent des terrains privilégiés pour raisonner une gestion pastorale sur objectif : débroussailler par le pâturage et avant l'été des zones de «coupures de combustibles» (Etienne *et al.*, 1990 ; Etienne *et al.*, 2002). Dans ce cas, les éleveurs et bergers ont eu à s'engager dans une gestion négociée tenant compte des attendus assez stricts des forestiers et des pompiers. Une fois rodée dans ce cadre contraignant, la démarche s'est ensuite étendue à d'autres types d'espaces naturels sensibles. C'est la raison pour laquelle certains éleveurs et bergers sont devenus aujourd'hui partenaires d'action privilégiés pour nombre de parcs nationaux, parcs naturels régionaux, conservatoires ou réserves de faune et de flore, terrains de l'ONF à réaménager. L'harmonie ne règne cependant pas partout, car le concept de multi-usage trouve certaines limites, notamment lorsque des bergers et leurs troupeaux doivent s'accommoder aussi de la présence de loups ou d'ours protégés (voir chapitre 11), de groupes de randonneurs et de leurs chiens, ou de toute autre forme d'usagers plus ou moins respectueux des activités pastorales (voir chapitre 15).

Le temps des politiques et des techniques agri-environnementales

Au début des années quatre-vingt-dix, la politique agri-environnementale européenne est arrivée à point nommé. Toutefois, comme décrit au chapitre précédent, cette politique visait en premier des activités agricoles autres que pastorales, et notamment les activités polluantes. Elle cherchait à rémunérer les «surcoûts liés au respect de contraintes environnementales». Dans cette perspective, les activités pastorales, pour la plupart reconnues comme déjà bénéfiques à l'environnement (débroussaillage, diversification des couverts herbacés…), n'étaient pas à privilégier. Les divers services pastoraux régionaux ont néanmoins su se saisir de cette politique afin de légitimer les pratiques des éleveurs utilisateurs de milieux naturels sensibles. C'est ainsi que des mesures de «lutte contre les effets de la déprise», de «protection des paysages» et de «lutte contre les incendies» ont été définies (Lavoux *et al.*, 1999), visant à rémunérer un ajustement ou une consolidation de pratiques pastorales existantes.

Le problème était toutefois de réussir à mieux discriminer ces pratiques et d'en évaluer les conséquences sur les qualités attribuées à l'environnement, ne fût-ce qu'au titre du bon usage des fonds publics. Ceci fut réalisé assez aisément en milieux forestiers soumis au risque d'incendie, car les capacités de diagnostics avaient été développées peu de temps auparavant. Mais il en fut autrement ailleurs, vu le manque de connaissances portant notamment sur les indicateurs de contrôle. C'est la raison pour laquelle ce sont des contrats à «engagement de moyens» qui furent majoritairement développés (ex. respect strict de dates de pâturage, application d'un «chargement animal» donné sur les parcelles, production des factures de travaux prouvant le recours à des moyens mécaniques complémentaires imposés, etc.). Les organismes habituels de contrôle des pratiques et produits agricoles ont pu vérifier sans heurt le respect de ces contrats.

Ce faisant, les éleveurs et bergers se voyaient mobilisés en vertu d'objectifs souvent difficiles à saisir, comme celui de devoir *«favoriser la biodiversité»*. Oui, mais laquelle ? Malgré les financements parfois conséquents perçus par les éleveurs (de 50 à près de 450 €/ha/an, selon les régions, le niveau d'enjeux et de contraintes à respecter), la plupart des bergers, qui n'étaient d'ailleurs pas mieux rémunérés à cette occasion, n'ont donc souvent pas apprécié d'avoir à subitement respecter de nouvelles consignes, dont d'autres, peu informés des techniques de garde, garantissaient la pertinence. Un salarié d'estive du Massif central, forte tête mais reconnu compétent, nous a ainsi confié (Meuret et Léger, 2001) : *« Pour te donner un ordre d'idée, ils ont 200 hectares, qui leur appartiennent. Et sur ces 200 hectares, ils veulent que je pâture 14 hectares, dont une bande qui fait 15 mètres de large sur 3 kilomètres de long. Et j'ai pas le droit de dépasser, ni d'un côté, ni de l'autre. Et sur cette bande, il faut que je fasse juste passer les brebis, pour pas qu'il y ait trop d'érosion. Alors je leur ai expliqué que plus on serrait les brebis plus il y avait d'érosion. Et puis, j'ai arrêté d'expliquer… […] »*.

Les contrats à engagements de moyens en zones pastorales se révélant, non seulement peu pertinents, mais surtout très infantilisants pour les éleveurs et bergers, il a été récemment proposé dans les Alpes d'en remplacer certains par des «contrats à obligations de résultats» (Mestelan *et al.*, 2007). Associés à ces contrats, des cahiers des charges doivent comporter des objectifs de résultats à cinq ans réalistes et clairement spécifiés, mais tout en laissant la liberté au contractant de concevoir et d'ajuster par lui-même et au cas par cas ses moyens techniques. Ceci vise à responsabiliser les éleveurs comme producteurs d'agneaux ou de fromages, mais aussi de ressources environnementales locales. Le berger, devenant cogestionnaire technique, pourrait à ce titre percevoir une part du financement, comme c'est d'ailleurs déjà le cas auprès de certains éleveurs (Mallen, 1995). Le niveau des financements devrait être à la hauteur des enjeux, mais en France ceci relève encore du pari, vu les incertitudes quant à l'avenir de la politique agricole et le manque de moyens de celle de l'environnement. Plus fondamentalement, le pari est aussi celui de renouer le dialogue entre certains éleveurs et leurs bergers au sujet du sens à accorder à une telle gestion pastorale. Car comme nous l'a exprimé un berger: «*Pour les éleveurs, les mesures agri-environnementales sont perçues comme une contrainte permettant de toucher des subventions, alors que, pour beaucoup de bergers, bien que présentant un surcroît de travail, elles font partie d'une certaine «éthique pastorale»* ».

4. La nécessaire requalification du métier de berger salarié

L'unanimité se fait peu à peu en France quant à la nécessité de mieux faire reconnaître la technicité et le professionnalisme des bergers salariés, d'ériger cette activité au rang de métier, afin de l'aider à sortir des représentations purement nostalgiques ou folkloriques. Mais ceci n'est pas sans poser des questions non résolues en matière de communication, de statut national précis qui définisse un cadre social, de conditions de travail et de rémunération.

4.1 Les bergers au musée ou dans les écoles pour enfants ?

Depuis une vingtaine d'années et lors de chaque solstice d'été, des éleveurs transhumants, bergers et leurs troupeaux, défilent dans les rues de certaines villes à l'occasion des Fêtes de la Transhumance (Duclos, 1994). Les admirateurs se comptent par milliers, souvent plus nombreux encore que les brebis. Les concours de chiens de berger ont également du succès, auprès des bergers mais aussi auprès d'autres amateurs de chiens. Quant aux rayons des libraires, ils sont chargés en ouvrages richement illustrés sur les bergers, ceci aux rayons «Régionalisme» ou «Nature». Certains ouvrages se sont résolument attachés à sortir les bergers de leur mythe et à tenter d'approcher au mieux leurs conditions de vie réelle, sur la route de la transhumance (Brisebarre, 1978; Doisneau, 1999), et sur l'estive (Bodin et Bardiau, 1997). Cet engouement vient d'une France à présent très urbaine, mais toujours nostalgique de ses traditions rurales, surtout celles exercées en pleine nature. Pour les randonneurs en montagne, des tour-opérateurs ont d'ailleurs inscrit à leur programme de visite celle de la cabane authentique du berger. Ces pratiques sont jugées affligeantes par bien des bergers ne désirant pas se voir exposés telles des reliques vivantes.

En partie pour contrebalancer ceci, des initiatives ont vu le jour, visant à démontrer au grand public et aux élus combien le métier de berger reste bien vivant, essentiel à la préservation du patrimoine montagnard, du point de vue économique, culturel et environnemental. À partir du département des Bouches-du-Rhône, région où l'on compte le plus grand effectif de troupeaux ovins transhumants, l'Association de la Maison de la Transhumance rassemble depuis 1997 des éleveurs, scientifiques, experts et élus locaux. Ce «centre d'interprétation des cultures pastorales méditerranéennes» a pour actif, outre de nombreux écrits, films, expositions itinérantes et manifestations, de contribuer au réseau euroméditerranéen de pastoralisme (Fabre *et al.*, 2002). Il est partie prenante du Réseau des Maisons du Pastoralisme, dont la France compte à ce jour six implantations ouvertes et trois en projet (fig. 4). La volonté est de constituer un réseau sur la partie méditerranéenne, comportant déjà une maison ouverte en Espagne et une en Italie. Ce réseau vise la sensibilisation du grand public et revendique également de soutenir la profession ovine, en tant que centre de veille pluridisciplinaire des pratiques de bergers (Fabre, 2004).

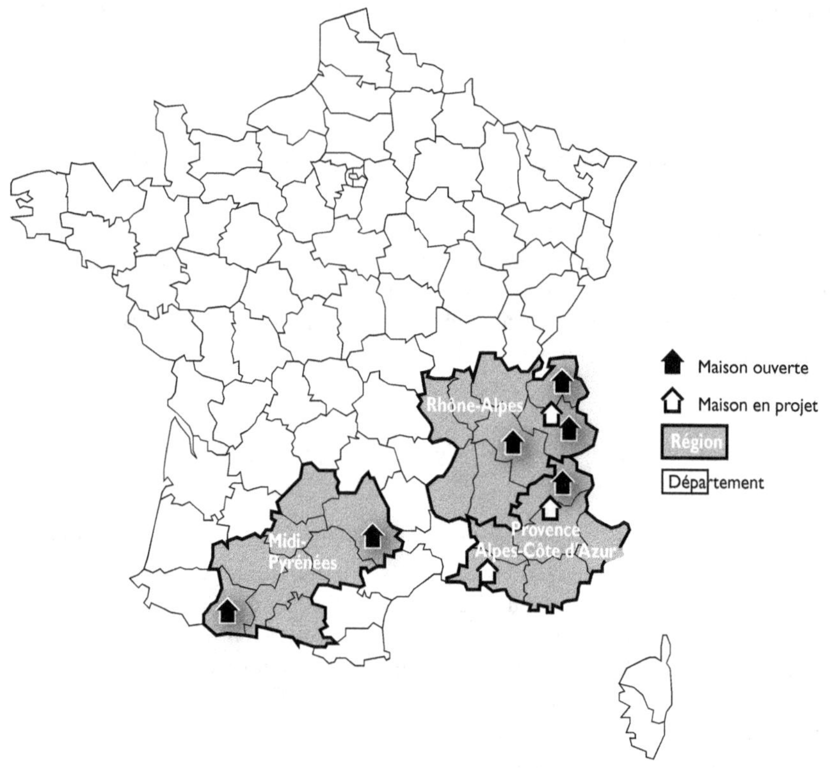

Figure 4. Réseau des Maisons du Pastoralisme en France ayant à ce jour 6 implantations ouvertes et 3 en projet. Il faut compter également avec deux autres maisons ouvertes, l'une en Espagne et l'autre en Italie. Mise à jour 2009 : Patrick Fabre.

Dans un esprit similaire, consistant à informer de manière vivante et non nostalgique, les services pastoraux de Savoie et Haute-Savoie ont lancé depuis 2001, en partenariat avec leurs collègues suisses, de l'Ain et du Jura, et avec l'appui de l'Éducation nationale et des organismes professionnels agricoles, l'opération «*Un berger dans mon école*»

(SEA-74, 2007). Cette activité pédagogique rencontre un franc succès, puisque chaque année plus d'un millier d'enfants de 5 à 12 ans y participent. Ici, ce sont des groupes de bergers, rémunérés pour leurs prestations, qui choisissent avec les enseignants quels sont les messages qu'ils souhaitent passer. Un message prioritaire : «*Berger, c'est un métier !* ».

Enfin, aux départs des chemins de randonnée en montagne, on trouve de plus en plus fréquemment des panneaux informant que l'estive est aussi le lieu de travail des bergers. Ceci nécessite du respect, comme celui de ne pas laisser divaguer ses chiens, ne pas s'installer pour pique-niquer dans la cabane, éviter de houspiller le berger pour connaître la météo du week-end (SEA-73 et 74, 2001).

4.2 « On ne trouve plus de bons bergers ! »

La demande de bergers en France étant à présent supérieure à l'offre (MAPAR, 2002), des éleveurs employeurs soulignent fréquemment leurs difficultés à «*trouver un bon berger*» qui, au moins, sache affronter la vie souvent solitaire en estive, donner les soins élémentaires au troupeau, témoigner d'une réelle conscience professionnelle. Sont cités à l'appui des exemples de bergers abandonnant brutalement l'estive ou licenciés en milieu de saison pour négligence grave (Legeard, 1996). C'est l'une des raisons ayant conduit le Cerpam à procéder en Région PACA à des enquêtes approfondies auprès d'éleveurs et de bergers, enquêtes qualitatives tout d'abord (Mallen, *op. cit.*), puis quantitatives (Legeard, 1996). Ces enquêtes avaient aussi pour objectif de contribuer à la refondation du projet pédagogique de l'école de bergers du Merle (voir chapitre 12). D'origine assez similaire, à savoir une demande des éleveurs, un travail de même ampleur et de longue haleine (1990-1998) a été réalisé dans les trois départements des Pyrénées occidentales. Il a abouti à une formation qualifiante professionnelle de «berger vacher pluriactif» (Lassalle, 1998 ; voir également chapitre 13).

Les résultats d'enquête du Cerpam peuvent être résumés comme suit. En grande majorité, les éleveurs avaient affaire en 1995 à des bergers salariés saisonniers relativement jeunes (majorité entre 25 et 45 ans), dont la tranche d'âge 25-35 ans comportait aux trois quarts des personnes, très majoritairement des hommes, originaires du monde urbain. Dans un cas sur deux, l'expérience préalable des bergers d'origine urbaine fut notée «bonne» par les éleveurs (plus de trois saisons d'estive déjà réalisées). Dans un cinquième des cas seulement, c'était une première expérience d'estive. Pour ce qui concerne les bergers d'origine rurale, huit cas sur dix furent jugés par les éleveurs détenteurs d'une bonne expérience du métier. Une constante, dont nous savons qu'elle aurait tendance à se développer aujourd'hui : les relations de travail entre bergers et éleveurs n'étaient pas stables, car un tiers seulement des bergers étaient employés depuis trois ans et plus par le même éleveur et la moitié des bergers étaient en situation de première embauche. Au total, et contrairement aux griefs ayant conduit aux enquêtes, les éleveurs se sont déclarés satisfaits de plus des trois quarts de leurs bergers et souhaitaient continuer à leur confier le troupeau en estive. Toutefois, pour ce qui concerne les bergers salariés saisonniers d'origine urbaine, les employeurs n'exprimaient leur satisfaction que dans un cas sur deux seulement, avec des cas où était soulignée l'absence totale de motivation et de conscience professionnelle. Ces derniers cas étaient peu fréquents (un sur six), mais ils l'étaient suffisamment pour que les éleveurs s'en inquiètent. Rappelons qu'un troupeau de 1 500 brebis allaitantes représente, lorsque les brebis sont gestantes, un capital d'approximativement 300 000 €.

4.3 Conditions de travail et salaire

Le berger salarié débutant se retrouve presque toujours seul en estive dès sa première saison, mis à part dans le cas des stagiaires en écoles de bergers. Dans les Alpes, il est généralement à la tête d'un troupeau de 800 à 1 200 brebis allaitantes. Une fois aguerri, et selon la montagne, il peut se voir confier 1 500 à 2 800 brebis (Legeard, 1996). Dans les Pyrénées occidentales, la situation est fort différente de celle des Alpes. Lorsqu'il s'agit de garder un troupeau de 150 à 300 brebis laitières, de fabriquer et de livrer des fromages, le travail est de nature nettement plus collective du fait, non seulement d'une autre culture pastorale, mais aussi de la plus grande proximité avec les sièges d'exploitation des éleveurs (Lassalle, 2007). Dans la majorité des cas des Alpes, les bergers assurent seuls leur ravitaillement, mais il ne devient pas rare aujourd'hui qu'un héliportage leur soit disponible en début de saison pour monter en estive, avec le sel pour les troupeaux, la nourriture stockable et le bois de chauffage. Parfois dans les Alpes, et presque toujours dans les Pyrénées, une aide régulière est fournie par les éleveurs, par un salarié ravitailleur, voire par le conjoint, d'autres membres de la famille ainsi que des amis de passage.

Suite aux efforts réalisés depuis quelques années par les services pastoraux, ainsi que par les parcs nationaux, parcs naturels régionaux et autres collectivités territoriales, les équipements de base de l'estive (cabane, approvisionnement en eau, équipements photovoltaïques, etc.) sont bien plus satisfaisants qu'avant. Mais il reste encore des situations notoirement insatisfaisantes : cabanes exiguës et vétustes, non munies d'eau courante et d'électricité, mal isolées, donc froides et humides lors des intempéries. Quant aux équipements de travail (parcs de tri et de contention du troupeau, moyens de communication, etc.), ils étaient très peu fréquents dans les Alpes du Sud lors des enquêtes Cerpam de 1995. Aujourd'hui, dans les parcs nationaux ou régionaux notamment, et en raison de la présence de prédateurs, des radiotéléphones sont confiés aux bergers lors de leur départ en estive. Des efforts d'équipement pour le travail ont également été réalisés, y compris l'héliportage du matériel en début de saison, ou des fromages de brebis à redescendre en cours de saison dans les Pyrénées.

Lorsque les conditions de vie et de travail restent précaires, elles ne permettent pas d'accueillir un conjoint non berger, qui risque de ne pas désirer vivre dans de pareilles conditions (voir également chapitre 14). La moitié environ des bergers sont donc célibataires et sans enfants. On comprend ainsi mieux pourquoi l'âge de 40 ans constitue une sorte de butoir, à partir duquel beaucoup de bergers abandonnent le métier (Legeard, 1996). Le vieux berger célibataire se fait rare aujourd'hui et il faut plutôt noter l'apparition, effort de rénovation des cabanes aidant, de bergers travaillant avec leur conjoint et en compagnie de leurs enfants durant les vacances scolaires d'été (photo 1).

Pour ce qui concerne les salaires, il n'existe pas aujourd'hui en France de convention nationale définissant les conditions d'embauche et de rémunération des bergers, ceci au contraire de la plupart des autres métiers. Toutefois, dans quelques départements, des conventions collectives ont été signées entre syndicats d'exploitants agricoles et syndicats de salariés, précisant le cas des bergers. La presque totalité des bergers salariés est rémunérée au mois. Le niveau de salaire minimum se situe généralement autour du salaire minimum français (SMIC), correspondant aujourd'hui à 1 280 € bruts/mois (SMIC horaire brut en 2007 : 8,44 €). À notre connaissance, il existe des écarts parfois notables, et souvent sans corrélation apparente avec le niveau

Photo 1. Le fils de 4 ans d'un berger salarié, «en vacances» avec son père berger et sa mère sur un alpage des Alpes (© Michel Meuret/Inra).

d'expérience du berger : depuis des salaires correspondant à des mi-temps et compensés par de «l'argent de poche» ou des rétributions en nature (boisson et nourriture), jusqu'à des salaires de 1 800 € bruts/mois. En 2007, nous avons relevé des situations où, en plus d'un salaire de l'ordre de 1 500 € bruts/mois, des éleveurs accordaient une «prime d'ancienneté» de 300 €/mois en raison de la fidélité du berger vis-à-vis d'eux et sur la même estive.

Ceci pourrait paraître raisonnable mais, de fait, c'est insuffisant aux yeux de bon nombre de bergers. Les enquêtes du Cerpam indiquent que les mécontents sont plutôt les bergers relativement jeunes (26-35 ans), mais ayant déjà acquis une bonne expérience du métier (5 à 10 ans). Le président de l'Association des Bergers et Vachers des Hautes-Alpes a ainsi déclaré (Estrosi et Spagnou, 2003) : « *Nous avons des responsabilités de chirurgien avec des obligations d'astreinte [...] et un salaire de manœuvre* ». Il a poursuivi : «*Au cours d'une saison, nous effectuons une durée de travail mensuelle effective équivalent à 300 ou 340 heures*». Et c'est en effet là qu'il y a problème, car le salaire minimum est officiellement prévu en France pour une durée de travail mensuelle de 152 heures, à savoir, environ la moitié de celle accomplie réellement par la plupart des bergers. Du point de vue des services de l'Inspection du travail, les employeurs de bergers, comme d'ailleurs ceux de beaucoup d'autres travailleurs saisonniers, seraient donc dans la parfaite illégalité. Pour se mettre en règle, il leur faudrait recruter deux bergers, l'un travaillant par exemple le matin et l'autre le soir, sans compter le remplacement du week-end. De plus, il s'agirait théoriquement de mieux respecter la durée maximale de travail autorisée des salariés, qui est généralement en France de 48 heures par semaine. Mais tentez donc de confier un troupeau à un berger en lui disant de s'arrêter aussitôt son quota d'heures réalisé ! En professionnel avisé, il vous rirait au nez.

Sans chercher à conclure ici cette délicate question des salaires, nos enquêtes auprès des bergers nous font penser qu'un niveau de salaire décent, supérieur ou équivalent au SMIC à plein temps, mieux harmonisé entre employeurs, complété d'une part non symbolique d'un éventuel contrat agri-environnemental, le tout dans des conditions correctes de logement et de travail, sans compter une bonne relation de confiance avec le ou les éleveurs employeurs…, devrait satisfaire le plus grand nombre de bergers salariés qualifiés.

4.4 Un statut de « berger qualifié »

Le groupe interministériel sur le pastoralisme (MAPAR, 2002) s'est penché sur le statut de berger et/ou de vacher salarié, nécessitant d'après lui « un toilettage ou une évolution de sa législation ». Sa première proposition consiste dans la rédaction d'un protocole d'accord national, qui servirait de base pour la négociation de conventions et d'accords collectifs de travail à l'échelle des régions ou des départements. Ce protocole définirait les conditions de travail et les garanties minimales pour un berger salarié et il serait accompagné d'un contrat-type de travail. Mais comme rappelé par les services de l'emploi du ministère de l'Agriculture, ceci nécessiterait un accord préalable passé entre une ou plusieurs organisations syndicales représentatives des salariés d'une part et des employeurs d'autre part. Or, à ce jour, il n'existe pas de syndicat professionnel de bergers d'échelle nationale.

Le groupe interministériel a proposé ensuite de définir une grille d'emploi, permettant de distinguer plusieurs niveaux de compétence chez les bergers salariés, dans une logique de responsabilités croissantes. Ceci permettrait, non seulement de hiérarchiser et de clarifier les différentes tâches attendues d'un berger, mais surtout de lui offrir de meilleures perspectives de reconnaissance et de progression dans le métier, y compris salariales, qui ne reposeraient alors plus seulement sur des réseaux de réputation bâtis par des employeurs, d'un côté, et des bergers, de l'autre. Les niveaux de compétences s'échelonneraient depuis celui de « berger exécutant », ayant à se limiter aux tâches de surveillance, de garde, ainsi que de traite des brebis laitières (c'est le cas fréquent des bergers novices), jusqu'à celui de « berger hautement qualifié », comprenant son implication dans la gestion de l'espace pastoral en partenariat avec les autres cogestionnaires – c'est le cas des bergers impliqués, par exemple, dans la prévention des forêts contre les incendies (voir également la figure 1 au chapitre 12).

Le cas qui deviendrait le plus courant est celui intermédiaire de « berger qualifié ». Il correspond d'après nous à ce que les éleveurs nomment aujourd'hui un « bon berger », mais toujours chacun avec leurs critères personnels, ce qui encourage les réseaux de réputation, par nature assez opaques. Offrir ses services de *berger qualifié* » sur le marché du travail nécessiterait : 1) d'avoir acquis une qualification en début de carrière, ou par la suite et dans le cadre d'une formation permanente professionnelle (qualification validée par un diplôme reçu en école de bergers) ; 2) d'avoir de l'ancienneté suite à plusieurs années de pratique ; 3) de s'impliquer dans la gestion du bon renouvellement des ressources pastorales ; 4) de s'impliquer dans l'ajustement de moyens rendu nécessaire pour le bon respect des contrats agri-environnementaux (voir ci-dessus).

Selon le groupe interministériel, ce niveau de qualification serait requis pour la prise en charge d'un troupeau collectif.

Conclusion

Pourquoi sont-ils encore là, éleveurs et bergers, pourquoi continuent-ils à pratiquer la garde des troupeaux ? C'est une question légitime, lorsqu'on sait que l'élevage ovin, notamment pastoral, et plus encore celui utilisant les estives de montagne, a plutôt du mal à trouver sa place dans une société ayant tendance à le cantonner au rang de curiosité patrimoniale (Fabre, 2002). Ce type d'élevage a, depuis quelques décennies déjà, vu beaucoup évoluer ses conditions socio-économiques. Il est en effet confronté, comme c'est aussi le cas dans d'autres pays, à la nette diminution du prix de l'agneau payé aux éleveurs, ceci en raison des importations. Rappelons que la moitié de la viande ovine consommée en France est actuellement importée, principalement du Royaume-Uni et d'Irlande. Certes, cet élevage bénéficie des « aides agricoles » européennes, qui fournissent plus de la moitié du revenu net d'exploitation, aides tout à fait vitales mais qui contribuent à alimenter chez les éleveurs un sentiment de perte de sens de leur métier. Enfin, il n'a pas encore réussi à valoriser économiquement ses atouts, dont l'image assez excellente de ses produits comparée à ceux issus d'autres formes d'élevage, notamment industrielles. C'est pourquoi les éleveurs sont de plus en plus enclins à diminuer leurs charges financières liées au travail, dont celle liée à l'emploi d'un berger. Le nombre de bergers salariés s'est donc considérablement réduit depuis cinquante ans, notamment en élevage ovin allaitant. La situation des élevages ovins et caprins laitiers est meilleure, surtout s'ils émargent à une production de fromages locaux sous label de typicité. Mais tous les autres sont assez violemment confrontés aux gros volumes et aux prix bas pratiqués par les productions industrielles, ces dernières utilisant parfois l'image du berger dans leurs publicités, alors qu'il n'est généralement question pour leurs troupeaux que de fourrages cultivés et de concentrés.

Certains, dont nous sommes au titre de l'Association Française de Pastoralisme, demeurent confiants. Nous misons sur les capacités d'adaptation et d'innovation des éleveurs pastoraux et des bergers, capacités dont ils ont déjà eu à faire preuve à maintes reprises. On est le plus souvent, même si on ne *naît* plus, berger par conviction. De même, on conduit son troupeau de moutons ou de chèvres au pâturage, ou on en confie la garde, pour des raisons aussi bien éthiques et identitaires qu'économiques et écologiques : valorisation des ressources locales, satisfaction du sens à accorder à son activité (Eychenne, 2006), équilibre de vie familiale, plaisir personnel (Meuret, 2006). Toutefois, il serait vain de croire que *« la passion des bêtes »* pourrait suffire à elle seule face à la mondialisation des échanges de biens et de services, à la transformation rapide des usages et des fonctions du territoire national, à la précarité de l'emploi et des conditions de travail.

L'enjeu est principalement celui de reconnaître au pastoralisme sa diversité de fonctions concomitantes (Moneyron *et coll.*, 1995 ; Suaci Alpes du Nord, 2007), dont celle de contribuer à la conservation de la biodiversité issue de la « nature ordinaire » sur les territoires pastoraux (Alphandéry et Billaud, 1996). Cette fonction doit être mieux rémunérée, car elle est aujourd'hui qualifiée d'essentielle par un grand nombre : scientifiques, élus et gestionnaires de la nature. À ce titre, il serait d'ailleurs utile de cesser de colporter le concept de « contraintes environnementales », visant à l'origine les pratiques agricoles intensives et polluantes. Dans le cas du pastoralisme, il s'agirait d'élaborer plutôt des «contrats de production de ressources environnementales», ayant une légitimité analogue aux contrats de production de denrées alimentaires. Ceci ne consisterait pas à jouer avec les mots, tant les conséquences de ce changement de point de vue seraient grandes, notamment pour les bergers. Il deviendrait alors en effet primordial que ces derniers, lorsque reconnus qualifiés, soient invités à prendre part aux débats et négociations portant sur ce qui est à la fois écologiquement pertinent et techniquement réalisable à la garde, selon les lieux et les saisons. Ne pas agir ainsi, ce serait conforter l'idée selon laquelle le berger est un outil d'action assez banal, parmi d'autres, sans savoirs ni compétences techniques particulières. Mais pour donner goût aux bergers de s'impliquer en tandem avec les éleveurs, plusieurs questions majeures restent à résoudre: reconnaître la pluralité des attendus visant le métier de berger professionnel; diminuer la précarité de l'emploi des salariés, y compris hors saison d'estive; mieux faire reconnaître la dimension technique et enseignable ainsi que les performances zootechniques souvent remarquables des pratiques de gardiennage (cet ouvrage collectif prétend y contribuer) ; enfin, modifier l'image, même implicite, de l'individu marginal en rupture avec la société, la tête dans les étoiles et le cœur uniquement attaché à ses brebis et à son chien.

Bibliographie

ALPHANDÉRY P. et BILLAUD J-P. (coord.), 1996. «Cultiver la nature», *Études Rurales*, 141-142, 233 p.

Assemblée Pyrénéenne d'Économie Montagnarde (APEM), 2007. *SIG Pyrénées: couche estives.* http://www.sig-pyrenees.net/index.php (consulté le 1er août 2007).

BENAROUS A., SOURD L.-J., 2002. Les bergers sans terre dans les Pyrénées-Atlantiques, rapport au Comité permanent de coordination des Inspections, ministère de l'Agriculture, de l'Alimentation, de la Pêche et des Affaires rurales, 21 p. + annexes.

BODIN B., BARDIAU P., 1997. *Bergers: gardiens de l'Alpe*, éditions Didier Richard, Claix, 128 p.

BRISEBARRE A.-M., 1978. *Bergers des Cévennes: histoire et ethnographie du monde pastoral et de la transhumance en Cévennes*, éditions Berger-Levrault, collection Espace des Hommes, 196 p.

CITOYEN DAUBENTON, An III. *Extrait de l'instruction pour les bergers.* Rééd. en fac. similé 1998, C. Lacour (ed.), Rediviva, Nîmes: *Première leçon sur les bergers*, p. 1.

DUCLOS J.-C., 1994. «La transhumance, la fête et le paysage». *In :* J.-C. DUCLOS et A. PITTE (coord.), *L'homme et le mouton dans l'espace de la transhumance,* éditions Glénat, Grenoble, 301-308.

DUBOST M., 2000. «Corse: une montagne authentique et vivante: le recensement 1999 des unités pastorales en Corse». *In :* BORNARD A. et BRUAN-NOGUÉ C. (coord.), *Le pastoralisme en France à l'aube des années 2000, Pastum* hors-série, Association Française de Pastoralisme, éditions de la Cardère, 147-150.

DODIER H., 2005. «Le pastoralisme collectif français, une dynamique nationale». *In :* «Le pastoralisme collectif en France», Revue *Chambres d'Agriculture*, suppl. au n° 940, 4-7.

DOISNEAU R., 1999. *La transhumance de Robert Doisneau*, éditions Actes Sud, Arles, 106 p.

ERNOULT C., FAVIER G. (dir.), 1997. *Atlas pastoral Provence-Alpes-Côte d'Azur.* Doc. Agreste, Maison Régionale de l'Élevage, Cemagref et DRAF PACA, 64 p.

ERNOULT C., FAVIER G., DOBREMEZ L. (dir.), 1999. *Atlas pastoral Rhône-Alpes.* Doc. Cemagref Grenoble, DRAF Rhône-Alpes, GIE Alpages et Forêts, 96 p.

ESTROSI C., SPAGNOU D., 2003. Rapport de la Commission d'enquête sur les conditions de la présence du loup en France et l'exercice du pastoralisme dans les zones de montagne, rapport 825 de l'Assemblée nationale. http://www.assemblee-nationale.fr/12/rap-enq/r0825.asp (consulté le 2 août 2007).

ETIENNE M., HUBERT B., JULLIAN P., LÉCRIVAIN E., LEGRAND C., MEURET M., NAPOLÉONE, M., ARNAUD M-T., GARDE L., MATHEY F., PRÉVOST F., THAVAUD P., 1990. «Espaces forestiers, élevage et incendies», *Revue Forestière Française,* n° spécial *Espaces forestiers et incendies*, 42, 156-172.

ETIENNE M., ARMAND D., GRUDÉ A., GIRARD N., NAPOLÉONE M., 2002. *Des moutons en forêt littorale varoise.* Réseau Coupures de combustible, éditions de la Cardère, Morières, 5, 73 p.

EYCHENNE C., 2006. *Hommes et troupeaux en montagne: la question pastorale en Ariège,* éditions L'Harmattan, 314 p.

FABRE P., 2002. «Bergers aujourd'hui en Haute-Tinée», *in* FABRE P. et LEBAUDY G. (dir.), 1951, *Transhumance sur la route des alpages,* Éditions Image en manœuvre, Maison de la Transhumance, 130-133.

FABRE P., DUCLOS J.-C., MOLÉNAT G. (dir.), 2002. *Transhumance: relique du passé ou pratique d'avenir?* Actes des journées euro-méditerranéennes de la transhumance, éditions Cheminements, 339 p.

FABRE P., 2004. «Un réseau des Maisons du Pastoralisme», *Pastum,* Bulletin de l'Association Française de Pastoralisme, 71, 4-7.

GUÉRIN S., BELLON S., 1990. «Analyse des fonctions des surfaces pastorales dans les systèmes fourragers en zone méditerranéenne». *In :* CAPILLON A. (ed.), «Recherches sur les systèmes herbagers: quelques propositions françaises», *Études et Recherches sur les Systèmes Agraires et le Développement,* 17, 147-157.

FAURE S. (réalis.) et coll., 1990. *Du pâturage en forêt au sylvopastoralisme.* Film documentaire Inra-MAF/DERF, 45 min.

JEHAN DE BRIE, 1532. *Le vrai règlement et gouvernement des bergers et bergères.* Transcrit en français moderne par MICHEL CLÉVENOT, édition 1986 Les Presses du Village, Christian de Bartillat ed., collection Terroirs de France, Étrépilly, 168 p.

LANDAIS E. (ed.), 1993, «Pratiques d'élevage extensif: identifier, modéliser, évaluer», *Études et recherches sur les systèmes agraires et le développement,* 27, 389 p.

LANDAIS E., DEFFONTAINES J.-P., 1988. *André L.: un berger parle de ses pratiques,* document de travail Inra SAD Versailles, 111 p.

LANDROT P., 1999. «L'alpage, une tradition vivante et modernisée», *Agreste, Les Cahiers,* 41, 25-33.

LASSALLE D. (resp.), 1998. *Transmettre le métier de berger: une formation développement. Présentation du processus pédagogique et de la didactique par alternance,* document AMFR Etcharry, 89 p.

LASSALLE D., 2007. Berger pyrénéen: une identité professionnelle, culturelle et sociale, en question (Pyrénées occidentales et centrales), thèse de doctorat de sociologie, université Toulouse Le Mirail, 396 p.

LAVOUX T., TUDDENHAM M., RACAPE J., 1999. «Premier bilan des mesures agri-environnementales européennes (1993-1998) », *Les données de l'Environnement,* 50, 1-4.

LEGEARD J.-P., 1996. *Les bergers d'alpage en chiffres: résultat des enquêtes auprès des responsables d'alpages et de leurs bergers en fin d'estive 1995.* Doc. multigr. Cerpam, Manosque, 51 p. + annexes.

LEGEARD J.-P., 1999. *Territoires pastoraux et gardiennage des troupeaux en Provence-Alpes-Côte d'Azur: valorisation de l'enquête pastorale 1997.* Doc. multigr. Cerpam, Manosque, 29 p. + annexes.

LEGEARD J.-P., 2003. *La transhumance ovine provençale dans les Alpes du Nord: gestionnaires d'alpages et gardiennage des troupeaux.* Doc. multigr. Cerpam, Manosque, 6 p. + annexes.

LEGEARD J.-P., 2006. «Le pastoralisme en France au carrefour des questions agricoles et environnementales». *In :* BONNEMAIRE J. (coord.), «Actualités et modernité du pastoralisme», *Comptes-rendus de l'Académie d'Agriculture de France,* 92, n° 4 et Séance du 31 mai 2006. Texte intégral publié dans *Pastum,* Bulletin de l'Association Française de Pastoralisme, 84, 20-34.

LEROY M., GAUBERT C., 2000. «Témoignage: accepter la précarité territoriale», *Campagnes solidaires,* n° spécial *Moutons,* p. 10.

MALLEN M., 1995. *Paroles de bergers: analyse de l'évolution d'un métier entre passion et désillusion.* Doc. multigr. CERPAM, Manosque, 58 p. + annexes.

MAPAR, 2002. Rapport du Groupe interministériel sur le pastoralisme au ministre de l'Agriculture, de l'Alimentation, de la Pêche et des Affaires rurales. http://www.ladocumentationfrancaise.fr/rapports-publics/024000454/index.shtml (consulté le 1ᵉʳ août 2007).

MARTINAND P., 1991. « Rapport introductif aux témoignages d'actions de développement pastoral ». *In : Proc. IVth International Rangeland Congress, Vol. 3, Lectures and Symposia Reports*, Montpellier, France, 1 227-1 229.

MESTELAN P., AGREIL C., DE SAINTE MARIE C., MEURET M., MAILLAND-ROSSET S., 2007. « Mise en place d'une contractualisation agri-environnementale basée sur le respect de résultats écologiques mesurables : le cas des surfaces herbagères du Parc naturel régional du Massif des Bauges ». *In : Actes des quatorzièmes Rencontres Recherches Ruminants*, Paris, décembre 2007.

MEURET M. *(réalis.)*, 2006. *Pages de garde : les raisons de garder les chèvres.* Film documentaire, Inra éditions, Paris, DVD, 30 min.

MEURET M., CHABERT J.-P., 1999. « Le pastoralisme à fins environnementales en question dans le *Saltus* rhône-alpin ». *In :* SEBILLOTTE M. (coord.), *Proc. Recherche, Agriculture et Développement Régional en Rhône-Alpes*, Inra, ENS-Lyon, 109-111.

MEURET M., LÉGER F., 2001. *Conservation des milieux : les références pastorales face aux attentes environnementales.* Rapport final d'activité Aip Inra Pâturage. Doc. multigr. Inra, 85 p. + annexes.

MONEYRON A. *et coll.*, 1995. *Formation berger vacher pluriactif en montagne pyrénéenne : référentiel métier*, document AFMR Etcharry et LEPA Oloron, 22 p.

ROUCOLLE M., PLAINECASSAGNE L., 2003. « Une cartographie interactive du domaine pastoral pyrénéen : le volet pastoral du SIG Pyrénées ». *Pastum,* Bulletin de l'Association Française de Pastoralisme, 70, 19-22.

Société d'Économie alpestre de Savoie et Haute-Savoie (SEA-73 et 74), 2001. *Profession berger : synthèse.* Opération « revalorisation du métier de berger ». Deuxième rencontre internationale des bergers, La Motte-Servolex, 14-15 mai 2001, 27 p.

Société d'Économie alpestre de Haute-Savoie (SEA-74) (coord.), 2007. *Un berger dans mon école.* http://www.echoalp.com/berger-ecole/presentation.htm (consulté le 5 août 2007).

Suaci Alpes du Nord (coord.), 2007. *Bergers-vaches : des métiers d'interfaces*, fiche de synthèse @lpes, Emploi, mars 2007, 4 p.

VINCENT M., 2007. Éleveurs de moutons et bergers entre Crau et Queyras : évolution du pastoralisme méditerranéen sous l'effet des politiques de l'agri-environnement et du loup, mémoire pour le diplôme de l'École des Hautes Études en Sciences Sociales, Paris, 316 p.

© Michel Meuret

© Patrick Fabre

PARTIE 2

Les pratiques de bergers : explorations scientifiques

Le gardiennage des brebis sur un territoire d'élevage diversifié : enquêtes pionnières

Pierre MARTINAND et François MILLO

Adapté de : Martinand P., Millo F., 1979 « Différenciation du territoire des exploitations ovines des Préalpes du Sud en fonction de l'utilisation pastorale », *in* Molénat G., Jarrige R. (coord.). *Utilisation par les ruminants des pâturages d'altitude et parcours méditerranéens,* Éditions Inra, Versailles.

Avant-propos : le pourquoi de ces enquêtes décrit trente ans plus tard

Au début des années soixante-dix, j'ai accompagné un collègue néo-zélandais venu visiter des élevages ovins des Préalpes du Sud. À la fin de la journée, celui-ci m'a désigné un berger gardant son troupeau et m'a demandé : « *À quoi il sert ?* ». Je lui ai répondu : « *Je ne sais pas. Mais ce que je sais, c'est que dans le Sud-Est de la France, quand il n'y a plus de berger, il n'y a plus de troupeau ovin* ».

J'étais alors jeune agroéconomiste et zootechnicien, travaillant pour le ministère de l'Agriculture dans un service chargé des études et de la mise en place des politiques de production animale. Notre mission était la modernisation de l'élevage : amélioration génétique, intensification fourragère, modernisation des bâtiments et des équipements. La petite équipe dont je faisais partie à Montpellier était chargée de la filière ovins viande. Comme tous, j'avais la prescription d'améliorer la productivité des élevages par des techniques substituant le capital au travail, notamment par la promotion du pâturage sur parcours en parcs clôturés.

J'avais organisé des enquêtes technico-économiques dans des centaines d'élevages ovins qui consacraient tous un temps quotidien au gardiennage du troupeau. Lorsque parfois l'élevage n'avait plus de berger à temps plein, c'était l'éleveur lui-même et son épouse qui s'en chargeaient quelques heures chaque jour. Il y avait donc là une pratique considérée archaïque, qui résistait bien aux efforts de modernisation agricole. Le fait même qu'elle résiste m'a amené, en tant qu'expert de cette filière, à tenter de la mieux comprendre.

Pour mes enquêtes auprès de bergers, il me paraissait évident que je ne pouvais plus recourir aux méthodes que nous utilisions, consistant à estimer sur chaque secteur de pâturage la biomasse consommable et le temps de pâturage du troupeau. À cette époque, une autre approche émergeait dans certaines équipes de recherche, inspirée de l'éthologie des ongulés sauvages et adaptée à l'observation du pâturage des animaux domestiques. Elle présentait tout de même une forte

➤ ➤ ➤

contradiction avec mes attentes, puisque le modèle des éthologues postulait que les animaux s'alimentaient mieux en liberté que sous la contrainte d'un berger. Je me suis donc inspiré des méthodes d'observation des éthologues, mais pas de leur modèle. Ceci a notamment donné lieu à l'écrit de 1979, présenté ci-après.

Comment, à l'époque, ces travaux ont-ils été perçus par les zootechniciens ? Je les avais exposés en 1978 lors d'un séminaire du département des productions animales de l'Inra. Il est peu de dire qu'ils apparurent au plus grand nombre peu orthodoxes et non reproductibles. Robert Jarrige, alors chef de département et coéditeur des actes de ce séminaire, m'a écrit : « *Nous ne pouvons pas passer votre article, car s'il y a un berger, c'est le berger qui décidera des résultats des observations sur le troupeau*». Je lui ai répondu : « *S'ils savent décider des résultats, c'est qu'ils sont meilleurs que nous et c'est donc une bonne raison pour étudier comment ils font !*». Mon papier a été édité, mais ce fut le dernier dans un ouvrage de zootechnie.

À quoi ont servi ces travaux ? Ils ont rapidement permis de proposer enfin aux éleveurs du Sud-Est des façons de raisonner les enchaînements d'utilisation des portions d'espace à faire pâturer sur un territoire d'élevage, dans le but de mieux valoriser la diversité des ressources pastorales, y compris en parcs clôturés. Ces travaux précurseurs ont aussi contribué, parmi d'autres, à ce que des agronomes, des écologues du paysage et des économistes, tiennent compte des «pratiques parcellaires», en fassent un objet de recherche légitime, et tentent d'en comprendre et modéliser les raisons, les processus d'action et les résultats.

Pierre Martinand

Le Sud-Est de la France comporte beaucoup de parcours et l'hétérogénéité des territoires d'élevage y est une caractéristique essentielle, commune aux surfaces cultivées et aux parcours, mais plus sensible sur ces derniers. Cette hétérogénéité résulte plutôt, et le plus souvent, des modes d'usages passés des terres (anciens jardins et cultures, prairies de fauche abandonnées...), mais aussi des modes d'usage actuel, que de différences pédoclimatiques locales (Blanchemain et Thiault, 1979).

Or, dans la majorité des élevages ovins méditerranéens français, l'hétérogénéité d'utilisation actuelle du territoire d'élevage est surtout le fait du berger conduisant le pâturage du troupeau. Le gardiennage, considéré un peu sommairement comme une «cueillette», se traduit en fait par une tentative permanente de la part du berger d'adapter le chargement instantané aux ressources fourragères à exploiter. Ainsi, les différents types de parcours et de prairies peuvent être soumis à des chargements saisonniers extrêmement variables en relation avec l'état de la végétation, mais pouvant aussi déterminer son évolution.

Pour essayer de comprendre la logique de ces variations locales du chargement, nous avons été amenés à élaborer des moyens d'analyse du fonctionnement global d'exploitations ovines où le troupeau est gardé. Au cours de trois enquêtes réalisées en 1972, 1975 et 1976-1977, dans la partie des Préalpes du Sud comprise entre Digne, Draguignan et Nice, nous avons tout d'abord établi une description des principales activités dans les exploitations ovines de la région, sans en privilégier aucune *a priori*, en les situant dans le temps et dans l'espace. Pour cela, cent quarante élevages ont été enquêtés, ce qui représentait la quasi-totalité de ceux disposant de plus de cent brebis. Nous avons ainsi mis en évidence l'importance du chargement moyen sur le mode d'utilisation du sol, en particulier sur la proportion des surfaces cultivées dans chaque élevage (Thepot, 1977).

Entre l'automne 1977 et l'été 1978, nous avons ensuite cherché, sur un sous-échantillon, à approfondir le fonctionnement technique des élevages – notamment les pratiques des bergers – par des observations fréquentes menées in situ. Mais notre étude n'a pas duré suffisamment longtemps pour fournir des séries d'enregistrements homogènes et complets. Nous proposons seulement ainsi, à travers deux exemples, quelques éléments d'un cadre d'analyse et quelques remarques concernant l'organisation de ces élevages et les conséquences sur l'évolution de la végétation.

1. Les élevages étudiés

Nous avons suivi cinq élevages ovins situés dans les Préalpes, entre Digne et le Verdon, région que Blanchard (1945) appelait le «Bloc de Majastres». Nous y avons sélectionné des éleveurs qui utilisent beaucoup les parcours, dont les élevages sont typiques de la diversité des exploitations ovines de la région, et qui acceptent d'être visités intensivement, c'est-à-dire une ou deux fois par semaine (tab. 1).

Tableau 1 : Les cinq exploitations ovines suivies en 1977 et 1978

Élevage n°	1	2	3	4	5
Surface mécanisée (ha)	10	25	25	20	30
Surface totale (ha) – y compris en estive – non compris estive	2 500	1 100	750	400	80
Effectif brebis	600	550	320	200	350
Période d'agnelage principal	mars	mars	oct-nov.	oct-nov.	oct-nov.
Nombre de travailleurs	2,5	2,5	2	2	2
Altitude du siège d'exploitation (m)	1 150	1 050	750	750	950

Il s'agit dans tous les cas d'exploitations familiales, où le père assure l'essentiel du travail de gardiennage, le fils et des aides occasionnels assurant les autres travaux agricoles et l'agnelage du troupeau.

Nous avons recueilli les informations suivantes :
– enquête «biographique» (famille, foncier, système de production) ;
– repérage sur le plan cadastral de toutes les parcelles exploitées, dont celles en propriété ;
– résultats économiques ;
– performances zootechniques du troupeau ;
– quantités d'aliments (fourrages et céréales) produits et distribués ;
– observations des pratiques de garde du berger ;
– essai de cartographie des «unités de paysage».

La méthodologie de nos observations des journées de pâturage s'inspire des études de comportement des ovins en alpage (Favre, 1976).

Au cours d'un «circuit de pâturage», nous avons noté à intervalles réguliers (20 à 30 minutes) :
– les contours du troupeau sur une carte ;
– les activités du troupeau (pâturage, déplacement...) ;

– les interventions du berger et de ses chiens ;
– les événements météorologiques ;
– le couvert végétal.

La fréquence d'observation prévue d'une ou deux journées par semaine durant la saison de pâturage n'a pu être respectée que de novembre à mars, période à laquelle seuls les élevages 1, 2 et 3 utilisent les parcours. Néanmoins, pour les cinq élevages, nous avons soit observé, soit reconstitué par enquête auprès du berger, les séquences d'opérations agricoles et pastorales appliquées dans l'année aux différentes parcelles, et ceci pour 1977 et 1978. Afin d'élaborer une représentation synthétique de l'ensemble des données, nous avons défini trois niveaux de différenciation du territoire, en fonction de la période d'utilisation et de l'intensité des interventions humaines : a. quartiers ; b. secteurs et circuits ; c. parcelles. C'est ce que nous présentons ici.

2. Quartiers et secteurs de pâturage

Dans les cinq exploitations, l'organisation du calendrier du pâturage détermine des quartiers de pâturage comportant chacun une aire de repos du troupeau. On ne trouve pratiquement aucun quartier qui serait utilisé de façon régulière durant toute la saison de pâturage. Certains quartiers sont utilisés au cours des périodes de croissance de l'herbe au printemps et à l'automne, d'autres sont utilisés en été ou en hiver. Dans les exploitations 1, 3 et 4, une zone, en général la plus en altitude, est réservée à l'estive locale, comprenant une ou plusieurs aires pour le repos nocturne du troupeau. Dans les exploitations 1, 2 et 3 existent des «zones intermédiaires», utilisées avant et après la période d'estive, comportant une bergerie particulière ou d'autres aires de repos. Dans l'exploitation 5, une seule bergerie est utilisée pour accéder aux parcelles pâturées.

L'existence d'un ou plusieurs quartiers distincts nous semble liée au chargement moyen de la surface totale utilisée par l'élevage. Nos enquêtes sur les 140 élevages indiquent en effet qu'au moins deux aires de repos sont utilisées, donc deux quartiers, au-dessous d'un seuil situé entre 0,5 et 1 brebis par hectare. Les deux exemples décrits ci-dessous se placent de part et d'autre de ce seuil.

2.1 Élevage n° 3

Cet élevage est relativement peu étagé en altitude (fig. 1), et ses différents quartiers de pâturage ayant des expositions analogues, le rythme annuel de croissance des herbes y est de toute part assez similaire.

L'agnelage principal d'automne et celui de rattrapage au printemps sont réalisés dans les bergeries d'agnelage (1) et (2) situées près de la maison d'habitation et qui abritent toutes les réserves de foin. À l'automne, au fur et à mesure que la période des mises bas approche, les brebis sont amenées dans ces bergeries, d'où elles pâturent principalement le secteur (Ia). À la même époque, le reste du troupeau pâture le quartier (II), et le plus fréquemment le secteur (IIb), et ceci à partir de la bergerie (3) qui est ancienne et petite. Durant l'hiver, lorsque les journées sont belles, le troupeau regroupé est sorti, soit sur les prés proches des bergeries (secteur Ib), soit dans le sous-bois de chênes (Ic), qui est le secteur le plus élevé de l'exploitation.

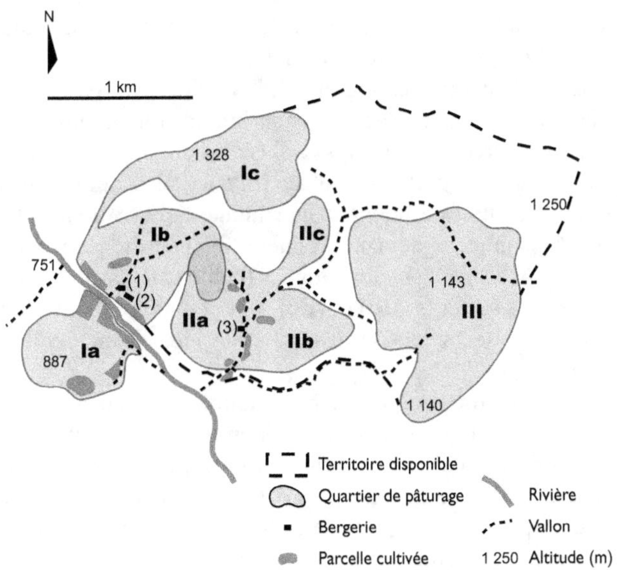

Figure 1. Territoire de l'élevage n° 3 (320 brebis sur 750 hectares).

Au printemps, la totalité du troupeau, y compris les agneaux nés entre février et mars, pâture les parcours et les prés situés au-dessus des bergeries d'agnelage (secteur Ib), où une complémentation est distribuée. Ensuite, le troupeau est déplacé dans la bergerie (3). Il pâture alors sur le quartier (II), et plus fréquemment sur le secteur (IIa), ayant été mis en réserve au cours de l'automne.

Depuis quelques années, c'est le quartier (III) qui est utilisé une partie de l'été. Il comporte deux boisements anciens de pin noir (*Pinus Nigra* Arnold), d'un total de 40 hectares. Mais à partir de ces plantations, les résineux ont progressivement envahi plusieurs centaines d'hectares. Les ressources fourragères du quartier (III) sont donc assez faibles. Bien qu'il soit plus difficile de garder un troupeau dans une zone boisée, et que le troupeau demeure sur ce quartier durant la nuit, le berger vient chaque jour conduire le circuit de pâturage.

Dans cet élevage, on distingue deux niveaux de division du territoire pour ce qui concerne le gardiennage :
– les surfaces exploitées à partir de chacun des trois points de repos de nuit du troupeau (ou «couchade», comme disent les éleveurs et bergers) que, par analogie avec les termes définis en alpage (Favre, 1976), nous proposons d'appeler «quartiers de pâturage» ;
– les surfaces exploitées au cours d'une série de journées de pâturage, que nous proposons d'appeler «secteurs de pâturage». Au sein de chaque secteur, le berger organise chaque jour un trajet précis à emprunter par lui et son troupeau : le «circuit». Ce dernier peut être divisé en deux phases, lorsqu'il y a retour pour le repos de mi-journée. L'ensemble des circuits réalisés dans le même secteur constitue un «circuit type». Les bergers désignent chaque secteur par le mot «circuit», identifié par un toponyme.

À l'intérieur d'un quartier de pâturage, le berger délimite plusieurs secteurs de pâturage distincts, qu'il exploite alternativement. Le choix quotidien d'un circuit type répond à trois types de préoccupations :

– le «comportement du troupeau»: les ovins ont tendance à chercher une herbe nouvelle et à délaisser un lieu où ils sont passés récemment;
– la «météorologie»: la nature des sols et les possibilités d'abris de chaque secteur sont plus ou moins favorables au pâturage par temps humide ou par grand vent;
– la «gestion des ressources fourragères»: ainsi, les circuits organisés sur les secteurs (Ib) et (IIa) se recouvrent partiellement et sont les plus utilisés au printemps. Ces secteurs ont une végétation de bonne valeur alimentaire et dont l'offre est régulière entre les années. Ce sont ceux qui comprennent la plus forte proportion de surface en propriété et de champs récemment abandonnés (cultures de lavande exploitées jusqu'en 1968). Au contraire, les secteurs (IIb) et (IIc) sont peu utilisés, surtout à l'automne, car ils sont envahis d'herbes sèches et d'arbustes. Les derniers champs cultivés ont été abandonnés vers 1920.

L'organisation du pâturage en quartiers, secteurs et circuits a également des conséquences sur les surfaces cultivées. Les prés contenus dans les secteurs (Ia) et (IIb), qui ne sont pas pâturés durant l'hiver et le printemps, sont les premiers à être fauchés, puis intensément pâturés à l'automne. Les prés des secteurs (Ib) et (IIa) qui subissent un «sévère déprimage» par le pâturage sont ensuite fauchés tardivement et ne peuvent être ensuite pâturés qu'en fin d'automne, certains n'étant même pas fauchés tous les ans.

2.2 Élevage n° 5

Cet élevage comporte deux bergeries: une ancienne notée (1) (fig. 2) située au milieu des terres et utilisée pour l'agnelage principal d'automne et jusqu'au 1er décembre; une neuve (2), située dans le village et utilisée pour la fin des agnelages d'automne et pour l'agnelage de rattrapage, au printemps. Dans la bergerie (2), le troupeau reste en stabulation permanente. C'est pourquoi la surface pastorale de cet élevage est exploitée en un seul quartier (I). De fin juin à début octobre, le troupeau est confié à un autre éleveur du village, pour la transhumance dans l'Ubaye (massif de montagne situé à 80 kilomètres environ). Un tiers de l'année, le troupeau de 350 brebis ne pâture donc pas sur l'exploitation.

Durant l'hiver, les brebis ayant agnelé à l'automne sont amenées dans la bergerie (1) après leur tarissement. Dès le démarrage de la végétation, elles pâturent les prés du secteur (Ia) autour de la bergerie et reçoivent alors pour la lutte une complémentation en foin et en avoine.

À partir du 15 mai, c'est-à-dire en début de gestation, le troupeau principal de brebis est conduit le matin alternativement sur l'un des trois secteurs (Ib, Ic ou Id) et, l'après-midi, sur une surface limitée de prés en secteur (Ia). Cette utilisation des prairies avec une forte pression de pâturage correspond, selon l'époque, soit à un «déprimage» précoce, soit à une première exploitation. Ces prairies, pour la plupart irrigables, sont ensuite fauchées, et ceci plus ou moins tard en fonction de la date à laquelle elles ont été pâturées auparavant.

Pendant la première quinzaine de juin, les secteurs les plus éloignés (Ie et If) sont utilisés de façon presque exclusive et sans retour à la bergerie du troupeau en mi-journée.

À partir du 15 septembre, au fur et à mesure que les mises bas d'automne approchent, les brebis sont amenées dans la bergerie (1). Les mises bas se déroulent en général en secteur (Ia), en plein air sur les prés autour de cette bergerie. Quand l'effectif de brebis ayant agnelé depuis un certain temps et de brebis en fin de gestation permet de

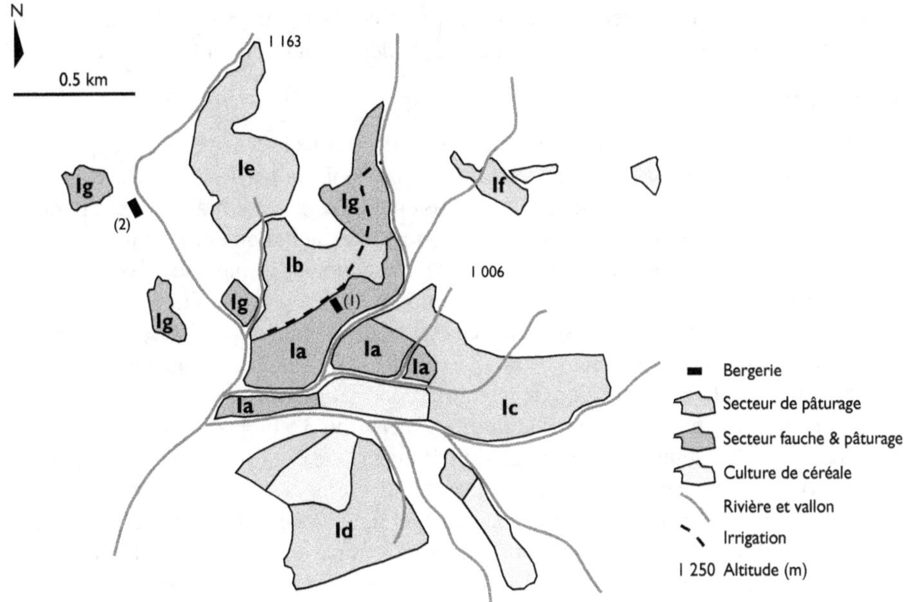

Figure 2. Territoire de l'élevage n° 5 (350 brebis sur 80 hectares).

constituer un troupeau de taille suffisante, ce troupeau est conduit, le matin, alternative-ment sur l'un des secteurs (Ib, Ic ou Id) et, l'après-midi, sur des prairies, soit les plus éloignées et qui n'avaient pas été pâturées au printemps (secteur Ig) et qui sont alors «raclées» avant l'hiver, soit sur des prés du secteur (Ia) qui permettent d'effectuer deux ou trois passages en «pâturage rationné».

Après le 1er décembre, seules les brebis qui agnèleront au printemps restent dans la bergerie (1). Elles sont alors conduites, chaque fois que la météo le permet, sur des parcours, en particulier sur les secteurs éloignés (Ie et If). Ces secteurs, qui sont envahis par des herbes sèches et des arbustes, sont ainsi «nettoyés» par pâturage tous les deux ou trois ans, ainsi que par des «petits feux» allumés en journées sèches de février ou mars.

Ces calendriers annuels d'utilisation permettent de définir schématiquement deux modes d'exploitation, autant pour les prairies que pour les parcours :

▶ Prairies

– les prairies du secteur (Ig) sont conduites en deux à quatre fauches, à des stades où la biomasse fourragère y est importante. Le pâturage n'est ici qu'un moyen d'utiliser les repousses d'automne quand, pour des raisons de durée d'ensoleillement, il serait difficile de faner ;

– les prairies du secteur (Ia) sont principalement utilisées pour le pâturage de façon étalée dans l'année, avec des chargements instantanés variant en fonction du stade de croissance de la végétation. Dans ce cas, la fauche apparaît souvent avoir plutôt une fonction d'entretien de la prairie plus que de récolte de fourrage. Il existe même des prairies qui ne sont jamais fauchées, ou seulement tous les deux ou trois ans.

Ces prairies reçoivent peu d'engrais, en particulier très peu d'azote, et elles sont peu productives, la récolte moyenne est de l'ordre de deux tonnes de foin par hectare.

▶ Parcours

– les parcours en secteurs (Ie et If) sont utilisés lors de deux brèves périodes de pâturage, à un stade où la biomasse fourragère est importante mais en partie sèche. Ce sont là des surfaces «de réserve», qui permettent de ne pas épuiser les surfaces pâturées aux périodes où la croissance de l'herbe est très limitée. Ce mode d'exploitation entraîne un envahissement progressif par des «refus», même avec des chargements instantanés élevés;
– les parcours en secteurs (Ib, Ic et Id) sont exploités de manière plus étalée dans l'année, avec des passages très fréquents et un chargement instantané variable. Ceci semble permettre un certain allongement de la période de bonne qualité des fourrages, allant de pair avec une relative stabilisation de la nature de végétation.

Le chargement moyen de l'exploitation est d'environ 3,5 brebis par hectare. Ceci en tenant compte de l'absence du troupeau durant la période d'estive, de la mise en pension d'une partie du troupeau durant l'automne et du calendrier des besoins alimentaires de ce troupeau. Ce chargement, relativement élevé pour la région, est obtenu par une plus forte fréquence d'utilisation du pâturage rationné et surtout par une proportion importante de prairies cultivées. L'éleveur a défriché 12 hectares pour installer des prairies cultivées et il va continuer dans le secteur (Ic) pour supprimer les mises en pension de brebis durant l'automne. Cet éleveur est selon nous typique de ceux qui sont en train de quitter un système pastoral pour un système herbager et qui n'auront bientôt plus besoin d'un berger.

3. Les circuits de pâturage

Les circuits de pâturage conduits par le berger permettent d'offrir au troupeau des ressources pastorales variées, au cours d'une même journée et au cours de la saison de pâturage. Comment le berger s'organise-t-il?

Nous prenons pour exemple un circuit de pâturage organisé dans l'élevage n° 3. Il s'est déroulé lors d'une journée de fin d'automne sur le secteur (IIb) (fig. 1), où le troupeau a pâturé en un seul repas des ressources variées dont des prairies, avec des comportements pastoraux différents (fig. 3 et tab. 2).

Le circuit a duré six heures, dont près de cinq heures d'activité de pâturage. Au cours des phases avec activité de pâturage, le chargement instantané a varié d'un facteur 1 (phases 5 et 7 sur fortes pentes) à 40 (phase 9 sur prairie à base de luzerne). Les espaces les plus intensément utilisés furent (par ordre décroissant): la prairie à base de luzerne (phase 9), les herbes sèches et arbustes (phase 4), les cultures abandonnées (phase 3) et les anciennes terres érodées (phase 6). Jusqu'à la luzerne, le berger n'est intervenu qu'à quatre reprises (fig. 3). La première a consisté à donner l'orientation de départ au troupeau: «le biais»; les deux suivantes ont consisté à stopper le troupeau en bordure de la surface d'herbes sèches avec arbustes (phase 4); la quatrième intervention, plus longue, a ralenti et orienté le déplacement du troupeau en phase 7, à la descente sur les pentes érodées. Sur la prairie à base de luzerne, le berger n'a laissé qu'une seule bande d'herbe à pâturer, en marquant avec ses chiens une limite que les brebis ne dépassaient pas. Le reste du temps, le berger s'est placé relativement loin et le plus souvent à l'arrière du troupeau. Nous avons été d'autant plus frappés de la cohésion et de l'homogénéité d'activité du troupeau.

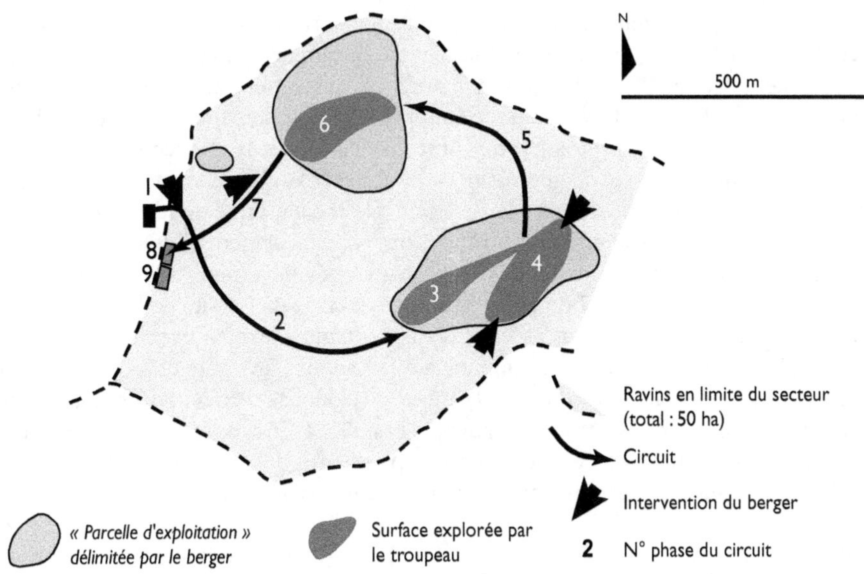

Figure 3. Le circuit de pâturage du 8 novembre 1977 sur le secteur (IIb) de l'élevage n° 3.

Tableau 2. Principales phases de ce circuit de pâturage

Phases	Heures (GMT + 2)	«Paysages» au sein du secteur	Activités du troupeau (%) D = déplacement P = pâturage		Durée d'activité P (min)	Surface occupée par les 185 brebis (ha)
			D	P		
1	11 h 15	Sortie bergerie	0	sel	0	–
2	11 h 25-12 h	Pentes érodées avec pins	100	0	0	0,3
3	12 h-12 h 30	Cultures abandonnées vers 1920	20	80	24	0,4
4	12 h 30-14 h	Herbes sèches et arbustes	0	100	90	0,8
5	14 h-14 h 20	Fortes pentes avec pins	90	10	2	2,0
6	14 h 20-16 h 20	Anciennes terres érodées	10	90	108	2,4
7	16 h 20-16 h 45	Pentes érodées	80	20	5	1,5
8	16 h 45-17 h 15	Prairie à base de dactyle	0	100	30	1,1
9	17 h 15-17 h 45	Pairie à base de luzerne	0	100	30	0,2
10	18 h	Retour bergerie	100	0	0	

Il semble que les brebis de cet élevage ont une sorte d'entraînement à un rythme d'activités et à l'exploration de ce territoire, et que le berger n'a ainsi pas besoin d'intervenir fréquemment pour adapter le circuit aux circonstances et à ses objectifs. Toutefois, le berger semble disposer d'une méthode empirique d'ajustement quantitatif et qualitatif du régime alimentaire, en faisant varier au cours du circuit la surface occupée par le troupeau ainsi que la vitesse de déplacement. Goïc (1977) utilise le terme synthétique de «vitesse d'exploration», c'est-à-dire la surface exploitée par unité de temps, qui est liée à la quantité d'herbe consommée. Ce critère s'apprécie facilement à l'œil nu.

Outre nos observations directes de circuits dans les cinq élevages, nous avons reconstitué, par enquête auprès des bergers et sur fonds de carte, la totalité de leurs circuits et secteurs utilisés selon les saisons et les effectifs des troupeaux. Par exemple, dans l'élevage n° 3, le circuit présenté précédemment sur le secteur (IIb) a été utilisé soixante-dix fois entre le 25 août et le 25 novembre 1977, avec un troupeau d'effectif décroissant entre 300 à 150 brebis, et dix fois entre le 15 mai et le 1er juillet 1978 avec tout le troupeau et les agneaux nés au printemps. Ces chiffres correspondent à des fréquences moyennes de trois jours sur quatre à l'automne et d'un jour sur cinq au printemps.

Au cours des phases de croissance de l'herbe, les bergers adaptent le nombre de passages de leurs troupeaux dans les secteurs au taux de consommation et au stade de développement d'espèces fourragères caractéristiques. Au cours des phases de ralentissement ou d'arrêt de la végétation, ils cherchent plutôt à préserver les parcelles de bonne valeur, tout en répondant à la tendance de leurs animaux à chercher une herbe sur laquelle ils ne sont pas passés la veille. Nous n'avons jamais eu l'impression que les bergers faisaient référence, ni à des quantités d'herbe disponible au cours d'une saison de pâturage, ni à des surfaces. Par contre, ils semblent concevoir leurs circuits de pâturage par une succession de surfaces distinctes, différenciées à la fois par des ruptures paysagères (anciennes terres cultivées, pelouses envahies par des pins...) et par des capacités d'utilisation avec le troupeau.

Par analogie avec des parcelles culturales, c'est-à-dire des surfaces sur lesquelles l'intervention humaine est homogène, nous avons décidé, d'un commun accord avec les bergers, d'appeler ces surfaces des «parcelles d'exploitation». Tous les bergers ont eu ensuite beaucoup de facilité à nous dessiner précisément sur fonds de cartes toutes leurs parcelles d'exploitation, caractérisées par certaines espèces pastorales utilisables à certaines conditions.

Conclusion

Les quelques éléments que nous avons recueillis sur la conduite du pâturage gardé dans des élevages ovins des Préalpes du Sud montrent la grande variété des modes d'exploitation que peuvent mettre en pratique les bergers. Cette variété de techniques permet aux bergers de s'adapter à des situations très diverses de surface disponible, de milieu naturel, de stratégie socio-économique des éleveurs. Dans chaque situation, on peut rechercher des améliorations qui prennent mieux en compte les conditions de travail et le renouvellement, voire l'amélioration, des ressources pastorales.

Les expérimentations conduites actuellement en stations et en fermes de référence, qui visent à exprimer au mieux le «potentiel pastoral» des parcours en utilisant des parcs clôturés et en supprimant le gardiennage, correspondent à des augmentations importantes de chargement au pâturage avec le minimum de travail. Mais il nous paraît également indispensable d'analyser, dans d'autres situations, les pratiques des éleveurs et des bergers, car ces situations nous semblent pouvoir être améliorées tout en maintenant le gardiennage.

En effet, malgré l'importante chute démographique dans ces zones où domine l'élevage ovin, la faiblesse des capacités d'investissements des éleveurs rend souvent le pâturage gardé par un berger le système le plus souple et le plus productif pour exploiter la diversité des ressources pastorales. Et ceci d'autant plus que la propriété de la majeure partie des surfaces est aujourd'hui tombée en désuétude et que les éleveurs peuvent ainsi faire pâturer des surfaces importantes sans droit d'exploitation accordé par des propriétaires qui ne peuvent pas les faire exploiter; cet usage restaure un droit coutumier issu du Moyen-Âge : «le droit de parcours».

Bibliographie

Blanchard R., 1945. *Les Alpes Occidentales*, IV, éditions Arthaud.

Blanchemain A., 1979. «Parcours méditerranéens: quelques aspects historiques». *In :* Molénat G., Jarrige R. (coord), *Utilisation par les ruminants des pâturages d'altitude et parcours méditerranéens*, éditions Inra, Versailles, 343-360.

Favre Y., 1976. «Aménagement et utilisation du domaine pastoral», *BTI*, 314-315 et 661-670.

Goïc A.-M., 1977. Comportement de troupeaux ovins libres ou gardés en alpage. Cohésion du groupe et utilisation du terrain, mémoire de fin d'étude ENSA Montpellier-INERM, 124 p.

Thepot N., 1977. *Influence des processus socio-démographiques sur le système agraire dans la région des Préalpes: 1. Essai d'analyse historique; 2. Compte rendu d'enquête dans six communes.* FDO des Alpes de Haute-Provence et CTGREF Antenne Élevage ovin, Montpellier, 152 p.

Thiault M., 1979. «Parcours méditerranéens: réflexions à partir de quelques aspects bioclimatiques». *In :* Molénat G., Jarrige R. (coord), *Utilisation par les ruminants des pâturages d'altitude et parcours méditerranéens*, éditions Inra, Versailles, 361-373.

© Michel Meuret

Chapitre 4

Des pratiques d'un berger expérimenté à la construction d'outils d'aide à la gestion d'alpages

Isabelle SAVINI, Étienne LANDAIS,
Pascal THINON et Jean-Pierre DEFFONTAINES [†]

Adapté de : Savini I., Landais E., Thinon P., Deffontaines J.-P., 1993, « L'organisation de l'espace pastoral : des concepts et des représentations construits à dire d'expert dans une perspective de modélisation », *in* Landais E. (coord.), *Pratiques d'élevage extensif : identifier, modéliser, évaluer. Ét. Rech. Syst. Agr. Dév.*, 27.

Les résultats qui sont présentés ci-dessous sont issus d'une recherche qui associe depuis 1987 l'unité de recherche Inra-SAD du Centre de recherche de Versailles à un berger très expérimenté du nom d'André Leroy. Celui-ci garde chaque été sur les estives des Hautes-Alpes des troupeaux de 1 000 à 1 500 ovins appartenant à des éleveurs locaux (photo 1).

Photo 1. André Leroy et ses chiens surveillent le troupeau durant l'été 2007 sur l'alpage du Saut-du-Laire, Hautes-Alpes (© Michel Meuret/Inra)

À l'origine, le travail effectué sur ce terrain ne constituait qu'un support pour une recherche de portée générale, visant à mettre au point et à illustrer un ensemble de méthodes pour l'étude des pratiques mises en œuvre par les divers acteurs agricoles, dans une perspective d'aide à la décision (Landais *et al.*, 1989). Une étude détaillée des pratiques de gardiennage d'André Leroy fut réalisée dans cet objectif (Landais et Deffontaines, 1988), et donna lieu à un échange interdisciplinaire original (Landais éd., 1991). Considéré comme un support pédagogique particulièrement adapté au sujet, un film fut également réalisé, en collaboration avec l'École normale supérieure de Saint-Cloud (Deffontaines *et al.*, 1989). Grâce au soutien du ministère de l'Agriculture, il fut largement diffusé dans les établissements d'enseignement agricole. Il est également utilisé dans le cadre des stages de formation professionnelle organisés à l'intention des bergers par l'Association des salariés agricoles pour la vulgarisation du progrès en agriculture des Hautes-Alpes (ASAVPA 05).

Cette recherche ne devait cependant pas s'arrêter là, en raison de l'intérêt qu'elle avait suscité auprès des acteurs du développement local et régional, et notamment du Centre d'études et de réalisations pastorales Alpes Méditerranée (Cerpam). Elle s'est donc poursuivie, avec des finalités désormais directement appliquées à la gestion des pâturages d'altitude, et dans le cadre d'une collaboration avec de multiples partenaires. Au premier plan de ceux-ci, le parc national des Écrins, soucieux *«d'aider au maintien des activités pastorales dans le parc tout en maîtrisant leur impact écologique»*.

Il s'agit pour le parc, tout en contribuant à améliorer la gestion des alpages (en particulier par l'intermédiaire d'aides aux aménagements pastoraux), de définir le cahier des charges d'une exploitation pastorale préservatrice vis-à-vis des ressources naturelles et des paysages, en vue de la mise en place de contrats d'alpage[1].

Dans cette perspective, les recherches entreprises avec André Leroy, qui garde désormais sur l'alpage expérimental du Saut-du-Laire (commune d'Orcières), ont été réorientées. L'objectif consiste à utiliser les connaissances de cet expert pour construire des outils d'aide au diagnostic de la gestion pastorale d'un alpage et à la conception de modes de gestion alternatifs prenant en compte des contraintes nouvelles : respect de mesures environnementales, aménagements liés à la fréquentation touristique, etc. Ces recherches produisent, au fur et à mesure de leur avancement, un certain nombre de concepts et de représentations graphiques qui traduisent la formalisation progressive des connaissances expertes, dont quelques-uns seront présentés ici à titre d'exemple. Ils illustrent l'originalité du point de vue adopté par rapport à la démarche pastoraliste classique, qui repose sur l'inventaire et l'évaluation de la ressource végétale et que nous considérons comme peu opératoire en termes de gestion.

1. Éléments de méthodologie

L'étude des pratiques d'André Leroy a été délibérément abordée en délaissant les méthodes habituelles des sciences de l'Homme comme celles des sciences de la Nature. L'expérience montre en effet que la construction de points de vue disciplinaires sans rapport avec le point de vue des acteurs n'offre aucune garantie d'efficacité en termes d'aide à

---

1. Les travaux s'étant effectivement poursuivis et développés depuis la date de cette étude (1987-1993), le Cerpam et le Parc national des Écrins ont notamment publié en 2006 : Bonet R., Della Vedova M., Quiblier M., *Diagnostic pastoral en alpages*, Cerpam Ed., Coll. Techniques pastorales, Manosque.

la décision. Les chercheurs se sont donc au contraire attachés à reconstituer en toute «indisciplinarité» (Legay, 1986) le point de vue finalisé du berger. Ce point de vue peut en première analyse être considéré comme embrassant le fonctionnement du système pastoral dans sa globalité, car précisément construit pour gérer les interrelations entre l'espace pastoral, l'herbe et le troupeau (du moins celles de ces interrelations dont les effets sont perceptibles pour le berger). Bien qu'elle repose essentiellement sur le recueil du discours d'un acteur, cette méthode s'écarte notablement de celles des sciences de l'Homme : l'objectif consiste à modéliser les connaissances d'un expert sur la gestion d'un alpage, et non à recueillir un matériau ethnologique. Il s'agit plus précisément de traduire les connaissances expertes sous forme d'un ensemble de règles et de références qui doivent satisfaire à une double exigence de fond et de forme, en étant à la fois fidèles et modélisables. Le résultat recherché est donc par nature une sorte de métis entre connaissance d'acteur et connaissance scientifique.

Le transfert des connaissances d'André Leroy s'est effectué à travers une relation particulière, utilisant le dialogue (en partie enregistré, sur le terrain et en salle) et des échanges de documents écrits et graphiques, ces derniers (cartes, schémas, photographies, films) tenant un rôle central en raison de l'importance de l'information spatialisée mise en jeu. La formalisation de ces connaissances a été obtenue par une démarche itérative consistant pour les chercheurs à mettre en forme le discours et les schémas reçus du berger puis à les lui restituer, en insistant sur les points d'ombre, de manière à l'amener à préciser son propos. La mise en évidence des imprécisions et des contradictions du discours d'André Leroy s'est appuyée sur la confrontation systématique de ce discours et des observations réalisées sur le terrain, où les pratiques du berger et leurs résultats étaient enregistrés (notés, cartographiés, photographiés, filmés). Les questions portaient d'une part sur les faits d'observation non expliqués par le discours, d'autre part sur les écarts entre prévisions ou intentions annoncées par le berger et le déroulement réel des événements. Les itérations se poursuivent jusqu'à ce que la mise en forme des connaissances soit jugée satisfaisante par les deux parties. C'est notamment le cas lorsqu'un concept nouveau est adopté de part et d'autre et effectivement utilisé dans l'échange, sans que son usage soulève d'ambiguïté.

Au cours de ce processus, la définition des concepts se dégage progressivement du discours, tandis que les représentations graphiques évoluent vers leur forme définitive. Le rôle des chercheurs ne se borne pas à recueillir les connaissances expertes : ils contribuent à les construire, en imposant des exigences formelles mais aussi, inévitablement, en y mêlant leurs propres connaissances. Tout au long de ces échanges avec André Leroy, les chercheurs ont ainsi fait appel à leurs propres références, à leurs propres catégories mentales. Ce faisant, ils lui ont «proposé» des formulations, des représentations qui n'étaient pas les siennes. S'il a implicitement ou explicitement rejeté nombre d'entre elles, il s'en est cependant approprié certaines, qui lui ont paru pertinentes ; d'autres enfin ont été modifiées avant d'être adoptées. L'échange est donc loin d'être à sens unique, ce qui contribue au «métissage» des connaissances évoqué plus haut.

L'information de base sur la gestion de l'alpage du Saut-du-Laire est enregistrée sur les relevés commentés des circuits quotidiens qu'André Leroy fait accomplir à son troupeau.

C'est le berger lui-même qui établit ces relevés, demi-journée par demi-journée, sur un fond de carte topographique «allégé» au 1/10 000 (carte 1 du cahier couleur). L'unité élémentaire de ces relevés est «l'épisode comportemental», durant lequel l'activité du troupeau est jugée homogène par le berger. Le choix d'une caractérisation globale du comportement du troupeau à dire d'expert distingue cette étude de nombreux travaux de recherche (Favre, 1979 ; Leclerc et Lécrivain, 1979 ; Balent, 1987), qui s'appuient sur des relevés instantanés et décrivent l'activité du troupeau par le pourcentage d'animaux s'adonnant à chacune des activités de base : pâturage, déplacement et repos. La gamme des activités distinguées par André Leroy sera détaillée ultérieurement. Chaque épisode comportemental est caractérisé en outre sur le plan temporel (heure de début, heure de fin), sur le plan spatial (l'aire occupée par le troupeau durant cet épisode est délimitée sur le fond de carte par un contour fermé), et sur le plan alimentaire (le berger attribue à l'épisode une note empirique évaluant globalement sa contribution quantitative à l'alimentation du troupeau). Cette note est exprimée en pourcentage de la quantité de matière verte ingérée d'une «ration standard», correspondant à une demi-journée de pâturage jugée satisfaisante par André Leroy. Le cumul des notes attribuées aux différents épisodes appartenant à une même séquence de pâturage (matinée ou après-midi) peut être différent de 100 %, reflétant le jugement global du berger sur l'efficacité de cette séquence en termes de quantités ingérées.

Ces données numériques et graphiques font l'objet d'une saisie informatique et alimentent la base de données d'un Système d'information géographique (SIG) utilisant le logiciel ArcInfo. Cet outil permet de croiser les diverses couches d'information qu'il contient et de produire de nouvelles représentations de la gestion de l'alpage, notamment sous la forme de «bilans» issus de la superposition de l'ensemble des relevés quotidiens de la saison. Il permet également de confronter l'information issue du berger avec d'autres sources.

2. Trois concepts de base

Pour décrire l'utilisation d'une «montagne», André Leroy utilise trois concepts principaux : le secteur, le quartier, le circuit. De ces trois termes, seul celui de *«quartier»* est couramment utilisé par les autres bergers et les éleveurs locaux. Cependant, le terme de *«secteur»* et plus encore celui de *«circuit»* renvoient *grosso modo* à des notions qui leur sont familières. L'innovation n'est donc pas dans les catégories elles-mêmes : elles émergent de la pratique et s'imposent comme des évidences, du moins aux yeux des praticiens (les pastoralistes les ignorent, à moins qu'ils ne les dédaignent en raison précisément de leur trivialité ?). La nouveauté réside plutôt dans la reconnaissance de la pertinence de ces notions empiriques pour une problématique de gestion, et dans la rigueur avec laquelle ces notions plus ou moins intuitives sont conceptualisées et articulées par André Leroy au service d'une approche clairement finalisée du système pastoral.

Dans quel ordre présenter ces trois concepts ? Pour la clarté de l'exposé, nous commencerons par les concepts de secteur et de quartier, qui définissent le découpage mental de l'espace pastoral. Ceci facilitera la présentation du concept de circuit, qui permet quant à lui de rendre compte de l'utilisation de cet espace par un troupeau d'ovins gardé (photo 2). Cependant, ce choix est discutable : le découpage de l'espace proposé par André Leroy n'est pas un découpage a priori, mais une partition fonctionnelle, liée aux règles qui président à la construction des circuits de pâturage. C'est à travers ce qu'il sait ou prévoit du comportement spatial et alimentaire de son troupeau que le berger perçoit les différents secteurs de sa montagne. Nous aurions donc pu commencer par parler du comportement des animaux. Mais ce comportement n'est lui-même pas indépendant des caractéristiques physiques de l'alpage, et il est difficile d'en traiter sans se référer au maillage en secteurs.

Le concept d'«organisation de l'espace pastoral» répond à cette complexité. Nous désignons sous cette expression la manière dont les acteurs d'un système pastoral orga-

Photo 2. André Leroy guide le troupeau à la montée en début de circuit vers un secteur d'herbe neuve sur l'alpage du Saut-du-Laire à la fin août 2007 (© Michel Meuret/Inra)

nisent (en pensée) et utilisent (en pratique) l'espace pastoral, cette dualité conception-action étant indissociable dans la pensée pratique : les acteurs pensent l'espace en s'appuyant sur l'expérience qu'ils ont de son utilisation, ils l'utilisent conformément à la représentation qu'ils s'en font.

2.1 Secteur

Un secteur est une subdivision du territoire pastoral dotée d'une certaine unité physique, dont les caractéristiques déterminent de la part du troupeau un comportement spatial et alimentaire particulier. Le passage du troupeau d'un secteur à un autre s'accompagne d'une rupture dans certains traits de son comportement. Parmi les différentes échelles spatiales utilisables pour mettre en relation le comportement du troupeau et les caractéristiques du milieu (Senft *et al.*, 1987 ; Balent 1987), le secteur apparaît particulièrement bien adapté à l'étude de la conduite du troupeau en alpage. Sa définition par André Leroy est, selon un chercheur de l'Institut national d'études rurales montagnardes (INERM), *« parfaitement pertinente en termes de gestion pastorale. Le secteur se rapproche de cette "unité élémentaire" tant recherchée, qui permettrait de réconcilier l'approche scientifique et l'opérationnel »* (Guet, 1991). Il est à ce titre l'une des innovations marquantes introduites par André Leroy.

Le découpage en secteurs s'appuie principalement sur les caractéristiques géomorphologiques de la montagne. Celle-ci est naturellement compartimentée par un certain nombre d'obstacles, torrents, ravins, barres rocheuses (carte 2 du cahier couleur), qui s'opposent au passage des animaux et contraignent leurs déplacements (voir également chapitre 5). Les compartiments ainsi distingués, pour peu qu'ils présentent, en termes d'accessibilité, de végétation et de superficie, un intérêt pastoral, constituent, selon leur taille et leur degré d'hétérogénéité interne, des secteurs ou des ensembles de secteurs (carte 3 du cahier couleur). Un secteur doit pouvoir être utilisé séparément, ce qui suppose que le troupeau tout entier puisse s'y déployer. La surface minimale d'un secteur n'est donc pas indépendante de l'effectif du troupeau.

En pratique, le découpage en secteurs résulte d'un compromis entre le souci de la précision, qui pousse à multiplier le nombre des secteurs, et celui de l'efficacité, qui conduit à le maintenir dans des limites raisonnables : le maillage réalisé doit être suffisamment simple et synthétique pour être mémorisable et opératoire. À titre indicatif, nous parvenons à un nombre de secteurs compris entre 15 et 20, selon les montagnes. Les différents «coins» de chaque montagne portent des noms, et cette toponymie traditionnelle, que l'usage pastoral a sans aucun doute largement contribué à définir, fournit généralement une base de départ pour le découpage en secteurs.

Diverses caractéristiques susceptibles d'influer sur le comportement du troupeau sont utilisées pour décrire chaque secteur : l'altitude, l'exposition, le modelé (relief, pente), la configuration du terrain (pierrosité, visibilité), la nature du sol, la nature et l'abondance de la végétation, l'étendue, l'accessibilité, la situation par rapport aux autres secteurs et aux «points fixes» (voir section 3.1). Le caractère plus ou moins attractif d'un secteur vis-à-vis du troupeau joue enfin, comme on le verra, un rôle important.

2.2 Quartier

Un quartier est un ensemble de secteurs pâturés à une même époque de l'été, en général à partir d'une même «*couche*», ou «*couchade*», lieu de repos nocturne du troupeau. L'altitude est le principal caractère commun aux secteurs d'un même quartier : elle conditionne la précocité de la pousse de l'herbe et donc la saison à laquelle le pâturage est exploitable. La distinction des différents quartiers est généralement précise et bien connue des éleveurs locaux. Elle traduit, en grandes masses, un calendrier d'utilisation de la montagne dont l'origine est souvent très ancienne. Cette division fonctionnelle de la montagne explique le choix de la localisation de certains aménagements pastoraux : cabanes, parcs de tri, abreuvoirs... Dans la plupart des cas, le berger change de cabane quand le troupeau change de quartier.

Les montagnes sont habituellement divisées en deux ou trois quartiers :
– le «*quartier de printemps*», ou quartier de juillet. C'est la partie la plus basse de la montagne, la plus tôt déneigée, celle où l'herbe est la plus précoce.
– le «*quartier d'été*», ou quartier d'août, partie la plus haute de la montagne, où la neige reste le plus longtemps, et où elle revient le plus vite.
– le «*quartier d'automne*», ou quartier de septembre. Il s'agit souvent du quartier de juillet, où «*la repasse*» exploite une repousse herbacée extrêmement variable suivant les années.

Pour un alpage donné, les dates de changement de quartier, tout comme celles de la montée en estive (en général dans les derniers jours de juin) et de la descente (dans les premiers jours d'octobre), sont pratiquement fixées à quelques jours près. La durée de présence du troupeau sur chaque quartier est donc constante, quels que soient les conditions climatiques et l'état de la végétation : c'est au berger de se débrouiller pour *«tenir»* le troupeau durant toute la saison, que l'année soit bonne ou mauvaise.

2.3 Circuit et circuit type

Le circuit de pâturage est l'itinéraire suivi au cours d'une journée par le troupeau, qui visite un certain nombre de secteurs du quartier où il se trouve. Cet itinéraire part chaque matin d'une couche de ce quartier et y revient le soir, à l'exception des jours où le troupeau passe d'une couche à une autre, soit à l'intérieur d'un même quartier, soit parce qu'il change de quartier.

Les circuits de pâturage ne changent pas tous les jours : le berger peut faire parcourir au troupeau plusieurs jours de suite le même itinéraire, de manière à exploiter progressivement toute l'herbe disponible des secteurs visités. Lorsque le troupeau, à plusieurs reprises, visite dans le même ordre le même ensemble de secteurs, la succession des séquences de comportement est comparable d'un jour à l'autre. Le concept de «circuit type» désigne ce double enchaînement de secteurs et d'activités et par extension l'espace constitué par l'ensemble de ces secteurs (carte 4 du cahier couleur). L'utilisation de l'espace pastoral suivant des trajets réguliers a souvent été décrite (voir notamment Balent et Barrué-Pastor, 1986). En Corse, par exemple, les termes locaux d'*«invistita»* et de *«rughjone»*, rapportés par Ravis-Giordani (1983) désignent respectivement le circuit (ou le circuit type) et l'espace dans lequel il se déroule.

Un nombre limité de circuits types permet généralement de visiter la totalité de l'alpage : on en compte en moyenne dix à quinze. Le troupeau gardé par André Leroy a ainsi emprunté douze circuits types différents pour exploiter l'alpage du Saut-du-Laire en 1991. Du fait des contraintes qui pèsent sur la circulation du troupeau sur l'alpage et sur le calendrier d'exploitation des différents secteurs, ou qui résultent des aptitudes de ces secteurs, une certaine rigidité caractérise le tracé des circuits types. Ce tracé change peu d'année en année, les bergers adoptant ou redécouvrant souvent les solutions déjà expérimentées par leurs prédécesseurs. La réalisation de certains aménagements pastoraux (passerelle, parc, cabane…) vise à introduire à ce niveau une souplesse nouvelle en modifiant le jeu des contraintes.

3. Le comportement du troupeau : rythmes et biais

Le comportement animal est le premier facteur à prendre en compte pour entrer dans la logique de gestion d'un système pastoral. Un invariant principal s'impose : le cycle qui fait se succéder au cours du nycthémère les phases de repos-rumination et de quête alimentaire. Ce modèle général rythme les activités quotidiennes des troupeaux et motive leurs déplacements spontanés. Les modalités concrètes de ces déplacements (direction, vitesse, horaires) dépendent essentiellement des caractéristiques physiques de l'espace pastoral, et en particulier de la distribution spatiale de la végétation, des couches et des points d'eau. *«Le biais»*, terme utilisé couramment par les bergers et qui traduit l'intégration par un troupeau de l'ensemble de ces facteurs, résulte donc de l'interaction entre des déterminants d'ordre temporel et d'ordre spatial.

3.1 Le rythme des activités du troupeau

Le cycle d'activité nycthéméral d'un troupeau ovin au pâturage en été se divise typiquement en quatre périodes : une période de repos nocturne, deux séquences d'activités
diurnes, séparées par une période de repos à la mi-journée (Favre 1979 ; Leclerc et Lécrivain, 1979). La constance du rythme des activités diurnes permet de distinguer différentes phases au sein de chaque séquence d'activités : le réveil et le départ de la couche ;
la *«mise en route»* du troupeau, qui se dégourdit les pattes et se met en appétit en se
réchauffant aux premiers rayons du soleil ; le déplacement vers les zones de pâturage
principales, où le troupeau prélèvera l'essentiel de sa ration ; la période principale de
prise alimentaire ; en fin de matinée, le regroupement progressif pour une période de
repos de plusieurs heures. L'après-midi, construit suivant un modèle analogue, s'achève
par le retour à la couche et le *«souper»*. Les horaires correspondant à ce schéma général
évoluent progressivement au fur et à mesure de l'avancement de la saison, sous l'influence de la diminution de la durée du jour et de l'évolution de la végétation et des
conditions météorologiques.

Les phases dont il vient d'être question correspondent *grosso modo* aux «épisodes
comportementaux» distingués par André. La «période principale de prise alimentaire»
est néanmoins souvent fractionnée en plusieurs épisodes d'importance inégale, conformément aux observations d'Arnold et Dudzinski (1978), épisodes séparés par des
déplacements qui relancent l'appétit (voir aussi à ce propos les chapitres 7 et 8 relatifs
au modèle Menu). Les types d'activité qui définissent les épisodes comportementaux
sont directement appréciés à l'échelle du troupeau. Il s'agit d'une appréciation qualitative qui intègre plusieurs critères, tels que les comportements individuels majoritaires,
la forme du troupeau et son évolution. Nous avons vérifié que cette appréciation est
répétable, moyennant quelques séances d'apprentissage. Les catégories retenues sont
les suivantes :

• Pâturage stationnaire ou *«tranquille»* : les animaux mangent presque immobiles,
orientés en tous sens. Les déplacements individuels, très réduits, ont une résultante
nulle. Cette activité reconnaît d'une part une modalité dominante : le *«pâturage
intense»*, durant lequel les prises alimentaires se succèdent très rapidement. Elle
présente d'autre part deux variantes, qui correspondent à des activités de pâturage
stationnaire, mais moins intense, qui sont observées, soit juste avant ou juste après la
période de repos diurne, soit lors du *«souper»* qui précède immédiatement le coucher
des animaux.

• Pâturage-déplacement : pâturage intense accompagné d'un déplacement lent de
l'ensemble des animaux dans une même direction, activité souvent favorisée par le
berger, qui ralentit le mouvement.

• Déplacement-pâturage.

• Déplacement pur.

• Repos-rumination, diurne ou nocturne.

• *«Bricolage»* : cet intitulé désigne un régime comportemental perturbé, caractérisé
par le manque de coordination des activités individuelles, dominées par des déplacements en tous sens : le troupeau n'a pas de *«biais»* (voir section 3.2).

3.2 Les régularités spatiales

Certaines des activités du troupeau étant liées à des lieux bien déterminés, leur régularité dans le temps se traduit dans l'espace par celle des déplacements quotidiens, qui s'organisent autour d'un certain nombre de «points fixes».

Il s'agit d'abord du véritable pivot que constitue la couche (ou, le cas échéant, le parc de nuit). Ensuite, des chômes, lieux où le troupeau se rassemble et s'arrête à la mi-journée pour ruminer durant les heures les plus chaudes. Comme celui des couches, mais à un moindre degré, l'emplacement des chômes est *une donnée de la montagne* : le troupeau n'accepte d'y rester et d'y prendre ses habitudes que si l'emplacement lui plaît. Couches et chômes deviennent alors pratiquement des points fixes.

Les autres points fixes qui structurent les circuits sont les points d'eau, les *«pierres à sel»* sur lesquelles le berger répand le sel destiné au troupeau, le parc de contention où les animaux sont périodiquement comptés, soignés, triés. Il faut y ajouter les *«points de passage obligé»*, qui commandent certains accès, au niveau du franchissement d'un obstacle, torrent, ravin ou barre rocheuse (carte 3 du cahier couleur).

Le biais

Comme bien d'autres bergers, André Leroy regroupe sous le terme de *«biais»* une grande partie des connaissances relatives au comportement du troupeau qui lui sont utiles pour la gestion des alpages. Le biais est le comportement spatial que le troupeau, placé à un instant donné dans un lieu donné, tend spontanément à adopter, et plus spécialement la direction et le rythme du déplacement correspondant. Cette notion découle de l'homogénéité comportementale qui caractérise tout particulièrement les grands troupeaux ovins : *«Le biais, c'est vraiment un comportement de troupeau. Quand le troupeau prend son biais, le berger le voit se déployer ou se regrouper tranquillement, mille brebis à l'unisson. C'est quelque chose de très beau à voir. Chaque brebis sait où va le troupeau».*

Une fois prises en compte les caractéristiques propres du troupeau considéré (son effectif, sa composition, le type génétique et l'état des animaux, leur mode de conduite habituel, leur connaissance de l'espace pastoral), ce comportement est prévisible : *«le biais est aussi, dans un sens, une donnée de la montagne. C'est la résultante du rythme des bêtes, de leurs habitudes, de leurs manies, et des caractéristiques de la montagne : le relief, la pente, l'exposition, la végétation, l'emplacement des couches et des chômes... ».* Il faut donc connaître, outre la rythmicité évoquée plus haut, ce qu'André Leroy appelle les *«habitudes et manies»* qui caractérisent le comportement alimentaire et spatial des animaux : leurs préférences alimentaires, leur goût de l'herbe *«neuve et propre»*, leur manière de chercher à se composer un repas varié en changeant plusieurs fois d'endroit et de type de végétation au cours de chaque demi-journée, leur habitude de pâturer *«à la montée»*, en suivant la pente, etc.

Parmi ces règles, certaines sont dominantes et déterminent, si les circonstances ne s'y opposent pas, les grands déplacements spontanés du troupeau. Par exemple, dans la journée, en début d'été, par temps beau et chaud, les brebis cherchent toujours à monter, comme pour trouver de l'air, pour trouver aussi de l'herbe plus jeune et plus fraîche : *«il n'y a que le mauvais temps qui les fasse descendre».* La connaissance de ces règles stables permet une prédiction, ce qui explique que les bergers parlent souvent du biais de telle ou telle montagne. Il apparaît donc possible de modéliser graphiquement les principaux déplacements qui caractérisent le biais observé sur une montagne donnée.

Pôles d'attraction et axes de circulation préférentiels

Tels les points d'eau en région pastorale sèche (Claude *et al.*, 1991), les pôles sont des zones de la montagne qui exercent de manière nette et durable une attraction sur le troupeau qui, livré à lui-même, cherchera immanquablement à les rejoindre. Elles correspondent principalement aux parties élevées de la montagne situées à proximité des sommets et des crêtes. Les animaux se retrouvent spontanément dans ces zones, dont l'étendue varie selon la forme générale de la montagne (fig. 1).

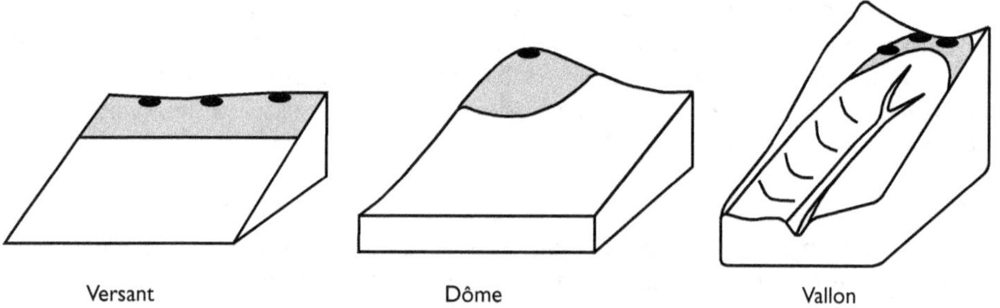

Figure 1. Emplacement et physionomie des pôles d'attraction situés en zone haute, selon la forme générale de la montagne (●: emplacement possible d'une couche).

L'attirance que manifestent les animaux pour ces zones hautes est particulièrement intense en fin de journée. C'est là que se trouvent leurs couches préférées, sur des replats dominant les pentes, d'où la vue est bien dégagée. D'autres zones peuvent néanmoins exercer une attraction sensible sur le troupeau, en raison de l'abondance et/ou de la qualité de la végétation qu'elles comportent.

La force d'attraction exercée par un pôle varie dans l'espace. Elle est d'autant plus intense que le troupeau est proche du pôle. Elle peut cependant demeurer sensible à grande distance, voire sur l'ensemble de l'alpage. La délimitation approximative de l'aire d'attraction associée à un pôle peut être réalisée à dire d'expert, à partir des observations faites par le berger sur le comportement de son troupeau. Ceci débouche sur des représentations graphiques originales, telles celle de la carte 5 (cf. cahier couleur), qui indique les «pôles de nuit» de l'alpage du Saut-du-Laire et leur aire d'attraction respective. La force d'attraction d'un pôle, et par extension d'un secteur, est relative : elle se compare à celles des autres secteurs de l'alpage. C'est la plus puissante qui l'emporte et détermine le biais. Cette force d'attraction varie par ailleurs au cours du temps :

– suivant un cycle nycthéméral, ce qui conduit à distinguer «pôles de nuit» et «pôles de pâturage». Ces derniers sont représentés par des secteurs divers, dont la végétation est particulièrement appréciée par les animaux, qui cherchent à gagner ces secteurs aux heures des repas. Les pelouses nivales des secteurs d'altitude étant très prisées des ovins, ces secteurs cumulent souvent la qualité de pôles de nuit et de pôles de pâturage : leur attraction s'exerce alors en permanence ;

– suivant un cycle saisonnier : l'attraction des pôles de pâturage varie selon le stade et l'état de la végétation. Celle des pôles de nuit évolue également. *«En fin d'été, les bêtes regardent vers le bas et descendent volontiers, peut-être parce qu'il n'y a plus guère d'herbe jeune, même à la cime».*

Selon le modelé général de la montagne, la disposition des obstacles et l'emplacement des pôles d'attraction, les troupeaux suivant leur biais empruntent spontanément un certain nombre d'axes de circulation préférentiels (carte 6 du cahier couleur). Le berger lui-même sera contraint, peu ou prou, d'utiliser ces axes dans la construction de ses circuits de pâturage. À la longue, cette organisation de l'espace se traduit matériellement : *«Pour qui sait regarder, le biais est inscrit sur la montagne, dans les multiples petites drailles creusées par le passage répété des bêtes, et qui trahissent la direction suivie, le resserrement du troupeau aux points de passage obligé…».*

4. L'organisation des circuits de pâturage et le plan d'utilisation de la montagne

Le comportement manifesté à un moment donné par un troupeau est donc en partie prévisible. Reste l'incertitude majeure, qui est relative aux conditions météorologiques. À condition d'en tenir compte, et de mettre en réserve les secteurs abrités et facilement accessibles qui pourront servir de refuge au troupeau les jours de mauvais temps, le berger peut donc élaborer un programme prévisionnel, véritable plan d'utilisation de l'alpage, dont la mise en œuvre se traduira par la succession des circuits de pâturage tout au long de la saison.

L'objectif principal poursuivi par le berger à travers l'élaboration de ce plan consiste à *«remplir jour après jour le ventre de ses bêtes»*. S'y ajoute le souci de *«tenir»* sur l'alpage durant toute la saison d'estive, qui le pousse à *«gérer son herbe au plus serré»*. En définitive, il apparaît que le berger, coincé entre ces multiples contraintes, ne dispose que d'une marge d'initiative limitée pour l'organisation des circuits de pâturage, d'autant qu'il n'a pratiquement aucun poids sur les décisions relatives à l'effectif du troupeau ou aux dates de la montée en estive et de la redescente, ces décisions appartenant aux éleveurs propriétaires des animaux.

4.1 La conduite du troupeau et l'utilisation du biais

Malgré cette autonomie réduite, les *«styles de garde»* des bergers, c'est-à-dire leur manière de conduire les troupeaux sur les alpages, sont très divers (Savini et Landais, 1991). Cette diversité s'exprime notamment dans la finesse de la gestion, dans le degré d'initiative qui est laissé au troupeau, dans la précision et l'autorité des interventions du berger et de son chien, dans la qualité des relations homme-animal. Ces aspects sont importants à divers titres. Ils jouent d'une part un rôle essentiel pour l'ambiance pastorale, pour le bien-être des animaux et probablement pour les résultats zootechniques. Ils conditionnent d'autre part la maîtrise exercée par le berger sur son troupeau et finalement sa capacité à lui faire suivre un circuit défini a priori. Nous nous en tiendrons, à titre d'illustration, à la présentation d'une règle jugée très importante par André Leroy. Elle a trait à l'utilisation du biais.

Appuyée sur la connaissance des règles résumées plus haut, l'anticipation du biais par le berger joue un rôle important pour la conduite du troupeau : *« C'est au point qu'un bon berger arrive à se mettre à la place de ses bêtes, à deviner ce qu'elles vont avoir envie de faire... »*. Toute cette connaissance n'est pas gratuite : elle est très utile à la conduite du troupeau. Le bon berger s'arrange pour aller le plus possible dans le sens des bêtes, pour ne pas contrecarrer le biais. Plus il respecte ses bêtes, plus tout devient facile, paisible, et mieux ses bêtes profitent. Pour le berger, le déroulement du circuit est une succession de *« tenir »* et de *« laisser faire »*, de moments où il intervient pour conduire son troupeau et lui donner le bon biais, et de périodes où le troupeau suit spontanément son biais (fig. 2). Ses interventions ne sont justifiées que si le biais suivi par le troupeau l'éloigne du circuit qu'il a choisi. Elles seront d'autant plus rares et discrètes qu'il aura mieux calculé son circuit. À la limite, tout l'art du berger, c'est de donner le bon biais à son troupeau et finalement d'arriver à réaliser son plan d'exploitation de la montagne en intervenant le moins possible. *« Le bon berger, on a l'impression qu'il ne fait rien, que suivre ses bêtes ! »*

4.2 La gestion de l'herbe

L'art du berger : évaluer, ajuster

La construction du plan d'exploitation de la montagne, défini par la succession des circuits qu'il prévoit d'emprunter jour après jour, suppose que le berger évalue le temps que son troupeau pourra passer dans chaque secteur et le nombre de passages qu'il pourra y faire, en tenant compte du type d'activité qu'il pourra y développer : par exemple, dans tel secteur, le troupeau pourra pratiquer un pâturage intense durant environ deux heures, et ceci cinq à six jours de suite.

En pratique, le déroulement réel du pâturage s'écarte toujours plus ou moins du programme prévu, parce que le temps s'est mis à l'orage, parce qu'une patte cassée a contraint à redescendre le troupeau au parc, parce qu'un point d'eau a tari précocement... Le berger doit alors adapter son plan, en réévaluant sans cesse les réserves d'herbe dont il dispose et en vérifiant qu'il a bien devant lui le nombre nécessaire de jours de pâturage. C'est ce qui lui permet d'ajuster sa gestion. Une certaine souplesse existe en effet, car le berger peut généralement accélérer ou ralentir le mouvement, décider d'abandonner plus tôt que prévu tel circuit-type ou au contraire d'y maintenir le troupeau quelques jours de plus, quitte à *« râcler »* l'herbe au maximum, etc.

L'art du berger réside en bonne part dans sa capacité à bien évaluer ses *« jours d'avance »*. Car l'appréciation des disponibilités en herbe et de leur consommation potentielle par les animaux est délicate et subjective. Elle repose d'abord sur l'expérience des années précédentes sur la même montagne, mais celle-ci n'est pas toujours capitalisée, en raison de la mobilité professionnelle des bergers. En complément, ou à défaut, elle s'appuie sur des indicateurs divers, au premier plan desquels l'état de la végétation, (stade, hauteur, couleur, aspect plus ou moins *« nettoyé »* par le troupeau, etc.) et, lorsque le troupeau est sur place, sur son comportement : c'est la manière dont les animaux y mangent qui renseigne le plus efficacement le berger sur l'usage qu'il peut encore attendre d'un secteur donné.

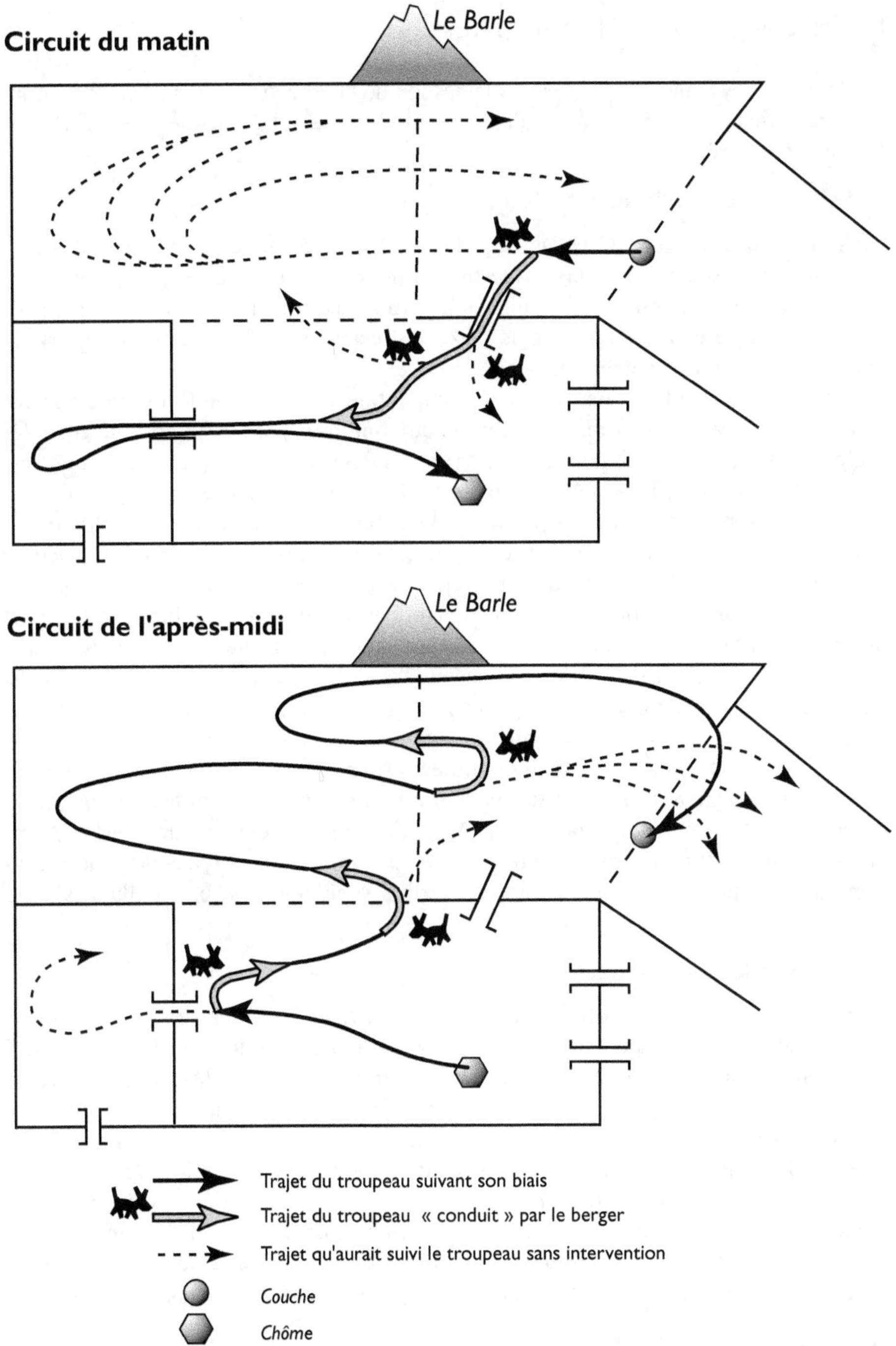

Figure 2. Circuit parcouru le 1er septembre 1987 par le troupeau gardé par André Leroy sur l'alpage de la Vieille Selle (commune de Réallon).

Des règles pour la gestion du pâturage

André Leroy a énoncé, concernant la gestion de l'herbe, un certain nombre de principes de portée plus ou moins générale. Voici, à titre d'exemple, quelques-unes des règles qui en ont été tirées.

▶ Le calendrier d'utilisation de l'espace

Deux règles ont trait à l'ordre dans lequel les différents secteurs doivent être exploités :
– la première dispose que, dans la mesure du possible, cet ordre respectera, pour les secteurs pâturés « au printemps » (juillet), les différences de précocité de la végétation. À l'inverse, on réservera pour la fin de saison les secteurs dont la végétation conserve le plus longtemps son acceptabilité ;
– la seconde répond à l'incertitude fondamentale liée aux conditions météorologiques. Le mauvais temps rend dangereux de nombreux passages, diminue considérablement la visibilité, fait gonfler les torrents et dégringoler des pierres. Il faut donc exploiter en priorité, lorsque le temps le permet, les secteurs les plus éloignés, les plus difficiles d'accès, les moins praticables par temps de grand vent, de pluie ou de neige, et épargner au maximum, jusqu'à la fin, les secteurs abrités et faciles d'accès.

Différents types de représentations graphiques permettent de visualiser l'organisation et le calendrier d'exploitation d'un alpage. Les figures 3 et 4 combinent d'une part une représentation symbolique du découpage fonctionnel en quartiers et secteurs, précisant l'association des différents secteurs au sein des circuits types successifs, d'autre part un diagramme analytique inspiré du « planning de pâturage ».

Ce type de diagramme présente l'intérêt de rester pertinent à l'échelle de la journée (fig. 5). La carte 7 (cf. cahier couleur) fournit une représentation de l'organisation et du calendrier d'utilisation d'une montagne très complémentaire de la précédente, car elle restaure la dimension spatiale du problème, laquelle est évidemment tout à fait fondamentale en termes de gestion. Ces deux types de représentations ont l'avantage de pouvoir être construits rapidement, à partir d'une simple enquête.

▶ Favoriser le pâturage intense

Le pâturage intense (voir section 3.1. : « Pâturage stationnaire » et « Pâturage-déplacement »), permet d'exploiter dans les meilleures conditions les secteurs qui offrent les ressources qualitativement et quantitativement les plus intéressantes. Il limite les déplacements, l'éparpillement des animaux et le gaspillage tout en favorisant l'ingestion. Le berger a donc intérêt à encourager au maximum l'apparition de ce type de comportement, à travers ses interventions et sa gestion de l'herbe. Il n'abordera donc les secteurs qui s'y prêtent qu'aux moments où il estimera que le troupeau est effectivement en condition d'adopter ce comportement. Il tentera alors de ralentir au maximum sa progression. Il ressortira les animaux dès qu'ils manifesteront leur lassitude et commenceront à se déplacer, au risque de gaspiller l'herbe.

▶ Le choix du rationnement

Cette nouvelle règle peut être considérée comme un corollaire de la précédente. Elle recommande de conduire le troupeau de manière à explorer progressivement l'espace, afin que les animaux trouvent *« chaque jour de l'herbe neuve et propre »*

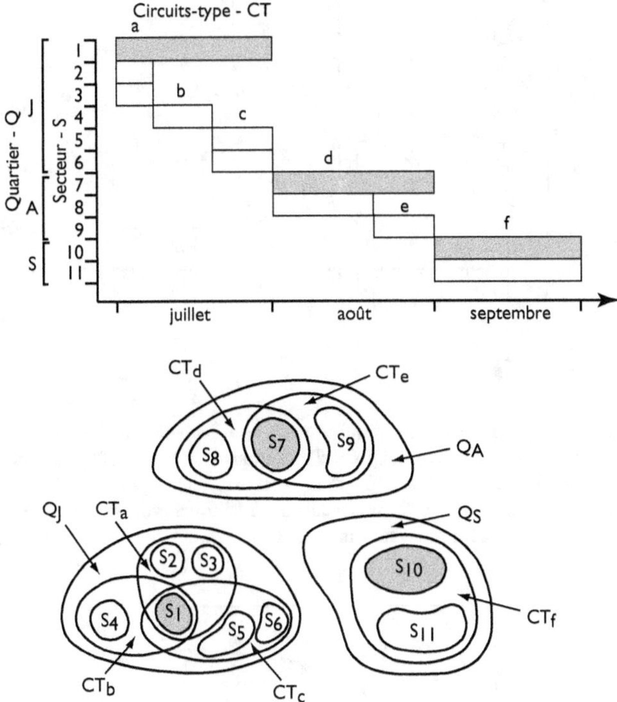

Figure 3. Représentation synthétique de l'organisation et du calendrier d'utilisation : cas d'une montagne comprenant trois quartiers distincts (en grisé : les secteurs comprenant une couche).

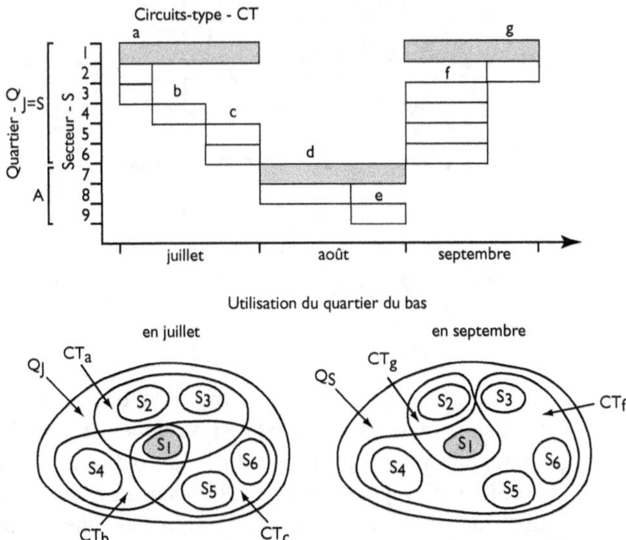

Figure 4. Organisation et calendrier d'utilisation : cas d'une montagne ne comprenant que deux quartiers (pas de quartier de septembre distinct).

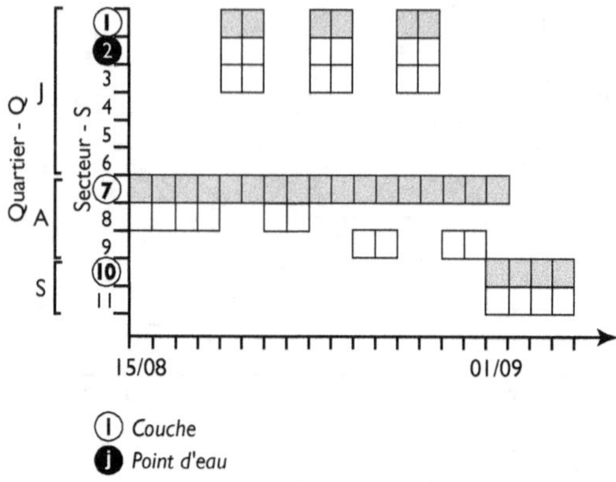

Figure 5. Représentation du calendrier d'utilisation décliné à l'échelle de la journée. Exemple d'une montagne dont le quartier d'août est privé de point d'eau à partir de la mi-août (variante de la figure 3). Le troupeau doit redescendre tous les trois jours pour s'abreuver dans le secteur 2 du quartier de juillet, ce qui l'oblige à traverser le secteur 3 et à passer la nuit à la couche du secteur 1, pour remonter le lendemain en suivant le même itinéraire en sens inverse. Changement de quartier au 1er septembre.

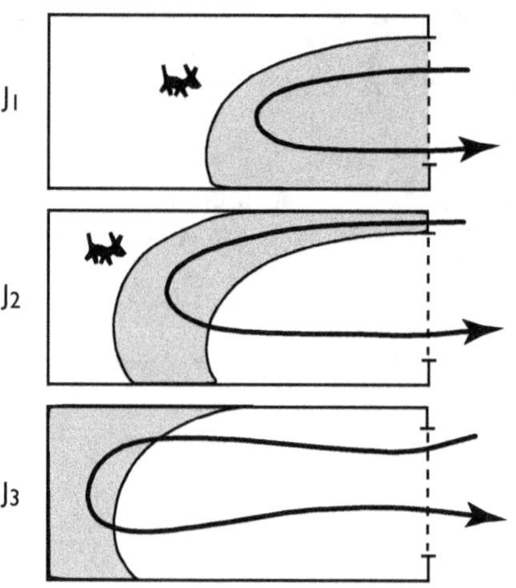

Figure 6. Exploration progressive d'un nouveau secteur par un troupeau (en grisé, la zone d'herbe neuve exploitée chaque jour).

Cette règle conduit André Leroy à interdire au troupeau de parcourir d'emblée la totalité de l'espace des secteurs qu'il visite (fig. 6) et à pratiquer une gestion très rigoureuse du pâturage qui s'apparente en fait à la pratique du pâturage rationné mise en œuvre dans certains systèmes d'élevage intensif. À ses yeux, le rationnement est un principe de portée générale. Sa première vertu est d'économiser l'herbe en limitant le gaspillage : des animaux laissés à eux-mêmes parcourent très rapidement la totalité de l'espace qui leur est offert à la recherche des «*meilleurs coins*», ne consommant que le meilleur, piétinant et salissant l'ensemble. Le rationnement a aussi d'autres avantages :

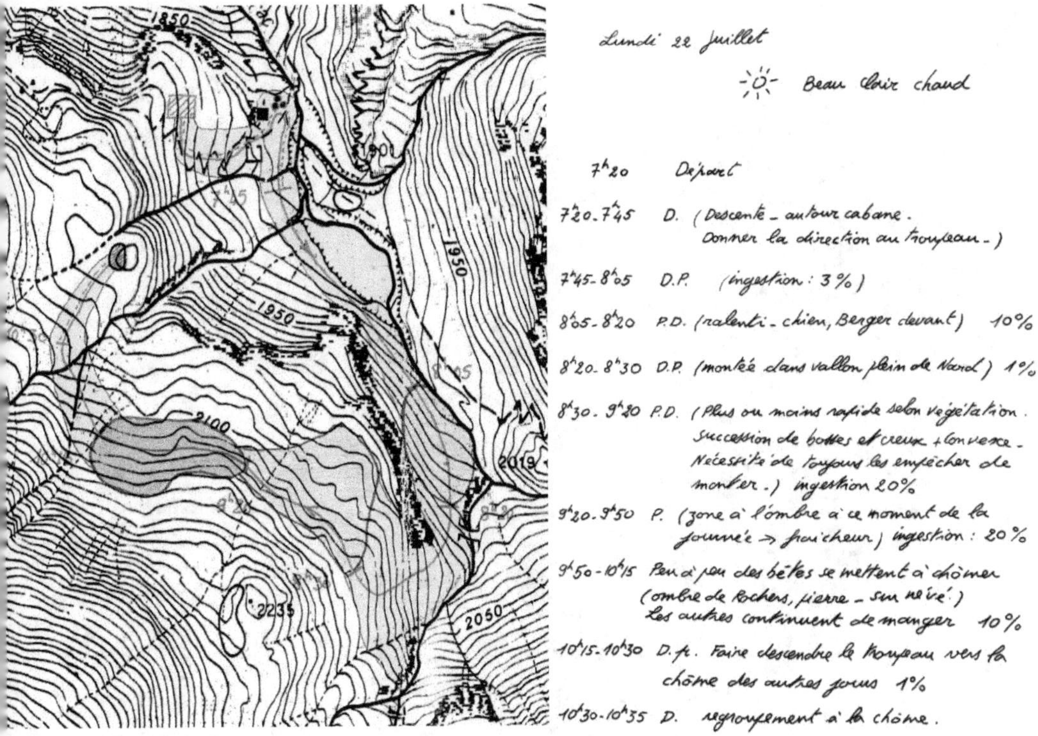

Carte 1. Exemple d'un relevé réalisé par André Leroy. Le circuit de la matinée du 22 juillet 1991 sur l'alpage du Saut-du-Laire. Extrait du fond de carte IGN au 1:25 000 n° 3437 ET Orcières-Merlette © IGN 1989 – autorisation n° 30-100023.

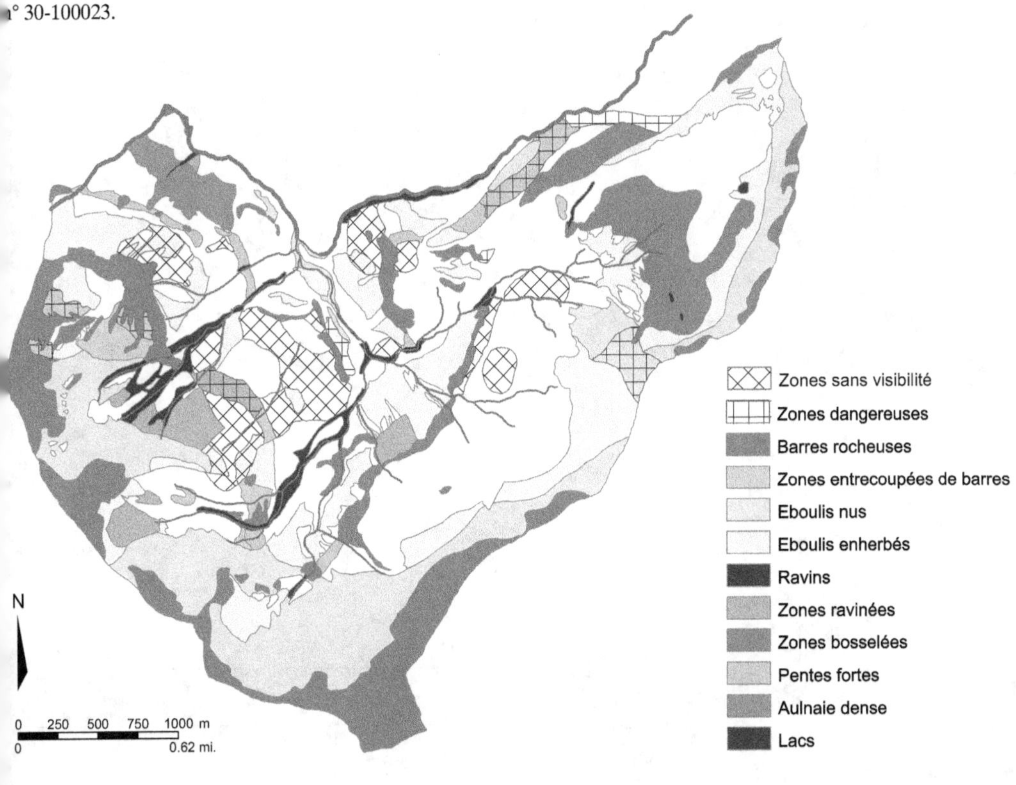

Carte 2. Les obstacles et les contraintes à la circulation du troupeau, vus par les bergers (alpage du Saut-du-Laire).

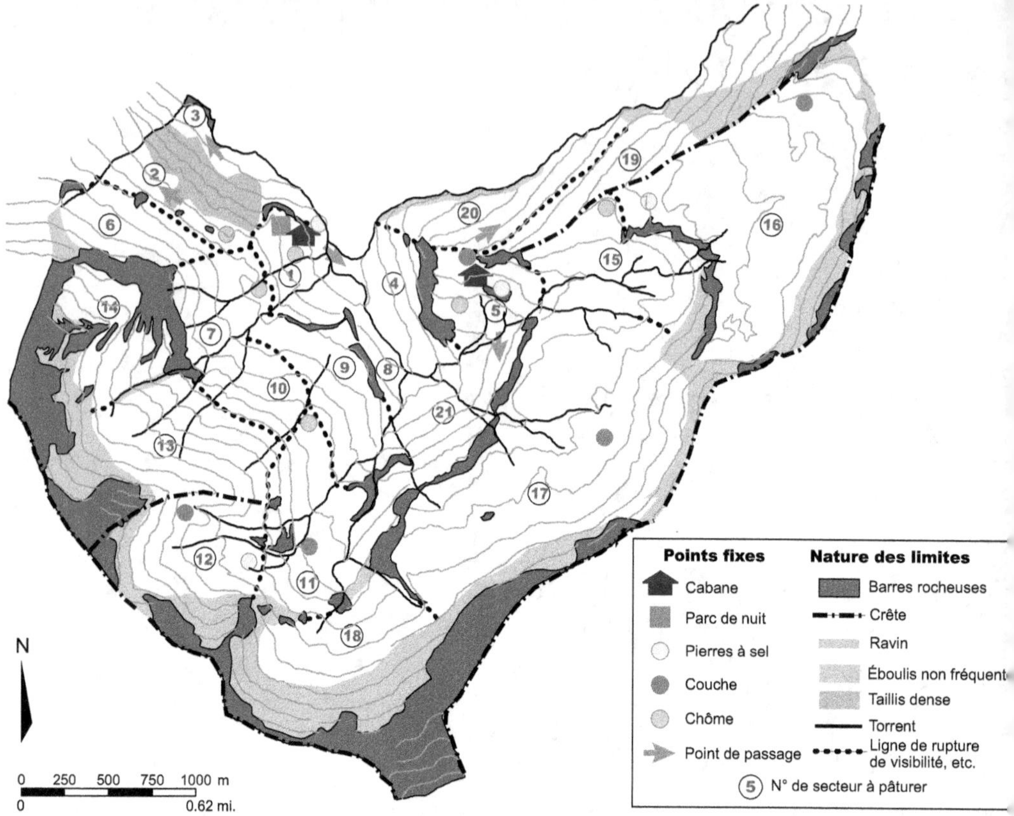

Carte 3. Découpage en secteurs de l'alpage du Saut-du-Laire et localisation des « points fixes ».

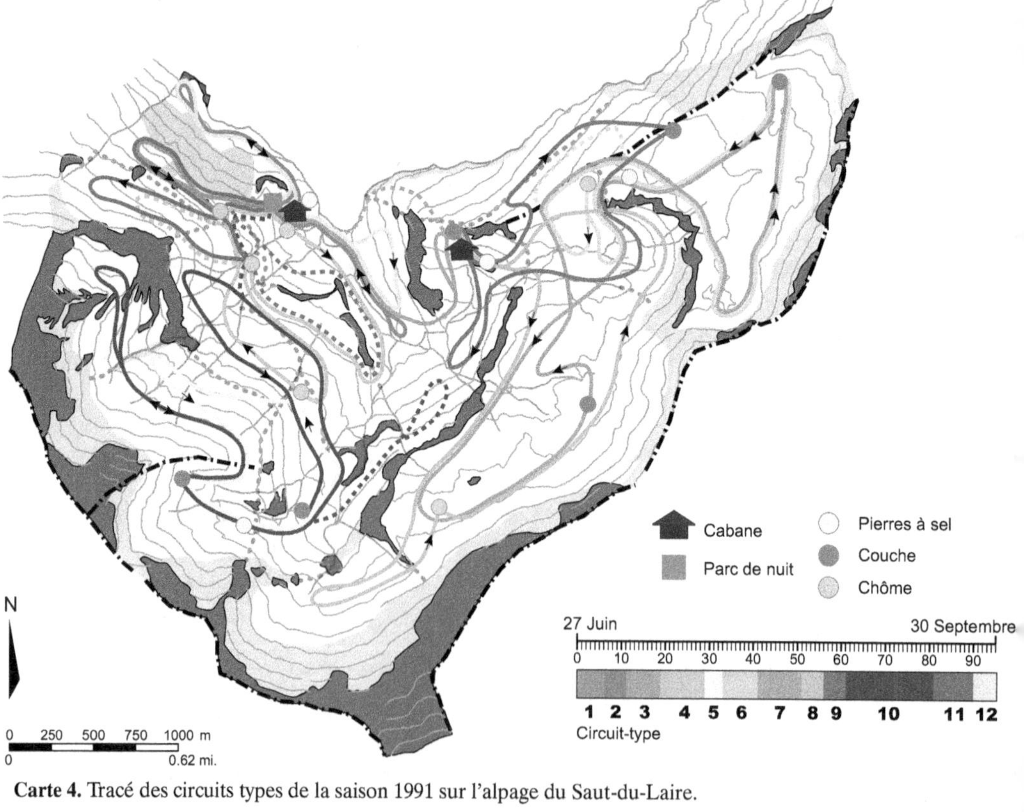

Carte 4. Tracé des circuits types de la saison 1991 sur l'alpage du Saut-du-Laire.

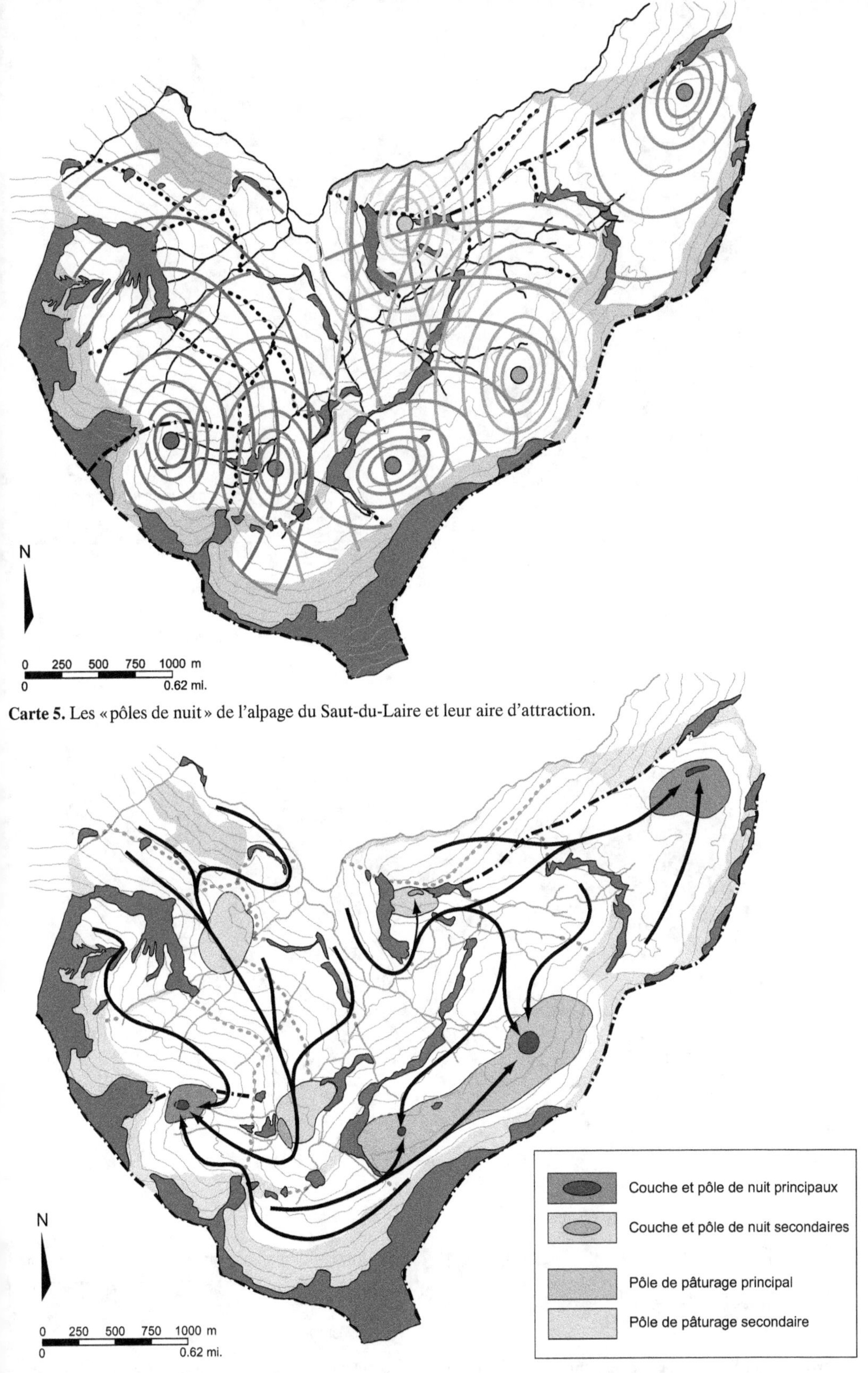

Carte 5. Les « pôles de nuit » de l'alpage du Saut-du-Laire et leur aire d'attraction.

Carte 6. L'ensemble des pôles d'attraction de l'alpage du Saut-du-Laire et les axes de circulation préférentielle qui matérialisent « le biais ».

III

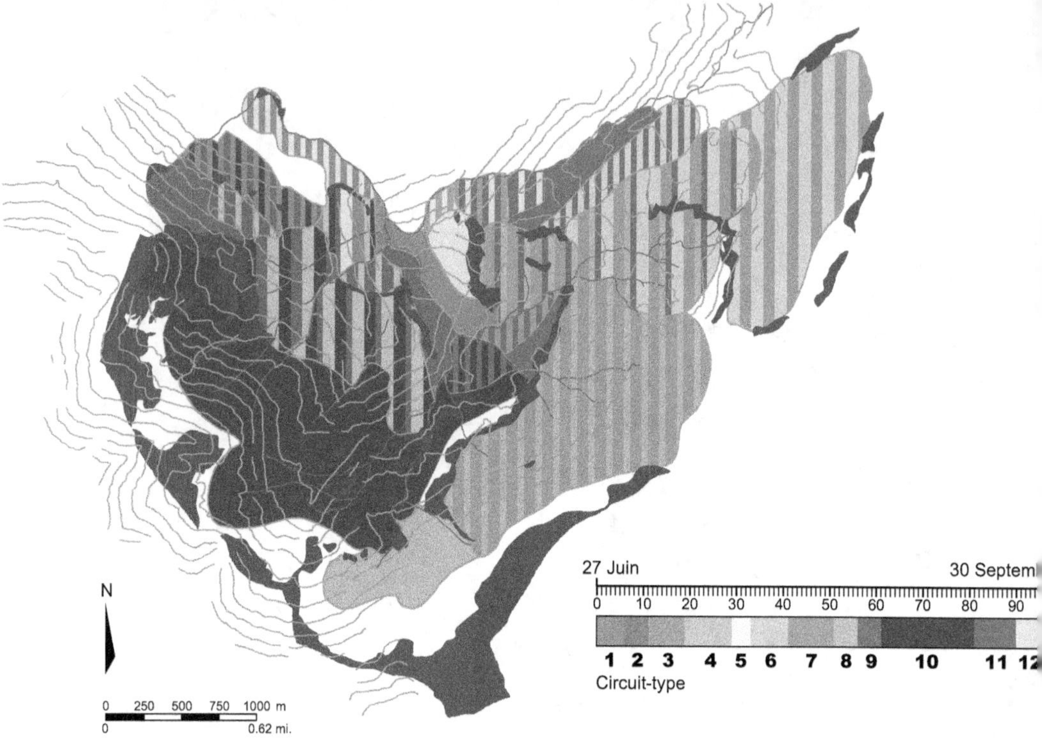

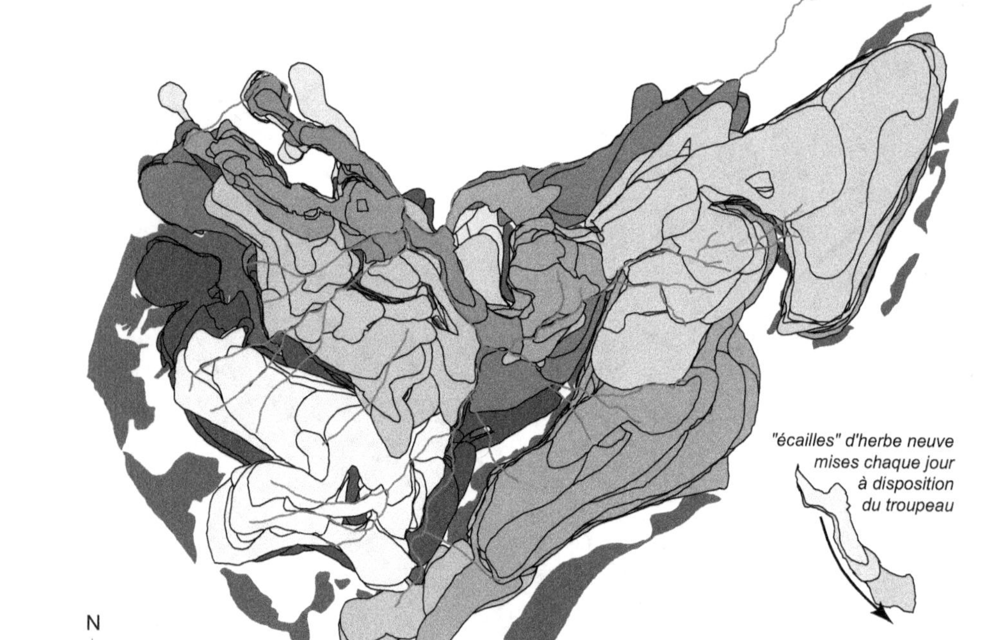

Carte 7. Le calendrier d'utilisation 1991 de l'alpage du Saut-du-Laire. Les couleurs correspondent aux circuits types (cf. carte 4).

Carte 8. Extension journalière du pâturage : morphologie des «écailles» d'herbe neuve visitées jour après jour par le troupeau (saison 1991, alpage du Saut-du-Laire). Les couleurs correspondent aux circuits types (cf. carte 4).

«La ration est plus régulière d'un jour sur l'autre. Si le berger laisse faire, à quelques jour-
nées grasses [c'est-à-dire quand le troupeau arrive dans un nouveau quartier] *succéderont*
de nombreuses journées maigres… Les bêtes sont satisfaites de trouver de l'herbe neuve.
Elles s'installent et mangent tranquillement, ce qui fait qu'elles accepteront mieux, ensuite, des
coins qu'elles ont déjà visités, parce qu'une brebis qui a déjà le ventre rempli mange mieux que
lorsqu'elle a le ventre vide. Cela maintient leur intérêt aussi: quand tout le bon a déjà été
mangé, les bêtes n'ont plus envie de s'arrêter et se déplacent tout le temps. Elles savent
parfaitement les zones où elles sont déjà passées et celles où il reste de l'herbe neuve, et cela
facilite la conduite du troupeau et la réalisation des circuits».

La carte 8 (cf. cahier couleur), produite grâce à l'utilisation du SIG, illustre de manière très parlante ce processus d'exploration progressive de l'espace.

La surface des «écailles» correspondant aux zones nouvelles explorées chaque jour renseigne sur l'abondance de la végétation: *«moins l'herbe est dense, plus la surface mise à disposition du troupeau doit être grande, si l'on veut qu'il s'y arrête et y mange tranquillement».* Il s'agit cependant d'un compromis, qui tient compte des disponibilités globales: dans les périodes *«serrées»*, on voit ainsi les «écailles» se réduire rapidement, voire disparaître.

5. Perspectives de modélisation

L'entreprise d'objectivation et de modélisation des connaissances expertes d'André Leroy conduit à la construction d'outils aidant à représenter *a posteriori* ou à simuler *a priori* la gestion d'un alpage, sous la forme d'une succession de circuits quotidiens, puis à évaluer globalement cette gestion à l'aide de critères variés. Nous n'en sommes qu'au début de cette construction, qui reposera sur la formalisation des règles qui régissent les relations entre un certain nombre d'objets de gestion. Ces objets, pour l'essentiel, ont été présentés ci-dessus et nous avons exposé certaines des règles qui seront prises en compte.

L'un des objectifs de cette modélisation consiste à créer un outil permettant de mettre au point des critères et des méthodes pour évaluer et comparer entre elles différentes «solutions» de gestion, qu'elles aient réellement été mises en œuvre ou qu'elles aient été obtenues par simulation. Notre idée consiste à construire un modèle de gestion des alpages *a priori* non finalisé et à ménager la possibilité d'interroger ensuite ce modèle pour traiter des problèmes divers, quitte à introduire dans la base de données des informations complémentaires et à utiliser des critères d'évaluation adaptés pour comparer entre elles les alternatives de gestion.

Nous pensons d'abord à des critères permettant de comparer le degré de respect de règles telles que l'utilisation du biais, la minimisation des distances parcourues ou encore la mise à la disposition du troupeau d'un coin d'herbe neuve chaque jour (carte 8 du cahier couleur), etc.

Mais l'évaluation peut adopter d'autres points de vue. Ne serait-il pas possible, par exemple, d'utiliser un tel modèle pour éclairer les décisions relatives à la «restructuration» des unités pastorales suite à la création d'une association foncière pastorale (voir chapitre 2) ou à l'extension des parcours sur d'anciennes terres agricoles privées? De même, pour aider à définir de nouveaux modes de gestion tenant compte de nouvelles contraintes d'utilisation: mesures agri-environnementales (protection des plantes rares ou des zones de nidification, limitation de la concurrence trophique avec des ongulés sauvages, entraînant des obligations de mise en défens localisées), réglementation de la fréquentation des sites d'intérêt touristique ou des zones de chasse, etc.?

Il est trop tôt pour répondre à de telles questions. Tout au plus nous est-il possible de présenter ici quelques représentations issues de l'exploitation de la base de données, qui donneront une petite idée des possibilités du Système d'Information Géographique. La carte 9, établie à partir de l'estimation par André Leroy de la contribution alimentaire de chaque épisode comportemental durant l'estive 1991, présente une image de la distribution spatiale de la pression de pâturage. La perspective actuelle consiste d'abord à valider l'indicateur utilisé, qui présente l'avantage d'une grande simplicité d'emploi, puis à mettre au point une démarche de diagnostic sur la distribution spatiale des prélèvements alimentaires, compte tenu du contexte et des objectifs visés. Pour contribuer à cette réflexion, des chercheurs de l'INERM et du Parc des Écrins ont dressé la carte des «valeurs pastorales» pour l'alpage du Saut-du-Laire. L'introduction de cette carte dans la base de données du SIG devrait permettre une confrontation méthodologique fructueuse.

Autre produit en forme de «bilan», la carte 10 représente le nombre cumulé de passages de brebis en chaque lieu de l'alpage du Saut-du-Laire durant cette même saison 1991. Elle fournit des enseignements qui intéressent certains partenaires de la recherche dans une perspective d'aménagement, notamment pour un diagnostic de la circulation sur l'alpage ou pour une approche des zones que le passage répété des animaux expose à des risques de dégradation.

Conclusion

À la différence de la plupart des démarches antérieures, la démarche de modélisation que nous avons adoptée est centrée sur la gestion du territoire de l'alpage, et non uniquement sur le problème de l'alimentation des animaux, qui n'en constitue qu'un aspect. Nous espérons ainsi parvenir à construire un outil capable d'apporter des réponses à des questions variées, en relation notamment avec l'évolution de l'agriculture locale et le multi-usage des surfaces pastorales d'altitude.

Qu'en est-il de la portée de ce travail pour d'autres systèmes d'élevage extensif? Nous considérerons, pour répondre à cette question, trois aspects différents:
– pour ce qui concerne les résultats: la construction des objets de gestion et des règles nous semble très contingente d'un milieu tout à fait spécifique (une montagne sèche, très compartimentée), d'une espèce (le mouton), d'un type de production (la viande d'agneau), d'un mode de conduite (le gardiennage permanent);
– pour ce qui est de la méthode: nous pensons au contraire que ce type d'approche de l'«organisation de l'espace pastoral» – au sens où nous employons ce terme – appuyée sur l'étude des pratiques pastorales présente une généralité certaine. Partout, l'espace pastoral est polarisé par l'utilisation qu'en font les animaux et les hommes. Les principes de modélisation retenus ont également, à notre avis, un domaine de pertinence étendu;
– faut-il dire, enfin, que la démarche scientifique que nous avons suivie rejoint le projet général du département systèmes agraires et développement (SAD) de l'Inra, ses finalités (l'aide à la décision), ses postulats (les acteurs sont dans le champ de la recherche) et ses méthodes (modélisation systémique et recherche-action)?

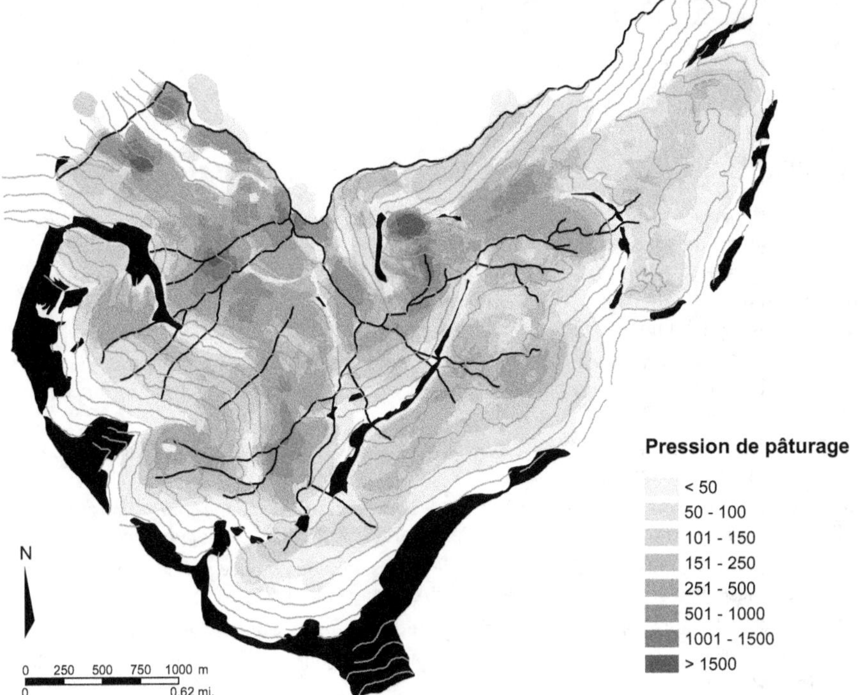

Carte 9. Distribution spatiale de la pression de pâturage (PP) sur l'alpage du Saut-du-Laire (bilan des évaluations biquotidiennes du berger pour la saison 1991). La variable PP exprime le nombre cumulé de demi-rations quotidiennes individuelles standard prélevées en chaque point de l'alpage au cours de l'estive. Elle est calculée par le SIG comme la somme localisée des pressions de pâturage élémentaires (Ppe) évaluées pour chaque demi-journée pour les polygones correspondant à chaque épisode comportemental : Ppe = note de contribution alimentaire (%) x nombre d'animaux/100 x surface (ha).

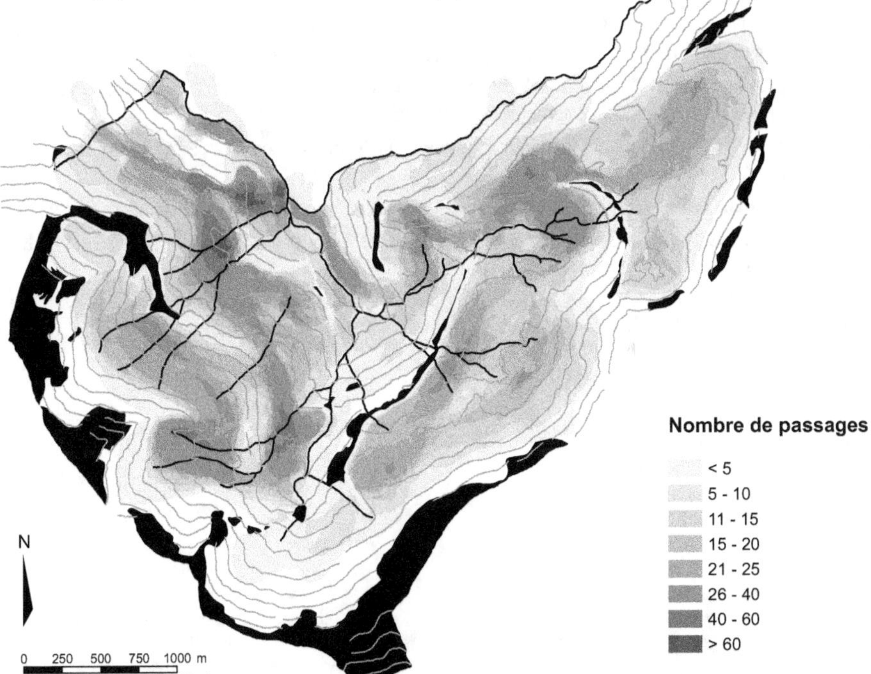

Carte 10. Distribution spatiale du nombre cumulé de passages d'animaux en tout point de l'alpage du Saut-du-Laire (bilan de la saison 1991). On notera que l'on retrouve bien sur cette carte, comme sur la précédente, le découpage en secteurs établi avec André Leroy au début de l'année 1991 (cf. carte 3 du cahier couleur).

Bibliographie

Arnold G.W., Dudzinski M.L., 1978. *Developments in animal and veterinary sciences. 2: Ethology of free ranging domestic animais,* Amsterdam, Elsevier, 198 p.

Balent G., 1987. Structure, fonctionnement et évolution d'un système pastoral. Le pâturage vu comme un facteur écologique piloté dans les Pyrénées centrales, thèse de doctorat d'État, université de Rennes 1, 146 p. + biblio. et annexes.

Balent G., Barrué-Pastor M., 1986. «Pratiques pastorales et stratégies foncières dans le processus de déprise de l'élevage montagnard en vallée d'Oô (Pyrénées Centrales)», *Revue géographique des Pyrénées et du Sud-Ouest,* 57 (3), 403-447.

Claude J., Grouzis M., Milleville P., 1991. *Un espace sahélien: la Mare d'Oursi (Burkina Faso),* Paris, ORSTOM, 241 p. + cartes et planches couleur.

Deffontaines J.-P., Landais E., Savini I., 1989. *L'espace d'un berger. Pratiques pastorales dans les Écrins.* Vidéofilm 60 min. Réalisation: D. Garabédian. Paris, Inra-SAD/ENS St-Cloud, producteurs associés.

Favre Y., 1979. Étude de l'organisation sociale et de l'utilisation de l'espace par des ovins *(Ovis aries L.)* en liberté, thèse de troisième cycle, université d'Aix-Marseille II, 211 p.

Guet J., 1991. «André fait-il bien?». *In* : Landais E. (ed.), *André L. Contrepoint,* 75-77.

Landais E. (ed.) 1991. *André L. Contrepoint,* Versailles, collection Documents de travail de l'URSAD-VDM, 139 p.

Landais E., Deffontaines J.-P., 1988. *André L. Un berger parle de ses pratiques,* Versailles, collection Documents de travail de l'URSAD-VDM , 139 p.

Landais E., Deffontaines J.-P., 1989. «Analysing the management of a pastoral territory. The study of the practices of a shepherd in the Southern French Alps», Inra *Études et Recherches,* 16, 199-207.

Landais E., Deffontaines J.-P., 1991. «D'abord comprendre». *In* : Landais E. (ed.), *André L. Contrepoint,* 117-121.

Landais E., Deffontaines J.-P., Benoît M., 1989. «Les pratiques des agriculteurs. Points de vue sur un courant nouveau de la recherche agronomique», *Études Rurales,* 109, 125-158.

Leclerc B., Lécrivain E., 1979. Étude du comportement d'ovins domestiques en élevage extensif sur le Causse du Larzac, thèse de troisième cycle, université de Rennes, 165 p.

Legay J.-M., 1986. «Quelques réflexions à propos d'écologie: éloge de l'indisciplinarité», *Acta Ecologica, Ecol. Generalis,* 7 (4), 391-398.

Ravis-Giordani G., 1983. *Bergers corses: les communautés villageoises du Niolu,* Edisud, 512 p.

Savini I., Landais E., 1991. «Comment gardent les autres bergers?». *In* : Landais E. (ed.): *André L., Contrepoint,* 57-62.

Senft R.L., Coughenour M.B., Bailey D.W., Rittenhouse L.R., Sala O.E., Swift D.M., 1987. «Large herbivore foraging and ecological hierarchies. Landscape ecology can enhance traditional foraging theory», *BioScience,* 37 (11), 789-799.

Chapitre 5

Les formes d'un troupeau gardé en alpage par un berger : genèse et diversité

Élisabeth LÉCRIVAIN, André LEROY,
Isabelle SAVINI et Jean-Pierre DEFFONTAINES [†]

Adapté de : Lécrivain E., Leroy A., Savini I., Deffontaines J.-P., 1993, «Les formes de troupeau au pâturage : genèse et diversité», *in* Landais E. (coord.), «Pratiques d'élevage extensif : identifier, modéliser, évaluer», *Ét. Rech. Syst. Agr. Dév.*, 27, p. 237 à 263.

Le troupeau est un élément du paysage pastoral d'autant plus marquant qu'il est mobile, à la différence des reliefs et des couverts végétaux. Les formes qu'il prend se modèlent sur la structure de l'espace, se déforment et se transforment au gré des configurations du terrain, de l'hétérogénéité de la végétation, des conditions météorologiques. Elles reflètent aussi le comportement des animaux et les interventions du berger. Leur succession répond aux cycles qui rythment l'activité du troupeau...

Ainsi, sur une estive en montagne, les formes «produites» par le troupeau au pâturage ont-elles un sens que les praticiens savent plus ou moins bien déchiffrer et interpréter. Dès nos premiers échanges avec André Leroy, ce berger avait attiré notre attention sur ce point (Landais et Deffontaines, 1988). Depuis, de nombreux entretiens conduits avec d'autres bergers également nous ont amenés à formuler l'hypothèse selon laquelle la plupart d'entre eux utilisent plus ou moins consciemment ces formes, observées de près ou de loin (éventuellement à la jumelle), comme des indicateurs visuels et faciles d'emploi fournissant à tout moment une appréciation synthétique de la relation qui s'établit entre troupeau et territoire sous l'effet des pratiques de gardiennage (Deffontaines et Lardon, 1989). D'où l'idée d'explorer les conditions de genèse, la diversité, l'évolution et l'enchaînement de ces formes, en vue d'évaluer l'intérêt de cet «indicateur de fonctionnement» pour la conduite des systèmes d'élevage extensif, et de préciser ses règles et conditions d'utilisation. L'étude exploratoire qui est présentée ici pourrait à première vue sembler bien gratuite. Elle représente pourtant, en réalité, la première phase d'une démarche de recherche appliquée.

Dans la littérature scientifique, un grand nombre de facteurs influençant la forme générale du troupeau, sa cohésion et la dispersion des animaux ont été mentionnés, mais les formes proprement dites ont été peu décrites. Squires (1978b) et Bouy (1988) montrent l'importance de l'activité principale du troupeau sur sa forme. Squires (1978b) mentionne une forme en «arc» quand le troupeau pâture et une forme en «triangle» quand il se déplace, mais il ne tire aucun enseignement particulier de ces observations. La dispersion des animaux est fonction de la taille du troupeau (Lécrivain *et al.*, 1989), mais aussi de sa structure par classe d'âge et de sa composition sociale (Squires, 1975b; Arnold, 1977 et 1981; Favre, 1979), ainsi que de l'état sanitaire des animaux. En ce qui concerne le relief, Squires (1975a) observe que les accidents de terrain favorisent la scission des troupeaux et Arnold (1981b) note que la topographie affecte la distribution spatiale des animaux. Il est également connu que la dispersion des animaux dépend de l'état des ressources végétales (Squires, 1975a; Dudzinsky et Schuh, 1978). La cohésion d'ensemble du troupeau dépend de la densité du couvert végétal (Leclerc et Lécrivain, 1979) et de la provenance des animaux, c'est-à-dire de leur mode de conduite habituel, et du nombre de groupes d'élevage qui constituent le troupeau mené en transhumance durant l'été (Favre, 1979).

Dans ce contexte, notre premier objectif visait à obtenir une grille de lecture des formes de troupeau, à partir de l'observation, de la description et du classement des formes les plus remarquables. Le «lexique des formes» auquel nous sommes parvenus a été complété par un certain nombre d'informations relatives aux conditions d'émergence et d'évolution des formes observées.

1. Cadre de l'étude

1.1 Localisation et contexte

Les observations ont été réalisées dans le département des Hautes-Alpes, sur l'alpage du Saut-du-Laire (voir chapitre précédent). André Leroy y conduit avec l'aide de son chien un troupeau d'ovins de race «Commune des Alpes». Ce troupeau regroupe environ 1 200 brebis provenant de 12 élevages différents, dont une partie seulement du cheptel monte en alpage.

1.2. Recueil des données.

Afin de recenser les formes caractéristiques d'un troupeau et de suivre la dynamique des déplacements, nous avons travaillé à l'échelle des circuits journaliers de pâturage au cours de deux périodes mettant en jeu les situations les plus différentes possibles : différents types de secteurs, de configurations d'espace et d'obstacles. Pour cela, nous avons choisi de réaliser des observations au cours de deux «circuits-types» (voir définition au chapitre précédent), l'un sur une partie du quartier de juillet et l'autre sur une partie du quartier d'août.

Les formes du troupeau ont été enregistrées sur différents supports :
– des photographies en couleur (dans la mesure du possible de l'ensemble du troupeau) avec deux focales (30 et 70 mm);
– des relevés simultanés, sur fond topographique au 1/10 000, du contour et de la direction générale du troupeau, de la proportion des animaux engagés dans les activités de pâturage, de déplacement ou de repos et de leur orientation, ainsi que de la position du berger et de ses interventions. Sur chaque forme de troupeau ainsi relevée figure l'heure;

le contour du troupeau est représenté par la courbe lissée réunissant les animaux les plus extérieurs et l'orientation individuelle des animaux est symbolisée par des flèches.

Le recueil des données a été effectué au cours d'une semaine en juillet 1991 et d'une semaine en août 1992. Les observations ont été réalisées au cours de circuits journaliers avec une fréquence élevée (moyenne de 72 relevés par jour) et à intervalles irréguliers, puisqu'il s'agissait d'enregistrer le maximum de formes différentes.

1.3 Analyse

Les couples de données constitués par les photos et les relevés des contours de troupeau ont été classés visuellement par type de formes. Celles-ci ont ensuite été décrites par leur surface, leur durée, ainsi que par les activités, les orientations et les distances interindividuelles des animaux. La grande variabilité observée dans les surfaces et les durées de chacune des formes remarquables identifiées rend impossible de discriminer les formes sur la base de ces critères. Aussi les descripteurs retenus intègrent-ils les caractéristiques de la structure interne du troupeau : la proportion des activités des animaux et leur orientation (définie par l'axe de leur corps), car ce sont ces éléments qui donnent une forme et une ou des directions d'ensemble au troupeau.

En cherchant des relations fortes entre forme et activité, nous avons extrait à partir de l'ensemble de nos données des «formes de base» types. Pour opérer la distinction principale de la classification des formes de base que nous avons identifiées, nous avons retenu un seuil temporel de l'ordre de la dizaine de minutes. Nous avons complété cette description des formes de base en y ajoutant leurs principales variantes. Enfin, pour illustrer nos résultats, nous avons introduit des dessins réalisés antérieurement par André Leroy (Landais et Deffontaines, 1988). Dans un deuxième temps, nous avons entrepris d'inventorier les circonstances associées à l'émergence de chacune de ces formes types.

2. Le lexique des formes de base

Nous différencions des formes dites «durables» et des formes dites «transitoires». Les formes durables peuvent se stabiliser et rester inchangées pendant au moins une dizaine de minutes, avant de se modifier lentement. Les formes transitoires, par nature, sont dynamiques et ne se stabilisent jamais. Elles se transforment à chaque instant et ont donc une existence fugace qui ne dure généralement pas plus de dix minutes. Parmi les formes durables, nous distinguons des formes de déplacement, des formes de pâturage (dont certaines sont mobiles, tandis que d'autres sont stationnaires) et des formes de repos.

2.1. Formes de base durables

Formes de déplacement

▶ **Forme allongée avec files**

Quand la majeure partie des animaux se déplace sans pâturer, le troupeau présente une forme allongée, unidirectionnelle avec formations de files parallèles (fig. 1). Dans ces files, les distances interindividuelles sont généralement faibles ; elles augmentent avec la vitesse de déplacement (forme 1).

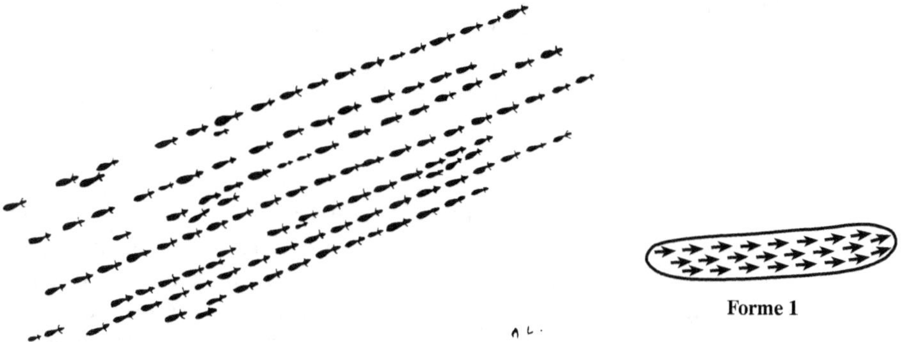

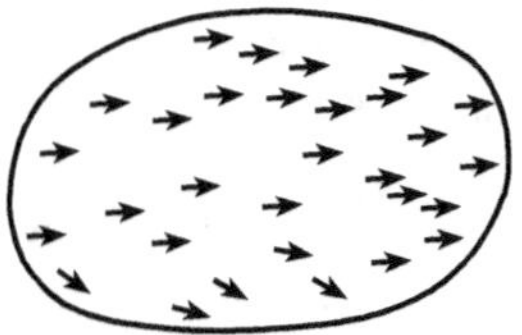

Forme 1

Figure 1. Un troupeau en déplacement : les brebis filent les unes derrière les autres sans baisser la tête pour pâturer (dessin fait par André Leroy).

▶ Forme ovoïde sans file

Lorsque l'activité de déplacement alterne avec celle de pâturage, la première restant majoritaire, le troupeau présente une forme ovoïde, unidirectionnelle sans files (forme 2).

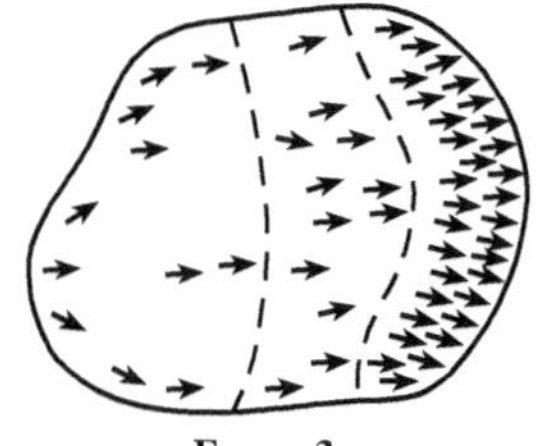

Forme 2

Formes de pâturage

▶ Forme mobile avec front

Quand la majeure partie du troupeau pâture tout en se déplaçant, quand les animaux situés en tête pâturent avec empressement et quand la forme générale du troupeau reste inchangée malgré sa translation, le troupeau présente une forme mobile avec front. Cette forme se caractérise par son hétérogénéité structurelle liée à la différence d'orientation et d'activité des animaux entre la tête et la queue (la «*traîne*») du troupeau (forme 3).

Forme 3

Figure 2. Des brebis mangent en avançant et en formant un front régulier de pâturage (dessin fait par André Leroy).

Les animaux de tête forment un front de pâturage et se dirigent côte à côte dans la même direction (fig. 2). Ils prélèvent avec un minimum de tri ce qu'il y a devant eux, en opérant une sélection rapide. Leurs prélèvements sont relativement rectilignes (fig. 3 gauche – «pâturage linéaire») et conduisent à un pâturage de type «tondeuse» (Leclerc et Lécrivain, 1979). Les animaux situés au centre et en queue du troupeau se déplacent plus lentement, de manière plus dispersée, dans des directions plus ou moins divergentes. En fait, ils alternent leurs activités de pâturage et de déplacement en avançant de temps à autre sur leur droite ou sur leur gauche, généralement à la recherche d'un type de végétal précis; ils sont alors engagés dans une activité beaucoup plus sélective de type «recherche» (Leclerc et Lécrivain, *op. cit.*). L'ensemble du troupeau garde cependant une direction générale dominante, malgré les écarts dus aux animaux situés au centre ou dans la traîne.

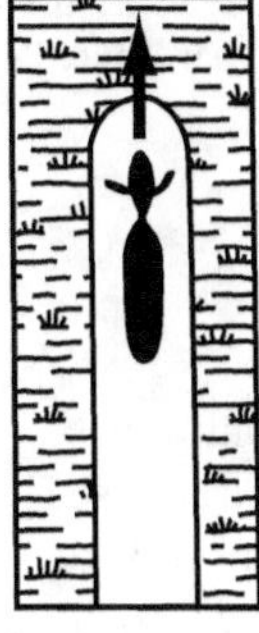

Figure 3. Schématisation de deux types de pâturage. Pâturage linéaire : l'animal broute en se déplaçant. Pâturage surfacique stationnaire : l'animal broute «sur place».

▶ Forme stationnaire circulaire

Lorsque l'on n'observe aucun déplacement notoire de l'ensemble du troupeau, la quasi-totalité des animaux pâturant la surface qui les entoure en pivotant sur eux-mêmes (fig. 3 droite – «pâturage surfacique stationnaire»), sans s'éloigner du groupe, le troupeau prend une forme typiquement circulaire et multidirectionnelle, en ce sens que les animaux sont orientés dans des directions différentes (fig. 4). Cette forme correspond à une activité de pâturage stationnaire intense (fig. 5, forme 4).

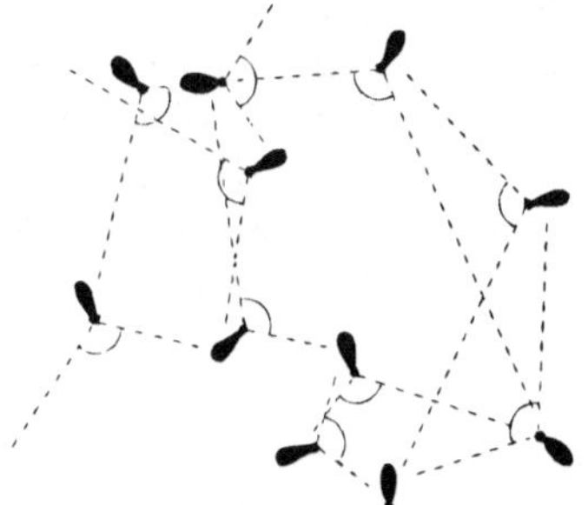

Figure 4. Distribution des brebis dans une portion de troupeau. Les angles marqués sont tous approximativement de 110°, ce qui correspond aux angles des axes optiques des animaux au pâturage. (Source : Crofton, 1958, *in* Lynch et Alexander, 1973).

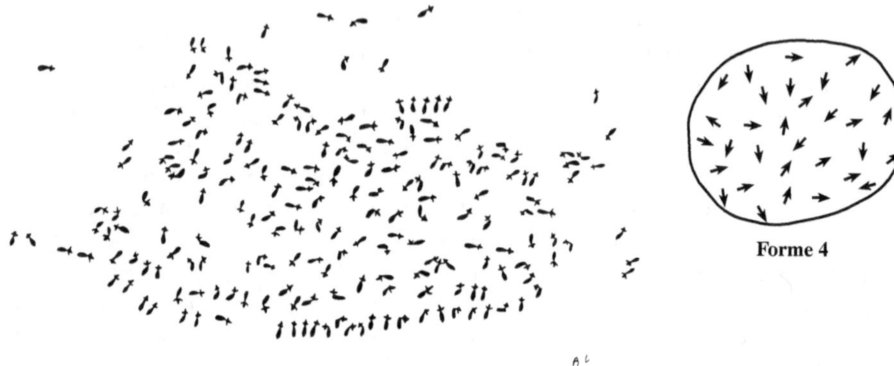

Figure 5. Dans un coin de bonne herbe, le troupeau s'écarte et les brebis orientées en tous sens se répartissent régulièrement sur l'espace disponible (dessin fait par André Leroy).

Formes de repos diurne

▶ Forme en agrégat

Quant au cours de la journée, les trois quarts des animaux du troupeau, ou davantage, cessent de pâturer et se rassemblent pour «*chômer*», alors le troupeau prend la forme d'un ou plusieurs agrégats qui peuvent peu à peu fusionner (forme 5).

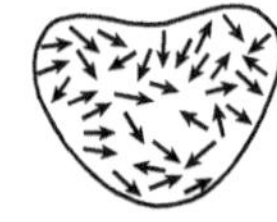

Forme 5

2.2. Formes de base transitoires

Les formes de base transitoires sont des formes dynamiques qui par essence durent peu (moins de dix minutes en général) et résultent d'un changement d'activité. Nous en avons retenu trois : deux résultent d'un mouvement d'ensemble bien marqué, ce sont les formes en entonnoir et en éventail, la troisième au contraire est caractérisée par l'absence de mouvement d'ensemble.

▶ Forme en entonnoir

Quand le nombre d'animaux en activité de pâturage diminue et qu'il y a augmentation de l'activité générale de déplacement vers un point de convergence (lieu de repos diurne ou nocturne, pierres à sel…) ou un passage étroit, le troupeau prend une forme en entonnoir (forme 6).

▶ Forme en éventail

Inversement, quand le nombre d'animaux en activité de déplacement diminue et que les animaux reprennent leur activité de pâturage en s'écartant peu à peu sur un espace qui s'élargit, le troupeau prend une forme en éventail (forme 7).

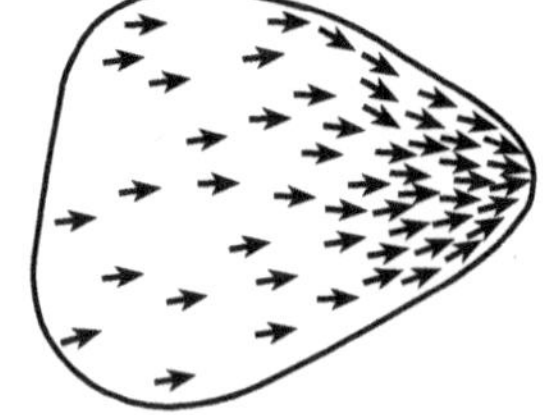

Forme 6

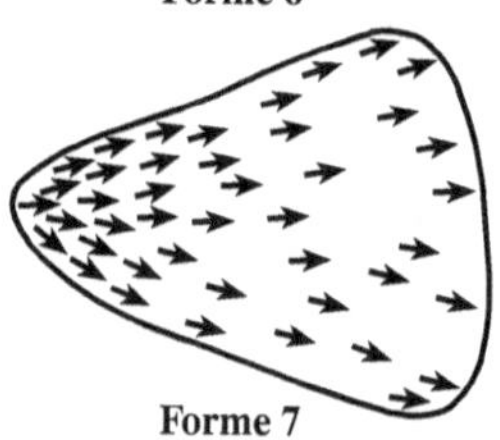

Forme 7

▶ Forme amiboïde à pseudopodes

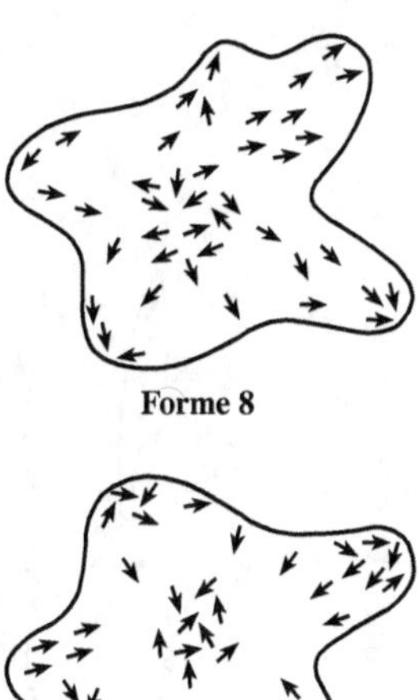

Forme 8

Ce type de forme peut aussi bien résulter de la divergence que de la convergence du déplacement des animaux. La divergence est observée dans deux types de situations : soit lorsque le troupeau termine une période de repos et démarre une séquence de pâturage, soit quand il y a échec de la mise en place d'un pâturage stationnaire circulaire. Dans ces deux cas, on observe le départ des animaux dans différentes directions. Quand au contraire le troupeau achève une période de pâturage et commence une séquence de repos, les animaux arrivent de plusieurs directions et la surface occupée par le troupeau se rétracte. Qu'il s'agisse d'une divergence ou d'une convergence, le troupeau a une forme amiboïde à pseudopodes, les animaux sont orientés de manière multidirectionnelle, dans un sens rayonnant dans le premier cas, convergent dans l'autre (formes 8 et 8 bis).

Forme 8 bis

Le dessin d'André Leroy présenté sur la figure 6 montre qu'un troupeau ne présente pas toujours une forme simple ; c'est en particulier vrai pour des grands troupeaux où, par moments et en certains endroits, il se forme des sous-groupes d'activité différente. La configuration du troupeau est alors une composition de forme de base ; cet aspect sera développé plus loin.

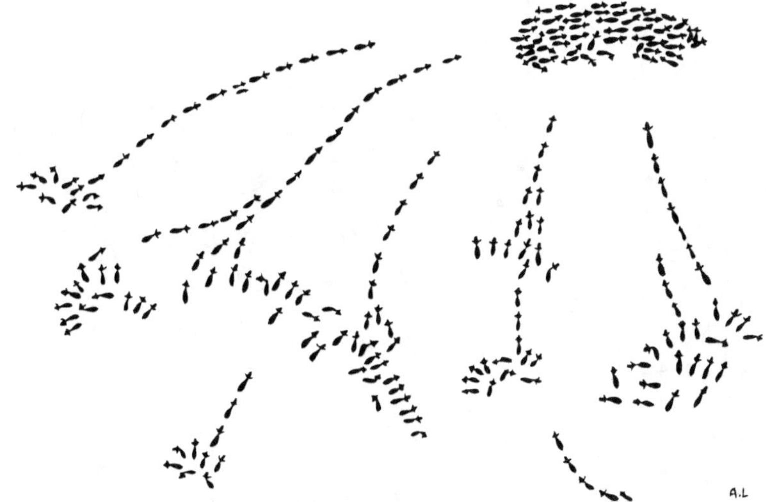

Figure 6. Fin de période de pâturage : ce dessin représente typiquement une composition de plusieurs « formes de base ». Des brebis arrivent de plusieurs directions et rejoignent le lieu de repos diurne tandis que quelques sous-groupes terminent un pâturage circulaire (dessin fait par André Leroy).

Pour chacune des formes de base identifiées, nous avons reporté dans le tableau 1 page suivante les principaux facteurs associés à leur émergence. Il s'agit de facteurs liés à la configuration du terrain, à la végétation, aux animaux (« motivations » liées au cycle d'activité nycthéméral) et aux interventions du berger.

FORMES	CAUSES D'ÉMERGENCE DES FORMES				VARIANTES DES FORMES
Directions et activités majoritaires	Terrain	Végétation	Troupeau	Berger	
FORMES DURABLES					
Déplacement					
1. Allongée avec file(s)  *Unidirectionnelle* Pâturage (P) : 0-10 % Déplacement (D) : 90-100 %	1. Drailles sur pente forte, éboulis, zone ravinée, à proximité de points particuliers, dans une zone sans visibilité 2. Passage étroit (chemin, traversée de ravins, barres) 3. Dans une zone entrecoupée de barres		4. Rejoindre un point précis (parc, couche, chôme, pierres à sel) 5. Rejoindre le reste du troupeau		**1.1. Une file**  **1.2. Files nombreuses** (départ écarté, espace suffisant) 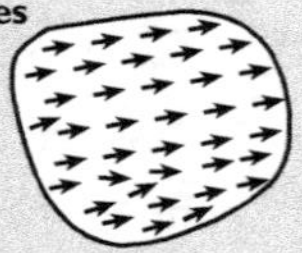
2. Ovoïde sans file  *Unidirectionnelle - P :10-30 %* D : 70-90 %		1. Peu abondante 2. Herbe mouillée	3. Pas envie de pâturer pour le moment : mise en route, fin d'une période de pâturage 4. Pas envie de pâturer à cet endroit (recherche d'une zone meilleure)	5. Déplace le troupeau vers le parc, vers une zone de pâturage 6. Canalise le troupeau	**2.1. Des débuts de pâturage** 
Pâturage					
3. Mobile avec front 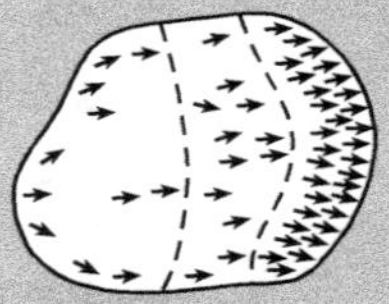 *Directionnelle - P : 30-100 %* D : rapide	1. Espace suffisant plutôt dégagé, avec plus ou moins d'obstacles	2. Herbe au moins acceptée	3. Envie de manger	4. A ralenti une forme ovoïde sans file	**3.1. Réseau** (rupture de front : division, fusion)  Front lâche  Front serré  Front irrégulier 

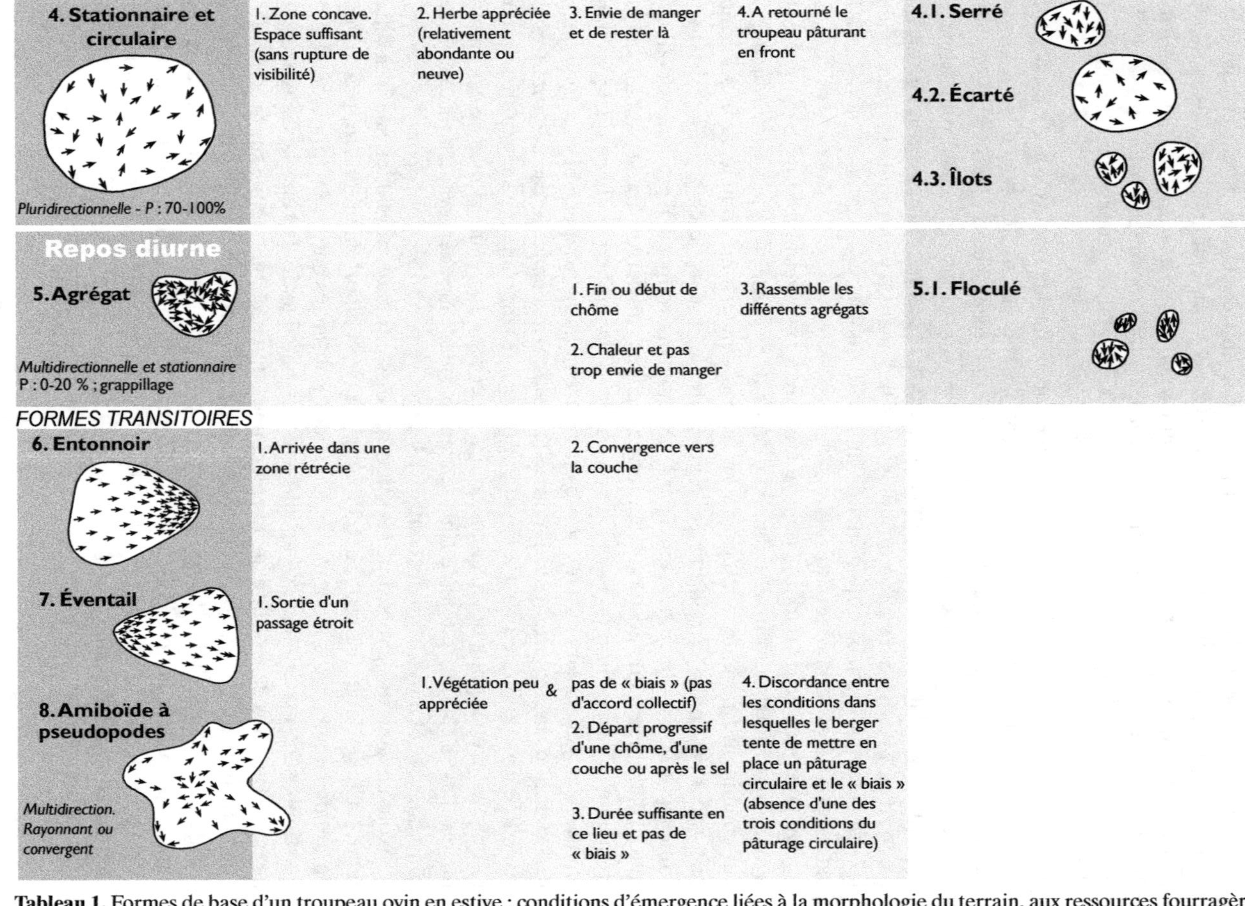

4. Stationnaire et circulaire *Pluridirectionnelle - P : 70-100%*	1. Zone concave. Espace suffisant (sans rupture de visibilité)	2. Herbe appréciée (relativement abondante ou neuve)	3. Envie de manger et de rester là	4. A retourné le troupeau pâturant en front	**4.1. Serré** **4.2. Écarté** **4.3. Îlots**
Repos diurne **5. Agrégat** *Multidirectionnelle et stationnaire P : 0-20 % ; grappillage*			1. Fin ou début de chôme 2. Chaleur et pas trop envie de manger	3. Rassemble les différents agrégats	**5.1. Floculé**

FORMES TRANSITOIRES

6. Entonnoir	1. Arrivée dans une zone rétrécie	2. Convergence vers la couche		
7. Éventail	1. Sortie d'un passage étroit			
8. Amiboïde à pseudopodes *Multidirection. Rayonnant ou convergent*	1. Végétation peu appréciée	&	pas de « biais » (pas d'accord collectif) 2. Départ progressif d'une chôme, d'une couche ou après le sel 3. Durée suffisante en ce lieu et pas de « biais »	4. Discordance entre les conditions dans lesquelles le berger tente de mettre en place un pâturage circulaire et le « biais » (absence d'une des trois conditions du pâturage circulaire)

Tableau 1. Formes de base d'un troupeau ovin en estive : conditions d'émergence liées à la morphologie du terrain, aux ressources fourragères, émanant du troupeau ou d'interventions du berger.

3. Conditions de genèse et de transformation des formes

La forme présentée à un moment donné par un troupeau dépend des comportements individuels et collectifs des animaux. Ces comportements sont sous la dépendance de multiples facteurs, tels que les rythmes endogènes des animaux, leurs activités précédentes, les circonstances – notamment les conditions météorologiques – et les interventions du berger, qui règle «l'offre» de végétation comestible et contrôle la direction et la vitesse du déplacement général du troupeau.

La morphologie de la montagne exerce une influence moins connue, mais tout aussi déterminante, sur le comportement animal et donc sur la forme des troupeaux. Les alpages se prêtent particulièrement bien à une recherche d'identification de l'influence des contraintes liées à la structure du milieu sur les processus comportementaux mis en jeu dans la relation troupeau-territoire et donc sur la genèse des formes de troupeau. Les contrastes géomorphologiques très marqués en montagne exacerbent les effets en question, ce qui permet de mieux les distinguer de ceux qui sont liés à la nature et à l'état de la végétation.

Du point de vue du berger, l'objectif consiste à favoriser l'uniformité des comportements individuels, en vue notamment d'obtenir des phases de *«pâturage tranquille»*, qui combinent une grande efficacité en termes d'ingestion[1] comme de gestion des ressources pastorales. Si, du fait de la grégarité des brebis, le changement d'activité d'une minorité est rapidement suivi par l'ensemble du troupeau, il est bien évident que tout déplacement demande une attention particulière du berger. Or, la réaction la plus fréquente à une perturbation sonore ou visuelle est la mise en alerte de quelques individus, suivie généralement par la mise en mouvement du troupeau et éventuellement l'accélération du déplacement en cours. Tel est, par exemple, le cas des ruptures de visibilité : les brebis cherchent à maintenir entre elles un contact visuel, quitte à interrompre leur repas pour suivre celles qui les précèdent. La connaissance de ces phénomènes liés à la morphologie du terrain permet aux bergers d'anticiper leurs conséquences et ainsi de mieux contrôler les mouvements des troupeaux.

Nous considérons par la suite les effets des discontinuités physiques, saisies à différentes échelles, et qui contribuent à déterminer le comportement du troupeau. Dans un premier temps nous traitons des effets des «obstacles naturels» proprement dits, qui s'opposent matériellement au passage des animaux, puis ceux liés aux simples lignes de ruptures de visibilité qui exercent une influence comparable sur le comportement des animaux. Ces deux types de discontinuités physiques, saisies à des échelles de l'ordre du 1/15 000, divisent l'espace pastoral en compartiments que nous analyserons dans un deuxième temps. Puis nous étudions, à l'intérieur de ces compartiments, les effets du modelé, de la pente et, à une échelle plus fine encore, ceux qui sont liés aux configurations du terrain.

---

1. Voir au chapitre 7 les avis exprimés à ce sujet par le berger André Leroy et le chevrier Francis Surnon.

3.1 Effets des obstacles sur le comportement des animaux et la forme du troupeau

Les obstacles

Les obstacles naturels sont formés par les barres rocheuses, les ravins, les torrents, les éboulis à gros blocs (que les animaux traversent difficilement), les fourrés et taillis denses. Quelles que soient leur nature, leur étendue, leur apparence, les obstacles présentent des limites linéaires qui s'opposent au passage des animaux. Contraignant le déplacement du troupeau, ils peuvent aussi constituer pour le berger des auxiliaires de conduite, en contribuant à guider, à arrêter ou à parquer le troupeau. L'effet d'un obstacle sur le comportement dépend de l'angle sous lequel le troupeau l'aborde.

Si le déplacement est perpendiculaire à l'obstacle, celui-ci peut aider au retournement ou à l'arrêt du troupeau, favorisant la transition vers un pâturage stationnaire, lorsque la végétation et les circonstances s'y prêtent. Dans d'autre cas, les animaux se mettent à longer la ligne de contact, comme s'ils voulaient contourner l'obstacle (dessin 1).

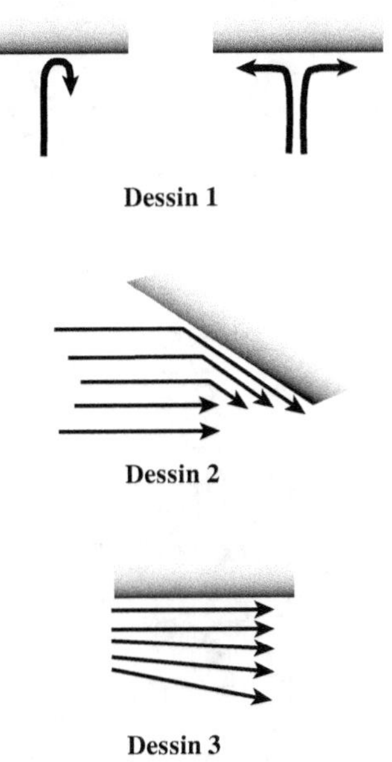

Dessin 1

Dessin 2

Dessin 3

Si le déplacement est oblique, l'obstacle entraîne un regroupement des animaux sur le flanc du troupeau, interrompt leur activité de pâturage et déclenche un déplacement rapide le long de la limite, qui finit par se communiquer à l'ensemble du troupeau (dessin 2).

Si le déplacement est quasi parallèle à l'obstacle, celui-ci canalise le troupeau et s'oppose à son déploiement latéral du côté concerné (dessin 3).

L'effet observé dépend par ailleurs de la «perméabilité» de l'obstacle. Si le berger estime qu'il peut le faire franchir par le troupeau à la hauteur d'un ou de quelques passages étroits, la traversée se traduit, en amont de l'obstacle, par un ralentissement suivi de la formation d'un «bouchon», les brebis attendant leur tour sans pouvoir pâturer. À la hauteur de l'obstacle, la traversée a lieu en files unidirectionnelles, plus ou moins nombreuses selon la largeur et le nombre des points de passage. L'obstacle franchi, les animaux accélèrent leur déplacement, d'autant que le berger, obligé de surveiller le passage des dernières brebis, ne peut ralentir le mouvement (fig. 7). Si le passage de tout le troupeau n'est pas envisageable, ou si le berger ne souhaite pas qu'il franchisse l'obstacle, la perméabilité éventuelle de celui-ci présente un risque : de petits groupes peuvent s'engager dans les passages et s'isoler ainsi du reste du troupeau. Cette perméabilité des obstacles n'est pas toujours aisée à évaluer sur carte, ni même sur le terrain, en l'absence d'un troupeau. L'information la plus sûre, lorsqu'elle existe, est la présence de «*drailles*», traces laissées par le passage des brebis de part et d'autre d'un passage traversé.

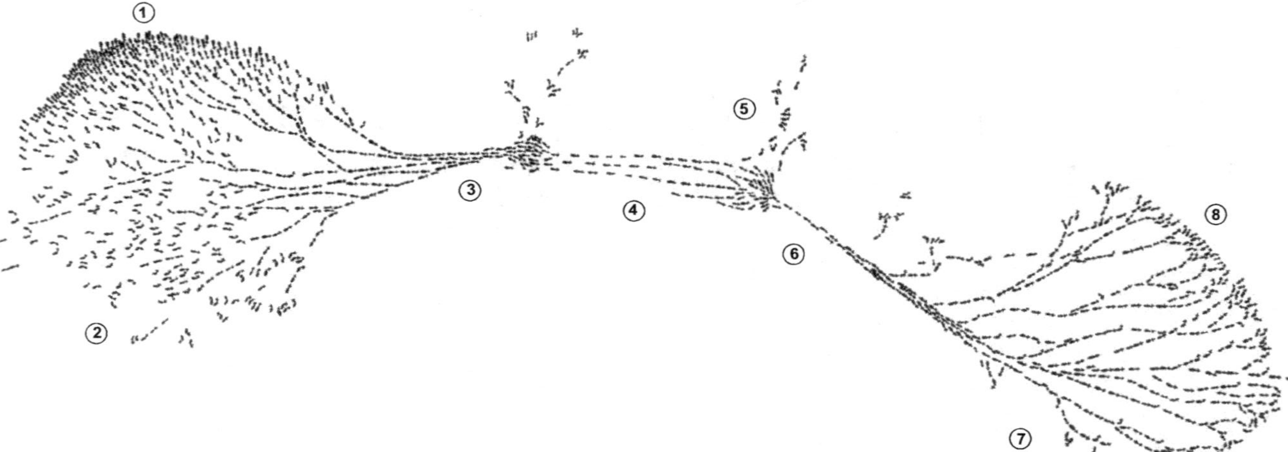

(1) Au lieu de traverser le ravin, les brebis les plus hautes auraient continué à monter. Le berger, avec le chien, vient de les retourner et de les renvoyer en direction du passage obligé. Les bêtes ne mangent plus. Peu à peu, elles s'engagent sur les drailles bien marquées dans le sol.
Les brebis au centre du troupeau sont déjà bien « aiguillées ».

(2) Les brebis du bas continuent de manger tranquillement en s'orientant vers le passage obligé. Le berger ne s'en occupe pas : elles ne peuvent pas traverser plus bas et, en remontant, elles arrivent obligatoirement au passage.

(3) Le passage pour descendre dans le ravin est bien marqué. Le troupeau est bien canalisé.
Un moment d'hésitation avant de s'engager sur le pont de neige. Ça « bouchonne » un peu. Quelques bêtes en profitent pour se faufiler dans les barres et grappiller quelques plantes.

(4) Les bêtes traversent le pont de neige. Elles ne s'y attardent pas.

(5) De l'autre côté du pont de neige, au moment de remonter le flanc du ravin, ça « bouchonne » à nouveau.
Quelques bêtes s'engagent dans les rochers et les barres, au risque de faire tomber des pierres sur le troupeau.

(6) Remontée du ravin.

(7) Sortie du ravin. Peu à peu, le troupeau se déploie dès qu'il est sorti du ravin. Les bêtes s'écartent à nouveau en suivant les drailles.

(8) Les drailles s'effacent. Les bêtes arrivent dans l'herbe et se mettent à manger. La vitesse de déplacement diminue.
Les brebis les plus hautes se sont mises à manger comme il faut. Le troupeau, dans l'ensemble, tire vers le haut.

Figure 7. Un troupeau de 1 000 brebis traverse un ravin en empruntant un « passage obligé » (dessin fait par André Leroy).

Les lignes de ruptures de visibilité

Les lignes de ruptures de visibilité, qu'elles soient horizontales (crêtes, ruptures de pente) ou verticales (éperons, arêtes) jouent un rôle comparable à celui des obstacles, quoiqu'elles ne s'opposent pas physiquement au passage. Les brebis cherchant à maintenir le contact visuel, le troupeau ne reste pas «à cheval» sur les lignes de ruptures de visibilité :
– ou bien elles font limite : les animaux ne les franchissent pas (fig. 8)
– ou bien le passage d'une partie des animaux met en mouvement l'ensemble du troupeau, qui franchit rapidement la ligne ;
– ou bien un groupe d'animaux suffisamment important pour s'autonomiser franchit la ligne et s'isole, ce qui conduit à la division du troupeau.

Le découpage de l'alpage en «secteurs», tel qu'il a été proposé du point de vue de la conduite du troupeau (voir également chapitres 3 et 4), s'appuie largement sur le réseau dessiné par les obstacles et les lignes de rupture de visibilité.[2]

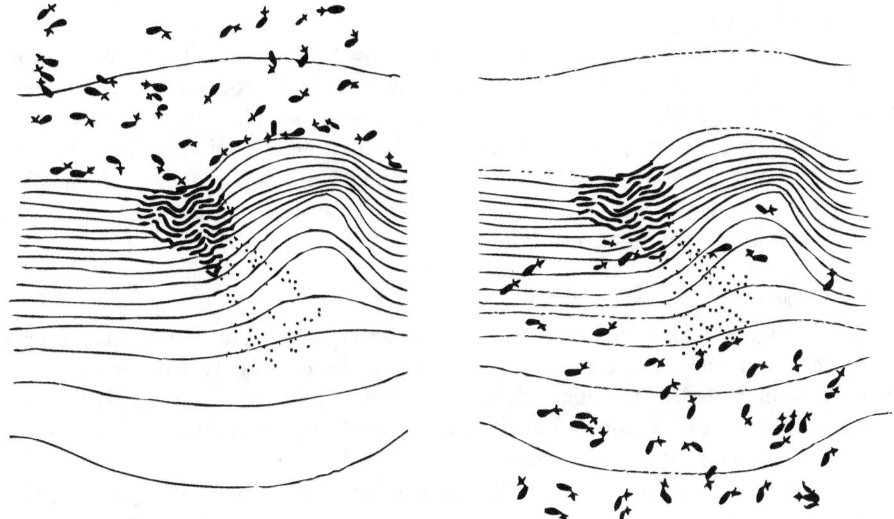

Figure 8. Effet d'une rupture de pente (et de visibilité) sur le comportement des animaux. Que le troupeau l'aborde par le haut (fig. 8 gauche) ou par le bas (fig. 8 droite), cette discontinuité fait limite (dessins fait par André Leroy).

3.2 Effets du modelé de la pente et de la configuration du terrain

Le modelé

Le modelé des divers compartiments de la montagne joue un rôle important. Un modelé général concave (cuvettes, vallons) maximise l'intervisibilité au sein du troupeau.

---

2. Voir au chapitre 4 la carte des « obstacles » (carte 2 du cahier couleur) établie dans le cas de l'alpage du Saut-du-Laire.

Ceci favorise l'installation des activités de pâturage stationnaire (dessin 4).

À l'inverse, les modelés marqués par une convexité verticale et/ou horizontale réduisent la visibilité et s'opposent pratiquement à la stabilisation du pâturage (dessin 5).

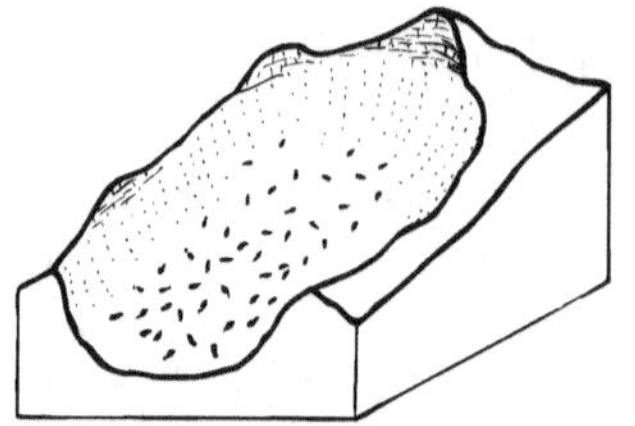

Dessin 4

La pente

La pente a par elle-même un effet sur le comportement des animaux. Les animaux qui pâturent se placent spontanément face à la pente. Cette orientation détermine en partie le sens des déplacements qui accompagnent l'activité alimentaire : «*un troupeau pâture à la montée*»... et réciproquement, pourrait-on dire : à la montée, les animaux ne forment pas de files et adoptent presque toujours un comportement alimentaire sélectif de type «recherche».

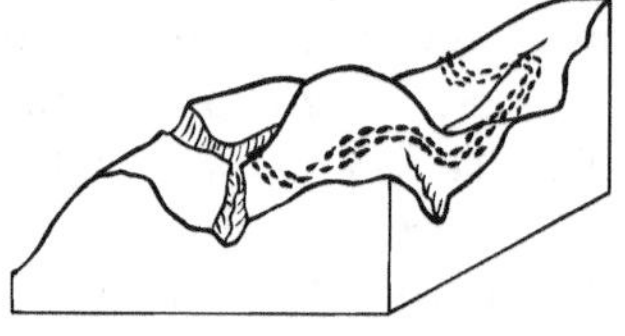

Dessin 5

À l'inverse, lorsque c'est l'activité de déplacement qui domine, l'orientation spontanée est perpendiculaire aux lignes de plus grande pente ; le troupeau prend alors une forme en files parallèles étagées dans la pente et progresse en suivant les courbes de niveau. Réciproquement, il est difficile de stabiliser un troupeau qui se déplace à flanc de montagne, particulièrement lorsque la pente devient très forte. Ce «*biais*» finit par s'inscrire sur la montagne, sous la forme du microrelief constitué par les multiples drailles creusées par le passage répété des troupeaux.

La configuration du terrain

Les configurations de terrain dont l'effet est décrit ci-dessous résultent de la présence simultanée, sur une surface donnée, de pentes, d'obstacles et d'accidents de terrain divers (présence de blocs rocheux, de ravines, d'éboulis...) et de dimensions réduites. Ces éléments, dans des combinaisons variées, entraînent des ruptures de visibilité et contraignent la circulation des animaux.

Dans les zones de pente entrecoupées de barres rocheuses parallèles qui limitent la visibilité latérale, les animaux pâturent en circulant assez rapidement entre les barres. Le risque, en terme de conduite, est l'éclatement progressif du troupeau, certains groupes d'animaux se trouvant isolés, d'autres s'attardant dans des culs-de-sac.

Lorsque les barres rocheuses sont discontinues, formant des chicanes, la circulation du troupeau n'est possible qu'à la montée, les brebis se laissant guider par la pente. La descente, dans le sens contraire à celui du déplacement spontané des brebis, ne peut être imposée par le berger en raison de la multiplicité des points de passage (dessin 6).

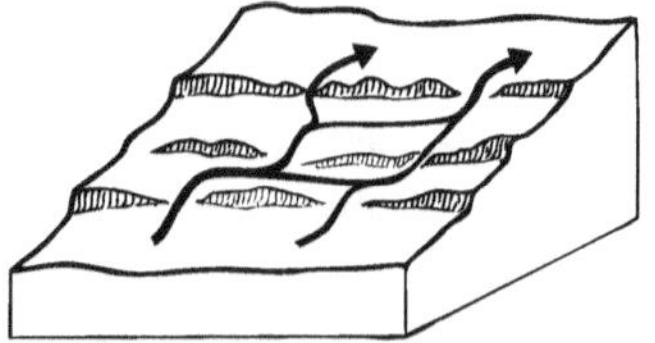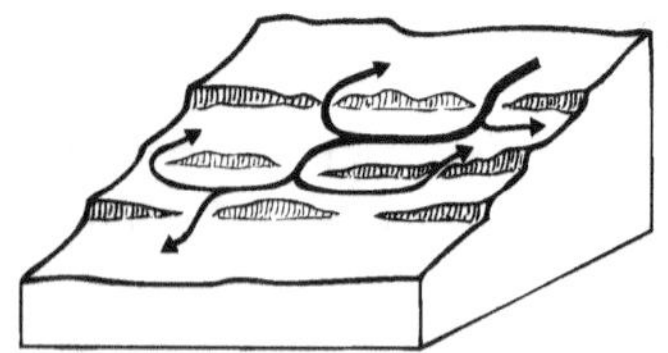

Dessin 6

Dans les zones parsemées de bosses, la visibilité est réduite. À cela s'ajoute l'effet de l'hétérogénéité créée par le relief dans la circulation de l'eau et dans la nature des sols. Dans les creux, la végétation, plus dense, plus tardive, plus verte, parfois de nature différente, est plus appréciée. Les animaux circulent et se dispersent dans l'espace réticulé qui sépare les bosses (fig. 9). Dans ce labyrinthe, le berger a le plus grand mal à contrôler le troupeau. Une solution possible consiste à n'engager le troupeau qu'en fin de soirée, en comptant pour l'en sortir sur l'attraction exercée par le lieu de repos de nuit.

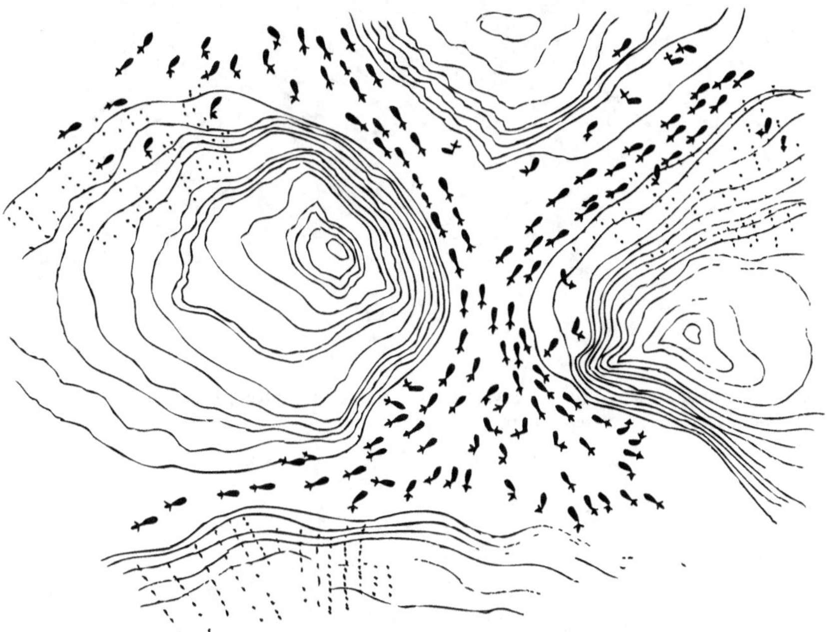

Figure 9. Exploration par les animaux d'une zone bosselée : circulation en réseau entre les bosses (dessin fait par André Leroy).

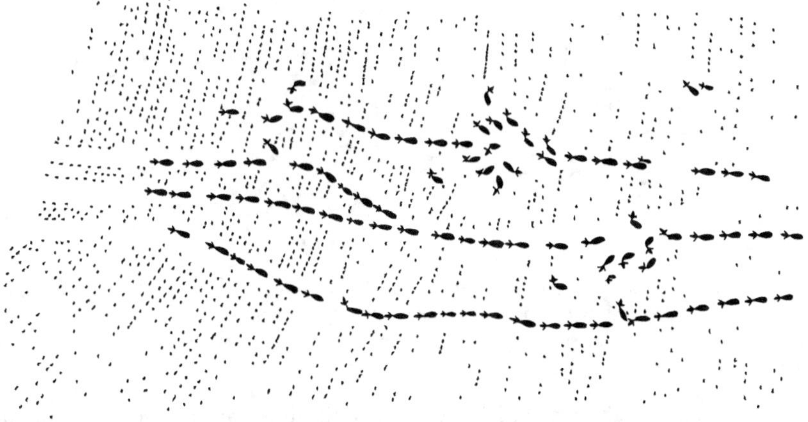

Figure 10. Traversée d'un éboulis : déplacement le long des courbes de niveau et rupture des files sur les plaques d'herbe (dessin fait par André Leroy).

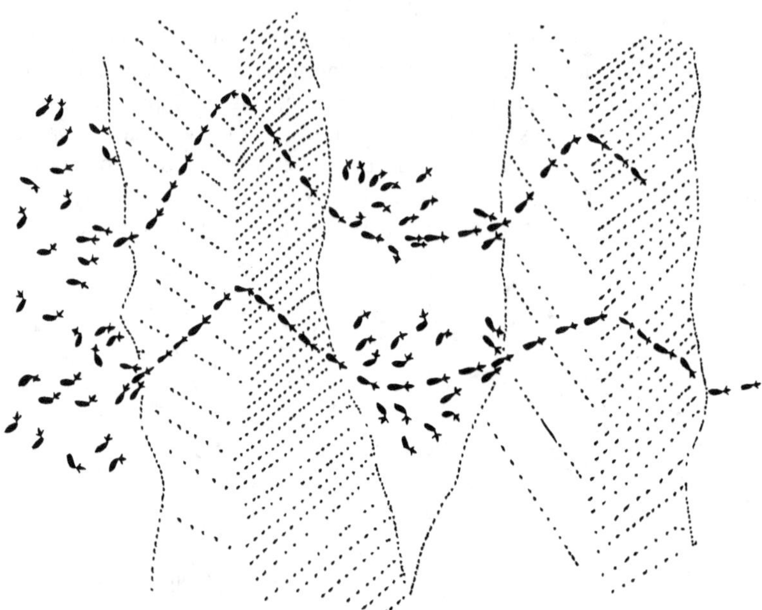

Figure 11. Progression sur un versant raviné : dispersion et pâturage sur les interfluves, traversée des ravins en files (dessin fait par André Leroy).

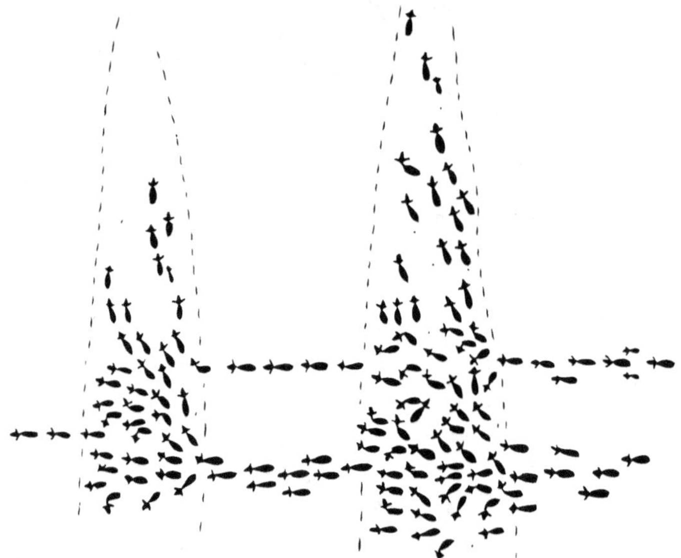

Figure 12. Progression sur un versant hétérogène : déplacement en files le long des courbes de niveau dans les zones dont la végétation grossière est refusée. Dans les petites combes plus humides où le terrain a été remanié, où la végétation est plus appétible, les brebis se mettent à monter en mangeant (dessin fait par André Leroy).

Dans les zones d'éboulis, qui peuvent couvrir une part non négligeable de la montagne, la pente et la faible densité de la végétation induisent un déplacement préférentiel selon les courbes de niveau, souvent matérialisées par des drailles. Mais ces files se défont si les brebis rencontrent des espèces appétentes, clairsemées ou en plaques ; là, elles s'arrêtent un moment pour manger avant de repartir pour suivre la progression du troupeau (fig. 10). Le comportement des animaux reflète l'hétérogénéité du milieu, ainsi qu'il est possible de le constater dans diverses situations (fig. 11 et 12).

En alpage, l'hétérogénéité du relief joue un rôle prépondérant sur la complexification des formes de base et de leurs variantes (cf. *supra*) ; nous allons le montrer sur l'exemple concret d'un circuit de pâturage.

4. Combinaison des formes de base : étude d'un circuit-exemple

Cet exemple reconstitue le circuit réalisé durant une matinée de juillet. Le troupeau, quitte le parc de nuit vers 7 h 30 (GMT + 2), traverse les secteurs 1, 8, 9, 10 et 7 avant de rejoindre la chôme des « Petites Sagnes » à 11 h 30 (fig. 13a). Parmi nos observations, nous avons sélectionné 15 formes d'ensemble particulièrement illustratives (fig. 13b). La schématisation de la position des animaux au sein de ces formes aide au repérage des « formes de base » ou de leurs variantes. La description qui suit permet de voir comment les formes « produites » par le troupeau sont influencées par la configuration du relief et les interventions du berger.

▶ Forme 1 (7 h 35 – 7 h 45)

La sortie du parc de nuit s'achève. Sur cette pente, le troupeau se divise en deux, avec des animaux qui cherchent à monter et d'autres qui se dirigent vers les pierres à sel. Le berger, placé au-dessus du troupeau, fait limite. Il envoie son chien pour « *contrer* » les brebis (empêcher la poursuite de leur mouvement) qui cherchent à monter. Les animaux se déplacent en files dans deux directions. La forme générale du troupeau est de type amiboïde à pseudopodes.

▶ Forme 2 (7 h 45 – 7 h 50)

Tous les animaux sont engagés dans le sens de la descente en direction des pierres à sel. La moitié des animaux commence à grappiller par-ci par-là. Ils prélèvent quelques bouchées, puis se déplacent en se suivant ; certains bêlent. Le berger surveille la descente et laisse faire. Cette forme transitoire ne dure que quelques minutes. Le troupeau est orienté dans trois directions. Sa forme est de type amiboïde à pseudopodes.

▶ Forme 3 (7 h 50 – 7 h 55)

Le troupeau entoure les pierres à sel ; des groupes d'animaux se succèdent pour lécher le sel, tandis que les autres se déplacent ou commencent à brouter. Le berger contrôle à nouveau la direction que prend le troupeau : il vient de réduire le pseudopode sud-ouest et se déplace pour résorber le pseudopode nord. Ces interventions augmentent l'activité globale de déplacement du troupeau et l'aiguillent sur le circuit que le berger a décidé de faire parcourir ce jour-là (le berger donne « *le biais* »). Cette forme transitoire est de type amiboïde à pseudopodes.

▶ Forme 4 (8 h – 8 h 10)

Le troupeau a « *pris son biais* ». Il est engagé dans une seule direction : une majorité des animaux continue à se déplacer, d'autres commencent à brouter de manière soutenue.

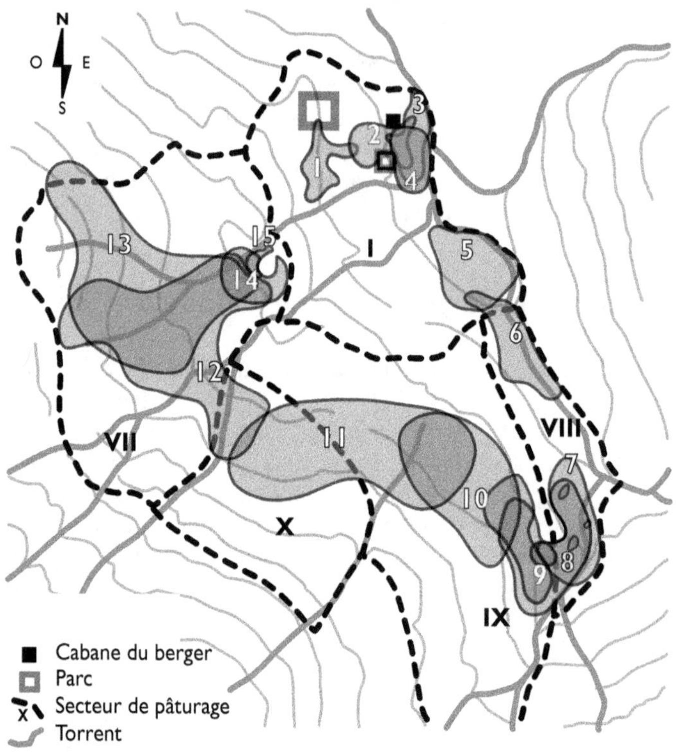

Figure 13a. Quinze formes prises par le troupeau gardé par André Leroy lors d'une matinée de pâturage en juillet 1991 sur l'alpage du Saut-du-Laire : positionnement des formes et limites des secteurs I, VIII, IX, X et VII.

Le berger s'assure que les dernières brebis restées au sel rejoignent le gros du troupeau, puis gagne la berge du torrent pour empêcher que les animaux ne le franchissent. Cette forme d'ensemble est une combinaison de trois formes de base :

1. sur le flanc est, des animaux longent le torrent. Comme le relief est plat et peu enherbé, ils se déplacent côte à côte. Cet ensemble d'animaux présente une activité de déplacement unidirectionnelle sans file ;
2. sur le flanc ouest du troupeau, les brebis longent un petit parc de contention et se rabattent en formant une longue file. Ce groupe présente une activité de déplacement unidirectionnelle en file ;
3. au centre, le gros du troupeau présente une forme allongée de type mobile avec front, un centre et une traîne.

▶ Forme 5 (8 h 30 – 8 h 50)

La moitié des animaux pâture ; les autres alternent pâturage et déplacement ou se déplacent en files indiennes. Le berger, posté en bas de la barre qui surplombe le torrent, voit l'ensemble des animaux et surveille leur arrivée sur une zone enherbée relativement étroite (c'est l'entrée du secteur 8). Cette forme d'ensemble est une combinaison de trois formes de base :

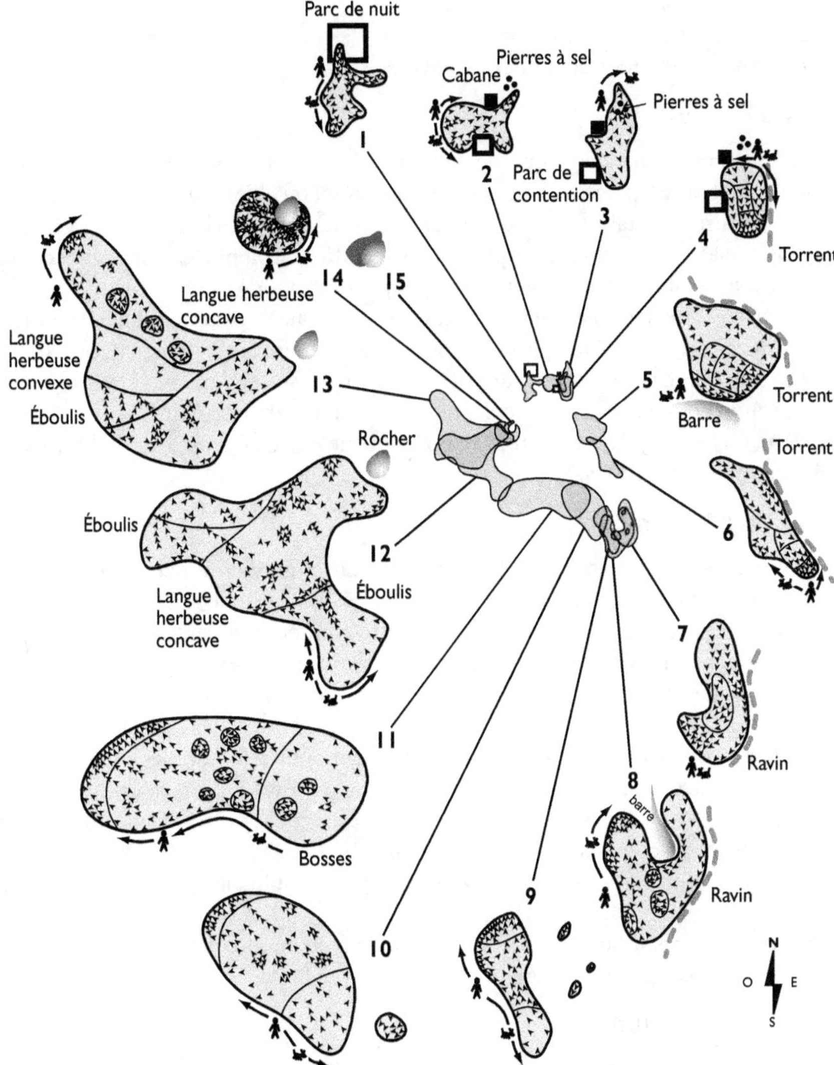

Figure 13b. Quinze formes prises par le troupeau gardé par André Leroy lors d'une matinée de pâturage en juillet 1991 sur l'alpage du Saut-du-Laire : schématisation de formes successives, avec symbolisation de la position des brebis, de celle du berger et de celle de son chien.

1. une bonne partie des animaux pâture, dispersée sur le vaste replat formé par les alluvions du torrent (le «*Drac Noir*») et sur la partie basse du versant contigu. Ils sont orientés dans toutes les directions et présentent globalement une activité de pâturage stationnaire et une forme de type circulaire ;
2. le groupe d'animaux qui se rapproche de l'entrée du couloir se resserre, réduit son activité de pâturage et augmente son activité de déplacement. Du fait du rétrécissement, le contour de ce groupe est plutôt allongé, mais sa structure le rattache à une forme mobile avec un front de pâturage serré, un centre où les animaux pâturent dans des directions légèrement divergentes et une traîne où les animaux sont plus épars ;

3. les animaux qui passent sous la barre rocheuse se mettent en enfilade et produisent une forme allongée unidirectionnelle avec files.

▶ Forme 6 (9 h – 9 h 25)

Le troupeau est bien engagé dans le couloir et les animaux mangent en se déplaçant rapidement. Le berger, placé devant, fait aller et venir son chien pour ralentir l'avancée du front de pâturage et favoriser l'écartement du troupeau, qui cherche à avancer pour sortir de ce passage plutôt qu'à en exploiter la végétation. Comme les deux précédentes, cette forme d'ensemble est une composition de trois formes de base :
1. à l'avant, un groupe important d'animaux présente une forme de pâturage mobile avec front;
2. du côté du versant, un groupe plus réduit s'écarte, les animaux grimpent à la recherche d'herbes appétentes et broutent sur place en pivotant sur eux-mêmes; la forme prise par ce groupe d'animaux se rapproche du type stationnaire circulaire;
3. à l'arrière, un groupe d'animaux retardataires rattrape le troupeau dans une formation unidirectionnelle avec files.

▶ Forme 7 (9 h 35 – 9 h 55)

Le troupeau sort d'un secteur relativement étroit et attaque un virage en pente; il monte et occupe une surface de plus en plus large. La presque totalité des animaux pâture et se déplace rapidement. Pour ralentir cette montée, augmenter la fréquence des prélèvements alimentaires et limiter l'étalement du troupeau, le berger reste devant; il marche en oblique par rapport à la pente et avec l'aide de son chien force les animaux de tête à suivre cette barrière fictive. Au centre, du fait de la bosse, les animaux se perdent de vue; ceci les contraint à accélérer leur mouvement pour rejoindre les premiers et les conduit à se déplacer côte à côte; quant aux animaux situés à l'extérieur du virage, la bordure du ravin les oblige à se déplacer les uns derrière les autres. Cette forme d'ensemble est à nouveau composée de trois formes de base :
1. à l'avant, les animaux occupent un espace de plus en plus large et produisent une forme en éventail;
2. au centre du troupeau on distingue une forme de type unidirectionnel sans file;
3. sur le flanc sud-est, une forme unidirectionnelle avec files.

▶ Forme 8 (10 h 05 – 10 h 15)

L'ensemble des animaux du troupeau pâture : les animaux de tête et du centre mangent activement tout en progressant rapidement vers le haut, tandis que les dernières brebis mangent tranquillement et se laissent distancer. Le berger, en position de surplomb, arrête et «*retourne*» le troupeau en le contraignant à effectuer un demi-tour par rapport à sa direction antérieure. Tout en contrôlant la direction générale, il suit le déplacement de la queue du troupeau. Bien que la forme globale du troupeau soit très arquée du fait de la configuration du terrain et de l'intervention du berger, on repère une forme de type mobile avec front, à l'intérieur de laquelle plusieurs groupes d'animaux forment des îlots de pâturage circulaire concentré. Cette forme d'ensemble du troupeau est le résultat de la manœuvre de retournement opérée par le berger.

▶ Forme 9 (10 h 20 – 10 h 30)

Le troupeau a atteint une zone en pente légère. Il est bien regroupé et orienté dans une direction nord-ouest. Sur le flanc nord-est, la majeure partie du troupeau progresse en suivant les courbes de niveau, mais les brebis situées sur le flanc sud-ouest cherchent à monter. Le berger, posté légèrement plus haut sur le versant, intervient pour limiter cette échappée. De là, il voit l'ensemble des animaux, excepté les trois petits sous-groupes qui se sont laissés distancer et sont ainsi demeurés sous la barre rocheuse. Dans ce cas, le troupeau présente une forme mobile avec front et quelques îlots de pâturage stationnaire.

▶ Forme 10 (10 h 40 – 10 h 50)

Le troupeau pâture une zone relativement plane et la surface qu'il occupe a augmenté. L'ensemble des animaux se dirige dans une même direction tout en se tenant à son activité de pâturage. Le berger ramène les brebis situées en arrière afin de maintenir la cohésion du troupeau. La forme du troupeau est ovoïde mobile avec front. Le front de pâturage est typique ; en revanche des files commencent à se former dans la partie centrale et la traîne du troupeau. Elles sont produites par la présence d'une succession de petites bosses qui canalisent l'écoulement des animaux.

▶ Forme 11 (10 h 55 – 11 h 10)

Cette forme est pour ainsi dire un élargissement de la précédente : sur cette zone en pente douce, les animaux se sont dispersés. L'ensemble du troupeau est toujours en activité de pâturage et de déplacement. Les brebis de tête, tout comme celles du flanc sud, ont tendance à grimper et à tirer le troupeau sur le versant. Le berger, revenu en position de surplomb, envoie son chien le long de ce versant afin de ramener les brebis montées trop haut. La forme globale du troupeau est de type mobile avec front, marquée par la présence de plusieurs îlots de pâturage circulaire qui résultent d'une accentuation des bosses et des creux observés précédemment. Ces îlots se forment là où quelques concavités enherbées retiennent les animaux.

▶ Forme 12 (11 h 15 – 11 h 25)

Le troupeau est très étalé sur une zone où se succèdent langues herbeuses et éboulis. L'hétérogénéité du relief et la discontinuité du tapis végétal conduisent les animaux à se disperser et à former des groupes d'activité différents. Ceci rend difficile le travail du berger qui doit à la fois ramener les animaux qui traînent et retenir ceux qui s'échappent. La forme générale du troupeau qui en résulte est typiquement une combinaison de plusieurs formes de base. Certains animaux se déplacent, d'autres pâturent :
1. en zones d'éboulis, les animaux se déplacent le long des courbes de niveau en formations unidirectionnelles avec files ;
2. sur les langues herbeuses, certains animaux se mettent à brouter, mais la convexité du relief les isole et ils cessent très vite de pâturer pour rejoindre le troupeau ;
3. en revanche, sur les zones herbeuses concaves ou plates du bas de la pente (en direction du rocher situé au Nord-Est), une grande partie des animaux se stabilise et pâture un moment. Ils produisent une forme incomplète de pâturage stationnaire circulaire, celle-ci ne pouvant se mettre totalement en place, du fait du manque d'espace en rapport avec la taille du troupeau.

▶ Forme 13 (11 h 25 – 11 h 35)

Cette forme générale du troupeau présente les mêmes caractéristiques que la précédente. On y aperçoit en plus quelques petits groupes de brebis en amas de type floculé.

▶ Forme 14 (11 h 40 – 11 h 50)

La matinée se termine et il commence à faire chaud ; les animaux partis depuis quatre heures environ n'ont plus envie de pâturer. Ils rejoignent leur lieu de repos de jour habituel, à proximité d'un rocher. Le berger, aidé par son chien, rassemble les derniers animaux qui grappillent encore en petits groupes ou isolés. La forme générale produite par le troupeau est de type agrégat et contient quelques amas de type floculé.

▶ Forme 15 (11 h 55...)

C'est la fin d'une matinée de pâturage. Les animaux ne bougent plus ; ils sont regroupés et chôment ; quelques-uns sont à l'abri du soleil contre le rocher, les autres se protègent la tête à l'ombre de leurs voisins en se serrant debout, tête bêche, ou couchés les uns contre les autres. Le berger se repose également. La forme prise par le troupeau est un monobloc de type agrégat.

Conclusion

Les travaux de recherche qui se sont intéressés à la dispersion des animaux dans les troupeaux au pâturage ont tenté de mettre en relation cette dispersion et l'état de la végétation, dans l'objectif d'améliorer la gestion des pâturages. Il s'agit principalement d'éviter les concentrations locales d'animaux, qui dégradent les pâturages, et de répartir au mieux la pression de pâturage (Kilgour *et al.*, 1975 ; Dudzinski et Schuh, 1978 ; Squires, 1978a). Nous partageons ces objectifs, comme beaucoup de chercheurs et de gestionnaires pastoralistes. Ce n'est cependant pas dans cet esprit que nous avons abordé cette étude des formes de troupeau au pâturage.

Nous sommes partis d'une réflexion plus large sur la gestion des systèmes pastoraux où les troupeaux sont gardés, et particulièrement sur la question de l'organisation des circuits de pâturage quotidiens. Les bergers savent bien que le territoire pastoral, investi, mémorisé par les animaux, est structuré et polarisé. Leur travail repose sur leur double connaissance du comportement des animaux, «*rythmes, biais, habitudes et manies*», selon la terminologie d'André Leroy (Landais et Deffontaines, 1988) et de ce territoire. Celui-ci ne se résume pas à la végétation qu'il porte, comme le montre encore la récente étude réalisée par Chiche *et al.* (1991) sur les pratiques des pasteurs au nord du Maroc. Leurs troupeaux, écrivent-ils, «*n'errent pas à la recherche de verdure et d'eau indépendamment de toutes autres contraintes*» : tous les critères d'appréciation de l'espace pastoral utilisés par les pasteurs ne concernent pas la végétation. Ils prennent également en compte, par exemple, la qualité de l'eau, la qualité des aires de repos, la structure topographique, des données d'ordre météorologique. De manière encore plus détaillée, Meuret (1993) montre que l'activité alimentaire d'un troupeau de chèvres laitières au pâturage est séquencée par le chevrier, ce dernier attribuant des rôles distincts aux différentes portions du territoire parcouru au cours d'un circuit d'une demi-journée (voir également chapitres 7 et 8).

Comment font les bergers pour conserver la maîtrise des déplacements des troupeaux, indispensable pour la réalisation des circuits de pâturage prévus ? Notre hypothèse est la suivante : ils s'appuient sur le suivi permanent ou périodique d'un certain nombre d'indicateurs, parmi lesquels l'activité des animaux, leur dispersion, leur orientation, le sens et la vitesse des déplacements, le contour du troupeau et ses déformations. Tous ces indicateurs visuels sont perçus et analysés globalement, ce dont nous avons tenté de rendre compte à travers le concept composite que nous désignons sous le terme de «forme» du troupeau.

Les bergers disposent d'un référentiel plus ou moins détaillé sur ces «formes», leur signification, leurs règles d'évolution, leurs facteurs de genèse et de transformation. Ce référentiel leur permet d'analyser en temps réel le comportement d'un troupeau et d'anticiper les réactions de ce dernier face aux caractéristiques de l'environnement physique et aux événements divers qui sont susceptibles de l'influencer. La maîtrise du troupeau dépend directement de la qualité de cette anticipation et des pratiques que le berger met en œuvre pour «*contrer*», orienter ou favoriser l'apparition des comportements prévisibles, lorsqu'il ne juge pas possible de «*laisser faire*».

Cette étude a permis de formaliser une partie des connaissances constitutives de ces référentiels. Conduite dans un milieu montagnard compartimenté, au relief tourmenté, elle a mis en évidence l'importance du modelé et de la configuration du terrain sur les formes et les activités d'un troupeau ovin au pâturage. On constate notamment que l'adoption d'une activité de pâturage intense requiert certaines conditions quant à ce que l'on pourrait appeler le «confort spatial» du troupeau, défini notamment par l'intervisibilité dont Crofton (*op. cit.*) avait déjà souligné l'importance. Ainsi, la fréquentation réelle d'une zone correspondant à un faciès de végétation *a priori* attractif pour les animaux dépendra-t-elle de sa surface, de la configuration locale du terrain, du modelé du compartiment où elle se trouve, de sa position dans l'alpage, etc. Les formes produites par les troupeaux reflètent donc des relations complexes qui peuvent être considérées comme indicateurs synthétiques de fonctionnement.

Cette recherche exploratoire, dont les ambitions étaient limitées, a produit des résultats encourageants. Premier point, il apparaît possible, le «lexique des formes de base» (tab.1 p. 108 et 109) en témoigne, de caractériser la diversité de ces objets complexes. Second point, l'étude des conditions de genèse et de transformation des formes de troupeau laisse entrevoir la possibilité de formaliser de manière plus précise les règles qui gouvernent la dynamique de ces formes. La prise en compte de ces règles, et en particulier de l'effet de la structure du milieu physique, considérée à différentes échelles sur le comportement des troupeaux, devrait permettre d'améliorer l'appréciation des aptitudes pastorales des alpages et leur gestion. Cette amélioration devrait pouvoir être étendue à d'autres types de milieux. Même dans les milieux où le relief est peu marqué, les territoires pastoraux sont polarisés, les surfaces pâturées sont loin d'être homogènes, et la configuration des lieux n'est pas sans effet sur le comportement des troupeaux (Plana, 1990 ; Leclerc et Lécrivain, 1993). D'autres systèmes de conduite devraient également être concernés : beaucoup des règles que nous sommes en train de formaliser semblent s'appliquer aussi bien à des troupeaux en liberté qu'à des troupeaux gardés, et la démarche adoptée devrait permettre de préciser les différences.

Remerciements

Ce travail doit autant à la prestation des 1 200 figurantes qu'aux 2 000 suggestions et corrections du manuscrit apportées par Étienne Landais.

Bibliographie

ARNOLD G.W., 1977. «An analysis of spatial leadership in a small field in a small flock of sheep», *Appl. Anim. Éthology*, 3, 263-270.

ARNOLD G.W., 1981a. «Associations between individuals and homerane behaviour in natural flocks of three breeds of domestic sheep», *Appl. Anim. Ethology*, 7, 239-257.

ARNOLD G.W., 1981b. «Grazing behaviour», *in World Animal Science*, B1 : Grazing animals. F.H.W. Morley (ed), Elsevier, Amsterdam, 79-104.

BOUY M., 1988. Le comportement d'un troupeau d'ovins en montagne. Étude de la dispersion spatiale au cours d'une séquence de pâturage, DEA d'écologie expérimentale, université de Pau et des Pays de l'Adour, 44 p.

CHICHE J., BERTRAND J.-P., RAMDANE A., 1991. L'appréciation des ressources par les pasteurs marocains. *Actes du quatrième congrès international des Terres de Parcours*, Montpellier, 22 au 26 mai, 2, 912-913.

DEFFONTAINES J.P., LARDON S., 1989. «Surfaces en herbe et système agraire. Réflexions méthodologiques sur l'espace pour la gestion des surfaces en herbe», *Études et recherches sur les systèmes agraires et le développement*, 16, 209-218.

DUDZINSKI M.L., SCHUJ H.J., 1978. «Statistical and probabilistic estimators of forage conditions from grazing behaviour of merino sheep in a semi-arid environment», *Appl. Anim. Ethology*, 4, 357-368.

FAVRE Y., 1979. Étude de l'organisation sociale et de l'utilisation de l'espace par des ovins *(Ovis aries L.)* en liberté, thèse de docteur ingénieur, université d'Aix-Marseille, 200 p.

KILGOUR R., PEARSON A.J., DE LANGEN H., 1975. «Sheep dispersai patterns on hill country : techniques for study and analysis», *Proceedings of the New Zealand Society of Animal Production*, 35, 191-197.

LANDAIS E., DEFFONTAINES J.-P., 1988. *André L. Un berger parle de ses pratiques*, document de travail Inra-SAD Versailles-Dijon-Mirecourt, 110 p.

LECLERC B., LÉCRIVAIN E., 1994. «Incidence du retour quotidien en chèvrerie sur le comportement alimentaire et spatial de caprins dans un taillis», *Ann. Zootech.*, 43, p. 295.

LECLERC B., LÉCRIVAIN B., HAUWUY A., 1989. «Consommation des ressources ligneuses dans un taillis de chênes par des brebis en estive», *Rep. Nutr. Dev.*, suppl. 2, 207-208.

LYNCH J. J., ALEXANDER G., 1973. «Animal behaviour and the pastoral industries». *In : The pastoral industries of Australia : practices and technology of sheep and cattle production*, (12), 371-400.

MEURET M., 1993. «Piloter l'ingestion au pâturage». *In :* LANDAIS E. (coord.), «Pratiques d'élevage extensif : identifier, modéliser, évaluer», *Études et recherches sur les systèmes agraires et le développement*, 27, 161-198.

PLANA C., 1989. Utilisation d'un maquis à chêne liège par des ovins : étude de l'influence de la structure de l'enclos, rapport de stage DESU, université de Toulouse-3, 46 p.

SQUIRES V.R., 1975a. «Environmental heterogeneity as a factor in group size determination among grazing sheep», *Appl. Anim. Ethology*, 35, 184-190.

SQUIRES V.R., 1975b. «Leadership and dominance relationships in Merino and Border Leicester sheep», *Appl. Anim. Ethology*, 1, 263-274.

SQUIRES V.R., 1978a. *Effects of management and the environment on animal dispersion under free ranging conditions*, Premier congrès mondial d'éthologie appliquée à la zootechnie, Madrid, 323-334.

SQUIRES V.R., 1978b. *Flock configurations and orientations of individuals among grazing sheep*, Premier congrès mondial d'éthologie appliquée à la zootechnie, Madrid, 8 p.

Chapitre 6

Le gardiennage des brebis sur la steppe ventée de la Crau

Rémi DUREAU et Olivier BONNEFON

Adapté de : Dureau R., Bonnefon O., 1997, «Étude des pratiques de gestion pastorale des Coussouls», *in* CEEP et chambre d'agriculture des Bouches-du-Rhône (coord.), *Patrimoine naturel et pratiques pastorales en Crau*, rapport LIFE-ACE Crau sèche, p. 61 à 89. Mis à jour en 2007 par R. Dureau et M. Meuret.

La plaine de la Crau est située au centre du département des Bouches-du-Rhône, au nord de la ville de Marseille, en Provence. C'est un espace remarquable, dont les 60 000 hectares originels sont constitués par le delta fossile du fleuve Durance venu des Alpes. À première vue uniformément plat et très monotone, il est recouvert de galets apportés par le fleuve et qui se sont cimentés en sous-sol, formant une couche imperméable de poudingue. Du fait des rudes conditions climatiques de basse Provence (hiver froid, été chaud et sec, fréquence d'un violent vent du nord appelé «Mistral»), s'est établie une végétation de steppe aride constitutive des habitats d'une avifaune remarquable (Meyer, 1983), dont la seule population française de ganga cata (*Pterocles alchata*), l'outarde canepetière (*Tetrax tetrax*), l'oedicnème criard (*Burhinus oedicnemus*), le faucon crécerellette (*Falco naumanni*) et l'alouette calandre (*Melanocorypha calandra*).

Ce territoire, composé de vastes unités foncières pastorales nommées «*coussouls*», est pâturé depuis fort longtemps par des troupeaux ovins (photo 1), puisque les fondations de certaines bergeries datent de l'époque gallo-romaine. Ainsi, la nature du couvert végétal est reconnue comme ayant été entretenue et reproduite de longue date par le pâturage conduit en gardiennage par des bergers (Cheylan *et al.*, 1983). C'est aujourd'hui encore la zone de France comportant la plus forte densité de troupeaux ovins durant l'hiver, le printemps et l'automne (145 éleveurs et plus de 100 000 brebis sur 30 000 ha de pâturage), troupeaux qui sont conduits chaque été en transhumance dans les Alpes (Legeard, 2002; Wolff *et al.*, 2008). Les ovins sont principalement de race Mérinos d'Arles, pour la production de viande d'agneaux (photo 2). Depuis 1939, la Crau comprend également l'une des écoles françaises de bergers : Le Merle (voir chapitre 12).

Photo 1. Troupeau gardé par un berger sur un coussoul de Crau au printemps 2008 (© Michel Meuret/Inra).

Photo 2. Les ovins Mérinos d'Arles composent la presque totalité des troupeaux de Crau dont cette race est originaire (© Marc Vincent/Inra).

La steppe de Crau fait cependant aussi l'objet d'un processus séculaire d'empiétement, qui s'est considérablement accéléré ces dernières années (Deverre, 1994). Il a commencé au XVIe siècle, avec l'établissement de prairies irriguées au nord (espace dit de «*Crau humide*»), prairies qui sont encore très bien valorisées aujourd'hui, notamment grâce à la production d'un foin de grande qualité sous appellation d'origine contrôlée (AOC). L'empiétement s'est poursuivi avec des parcelles de steppe vendues pour de l'arboriculture intensive, dont les arbres ont été installés après défonçage du sol. Mais ont aussi empiété sur la steppe un tronçon d'autoroute, des activités aéronautiques et militaires, des canalisations de gaz et d'hydrocarbures pour les industries toutes proches du bord de la mer Méditerranée. C'est donc un espace remarquable très menacé.

C'est la raison pour laquelle un projet de classement a vu le jour en 1987, formulé par des scientifiques et des protecteurs de la nature, et visant 14 000 ha de steppe. Ce projet utilisait la voie autoritaire de l'Arrêté de biotope, très contraignante pour les activités déjà en place. Le projet ayant été rejeté localement, l'État français a créé conjointement une zone de protection spéciale (11 500 ha) et a développé une approche plus incitative vis-à-vis des acteurs locaux, en s'emparant dès l'origine de son application en France (1989-1990) de la procédure agri-environnementale européenne «article 19». Cette dernière prévoyait des aides financières aux éleveurs pour qu'ils continuent à faire pâturer leurs troupeaux sur les coussouls. Une autre mesure environnementale européenne donnait les moyens pour l'achat de terres par des propriétaires ayant à s'engager dans la protection des coussouls, procédure dont ont su profiter notamment des associations de protection de la nature. Une partie des terres classées a ensuite été convertie en 2001 en réserve naturelle (7 400 ha), sans que les éleveurs et bergers y aient pour autant à modifier leurs pratiques de pâturage (Boutin, 2002; Buisson et Dutoit, 2006).

Un partenariat fort entre naturalistes et techniciens de la chambre d'agriculture des Bouches-du-Rhône, devenus cogestionnaires de la Réserve naturelle de Crau, avance le postulat selon lequel la richesse écologique de la steppe en matière d'habitats d'espèces remarquables serait la conséquence, à la fois, de la continuité d'une pratique pastorale ancienne et assez similaire entre bergers, mais aussi d'une diversité de pratiques. Selon les naturalistes notamment, engagés à inventorier et suivre la dynamique interannuelle des populations de faune remarquable, ce serait cette diversité de pratiques qu'il s'agirait de conserver. Mais, pour réussir à maintenir une gamme de pratiques acceptables, en évitant tout de même les dérives néfastes aux habitats d'espèces, il s'agit de mieux référencer ces pratiques, notamment celles de gardiennage. Ceci doit servir également à légitimer le plus explicitement possible, et aux yeux de tous, des financements européens (de l'ordre de 120 €/ha/an) qui exigent en contrepartie de développer, ou maintenir, des pratiques agricoles «respectueuses de l'environnement». C'est la principale raison de nos enquêtes, dont est présenté ici le volet relatif aux pratiques de gardiennage.

1. Aperçu des systèmes d'élevage ovin de Crau

Les systèmes d'élevage ovin utilisateurs de la Crau peuvent être synthétisés comme suit (d'après Fabre, 1997). Les troupeaux sont d'effectifs importants : depuis 300 brebis jusqu'à plusieurs milliers. La moyenne est d'environ 500 brebis par travailleur, ce qui en fait des élevages à forte productivité du travail. Le cycle de production des troupeaux n'a guère été transformé depuis le XIXe siècle, utilisant successivement dans l'année trois sortes de pâturages (*en italiques* : surface utilisée pour un troupeau de 800 brebis) :
1. les repousses d'automne et d'hiver des prairies irriguées de fauche (*80 ha*) sur la Crau humide (repousses appelées localement «*le regain*») pour les brebis et leurs agneaux nés principalement entre septembre et décembre;

2. la steppe de la Crau sèche (*300 ha*), ainsi que quelques espaces connexes en friche, au printemps, pour les brebis n'ayant plus leurs agneaux sevrés entre janvier et février ainsi que pour les agnelles et les béliers ;
3. la transhumance dans les Alpes (*1 000 ha*) durant l'été, pour tout le troupeau, lorsque les surfaces de la steppe sont desséchées et les prairies conservées pour la production de foin.

Les brebis agnellent une fois par an, principalement à l'automne au retour de transhumance dans les Alpes, où elles ont disposé lorsqu'elles étaient gestantes d'une alimentation de très bonne qualité. Pour celles n'ayant pas mis bas au retour de montagne (dites «*tardonnières*»), est organisé un agnelage de rattrapage en mars et avril, et elles sont alors mises à pâturer au printemps sur des prairies cultivées à leur intention (luzerne et céréales). Les brebis produisent en moyenne un agneau par an, avec une productivité numérique proche de 0,8 agneau/brebis. La mise en lutte des agnelles a lieu à l'âge de dix-huit mois. Toutes les brebis de renouvellement sont généralement produites dans l'élevage.

C'est la race de brebis Mérinos d'Arles, originaire de la Crau, qui compose la presque totalité des troupeaux. C'est une race rustique de petit gabarit qui, étant très lainée, supporte des variations climatiques contrastées et mobilise aisément ses réserves corporelles durant la phase d'allaitement en hiver. Son instinct grégaire est apprécié pour le gardiennage, ce qui est important puisque les troupeaux sont conduits par des bergers sur la steppe de Crau et dans les Alpes, c'est-à-dire environ sept mois par an.

2. Démarche d'enquête

Nos enquêtes ont été réalisées en deux étapes et au cours de trois années successives (1994 à 1996). Les enquêtes de première étape, menées par entretiens semi-directifs auprès de la trentaine d'éleveurs ovins et de leurs bergers salariés utilisant un «*coussoul*» en steppe de Crau, nous ont permis de recueillir des éléments des connaissances empiriques relatives aux modes de valorisation de la steppe par le pâturage (saison d'hivernage 1993-1994). Beaucoup d'informations ayant déjà été recueillies ainsi, nous avons ensuite cherché à valider et surtout à quantifier le résultat de certaines pratiques en seconde étape, ceci durant deux années et sur huit coussouls (printemps 1995 et 1996). Nous avons réalisé ceci par des suivis des pratiques de gardiennage, combinant observation directe et recueil des dessins de leurs circuits de pâturage réalisés à notre demande sur une carte par chacun des bergers. Notre choix des sites d'étude a cherché à respecter la diversité des pratiques, celle des couverts végétaux de la steppe, mais aussi la motivation des bergers à nous accueillir et à nous expliciter le plus en détail possible leur savoir-faire. Les suivis des pratiques de gardiennage ont concerné le mode d'utilisation pastoral dominant, c'est-à-dire au printemps et avec des brebis non allaitantes, dit «*lot de vassieu*».

3. La ressource pastorale des coussouls...

Le caractère steppique de la Crau tire son origine d'une conjonction de conditions climatiques et pédologiques assez contraignantes pour la croissance de la végétation : sécheresse estivale prononcée, d'une durée de trois à quatre mois, accentuée selon un gradient du Nord au Sud ; précipitations rares et brutales, avec un faible total annuel (500 à 600 mm, et seulement 300 mm en années sèches), très inégalement réparties selon les années ; violence du vent du nord (le Mistral) qui ne rencontre ici aucun obstacle ; présence d'un poudingue, horizon caillouteux à ciment calcaire induré, qui interdit tout échange entre les couches superficielles du sol et la nappe phréatique. Toutefois, ces contraintes sont partiellement atténuées par la présence de galets en surface et dans le sol, qui limitent l'évaporation et tempèrent ainsi les amplitudes thermiques journalières et saisonnières.

La végétation herbacée présente une grande diversité floristique (113 espèces recensées), dominée par les espèces annuelles (50 %) et hémicryptophytes (30 %) (Bourrelly *et al.*, 1983). Le brachypode rameux (*Brachypodium retusum* (Pers.) P. Beauv.) constitue l'espèce herbacée dominante, mais son recouvrement est très variable (0 à 80 %) selon les sites et modalités de pâturage. La productivité annuelle de la végétation est de l'ordre de 1,5 t de MS/ha/an.

... vue par les éleveurs et les bergers

Les longues journées de garde des troupeaux sur les espaces isolés des coussouls font des bergers les observateurs privilégiés des modifications de la végétation de la steppe. Tout autant que l'observation directe de la phénologie des espèces dominantes en cours de saison, le comportement des animaux leur fournit des éléments d'approche synthétique sur l'état de la ressource végétale. Ainsi, sur cette steppe d'allure monotone, les éleveurs et bergers trouvent, et utilisent, une diversité fonctionnelle pour la conduite du pâturage des troupeaux.

Les éleveurs et les bergers différencient nettement deux types de végétation : «*le grossier*» (la graminée pérenne *Brachypodium retusum*) et «*le fin*» (l'ensemble des espèces fourragères selon eux de meilleure qualité, à base d'autres graminées et de plantes en rosettes, à dominance d'annuelles à cycles plutôt courts). Leur présence ou absence, leurs proportions relatives, leur panachage fréquent, la hauteur du «grossier», sont pour eux des éléments permettant d'apprécier la qualité relative des secteurs de pâturage (au sens de Martinand et Millo, puis Savini *et al.*). Ils qualifient ainsi l'ensemble d'un coussoul, ou d'un de ses secteurs, selon l'une des trois catégories suivantes : ils parlent de végétation (ou, par extension, «*de Crau*») «*fine*» ou «*grossière*» si un des types est dominant, «*panachée*» si les deux sont imbriqués. Plutôt que le recouvrement des deux types de végétation, c'est apparemment l'encombrement par le *B. retusum*, notamment lié à sa biomasse et à sa hauteur totale au sol (de 5 à 20 cm environ), qui oriente leur catégorisation visuelle. Aux yeux de tous, c'est le fait que «*fin*» et «*grossier*» soient le plus souvent intimement imbriqués qui confère la qualité pastorale aux coussouls.

Suite aux indications des éleveurs et bergers, nous avons schématisé par dessin la composition de chacun de leur coussoul, avec position des trois catégories de végétation, auxquelles ils ajoutent l'espace dit «*auréole de bergerie*» qui est la zone de passage la plus fréquente du troupeau. Dans l'exemple très schématisé de la figure 1, les limites franches du dessin des catégories masquent en réalité des zones de transition progressive, en particulier sur les secteurs dits «*panachés*». Toutefois, c'est ce type de représentation schématique, complété par la localisation des équipements (bergerie, points d'abreuvement, pistes, canaux et ponts) qui a servi de support pour les entretiens avec les éleveurs et les bergers, ainsi que pour les enregistrements par les bergers de leurs circuits de pâturage.

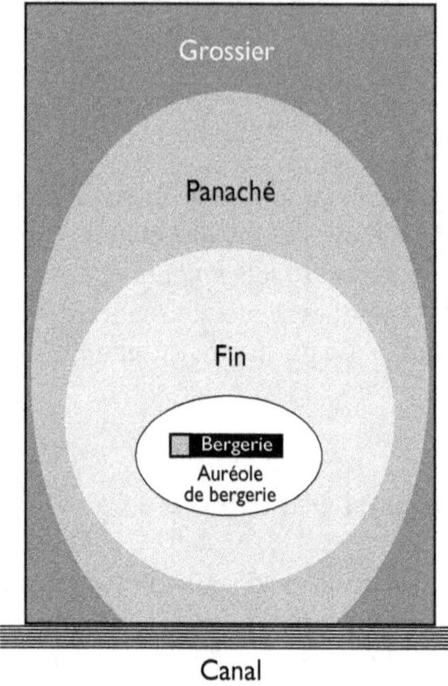

Figure 1. Exemple schématisé de distribution spatiale des catégories de végétation sur un coussoul, telles que décrites par les éleveurs.

En tant que ressource pastorale, «*le fin*» est synonyme de précocité, d'attraction pour les animaux, mais aussi de fragilité. C'est lui qui réagit le plus vite aux premières périodes climatiques favorables du printemps, puis qui fournit le meilleur de la ressource sur une période courte (mi-avril – mi-mai). Mais c'est lui aussi qui perd sa qualité dès l'épiaison des espèces annuelles, séchant rapidement dès l'arrivée des grosses chaleurs. Son développement est donc très dépendant des conditions climatiques : humidité de la couche superficielle du sol, mais aussi effets de gel ou des fortes températures.

Selon les éleveurs, quatre facteurs peuvent expliquer sa dominance sur un secteur : 1) une intervention humaine sur le sol (par exemple, une ancienne culture ayant donné lieu à un épierrage intense ainsi qu'à une fumure du sol, datant parfois de plusieurs décennies); 2) la combinaison d'un sol plus superficiel et d'une absence de galets en surface; 3) une forte fréquentation par le troupeau autour de points d'attraction (ex. une zone d'abreuvement) où la concentration du piétinement et des déjections conduit à une plus grande précocité et au port nanifié des espèces intensément pâturées; 4) éventuellement, le maintien sur l'ensemble d'un coussoul et sur une longue période continue d'un chargement animal important.

«*Le grossier*» constitue quant à lui, disent éleveurs et bergers, «*le fond de la ressource*». Le *B. retusum* est d'abord une ressource de sécurité car, en cas d'aléas climatiques, il reste disponible alors que «*le fin*» n'a pas encore poussé ou bien est déjà très desséché. C'est sa présence qui fait que «*les brebis trouvent toujours quelque chose à manger*» en Crau, y compris aux périodes de fin d'hiver (à la sortie des prairies) et de fin de printemps (dans l'attente de monter en alpage).

D'autres secteurs, plus ponctuels et de taille souvent réduite, sont également bien identifiés par les éleveurs et les bergers, car une espèce dominante y pose des problèmes spécifiques de gestion. Il s'agit des pelouses à «*baouque*» (*Brachypodium phoenicoides* L.) localisées sur certaines friches ou zones plus humides, des zones envahies par la lavande, les ronces, ou encore par le Ciste de Montpellier (*Cistus monspeliensis* L.). D'après les éleveurs, ces espèces pas ou peu consommées concurrencent la végétation utile au troupeau. Il en est de même des bordures de taillis à chêne vert (*Quercus ilex* L.) où, lorsque non suffisamment broutées, des espèces arbustives colonisent peu à peu les coussouls.

4. Les pratiques de gardiennage

Notre analyse a porté sur huit coussouls de taille moyenne (110 à 300 ha, moyenne 225 ha), chacun constituant la principale ou unique ressource alimentaire de printemps pour un lot de brebis à l'entretien. Lors des saisons de conduite sur coussouls, les troupeaux de brebis ne reçoivent en effet comme aliments complémentaires au pâturage que de l'eau, du sel et des minéraux à lécher.

4.1 Les contraintes structurelles des coussouls

Le processus d'empiétement foncier sur la steppe de Crau, freiné récemment par les mesures de protection, a confiné les coussouls sur des espaces relictuels. Ceci a généré, à partir d'une plaine steppique assez vaste et homogène, une forte diversité dans les caractéristiques de chacun des coussouls actuels. Leurs possibilités d'exploitation pastorale sont ainsi conditionnées en premier lieu par leur forme, leur agencement et leur équipement, assez disparates.

La localisation des coussouls

Au début du XXe siècle, tous les coussouls, ainsi que leur bergerie et habitation du berger, étaient assez isolés par rapport aux fermes d'élevage. Aujourd'hui, seuls restent isolés ceux situés au centre de «la grande Crau» et ceux de «la Coustière», avec des distances au siège d'exploitation de l'ordre d'une dizaine ou d'une vingtaine de kilomètres. À l'opposé, les coussouls situés au nord-est de «la plaine» et au nord de «la grande Crau» donnent l'accès à partir d'une même bergerie à des surfaces de différentes natures : prés de fauche des périmètres irrigués, cultures de luzerne ou de céréales, friches et coussoul.

La forme et les limites d'un coussoul

Ce sont avant tout les limites des propriétés foncières ainsi que les possibilités d'accès à l'eau qui font varier les formes des coussouls. La variété des formes est ainsi très grande et certaines formes sont peu propices à la conduite d'un troupeau de 1 000 à 1 500 ovins. Elles permettent ou non de découper un coussoul en différents secteurs de pâturage, puis de diversifier les circuits de pâturage. L'exploitation des angles aigus, des «*pointes*», nécessite notamment une garde technique par le berger et une entente préalable avec les voisins pour «*croiser les limites*» (fig. 2).

La nature des limites extérieures des coussouls peut générer des risques : canal profond, route à circulation rapide de véhicules, conflits de voisinage entre coussouls

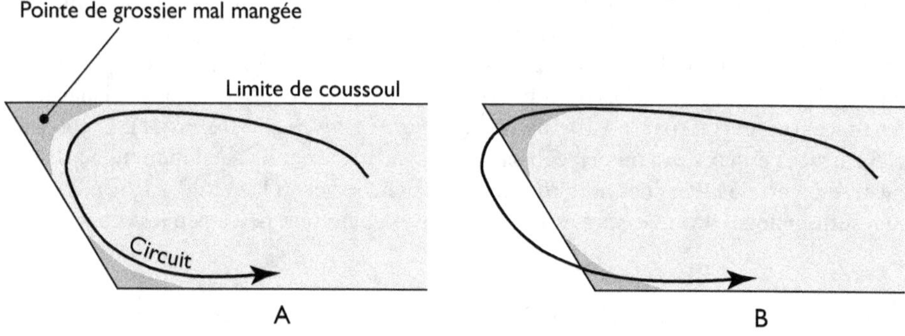

Figure 2. « *Croiser les limites* » pour « *faire manger les pointes* » d'un coussoul.

mitoyens, zones de cultures non clôturées et très attractives pour le troupeau. Elles peuvent *a contrario* faciliter le travail du berger : clôtures de protection des cultures ou des autres activités (ex. terrains militaires), canal peu profond et permettant l'abreuvement du troupeau. Lorsque rien ne matérialise une limite, de petits tas de galets, peu visibles pour le profane, sont disposés en ligne. Seuls les rares arbres isolés et les moins rares fûts métalliques, marquant également les limites, sont bien visibles depuis les bergeries.

La localisation des bergeries au sein des coussouls

Une bergerie peut en principe accueillir 1,5 à 2 brebis par m^2, mais, « *en serrant bien le troupeau* », on peut aller momentanément jusqu'à 3. Elle est très souvent complétée par un parc extérieur utilisé pour les manipulations du troupeau et éventuellement pour le repos diurne ou nocturne lorsqu'il fait trop chaud à l'intérieur du bâtiment.

Du fait du grignotage de l'espace, quelques-unes des bergeries se retrouvent aujourd'hui en position excentrée par rapport au coussoul. Cela oblige à réaliser des déplacements importants afin d'accéder aux secteurs éloignés et aussi de concentrer la pression de piétinement et de prélèvements sur une seule portion des environs de la bergerie.

Les points d'eau

L'accès à l'eau pour les troupeaux, essentiel pour bien faire pâturer les coussouls, est généralement constitué des petits canaux d'arrivée et d'évacuation des eaux d'irrigation des prés. Chaque bergerie est par ailleurs équipée d'un ancien puits, mais ils sont pour la plupart délaissés du fait de la pénibilité du travail de soutirage de l'eau qui peut prendre plusieurs heures pour un grand troupeau. De plus, le niveau de la nappe phréatique ayant récemment baissé dans le sud de la Crau, notamment en raison de l'irrigation des cultures limitrophes, la plupart de ces puits ne sont plus fonctionnels. Les canaux qui ont pris le relais ne sont pas toujours disposés judicieusement par rapport à la nécessité d'accéder à l'eau au cours des circuits de pâturage, et ceci à partir de tous les secteurs d'un coussoul. C'est pourquoi divers autres sources d'abreuvement et modes de stockages de l'eau sont aujourd'hui utilisés : carrière inondée, citerne montée sur remorque ou bassin cimenté.

Les pistes

Des pistes permettent d'accéder en voiture ou en camion à chacune des bergeries. Sans elles, la progression serait difficile vu la grande densité de galets sur cette steppe. Les pistes peuvent également matérialiser des limites internes entre différents secteurs de pâturage, tout comme les canaux. Parfois elles orientent la trajectoire du circuit du troupeau (le «*biais*» – voir chapitre 4), accélèrent son déplacement, et facilitent ainsi un accès rapide et direct à un secteur éloigné de la bergerie.

4.2 La conception des circuits de pâturage

Les circuits du troupeau, tels qu'ils ont été dessinés à notre demande par les bergers sur des fonds de cartes, forment une trajectoire qui s'inscrit dans un espace soigneusement choisi par ces derniers. Cet espace est celui qui sera utilisé durant la journée entière en début du printemps, ou lors de la demi-journée lorsque le repos de midi (dit phase de «*chôme*») interrompt l'activité alimentaire aux heures les plus chaudes. Il s'agit, soit du coussoul entier, soit du coussoul amputé d'un secteur à ne pas utiliser à ce moment-là, soit encore d'un secteur unique et précisément limité. Le circuit «rebondit» sur les frontières de cet espace, avec de petits débordements aux limites qui sont tolérés entre bergers, et même inévitables pour «bien faire manger les pointes» (fig. 2).

Le circuit s'organise entre deux pôles d'attraction principaux : la bergerie, à la fois point de départ et point d'arrivée, et le site d'abreuvement du troupeau, même si le troupeau ne va pas y boire tous les jours. Ensuite, des pôles d'attraction secondaires exercent, soit une attraction capable de dévier la trajectoire du troupeau (ex. un tapis de trèfle, une ancienne zone de parcage comportant des plantes plus attractives), soit une répulsion que le troupeau évite (ex. une zone de *B. retusum* particulièrement dense, située à l'extrémité d'un coussoul). Il revient alors au berger de décider d'orienter ou non le circuit en tenant compte des tendances naturelles du troupeau. Enfin, il est essentiel de rappeler la tendance spontanée du troupeau à revenir le soir vers la bergerie, ou déjà à midi, notamment en cas de fortes chaleurs.

Mais le berger intervient d'abord pour définir les horaires de sortie au pâturage, qu'il fait varier selon les saisons. À l'automne et durant l'hiver, les journées sont plus courtes, les lots de brebis sont d'effectif souvent plus réduits, et le berger a parfois aussi à s'occuper de l'agnelage et à déplacer les clôtures mobiles sur les prés irrigués accueillant les brebis mères et leurs agneaux. Les durées de sortie sont alors souvent limitées à une seule sortie quotidienne, d'une durée de quatre ou cinq heures. Le berger conduit alors son troupeau sur des secteurs bien ciblés du coussoul, où il est possible d'obtenir une activité alimentaire très intense. Au printemps, et jusqu'au début des grosses chaleurs, le troupeau est d'effectif plus important, car l'éleveur y ajoute progressivement toutes les brebis n'ayant plus à allaiter leurs agneaux. Dans ce cas, le troupeau est sorti également une seule fois par jour, mais le berger organise alors un long circuit, d'une durée de huit à neuf heures. À partir du mois de mai, bon nombre de bergers décident de changer le rythme des sorties quotidiennes sans attendre que les brebis commencent spontanément à chômer durant l'heure de midi. Le troupeau est alors sorti en deux périodes, avec retour à la bergerie à la mi-journée, le matin entre 7 h et 11 h (GMT + 2) (puis progressivement entre 6 h à 10 h) et l'après-midi entre 16 h et 20 h 30 (GMT + 2) (puis entre 17 h et 21 h 30). Selon les bergers, il est primordial que ces horaires soient les plus réguliers possible afin de «*ne pas surprendre le troupeau*», c'est-à-dire de lui rendre ces horaires prévisibles, hormis dans le cas des jours de pluie et des journées consacrées à la tonte. Toutefois, si la modulation des sorties entre saisons est similaire chez les bergers, les horaires varient sensiblement de l'un à l'autre.

La distance parcourue par le troupeau est en moyenne d'une dizaine de kilomètres par jour, mais avec des variations significatives en fonction de la structure spatiale du coussoul, du berger, des conditions météorologiques, de la saison et d'événements extérieurs.

Sur les coussouls, l'activité dominante du troupeau au pâturage est le «pâturage-déplacement», tantôt à dominante de déplacement – le troupeau prend alors une forme allongée (forme de type 1.2, voir chapitre 5) –, tantôt à dominante de pâturage, avec un front de pâturage plus ou moins large et marqué («*le troupeau s'espandit*», disent les bergers – forme de type 3). Les phases de déplacement quasi exclusif (forme type 1) sont rares, limitées au cas où il s'agit de rejoindre par la piste un secteur éloigné de la bergerie. Il en est de même des phases d'activité presque exclusivement dédiées au pâturage, et sans déplacement collectif visible (forme de type 4), parfois observées lorsque le troupeau arrive sur un secteur non pâturé durant les jours précédents («*un secteur de net*», disent les bergers).

▶ **Un exemple de coussoul bien maîtrisé par un gardiennage stabilisé au fil des années**

Deux secteurs sont aisément individualisés sur le coussoul de l'Opéra (fig. 3) utilisé uniquement au printemps : un secteur principal sud (dit «*Crau de l'Opéra*») de 200 hectares présente la distribution concentrique caractéristique des catégories de végétation (comme décrite schématiquement à la figure 1), avec une végétation à dominante «*panachée*», mais comportant dans ce cas deux sous-catégories («*panaché 1*» et «*panaché 2*», selon la hauteur relative du *B. retusum*) ; et un secteur nord-est (dit «*Crau de l'Armée*») de 70 hectares relié au précédent par un étranglement, à dominante de «*fin*». La forme allongée des deux secteurs détermine des biais naturels pour le troupeau. Parmi les trois canaux accessibles, celui du Centre Crau, situé ici au sud-est du coussoul, n'est pas utilisable car les brebis refusent d'y boire.

L'organisation du pâturage paraît simple sur ce coussoul, car elle fut stabilisée de façon empirique depuis une trentaine d'années, et ceci par un même berger. Ce berger obtient des résultats satisfaisants et réguliers avec un troupeau qui est bien accoutumé à ce coussoul, et la dynamique de végétation semble également bien contrôlée : sur le secteur sud, à végétation plus grossière, le *B. retusum* est dense mais ses brins sont courts, car régulièrement broutés assez ras.

Quatre phases et modes d'organisation du berger se succèdent durant le printemps, qui peuvent être illustrées par des «circuits types» (voir définition au chapitre 4) :
– **Circuit type mars (fig. 3a)** : le troupeau de 900 brebis est conduit sur le secteur sud où, à cette époque, le «*fin*» n'a pas encore démarré. Le «*grossier*» constitue donc la principale ressource, car l'absence de pâturage d'automne ou d'hiver n'a pas entamé ce stock de graminées vivaces. Pour le berger, le maintien du troupeau sur les bords du coussoul, où la ressource pour cette époque est plus concentrée, et ceci sans débordement chez les voisins, est facilité par l'état de la végétation sur les coussouls limitrophes où, à cette période de l'année, le *B. retusum* est dense, haut et assez sec, donc fort peu attractif. Il est également nécessaire pour le berger d'intervenir afin d'empêcher le troupeau de remonter trop rapidement vers le canal situé au Nord-Ouest. Ceci est facilité par le fait que, à cette époque, l'abreuvement n'est nécessaire que tous les deux jours.

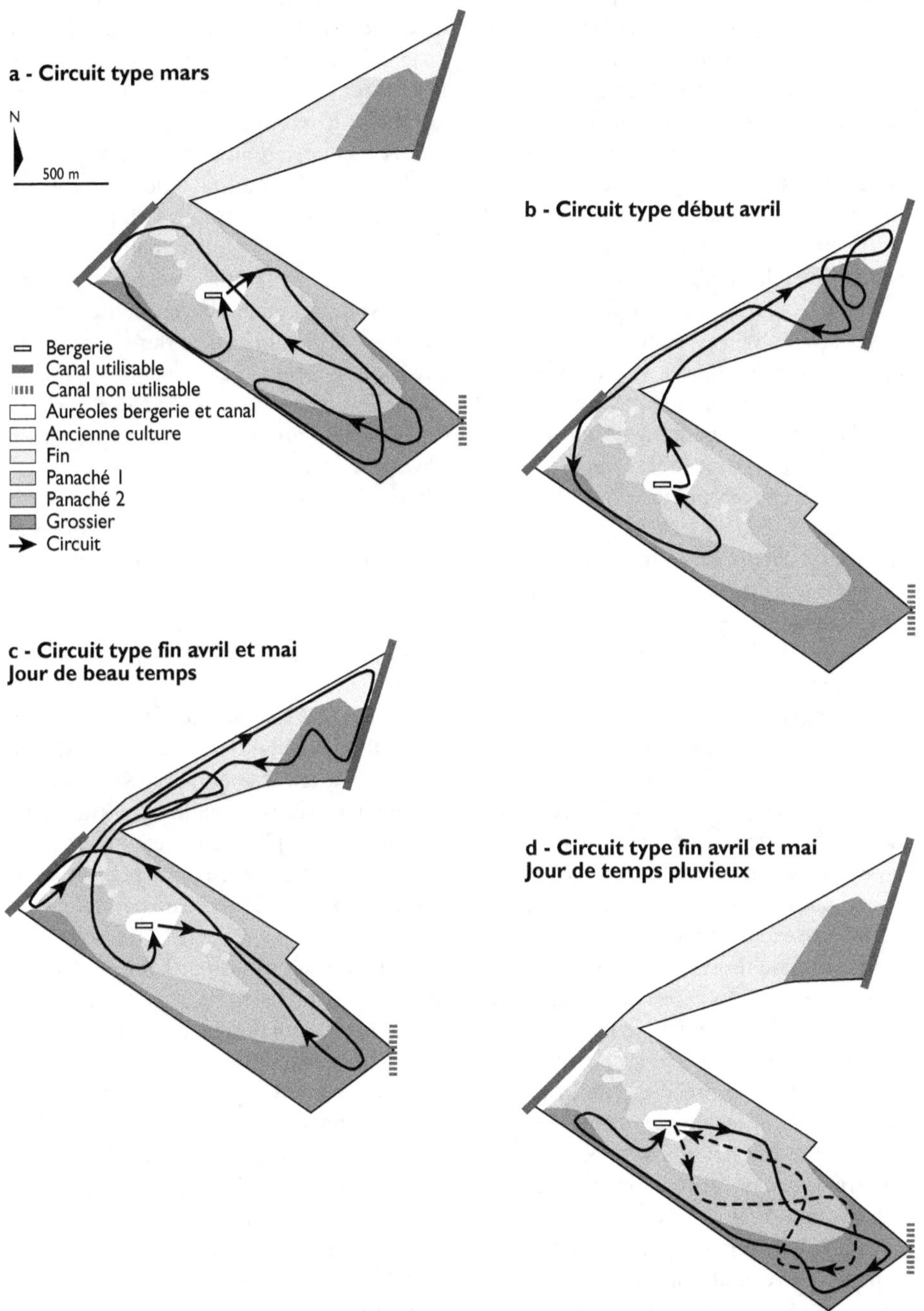

Figure 3. Circuits types de printemps sur le coussoul de l'Opéra (265 ha).

– **Circuit type début avril (fig. 3b)** : aussitôt que le «*fin*» a démarré, le pâturage est alors orienté préférentiellement sur le secteur nord-est, mis en réserve par le berger au mois de mars. Le matin, le biais de départ du troupeau croise la pointe du coussoul voisin. Le berger tente ensuite, mais souvent sans beaucoup de succès, de tenir le troupeau quelque temps sur le secteur plus grossier excentré du Nord-Est. Le circuit se termine par un passage d'abreuvement au canal du Nord-Ouest, qui permet de relancer l'appétit pour un dernier passage sur le bord ouest du secteur sud, plus grossier, ceci avant le retour en bergerie.

– **Circuits types fin avril et mai** : c'est à présent le plein printemps et tous les types de végétaux poussent avec vigueur. Les circuits s'allongent, d'autant plus que l'arrivée de brebis supplémentaires, celles ayant contribué à l'agnelage de rattrapage au printemps, porte à présent l'effectif du troupeau gardé à 1 350 brebis, ceci pour l'organisation des saillies avec les béliers et jusqu'au départ en montagne, le 25 juin. Avec ce troupeau d'effectif important, la technique de garde est alors volontairement lâche. L'ensemble de la surface des deux secteurs est parcouru le plus souvent possible, ceci pour s'adapter au cycle court des espèces végétales annuelles. La pousse généralisée du «*fin*», espèces herbacées très appétentes, sur les zones «*fines*» mais aussi sur celles «*panachées*», incite les brebis à rechercher vigoureusement les plages de végétation non encore parcourues durant les jours précédents. «*Elles cherchent du neuf*», disent les bergers.

Le berger se contente alors de régler l'équilibre de la pression de pâturage entre les deux secteurs de surface inégale nord-est et sud, et d'adapter l'abreuvement (fréquence, horaire) aux conditions qui modifient les besoins quotidiens en eau du troupeau (rosée matinale, ensoleillement plus ou moins fort, vent desséchant du nord, air chargé d'humidité venu avec le vent du Sud, dessèchement progressif des végétaux jusqu'en début d'été).

Deux circuits types peuvent être schématisés pour cette période, selon que les conditions météorologiques sont confortables ou non :

– **par temps ensoleillé (fig. 3c)** : les secteurs sud et nord-est sont associés. Le berger a la chance ici de disposer du canal situé à la croisée des deux secteurs, au Nord-Ouest. Il y est possible d'abreuver le troupeau deux fois par jour, juste avant ses périodes de repos et de rumination de midi et de nuit. Le secteur sud est toutefois privilégié le matin, car il s'agit aussi de bénéficier de la rosée matinale pour faire manger ce secteur plus étendu et plus grossier;

– **par temps pluvieux (fig. 3d)** : le troupeau est contenu sur le secteur sud, plus grossier, et ceci pour ses deux repas quotidiens. Il est rentré en milieu de journée en bergerie, sans qu'un passage d'abreuvement au canal soit nécessaire.

En juin, le dessèchement généralisé de la végétation se traduit par la quasi-disparition des ressources issues des plages d'herbe fine. Il reste quelques espèces à cycle tardif, mais c'est principalement le *B. retusum*, là où il est présent, qui permet au berger de tenir l'alimentation correcte de son troupeau jusqu'au départ en montagne. Parfois, le départ en montagne plus précoce d'un troupeau voisin autorise à cette époque quelques dépassements de limite, afin de mieux faire consommer les bords, où le *B. retusum* est généralement plus abondant. Mais c'est surtout la fréquence des passages d'abreuvement aux différents canaux qui conditionne selon les bergers la possibilité de relancer l'appétit sur une végétation assez grossière et qui se dessèche peu à peu. Selon les éleveurs, c'est la pression de pâturage appliquée sur le *B. retusum* au mois de mars, conduisant à un développement végétatif au printemps sous forme de brins courts, qui permet de retarder ensuite son dessèchement estival et donc une utilisation encore satisfaisante en juin.

Sur ce coussoul utilisé uniquement au printemps, le travail du berger est simplifié par sa très bonne connaissance du troupeau. Sa surveillance est attentive, mais souvent à distance, pendant les journées calmes où tous les indicateurs de conduite du gardiennage sont favorables : vitesse de déplacement réduite, étalement du front de pâturage, respect des circuits types (horaires, biais, abreuvement) qui sont bien mémorisés par le troupeau, satiété des animaux marquée par un ventre plein, encore visible après la nuit en bergerie. Mais des écarts par rapport à ces conditions jugées «optimales» par le berger (suite au passage de randonneurs… ou à une subite dégradation météorologique) obligent celui-ci à devoir intervenir, avec l'aide de ses chiens, plus fréquemment et fermement.

4.3 Les règles analogues pour le gardiennage

Le gardiennage sur coussouls, qui consiste pour les bergers à régulièrement s'opposer à la tendance spontanée des brebis à privilégier les jeunes pousses d'herbes plus appétentes (à «*courir pour chercher le meilleur*», disent les bergers), se traduit par : 1) une plus grande tranquillité des brebis, une fois le troupeau «*bien pris en main*» par le berger et par son chien ; 2) une limitation des déplacements, qui génèreraient des dépenses énergétiques supplémentaires ; 3) une atténuation des variations de qualité et quantité des rations prélevées au cours du printemps. Les deux dernières conséquences favorisent notamment, avec des brebis qui arrivent sur le coussoul juste après la phase d'allaitement des agneaux, une reprise d'état corporel régulière.

Mais la bonne gestion du couvert végétal des coussouls est aussi une préoccupation des bergers, qui souhaitent concilier : 1) la préservation de la végétation «*fine*», par des périodes de non-utilisation permettant la reconstitution des réserves de ces végétaux et, surtout, la reproduction des espèces annuelles ; 2) un bon contrôle du «*grossier*» (risque d'extension excessive du *B. retusum* principalement), par application d'une pression de pâturage élevée sur les secteurs où cette graminée vivace abonde.

Si les organisations du gardiennage selon les saisons ne sont pas toutes aussi structurées que dans l'exemple du coussoul de l'Opéra, un certain nombre de règles à respecter sont très analogues entre les bergers que nous avons enquêtés, leur servant à organiser au mieux leurs circuits de gardiennage.

▶ **En arrivant sur un coussoul**

– prévoir une phase d'accoutumance progressive des brebis, mais surtout des béliers (et du berger), aux déplacements sur les surfaces couvertes de galets ;
– «*faire manger les limites*» pour les imprégner de l'odeur du troupeau, ce qui permet d'éviter les débordements ultérieurs par son troupeau ou par celui du voisin ;
– laisser manger les zones attractives qui «*cassent le biais*», afin de ne plus être gêné ensuite ;
– si nécessaire, éviter de faire pâturer un secteur d'herbe neuve («*parer un secteur de net*», disent les bergers) proche de la bergerie, à utiliser ensuite, soit pour un petit lot de brebis agnelées qui s'y maintiendront seules, soit pour la tonte ou les jours de chantier, soit pour les moments où l'on s'absente ;
– «*bien prendre en main*» le troupeau pour «*montrer qu'on dirige*», et aussi «*faire respecter le chien*».

▶ **Quelques règles par rapport à la pluie, au vent, au soleil**

– éviter que les brebis ne se mouillent trop tôt en saison ou juste avant la tonte, en se réservant un secteur proche de la bergerie où l'on peut les rentrer rapidement en cas d'averse ;

– savoir que les brebis partent spontanément face au vent quand celui-ci est faible, dos au vent quand il est violent. En conséquence, les jours de fort vent Mistral, *«ne pas se faire prendre le soir loin au sud de la bergerie»*;
– organiser les circuits de façon à éviter que les brebis aient le soleil bas de face, le matin au soleil levant ou le soir au soleil couchant;
– ne pas hésiter à exposer le troupeau aux intempéries en fin de printemps, pour faire la transition avec la montagne.

▶ Pour faire manger le grossier

– profiter de l'hiver, c'est-à-dire avant le démarrage du *«fin»*, pour concentrer la pression de pâturage *«sur les secteurs les plus grossiers»*;
– offrir le grossier en fin de circuit, surtout si les brebis n'ont pas encore eu le temps de bien se remplir la panse;
– *«tenir les animaux serrés sur le grossier»* durant les jours courts (en hiver), ou pluvieux, lorsque les brebis *«sentent que la durée du pâturage sera limitée»*;
– *«relancer l'appétit»* par des passages aux points d'eau, ou sur des secteurs non encore utilisés (*«du net»*), riches en herbe fine;
– *«insister sur le grossier dans les jours après la tonte»*, lorsque les brebis tondues sont pressées de manger pour lutter contre le froid.

▶ Pour éviter la surfréquentation des abords de bergerie

– *«faire chômer le troupeau loin de la bergerie»*, de préférence sur un point haut (ils existent en Crau, même si les écarts d'altitude se comptent plutôt en centimètres qu'en mètres), où *«le vent les remet plus vite en route»* pour l'après-midi;
– *«renvoyer les brebis»* lorsqu'elles reviennent trop tôt vers la bergerie;
– les conduire et les ramener directement du secteur de pâturage *«sans les laisser s'espandir»* (se disperser) pour brouter aux abords des bâtiments, ceci juste avant de les y rentrer.

▶ Pour ne pas se laisser gagner par l'épiaison des graminées

– allonger la durée des circuits au plein printemps, en s'efforçant de faire parcourir la totalité du coussoul.

▶ Mais surtout

– *«respecter le rythme du troupeau»* et sa variation au cours de la saison;
– *«avoir des horaires réguliers»*, et assurer au troupeau un minimum de huit à neuf heures d'activité quotidienne de pâturage;
– *«acquérir le coup d'œil»* pour juger des subtiles modifications des différents types de végétation.

5. Performances zootechniques des troupeaux gardés

Nos suivis réalisés en 1995 et 1996 nous ont permis d'apprécier par des notations d'état corporel (NEC) (Russel *et al.*, 1969) l'évolution au cours du printemps de cet état chez huit troupeaux gardés sur coussouls par des bergers. Les brebis évaluées étaient toutes de races Mérinos d'Arles, sans grande disparité de format entre les différents troupeaux. Trois notations furent réalisées durant le printemps : 1) début mars : lors de l'arrivée sur un coussoul de la steppe de Crau ; 2) début mai : avant la lutte ; 3) mi-juin : au départ en montagne. Les évaluations ont été faites sur le lot principal de brebis non allaitantes.

L'année 1995 fut une année climatique très favorable, ce que reflète un gain moyen très régulier durant le séjour de printemps sur les coussouls, les brebis passant de 2 à 2,75 points de NEC. Cette année, la lutte eut donc lieu en pleine période de reprise d'état corporel des brebis. Par contre, en 1996, nous avons observé des variations de NEC assez disparates entre troupeaux. En moyenne sur ces deux années, la reprise d'état des brebis sur le printemps se situe entre 0,25 et 0,75 point de NEC. Et nous avons confirmé une forte incidence de la technique de gardiennage, notamment lors des saisons avec conditions climatiques défavorables (vents violents, dessèchement rapide de la végétation).

Profitant des éleveurs qui remplissent chaque année un carnet d'agnelage, nous avons ensuite enregistré la courbe cumulée des naissances d'agneaux lors des agnelages d'automne. C'est un indicateur de réussite de la lutte principale, qui se situe en Crau à contre-saison et qui est organisée avec des lots d'effectifs importants. Nous avons constaté que 90 % des brebis mettant bas à l'automne ont déjà agnelé durant les trente premiers jours, ce qui confirme la bonne réputation de la steppe de Crau auprès des éleveurs pour la réussite de cette phase-clef de leur conduite d'élevage. Y compris dans le cas de printemps moins favorables, les éleveurs parviennent à maintenir au fil des années cette forte dominance de l'agnelage d'automne et un bon groupement de l'agnelage, ce qui est très satisfaisant.

Conclusion

Réussir son gardiennage sur la steppe de Crau nécessite pour le berger de savoir anticiper, donc de savoir observer les petits détails sur la composition et dynamique de végétation, mais aussi et surtout sur les attitudes du troupeau, afin d'ajuster entre les saisons, dans la saison et même au sein de la journée. Tout comme en montagne durant l'été, le berger doit aussi tenir compte d'éléments extérieurs à sa relation au troupeau et aux ressources pastorales, comme le strict respect des limites qui sont souvent moins explicites et faciles à mémoriser ici qu'en montagne. C'est pourquoi le choix de la race de brebis Mérinos d'Arles, réputée pour sa grégarité, est apprécié des bergers qui ont «*à bien prendre en main*» le troupeau et à lui signifier le plus explicitement possible «*qui dirige qui*».

Toutefois, selon les structures spatiales et équipements plus ou moins contraignants des différents coussouls, la nature plus ou moins diversifiée et saisonnalisée de leurs végétations, mais aussi le tempérament du berger, les consignes de l'éleveur et les diverses autres tâches à réaliser, les pratiques de gardiennage en Crau restent diversi-fiées. Certains bergers pratiquent une «*garde lâche*», se limitant à impulser un «*biais de départ*» quotidien assez peu variable, à assurer le respect des limites ainsi que les phases d'abreuvement, la plupart des autres initiatives étant laissées au troupeau. Certains bergers font une «*garde peu directive*», car ils profitent d'un coussoul dont la structure favorise des «*biais spontanés du troupeau*» faciles à anticiper sans trop d'erreur. Néan-moins, des phases de conduite plus directives, ciblées sur certains secteurs, restent nécessaires à la bonne gestion du coussoul et de ses ressources. Enfin, certains bergers mènent le troupeau en «*garde serrée*», c'est-à-dire très directive et qui nécessite une présence constante du berger et du chien afin d'orienter la circulation et le rythme d'activité. Ces derniers fondent leur gestion sur une rotation des différents secteurs de pâturage, lorsque la structure du coussoul se prête bien à un tel découpage, le but étant de rattraper une situation de développement excessif du «*grossier*», mais aussi de favoriser un meilleur renouvellement du «*fin*».

Pour ce qui concerne les gestionnaires de la Réserve naturelle de Crau, qui considéraient jusqu'alors la Crau, soit comme un espace dans l'ensemble physionomiquement très homogène, soit très divers à l'échelle des stations botaniques, ils ont tiré profit des catégories de végétation construites par les éleveurs et les bergers. En effet, notre caractérisation des secteurs de pâturage selon les catégories s'est révélée pertinente pour tenter d'interpréter la distribution de l'avifaune remarquable (Wolff, 1997).

Il se confirme que c'est la diversité des pratiques de gardiennage sur cette steppe, avec la diversité résultante des pressions de pâturage entre saisons, mais aussi au sein des saisons et entre différents coussouls mitoyens, qui jouent favorablement sur la richesse de l'avifaune. En effet, l'analyse de la répartition spatiale des différentes espèces d'oiseaux remarquables en période de reproduction met en évidence des différences de sélection d'habitat, assez liées à la pression très locale de pâturage. Les gangas nichent en général à proximité des bergeries ou sur d'autres secteurs à végétation nitrophile et à majorité de «*fin*»; les œdicnèmes préfèrent également les zones de «*fin*», mais semblent montrer une grande tolérance vis-à-vis des pressions de pâturage plus faibles, qui laissent s'installer le «*grossier*» par tâches. Enfin, les mâles d'outardes établissent préférentiellement leur territoire sur les zones riches en «*grossier*». Toutefois, les études en cours, détaillées au niveau de la répartition des couples d'oiseaux selon les espèces, confirment la complexité de la sélection des habitats préférentiels. Des facteurs non directement liés aux modalités de conduite du pâturage semblent également influer, telles la présence avérée ou probable de prédateurs ainsi que les autres sources de dérangement, d'origines bien diverses.

Du point de vue des éleveurs, confrontés à un objectif de gestion durable des ressources pastorales de la steppe par l'unique moyen du pâturage, ils doivent rechercher un compromis entre quatre objectifs (Dureau et Fabre, 1999) : 1) satisfaire une fonction alimentaire, notamment pour la reprise d'état corporel des brebis après sevrage et la lutte principale de contre-saison au printemps; 2) limiter les charges d'alimentation, le coût de la journée-brebis étant inversement proportionnel au chargement animal au pâturage; 3) assurer le renouvellement, ou l'amélioration de la ressource pastorale au fil des années; 4) se prémunir des aléas climatiques. La recherche d'un relatif «équilibre» des recouvrements du «*fin*» et du «*grossier*», ainsi que la maîtrise de l'extension du *brachypodium retusum*, sont la traduction concrète des objectifs 3 et 4. Mais réussir un compromis entre les quatre objectifs, pour partie contradictoires, se révèle parfois une gageure, notamment pour de jeunes bergers moins expérimentés.

Tout comme les éleveurs, bergers et brebis, les oiseaux rares ou menacés font apparemment bon usage de la subtile diversité de la steppe. Mais sur cet espace de plus en plus morcelé et support d'activités parfois concurrentes (dont, depuis les années 2000, des *rave party*), tous doivent réussir à valoriser les richesses du milieu en négociant constamment avec les multiples contraintes venues d'ailleurs, dont ces fichues bourrasques de vent du nord.

Remerciements

Ce travail collectif n'aurait pu être réalisé sans la collaboration :
– des éleveurs Jean Bruna, Jacques Chassy, Albert Garcin, Magali et Louis Lemercier, Max Richard, Michel et Maurice Roux, Robert Tavan et son fils ;
– des bergers salariés Roger Minard, Gilles Mouzon, Jean-Pierre Ricard et Marius ;
– d'Olivier Bardin et Patrick Fabre (chambre d'agriculture des Bouches-du-Rhône)
– de Michel Meuret (Inra) pour l'analyse des circuits de pâturage.

Bibliographie

BOUTIN J., 2002. «Plaine de la Crau : la réserve naturelle des Coussouls de Crau», *Garrigues*, 30, 4-5.

BOURRELLY M., BOREL L., DEVAUX J.P., LOUIS-PALLUEL J., ARCHILOQUE A., 1983. «Dynamique annuelle et production primaire nette de l'écosystème steppique de Crau», *Biologie-Écologie méditerranéenne*, 10, 55-82.

BUISSON E., DUTOIT T., 2006. «Creation of the natural reserve of La Crau : implications for the creation and management of protected areas», *Journal of Environmental Management*, 80, 318-326.

CHEYLAN G., BENCE P., BOUTIN J., DHERMAIN F., OLISIO G., VIDAL P., 1983. «L'utilisation du milieu par les oiseaux de la Crau», *Biologie-Écologie méditerranéenne*, 10, 83-106.

DEVERRE C., 1994. «Rare birds and flocks : agriculture and social legitimization of environmental protection». *In :* SYMES D. and JANSEN A.J. (eds.), *Agricultural restructuring and rural changes in Europe*, Wageningen Agricultural University, 220-234.

DUREAU R., FABRE P., 1999. «Analyse des pratiques pastorales sur les parcours steppiques de Crau», *Rencontres Recherches Ruminants*, 6, 131-134.

FABRE P., 1997. «La Crau : depuis toujours terre d'élevage». *In :* CEEP et chambre d'agriculture des Bouches-du-Rhône (coord.), *Patrimoine naturel et pratiques pastorales en Crau*, rapport LIFE-ACE Crau sèche, 34-44.

LEGEARD J.-P., 2002. «Les transhumances ovines provençales dans le massif des Alpes du Sud». *In :* FABRE P., DUCLOS J.-C., MOLÉNAT G. (dir.), *Transhumance : relique du passé ou pratique d'avenir ?* Cheminements éditions, 153-163.

MEYER D., 1983. «Vers une sauvegarde et une gestion du milieu naturel de la Crau», *Biologie-Écologie méditerranéenne*, X, 155-172.

RUSSEL A. J. F., DONEY J. M., GUNN R. G., 1969. «Subjective assessment of body fat in live sheep», *Journal of agricultural science*, 72, 451-454.

WOLFF A., 1997. «Impact de la conduite pastorale sur la répartition de trois espèces d'oiseaux nichant dans les coussouls». *In :* CEEP et chambre d'agriculture des Bouches-du-Rhône (coord.), *Patrimoine naturel et pratiques pastorales en Crau*, rapport LIFE-ACE Crau sèche, 94-97.

WOLFF A., FABRE P., VINCENT-MARTIN N., PAULUS G., BECKER E., 2008. *La Réserve naturelle des Coussouls de Crau : plan de gestion 2009-2013, section A, diagnostic et enjeux.* 183 p. + annexe.

© MICHEL MEURET

PARTIE 3

L'étonnant appétit des troupeaux

Stimuler l'appétit lors des circuits de garde : échange d'expériences entre un berger et un chevrier

Michel MEURET

Adapté de : Meuret M., 1993. « Les règles de l'art : garder des troupeaux au pâturage », *in* LANDAIS E. (coord.), « Pratiques d'élevage extensif : identifier, modéliser, évaluer », *Ét. Rech. Syst. Agr. Dév.*, 27, p. 199 à 216.

1. Qui parle ?

Un berger salarié, André Leroy, chargé du gardiennage d'un troupeau collectif de 1 200 brebis sur 1 000 hectares environ d'un alpage des Hautes-Alpes. Un chevrier, Francis Surnon, menant en gardiennage son troupeau de 40 chèvres laitières sur 130 hectares de parcours méditerranéens, dont 120 en taillis de chênes, sur un plateau calcaire de basse altitude dans le sud de l'Ardèche. Deux mondes à première vue bien différents. Deux situations d'élevage à certains égards extrêmes en France, mais que rapproche la pratique pastorale. Deux praticiens, enfin, animés par une même passion pour leur métier. De leur confrontation organisée en 1991, apparaissent quelques-unes des règles de cet art de « garder », dans lequel l'un et l'autre sont passés maîtres.

Ces interlocuteurs n'ont pas été recrutés au détour d'un chemin, ou tirés au sort à la suite d'une enquête statistique, pour les besoins de ce témoignage croisé. Tous deux sont des partenaires de nos recherches, depuis plusieurs années déjà.

1.1 André Leroy

André a quarante-trois ans. Originaire des Flandres, il réside en tant qu'adolescent dans la région parisienne, où il fait ses études secondaires. Il y entreprend ses études supérieures, vite abandonnées au profit d'une formation professionnelle en menuiserie industrielle. En 1974, après quelques années à l'usine, André décide de concrétiser un vieux rêve : devenir berger. Il est d'abord stagiaire à tout faire dans une exploitation des Hautes-Alpes, puis, l'année suivante, il garde en estive pour la première fois en compagnie d'un collègue presque aussi inexpérimenté que lui.

Arrivé en montagne avec une forte sensibilité écologique, ce néorural s'est formé sur le tas. «*J'ai essayé de mettre en pratique ce qu'on m'a appris, et surtout, au-delà des recettes, des techniques, d'être fidèle à une certaine façon d'être avec les bêtes que j'ai découverte auprès des éleveurs, auprès des vieux*». Au fil des années, il a expérimenté et peaufiné ces méthodes de «*bon berger*», avec en permanence le «*souci des bêtes*», au point d'acquérir dans les montagnes la stature d'un «champion» aux yeux des éleveurs locaux qui scrutent ses activités à la jumelle depuis la vallée. À cette reconnaissance sociale, s'est superposée depuis le milieu des années quatre-vingt une sorte de reconnaissance intellectuelle à travers l'établissement d'une relation profonde avec des chercheurs de l'Inra. La prise de contact s'est faite «au hasard» d'une rencontre avec Jean-Pierre Deffontaines (agronome et géographe, Inra Sad de Versailles) sur un alpage où gardait André.

Depuis sept ans, les chercheurs tentent, avec l'aide d'André, de rendre compte des pratiques pastorales, afin de mettre au point une méthode de lecture fonctionnelle d'un espace pâturé en alpage (voir chapitre 4), avec comme résultat des écrits et un film intitulé *L'espace d'un berger*, qui servent de supports aux réflexions en cours avec le Centre d'études et de réalisations pastorales (Cerpam) sur le diagnostic pastoral en alpage et sont utilisés en appui à des formations professionnelles.

Chaque été depuis bientôt vingt ans, André regagne les estives des Hautes-Alpes, où il «*fait le berger*» pour le compte d'éleveurs locaux. Durant l'hiver, il garde un troupeau de 250 brebis environ pour un éleveur du Sud de l'Ardèche, sur des landes et dans des bois de chênes, donc dans des milieux assez comparables à ceux qu'exploite Francis.

1.2 Francis Surnon

Francis a vingt-six ans. Né dans une exploitation «bovins-viande/céréales» du Berry (centre de la France), il y vit ses huit premières années, avant de poursuivre durant dix ans sa scolarité à Lyon, revenant chaque été travailler à la ferme familiale. En situation d'échec scolaire, il abandonne ses études pour travailler une année complète à la ferme, et décide de rompre avec cette «*agriculture industrielle*», où les rapports professionnels consistent à «*étouffer le voisin*».

Il atterrit alors dans le Sud de l'Ardèche où, au sein d'une structure associative de jeunes qui tente de redonner vie à un hameau en ruines, il sera d'abord en charge de l'animation et de l'organisation des chantiers de maçonnerie. Le hameau s'était doté en 1977 d'une exploitation de chèvres laitières, avec production de fromages fermiers en vente directe et sur les marchés locaux, ceci afin d'administrer la preuve tangible qu'une production d'élevage est possible et rentable à partir de parcours méditerranéens.

La relation avec l'Inra s'instaure dès 1983, au hasard d'une rencontre fortuite entre Michel Meuret et les responsables du hameau, lors d'un séminaire d'écologie de l'Université Paris VII. L'exploitation caprine de ce hameau intéresse l'Inra, par le pari de concilier un assez haut niveau de production laitière, 700 à 750 litres de lait/chèvre/an, et l'utilisation de ressources pâturées sur parcours forestiers. La relation avec l'Inra intéresse l'association de jeunes Ardéchois, car elle cautionne indirectement son projet pastoral et participe à valider la démonstration, tant en termes scientifiques qu'en termes sociaux : une activité technique peut être le fait de «jeunes inexpérimentés mais organisés».

En 1988, le troupeau de 40 chèvres est confié à Francis, qui se voit aussitôt plongé dans une expérimentation de l'Inra, programmée avant son arrivée, sur l'usage d'une complémentation spécifique pour la valorisation des rations de feuillages d'arbres et d'arbustes pâturées sur parcours. Sa formation est assurée par un vétérinaire sympathisant, la lecture des «bibles» habituelles éditées par l'Institut technique ovin et caprin (Itovic) et de la revue professionnelle *La chèvre*. Les recommandations qui lui sont faites en matière de conduite du troupeau au pâturage concernent uniquement l'usage des différents quartiers du territoire selon les saisons. Aucune pratique de conception de circuit de gardiennage ne lui est transmise par ses prédécesseurs en charge du troupeau.

Dès l'année suivante, il décide de donner un coup de frein à l'orientation de plus en plus productive qui était donnée à l'élevage, s'opposant au projet de doubler l'effectif et de donner une plus grande place à l'alimentation distribuée, sans doute car les taurillons charolais de la ferme familiale lui sont encore en mémoire. Les activités pastorales sont relancées et, au-delà, les réflexions sur les façons de concilier les activités d'accueil et agricoles avec le respect des ressources naturelles. Le gardiennage du troupeau, conçu empiriquement, est enseigné «sur le tas» mais méthodiquement par Francis à plusieurs stagiaires ayant rejoint l'association. L'enjeu étant de parfois être en mesure de se remplacer pour des demi-journées à la garde, sans que les productions laitière et fromagère ne s'en ressentent trop.

1.3 Le débat

Les deux bergers se connaissent indirectement. Francis (FS) a vu le film de l'Inra sur André et André (AL) a lu un rapport de stage Inra sur les pratiques de gardiennage de Francis. Néanmoins, André n'a jamais gardé de chèvres, ni en forêt ni ailleurs, et n'avait jamais visité les parcours utilisés par Francis. Francis quant à lui ne connaît pas les alpages. Il fréquente des élevages ovins ardéchois, mais n'a jamais visité les parcours d'André. L'animateur du débat, Michel Meuret, connaît depuis près de dix ans le territoire de Francis alors qu'il n'a que très succinctement visité l'alpage et les parcours d'hiver d'André.

Nous avons choisi de focaliser ce débat d'experts sur la question de la conception des actes techniques quotidiens servant à motiver l'appétit du troupeau au pâturage. Le débat s'est déroulé dans un bureau du hameau ardéchois, le 12 novembre 1991. D'une durée de cinq heures, il a été enregistré et retranscrit dans son intégralité, de façon à ce que son contenu puisse être discuté en détail entre chercheurs. La présentation qui en est proposée ici ne consiste pas en une analyse de contenu, au sens sociologique du terme, mais en une simple mise en perspective de larges extraits du dialogue entre André et Francis (les interventions de Michel Meuret ont été «gommées»).

Nous avons sélectionné ici les passages qui présentent et expliquent le plus clairement la discussion qui s'est déroulée autour de ces quelques «métarègles» de conduite des troupeaux au pâturage qui, selon nous, se profilent effectivement derrière des propos qui reflètent bien souvent un large accord entre les deux interlocuteurs.

2. Ce qui s'impose

2.1 L'animal sélectionne son alimentation

Un troupeau domestique au pâturage est constitué d'individus qui expriment en permanence des choix alimentaires. Ces choix peuvent être observés à tout moment, mais il est difficile pour le berger de prévoir comment se déroulera le processus de sélection dans des contextes qu'il n'a pas encore pratiqués.

AL : *[…] elles ne mangent que certaines espèces.*

FS : *Ah oui ?…. ça ne râpe pas tout ?*

AL : *Eh non… les brebis, ça trie autant que les chèvres dans les buissons, sinon plus encore.*

FS : *Ah ça, j'imaginais pas ça, alors. […] mais tu aurais moitié moins de surface, elles seraient bien obligées de les manger, les herbes qu'elles mangent pas ?*

AL : *Eh ben, je ne sais pas comment ça ferait… […] Il en reste toujours, il reste toujours certaines espèces qu'elles ne mangent pas. Et tu as beau y passer et repasser, elles ne les mangeront pas.*

2.2 La sélection est relative et variable dans le temps

Les choix alimentaires varient au fil des saisons, en fonction de l'abondance et de la phénologie des végétaux. Sur ces formations végétales complexes, parfois pluristratifiées (herbes, lianes, feuillages d'arbustes et d'arbres), la séquence des choix peut varier aussi d'année en année, selon les fluctuations du climat en particulier :

FS : *Je vois les chèvres, ici… Par exemple l'été, le chêne vert [Quercus ilex L.], elles vont pas du tout le toucher. Tu peux les amener dans les coins à chêne vert, même si elles sont affamées, elles ne vont pas le toucher. Et maintenant [en novembre], elles se jettent dessus. Parce que… y a plus autre chose.*

AL : *Eh ben voilà.*

FS : *C'est comme les cornouillers [Cornus sanguinea L.], tant qu'ils ne sont pas secs et pas finis, quoi, elles vont pas toucher aux chênes blancs [Quercus pubescens Willd.]. Ça s'est moins fait cette année, quand même, mais l'année dernière, c'était flagrant.*

AL : *Au printemps ?*

FS : *À la fin du printemps, vers le mois de juillet. Les cornouillers, ils étaient secs à la fin du mois de juillet. Eh ben après, elles ont commencé à manger sérieusement du chêne blanc. Mais avant, elles le mangeaient pas. Et puis après, une fois que le chêne blanc il est mangé… eh ben, elles vont peut-être passer au chêne vert. Mais il faut que ce soit fini.*

Les observations faites par ces bergers portent sur le comportement de l'animal consommateur et fort peu sur l'état des végétaux. La phénologie des plantes, la structure des communautés végétales, sont à peine évoquées, si ce n'est à travers les différences d'appétibilité qui en résultent. La sélection alimentaire s'opère parmi une gamme de ressources mémorisée par l'animal, ce qui va jusqu'à provoquer à certains moments une certaine «inertie de sélection» :

AL : *Il y a des coins où, effectivement en juin, elles vont traverser sans trop regarder. Et c'est vrai qu'à l'automne elles vont s'y arrêter, parce qu'elles savent que, plus haut, il n'y a plus rien. Donc, elles vont se rabattre sur ce qu'il y a plus bas. Ça, d'accord… ça se connaît* *entre juillet et puis septembre. En juillet, elles cherchent toujours à tirer plus haut, tu vois… monter, trouver l'herbe qui vient juste de repousser au fur et à mesure que la neige part; donc, de l'herbe très verte, très tendre. Et l'herbe plus grossière un peu plus bas, ça ne les intéresse pas. Et même en les tenant, elles la finiront jamais aussi bien. Tandis qu'en septembre, elles l'accepteront. Elles y prendront patience, elles trieront davantage… Mais je sais pas si c'est les espèces, ou quoi, il y a quand même des espèces qu'elles mangent jamais.*

FS : *Et c'est même fou, ça, parce que cette année on a fait comme ça : on a fait manger du cornouiller* [très apprécié]. *Après, on est passé au chêne blanc* [généralement moins apprécié que le cornouiller]*, et puis il y avait une zone où on n'avait pas encore été, où il y avait encore beaucoup de cornouiller. Et donc, un jour je suis passé dans cette zone à cornouillers. Eh bien, il a fallu quatre à cinq jours avant qu'elles se rebranchent sur les cornouillers! Elles continuaient à rechercher le chêne. Et ensuite, en repassant sur les autres zones, elles ont recommencé à chercher le cornouiller… enfin, le cornouiller ou les autres arbustes… de fin de printemps, plutôt que le chêne.*

2.3 La mémoire des lieux

Sur ces surfaces pastorales très hétérogènes, les communautés végétales sont disposées en mosaïques d'appétibilité relative. En dehors des situations où l'apparition d'une ressource extrêmement attractive (des fruits tombés à terre, une légumineuse arbustive à un certain stade de développement végétatif…) vient perturber le comportement du troupeau, il est possible de prévoir ses mouvements. Cela est d'autant plus vrai que les animaux apprennent et mémorisent les lieux. Cet apprentissage concerne également les lieux interdits.

Les zones attractives

AL : *Il n'y a pas que l'espèce végétale qui soit importante pour les brebis. Il y a la forme du lieu… Si les bêtes se voient, si le troupeau peut s'écarter, il peut s'arrêter et manger tranquillement. Au contraire, si les bêtes se perdent de vue, elles commencent à se suivre, et tout le troupeau va bouger. Il y a tous ces machins-là, qui apparaissent peut-être pas chez tes quarante chèvres.*

FS : *Ah oui, c'est surtout à mon avis sur le nombre que…*

AL : *Oui, sur le nombre. Parce que pour un gros troupeau, tu vois, cet ensemble du troupeau, c'est important, autant presque que le végétal qu'elles peuvent manger.*

FS : *Remarque que… le nombre, non c'est pas évident. Parce que c'est vrai qu'à des moments, quand tu veux démarrer, si elles ont vraiment faim, je vais essayer de trouver des zones où tu peux les bloquer, quoi… parce que sinon, bzzz, ça court. Si tu as une zone à découvert, elles vont se mettre à courir. Et c'est vrai que là, le fait qu'elles soient groupées, c'est important aussi. C'est stabiliser le troupeau, pour qu'il mange, de toute façon.*

AL : *Ça serait plutôt des «endroits», plus que des espèces particulières. Et là aussi, s'il y a un endroit où elles ont vraiment envie d'aller, on va pas s'embêter à les empêcher d'y aller. On va le faire manger un coup, là, et puis une fois qu'elles y auront mangé un moment, elles accepteront d'aller dans «du moins bon», un autre coin… mais faut pas les contrarier comme ça…*

FS : *Le meilleur, c'est le coup des cytises* [Coronilla emerus L.]*. L'année dernière, j'ai beaucoup bataillé pour essayer de conserver les cytises pour finir des repas, ou pour faire des relances, et c'est galère car elles le sentent à deux cents mètres. Et puis, cette année, je sais* *pas comment ça s'est fait, il y en avait de partout. Alors ce que j'ai fait, c'est que je suis passé partout pour faire manger ces cytises, parce que jamais je ne serais arrivé à les retenir ou à les contrer… Tu peux pas garder, c'est ingérable… c'est-à-dire que tu penses qu'elles vont aller là, et puis en fait elles ont senti les cytises et elles ont tourné, et toi tu te retrouves seul avec ton chien…*

AL : *Mais en alpage, c'est à une échelle beaucoup plus grande. C'est carrément… je sais pas comment on dirait, tout un secteur… qui aurait ce truc très attractif, où elles aimeront mieux aller. […] Autant leur en faire manger une ventrée au départ et puis comme ça après elles sont tranquilles… mais c'est pas ce truc d'espèce, là,… particulière… Oui, les glands des chênes, en Ardèche, c'est ça aussi. Parce que là, à partir d'un certain moment, c'est un peu le troupeau qui perd cette notion… de ce que j'appelle le «biais». Il se met à courir après, bon, un chêne, un chêne, un chêne… et d'un coup elles perdent leur itinéraire un peu habituel, les directions qu'elles prennent. Alors que normalement, habituellement, elles ont quand même des circuits assez précis, tout à fait prévisibles. Je sais pas si les chèvres elles font ça ?*

FS : *C'est pareil !*

AL : *Ah oui ?*

FS : *Oui, tant qu'elles ont pas mangé suffisamment de glands, c'est pas la peine d'espérer. […] Et puis, l'ennui là-haut, c'est qu'il y a les coupes* [dans le taillis de chêne]. *Les coupes, on peut pas y aller. Surtout les jeunes. Par exemple, à cette époque* [novembre], *tu peux les traverser, car elles touchent pas tellement les chênes, elles vont grappiller surtout autour. Mais bon, quand tu arrives en limite de coupe et puis qu'il faut que tu arrêtes les chèvres, mais c'est… tu peux passer deux heures à essayer de contrer tes chèvres.*

AL : *Et elles veulent toujours venir là-dedans.*

FS : *Elles veulent toujours venir là-dedans, parce que, il y a… bon, des cytises et tout.*

AL : *Ce qui fait un peu pareil en Ardèche, c'est des zones où il y a des ruines de maisons… où il y a sûrement eu du fumier. Alors, il y a des ronds de gazon bien vert et ça aurait tendance à faire un peu comme ça… c'est-à-dire, quand on arrive proche de là, on sait qu'elles vont y courir, et que c'est pas la peine de les arrêter, vaut mieux les laisser manger un moment et après on repart ailleurs.*

Les lieux interdits

FS : *Le fait de batailler longtemps* [devant un lieu à interdire], *eh ben après, les chèvres, à la limite, elles y passent plus. Elles savent qu'il faut pas y passer.*

AL : *Ah oui, mais ça elles le savent !… elles apprennent l'endroit.*

FS : *Oui, c'est l'endroit.*

AL : *C'est l'endroit, oui… c'est pas le milieu […]. Par exemple, si on longe une terre, et qu'on sait qu'elles doivent pas y aller, et bien, elles cherchent pas à y aller. Mais, si un jour, à cet endroit-là, on les appelle pour les y mettre dedans, et bien après… elles chercheront à y aller.*

FS : *Derrière le grand mur, là-bas au Bois La Roche, où je contre à chaque fois… derrière, c'est bourré de cytises. Elles y vont pas. Ça, elles savent que de toute façon, y a pas intérêt à y aller…*

AL : *Le chien aussi, il les connaît ces endroits-là… C'est vrai, il y va avant qu'on lui dise […]. Mais il y a peut-être aussi la façon d'aborder le machin… qui peut faire. Si on l'aborde en plein de face, ou en longueur, ou… Il faut aussi calculer ça, quoi. La façon dont on va longer un machin. On aura plus facile, ou moins facile à… suivant que le troupeau, il arrive dans ce sens-ci, ou de ce côté-là. Donc, un coin qu'on veut parer, il vaut mieux le passer toujours à peu près dans le même sens. On aura plus facile en allant qu'en retournant… je sais pas trop comment ça s'explique, ça.*

3. Ce qui s'organise

Ces diverses constatations, résultant d'observations minutieuses et répétées par les bergers sur la relation de leur troupeau à l'espace, servent à concevoir la conduite, le programme d'alimentation et, au-delà, la vie commune. Le conflit ouvert est toujours à éviter. Une bonne conduite est, selon André, «*une succession de tenir et de laisser faire*».

3.1 Investir dans l'éducation

Le passé d'élevage des animaux est un facteur-clé dans la facilité de prise en main d'un troupeau par un berger. Il forge des habitudes qui aboutissent, ou non, à une relation de confiance, de compréhension vis-à-vis du berger. Un troupeau «*bien mené*» est un troupeau conduit de façon rapprochée (et non pas à distance, à la jumelle). C'est en tout cas la technique privilégiée par nos deux praticiens.

Tisser une relation de confiance

FS : *En fait, il faut travailler la relation du berger au troupeau… Tes animaux, ils vont te tester, ça c'est à peu près sûr… c'est classique. Ca doit être pire avec les chèvres, je pense…*

AL : *Mmm… mmm…*

FS : *Mais les animaux, le premier jour… ils vont te tester ! Je vois ça très bien avec les stagiaires, ici. Bon, je garde les chèvres et ça va bien se passer. Si c'est un stagiaire qui garde après… eh bien, bzzz… elles vont tout tester tout de suite.*

AL : *Mais je crois que c'est peut-être un peu la différence entre un troupeau de quarante chèvres et puis un grand troupeau en montagne. Cet effet-là, il disparaît si le troupeau grossit. En plus, il a sa logique à lui, tu vois… Il est moins dépendant de toi. C'est quand même pas des bêtes que tu trais tous les jours, c'est des bêtes que tu peux à peine approcher. Moi j'ai vu, cette année, des bêtes que quand je suis venu les chercher, elles étaient dans des parcs au printemps. Et je suis venu les chercher la veille de monter en montagne, mais… bon, elles étaient en train de manger… elles t'aperçoivent, elles commencent à dresser les oreilles, là… tout le troupeau il se rassemble et il part au galop dans la direction opposée. Et plus le troupeau il est gros, moins t'as un lien comme ça avec les bêtes […]. Maintenant, si c'est un troupeau qui est bien mené, alors j'ai très facile. Parce qu'on voit que c'est des bêtes qui sont gardées et bien menées. Alors, tu reprends ça, c'est impeccable.*

FS : *Oui, c'est entre «gardé» et «pas gardé». C'est ça le truc […]. Parce que si c'est des animaux qui sont bien conduits et tout, que ça soit n'importe quel berger qui soit à peu près… qui travaille à peu près pareil… il faut quand même qu'il travaille pareil… les animaux, bon… c'est bon, ils le comprennent, quoi.*

AL : *Les brebis, ce qui fait, c'est comment elles sont gardées au printemps. Comment elles ont été gardées les années avant. […] Cette année, il y avait toute une partie du troupeau qui… Enfin, il y avait des troupeaux qui ne suivaient pas. Comme j'ai douze propriétaires, ça fait…*

FS : *Aaaah !…. au secours !*

AL : *Il y avait des troupeaux, ils ne suivaient pas l'ensemble, quoi. C'est embêtant!…. Ils s'installent un peu partout. Et même entre elles, elles restaient pas ensemble. Elles restaient par petits groupes, ici et là… ça suivait pas. C'était pas un troupeau.*

Construire un troupeau cohérent

FS : *[…] les chevrettes, c'est un peu tout à fait ça, quoi…*

AL : *C'est un groupe étranger, qui…*

FS : *Maintenant* [en novembre, huit mois après les naissances], *si tu veux, ça change, elles vont s'habituer au troupeau. Et puis, il y a une évolution, des petits parcs où elles sont ensemble, ça fait «école», on garde un petit peu, elles arrivent petit à petit à se regrouper. Quand on garde vraiment, c'est un troupeau. Bon, tu as toujours une farfelue dans ce troupeau.*

AL : *En montagne, c'est un peu les quartiers de juillet, où c'est souvent de l'herbe qui est plus abondante, donc tu les tiens un peu plus serré. Et puis comme là j'ai pu les emmener au parc la nuit, les premiers temps, où elles dorment ensemble, bien serrées…*

FS : *Et puis c'est vrai que les premières gardes qu'on fait, aussi… c'est les plages* [le long des berges de la rivière Ardèche]. *C'est des endroits où t'as beaucoup d'animaux serrés. Et puis on va un peu dans les clairières, voilà.*

AL : *Des coins où, justement, le troupeau il ne va pas s'éclater. Oui, par exemple, un truc qui n'est pas mal, c'est d'éviter des coins les premiers jours, où le troupeau il va se diviser. Tu commences là-dedans, pfff…*

FS : *Ouais, bonne chance!*

AL : *Vaut mieux les tenir, les tenir un peu serré. Mais bon, je sais pas si ça fait beaucoup… C'est ce qu'on dit, en tout cas.*

3.2 Organiser le temps du repas

Chaque jour, les animaux se constituent une ration, en sélectionnant parmi les ressources offertes. Les journées sont constituées de plusieurs phases continues d'alimentation, les « repas », entrecoupées de périodes de repos et de rumination. Le gardiennage organise chaque jour le temps et l'espace des choix alimentaires. Il s'agit de créer des interactions alimentaires positives entre les surfaces pâturées et ainsi de tirer le meilleur profit d'une surface donnée.

Pour ce faire, le berger doit raisonner son espace de façon à conserver continuellement des contrastes d'appétibilité et, surtout, il doit organiser un rythme régulier au sein des journées et au fil des jours, rendant prévisibles pour les animaux les séquences de choix possibles. Cela fonde la relation de confiance au berger, qui opte pour rationner chaque jour de nouvelles ressources (« *le neuf* »), particulièrement celles que les animaux préfèrent (« *le meilleur* »). Au-delà de considérations nutritionnelles manquant d'assurance, le propos confine souvent à l'autopersuasion quant au bien-fondé des options prises, car on touche à la justification même de l'art de la garde.

AL : *Moi je vois, par exemple, il y a des bergers… quand on attaque un quartier d'août en montagne, ils disent : «Bof, faut pas chercher à les retenir… on les laisse courir de partout». Et pendant quatre à cinq jours, ils laissent leurs bêtes courir de partout, et ils disent que, soi disant, elles sont plus tranquilles après. C'est-à-dire qu'elles mangent de tout ce qui leur plaît… Et ils disent : «après, elles savent qu'il y a plus rien»… plus rien de particulier qui les attire, puisque ça a été mangé, donc elles se* *calment, elles se mettent à manger plus patiemment le «moins bon». Alors que moi, j'aurais plutôt tendance à leur laisser manger progressivement, chaque jour. Aller un peu plus loin, pour qu'elles trouvent, justement, toujours du neuf. Pas forcément donner tout le bon d'un coup.*

FS : Pour moi aussi, c'est un peu bizarre comme approche. Parce que ça veut dire que leurs animaux ils vont bien manger pendant dix jours, et puis après… ils vont passer vingt jours à… Mais, tous les jours il faut le même niveau de… de qualité de nourriture, quoi, surtout pour des chèvres laitières. Donc, tu joues sur les milieux, entre les moins bons, les meilleurs, et tout ça. Et tu peux pas donner tout le meilleur sur dix jours, même si tu utilises des surfaces assez grandes, et puis après, qu'il n'y ait plus rien.

AL : Mais des fois, je me dis que pour un troupeau de brebis… que c'est l'état corporel qui compte. La graisse, c'est pas le lait… mais est-ce que ça revient pas au même ? Des fois, je me pose la question : elles vont peut-être profiter pendant dix jours, et puis après elles se maintiendront à un niveau plus… Mais, sur l'ensemble, sur le mois ou sur cinq semaines, c'est peut-être kif-kif, hein ?…. de garder d'une façon ou d'une autre ?

FS : À mon avis… quand même, j'ai des doutes.

AL : Moi, je suis plutôt pour gérer… chaque jour.

FS : Ça a une certaine logique. Parce que même si c'est pour mettre du gras sur le dos des brebis, je me dis que si tu donnes le meilleur, en fait elles vont le gaspiller. C'est-à-dire, tout ce qu'elles vont manger de bon, ça va pas être transformé en gras, quoi… je sais pas comment dire. Et puis, à la limite, elles vont en perdre sur les jours suivants, parce qu'elles se résigneront pas à se remettre à manger… tu vois ? Et puis, de toute façon, pour moi, une alimentation, ça doit être régulier.

AL : Ça doit être régulier, plutôt que des «à-pics». Même si c'est plus de boulot.

FS : C'est plus de boulot, mais je veux dire, après, si tu fais quelque chose, autant le faire bien. Et aussi, c'est même dans les relations avec ton troupeau, je sais pas comment dire… Parce que, si tu gères ton troupeau, bon, tu les emmènes sur une bonne zone, tu découpes un peu ta demi-journée de garde, pour leur faire plaisir et tout, ça va les calmer et tout ça, ou ça va les mettre en appétit, et puis après, tu vas leur donner un peu du moins bon, et puis après tu les relances… il y a une relation au troupeau qui se crée.

AL : Oui.

FS : Tu vois, il y a quelque chose, je veux dire… mais si tu les balances dans «le bon» pendant dix jours, et puis après dans «le mauvais» pendant vingt jours, tu joues «clôture électrique». À mon avis, il y doit y avoir moins de relations.

AL : Ah oui, je suis d'accord… […] C'est-à-dire, ceux qui font ça, ils disent qu'après les bêtes sont plus calmes. Mais ça, c'est pas forcément prouvé. Parce qu'elles continueront à chercher, et bien souvent ça arrive que, justement, elles trouvent plus de bon nulle part, donc elles sont jamais contentes et elles s'arrêtent plus nulle part. Alors, elles vont, elles viennent, elles font cinquante fois le tour de leur quartier, mais jamais plus elles sont tranquilles nulle part. Alors que, si on garde un peu du bon, et qu'on leur en donne un morceau, là elles se plantent bien, et après elles acceptent plus volontiers du grossier. […] Et au niveau travail, c'est pas évident. Parce que, quand tu as laissé faire… après, c'est fini, y a plus rien. Parce que si tu as une zone qu'elles savent qui est bonne, et que tu gères progressivement, elles auront toujours tendance à y retourner. Donc, tu sais que tu les retrouveras toujours là. Et que même si elles font un grand détour, elles reviendront toujours là. Donc, ça te permet aussi de faciliter ta garde. Donc, tu leur en redonnes un morceau, et puis tu les renvoies ailleurs. Mais tu sais que tout le troupeau reviendra là, même si tu as des bêtes qui sont écartées ailleurs, beaucoup plus loin. Donc, c'est aussi un moyen de faciliter ta conduite.

3.3 S'appuyer sur la structure de l'espace

FS : *[…] Je peux [aussi] donner des trajectoires, mais je ne peux pas donner des trajectoires à l'échelle de la journée, ou un peu à l'échelle de la demi-journée [en réalité, du demi-circuit, ce qui correspond à 1 h 30 environ], mais à l'échelle de la journée, c'est pas possible.*

AL : *Mais moi non plus, c'est pas à l'échelle de la journée que je travaille !*

FS : *J'avais cru comprendre que, par exemple, tu pouvais les laisser le matin et puis t'es sûr de les retrouver le soir, à tel endroit.*

AL : *Ah ben non !*

FS : *Non ?…. Ah, j'ai une idée de ça pour des brebis en montagne.*

AL : *Non, non. C'est-à-dire… Il y a certains endroits qui sont fermés, à cause des barres rocheuses. Là, tu peux les laisser, mais sinon… autant, elles se retrouvent dans un autre quartier. Si, peut-être les premiers jours, quand tu attaques un endroit où c'est vraiment du bon. Mais rapidement après, elles chercheront ailleurs. Autant, elles vont chez les voisins. Non, c'est au niveau… maximum, même pas de la demi-journée. Tu vois, c'est un moment. C'est par exemple deux ou trois fois dans la matinée, ou dans l'après-midi.*

FS : *Aaah, ça…*

AL : *Ou en fin de journée, tu sais qu'elles vont aller dormir là. Bon, à sept heures le soir tu les laisses. Et tu sais qu'elles iront dormir là.*

FS : *Oui, eh ben ça, ça existe avec quarante chèvres dans un taillis. Des fois, l'année dernière, tu te mettais à un endroit, tu vois, où c'est un endroit sans cytises. Tu laisses partir les chèvres, et tu as, une demi-heure ou trois quarts d'heure après, les chèvres qui reviennent. Tu fais vingt mètres et pffuit… tu les relances, et ça te fait des boucles comme ça, et c'est génial quand ça fait ça.*

AL : *Ah oui ?*

FS : *[…]. Les boucles, ça marche selon la relation du troupeau au berger : si tu les emmènes dans un autre endroit, elles savent que c'est pour manger, elles se cassent pas la tête à essayer de chercher, elles te font confiance […].*

AL : *[…] Y a l'ombre, aussi. En début d'après-midi, s'il y a un coin où il y a plus d'ombre, eh bien on les met tout de suite là. Sinon, elles démarrent deux heures plus tard. Si on a un coin d'ombre pour l'après-midi, on le garde… Ou en fin de matinée, des fois c'est intéressant pour qu'elles remangent encore une heure, sans tout de suite se mettre à chômer […]. Par exemple, si tu les fais chômer sur un versant en plein soleil, elles vont pas démarrer avant six ou sept heures le soir. Mais tu les fais chômer sur un versant qui sera à l'ombre l'après-midi, qui perd vite le soleil, eh bien, une fois cinq heures, elles se mettent en route. Donc, on peut gagner du temps de pâturage. Enfin… si tu veux les laisser un peu libres, elles, peut-être, elles le récupèrent en se couchant plus tard le soir. Mais tu as quand même des heures de démarrage plus tardives.*

FS : *Je m'en sers aussi. En plus, j'utilise même les zones au soleil comme «contre» [comme une barrière].*

AL : *Ben oui, je le fais aussi un peu en début d'après-midi, quand elles déchôment. Tu vois tout le troupeau qui se tient dans la zone d'ombre. Et t'as un moment bien tranquille, car elles vont pas quitter l'ombre. Et puis, une fois que la température baisse, ou que le soleil est voilé, c'est là qu'elles continuent. Mais il y a un moment où, vraiment…*

elles se... oui, ça fait un peu un parc [...]. Le berger, il joue avec ça aussi, pour prolonger son temps de pâturage. C'est un peu le «bien-être climatique». Ça fait rire tout le monde, mais c'est un peu ça, tu vois... essayer de mettre toujours les brebis là où elles seront mieux, question température, vent, exposition, etc. C'est-à-dire que le matin, tu les mets, quand elles démarrent, sur un versant qui est bien au soleil, comme ça l'herbe elle sèche vite, et puis, à mesure que le soleil monte, toi tu peux gagner un coin d'ombre. Tu joues un peu là-dessus.

FS : C'est exactement ça... Le matin à La Tour, tu les lances sur des zones un peu embroussaillées et des dalles qui sont au soleil, et puis tu rentres dans les bois à neuf heures, neuf heures et demie... Elles vont manger dans ces bois, et tu es sûr qu'elles retourneront pas au soleil. Et puis même si en face, il y a une zone où il faut pas y aller, c'est même pas la peine de contrer... elles ressortiront pas. C'est qu'exceptionnellement, s'il y a du vent ou autre, qu'elles risquent d'y aller.

AL : Ici, en Ardèche, j'utilise ça souvent, surtout à partir du mois de mai, quand il commence à faire chaud. Je sais que tous mes versants qui sont à l'ombre en fin de matinée, je me les garde un peu pour le mois de mai. Parce que je sais qu'elles pourront manger un peu plus longtemps.

4. Construire le circuit et composer le repas

Un circuit de pâturage – durant lequel un observateur non averti peut croire que «*le berger ne fait rien*», ou si peu – concrétise un projet de mise en relation du troupeau et de l'espace pâturé, en s'appuyant sur les règles de conduite évoquées ci-dessus. Lorsque, comme André et Francis, le berger décide de pratiquer une garde «rapprochée», qui ne se contente pas de borner l'espace offert et de laisser aux animaux la liberté de leurs rythmes quotidiens, il s'agit pour lui d'organiser différentes séquences, afin de maîtriser à la fois la constitution d'une ration régulière et l'impact du pâturage.

Ainsi, le circuit fractionne l'accès aux ressources, dans un ordre qui vise à stimuler l'appétit au cours du repas, tout en respectant le programme d'utilisation de ces ressources à l'échelle de la saison et du territoire d'élevage. Le circuit sert à composer un repas suffisamment riche, en quantité et qualité, pour atteindre les performances attendues à partir d'une diversité de communautés végétales, ces dernières étant souvent limitées en valeur alimentaire lorsque considérées individuellement. Le processus consiste à articuler l'usage de différentes surfaces – de différents «plats» –, chacune tenant un rôle dans la constitution du repas. Le circuit donne du sens à cette diversité de végétation, en organisant des complémentarités et en provoquant des synergies alimentaires entre les différentes ressources.

L'échange qui suit dans le débat contient la critique de la représentation prototype de l'organisation d'un «Menu» au pâturage, tel qu'élaboré en 1991 à partir des premières enquêtes et mesures du comportement d'ingestion de troupeaux conduits par des bergers, et notamment par Francis et ses stagiaires (fig. 1). Le circuit est conçu pour assurer une ingestion rapide et massive sur un secteur à enjeu de gestion, le «secteur-cible», comportant des végétations intrinsèquement peu attractives pour le troupeau mais dont il s'agit de savoir tout de même tirer profit au mieux, par exemple des fourrés denses et très cellulosiques en forêt, ou des surfaces d'herbes plus mûres et déjà pour partie pailleuses en montagne.

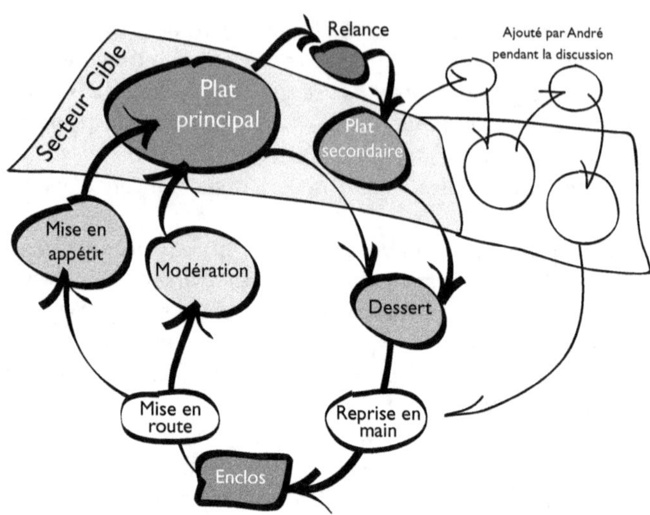

Figure 1. Représentation prototype de l'organisation d'un « MENU » au pâturage, tel qu'élaboré en 1991 à partir des premières enquêtes et mesures du comportement d'ingestion de troupeaux conduits par des bergers, et notamment par Francis et ses stagiaires.

4.1 Entrées

FS : *Quand j'emmène mes chèvres, ça dépend beaucoup de ce qui s'est passé à la garde d'avant. Je peux commencer, soit par une « mise en appétit », soit par une « modération ».*

AL : *C'est quoi la différence ?*

FS : *La « mise en appétit », c'est quand tu as des animaux qui ont bien mangé au coup d'avant, et qui ont presque pas faim. Donc, tu vas essayer de…*

AL : *Ah bon ?*

FS : *Si les animaux ont bien mangé au cours du circuit précédent, tu vas essayer de stimuler un peu l'appétit, quoi. Et c'est ça, c'est « mise en appétit ». Et sinon, quand tu as des chèvres qui ont très faim, parce qu'elles n'ont pas bien mangé avant, ou que… elles ont mieux digéré, et tout… je fais une « modération » pour calmer les animaux.*

AL : *Oui, d'accord, je comprends. C'est ce que j'appelle la « mise en route ». Le début… le début de journée.*

FS : *Et je choisis des zones, en fonction que…*

AL : *J'ai l'impression que, pour moi, il y a aussi cette période de… de commencement. Mais, avec les brebis en montagne, c'est toujours à peu près pareil…*

FS : *C'est des brebis. La différence c'est que, quand tu gardes tes brebis, c'est sur le temps, c'est que tu n'as pas de contrainte de temps.*

AL : *Oui, il y a ça, aussi.*

FS : *Les brebis démarrent quand elles veulent, et s'arrêtent quand elles veulent. Donc, quand elles s'arrêtent, normalement, elles sont rassasiées. Tandis que moi, en fait, c'est pas ça.*

AL : *Oui, mais ça c'est quelque chose qu'il faudrait discuter un peu. Parce que je suis dans des conditions tout le temps différentes. Moi, j'ai tout mon temps, mais C. [l'éleveur ardéchois chez qui André travaille en hiver] est un peu comme toi, quand il est seul. Il* *doit… À côté de garder, il a plein d'autres choses à faire… ou c'est les foins, ou c'est… Donc, lui il est toujours aussi limité dans le temps. Tandis que moi, quand je suis là, j'ai que ça à faire, garder. Quand je rentre de garder, je sais que j'ai pratiquement fini, que j'ai rien d'autre à faire. Donc, moi, j'ai pas cette contrainte-là. Et c'est vrai que ça change beaucoup de choses.*

FS : *Surtout que si tu fais manger de l'herbe toute jeune au printemps, elles auront mangé plus vite que si c'est des ligneux. Et donc, à la modération, t'as pas le temps de chercher, il faut un endroit où…*

AL : *Où elles vont s'arrêter, pour déjà se remplir le ventre.*

FS : *Voilà !*

AL : *Tandis que «mise en appétit», c'est si elles sont tranquilles, là, tu donnes un peu du bon, pour…*

FS : *Voilà, je donne du bon… faut choisir alors des bons coins. Ce que j'aime, tu vois, par exemple, ce sont des «modérations» où je peux les mettre dans du mauvais. Si c'est bien calé, un coin où elles courent pas. Tu peux avoir des zones bien fermées avec des rochers ou des broussailles pas trop comestibles… Tandis que pour une mise en appétit, t'as intérêt à donner du bon. Parce que si tu donnes du pas trop bon, ça ne marchera pas… […]. Et t'as des zones où t'arrives, et ça fait «mise en appétit», ça peut faire «modération», ça fait «plat», «dessert», ça fait tout, quoi…*

AL : *Tu les changes pas ?*

FS : *Non… Mais c'est vrai que tu le sens au niveau du troupeau, ces moments-là. Tu vas pas avoir les mêmes rythmes. Les modérations, ou les mises en appétits, ça va grignoter, ça va… et puis après, quand c'est le moment du «plat», tu sens que ça mange bien, tranquillement, et tout.*

AL : *C'est le même endroit, mais elles ont pas tout à fait la même façon de manger.*

FS : *… le même rythme, quoi.*

4.2 Mets et entremets

FS : *Mais toi, sur ton alpage, tu te permets des déplacements importants, puisque tu as tout ton temps.*

AL : *Mais moi, j'ai aussi souci de ne pas faire faire du chemin aux bêtes indéfiniment. Si je suis là le soir* [il montre un point sur la table]*, et qu'il y a un endroit pour les faire dormir, mais je vais les faire dormir là, et pas revenir là* [il montre un autre point]*. Et si vraiment j'ai un grand parcours, je le ferai en deux jours. Je les fais dormir à un autre endroit.*

FS : *Et c'est quoi les distances que tu peux faire en une journée ?*

AL : *Je sais pas… je sais pas calculer en distances, moi. Mais c'est grand, hein…*

FS : *[…] Bon, mais ce dessin* [il montre le schéma Menu]*, c'est une demi-journée, avec cinq phases. Oui, cinq… quand je fais cinq, c'est déjà qu'il y en a une qui a loupé.*

AL : *Quoi, cinq phases en quatre heures ?*

FS : *Tu comptes une heure de déplacement, ça fait trois heures à manger. Donc, ça fait beaucoup, quand même… Mais, c'est quand ça marche pas que c'est cinq, quand ça marche pas vraiment.*

AL : *Parce que nous, je vois, ici en Ardèche, c'est plusieurs «plats secondaires». L'hiver, c'est ça : elles mangent un petit moment, et puis, bon, on les change, et on remange à un autre endroit et on repart, et… un peu comme ça…* [il complète au crayon le schéma Menu (fig. 1)].

FS : *Oui, mais vous gardez combien de temps ?*

AL : *Eh bien, sept à huit heures, maximum.*

FS : *Plusieurs plats secondaires… c'est que tu en as bien un de principal à un moment ?*

AL : *Ben non, il n'y en a pas de principal […]. Entre les plats… c'est là qu'on traverse un peu les bois. Ça les change un peu. Elles marchent un peu, elles mangent un peu dans les bois. Elles sont contentes d'avoir changé de coin, d'avoir trouvé un nouveau coin… puis elles se remettent à manger un moment.*

FS : *Ça les relance, quand même !*

AL : *Oui, tu les relances.*

FS : *C'est plat, relance, plat, relance… et t'en fais combien, dans une journée, des séries comme ça ?*

AL : *Mais, beaucoup. Parce que, dans nos coins* [pour l'hivernage en Ardèche], *on n'a jamais des espaces suffisants pour que les deux cent cinquante bêtes, elles se plantent là pendant une heure. C'est toujours des coins pas très très grands.* [En estive de montagne, c'est] *des fois, même rien qu'un plat principal, ou deux demi-plats… ou une mise en appétit et un plat principal, et puis, c'est fini, elles ont mangé […]. C'est pour ça que moi, ce schéma, il me paraît bien […]. En Ardèche, quand l'appétit… quand ça commence à diminuer et qu'on les appelle pour changer de coin, tout de suite le troupeau il suit. Elles savent que si on les appelle, c'est pas pour les embêter. C'est net. On voit, il y en a qui commencent à regarder un peu en l'air, on les appelle et tout de suite, il y a tout le troupeau qui répond. Alors que si on vient… si elles sont dans une zone où elles mangent encore bien, tu peux les appeler… il y en a pas une qui bouge, elles continuent sans lever le nez ! […] Relancer, c'est parfois juste les changer.*

FS : *Des fois, un déplacement, ça suffit !*

AL : *Des fois, oui. C'est les changer, quoi. Et c'est ce qui fait la différence avec les troupeaux qui sont pas gardés.*

FS : *Ça peut être du meilleur, ça peut être autre chose, ça peut être du déplacement.*

AL : *Ça dépend de ce que tu as.*

FS : *Mais ça dépend aussi d'où tu viens et où tu vas ! Et où tu veux aller après. Si tu as une zone de relance juste à côté avec du meilleur, et bien tu l'utilises.*

AL : *Oui, et en fait, dans un parc, là, les bêtes elles se coucheraient. Elles ont fait le tour du parc, elles ont mangé un peu, elles ont pas vraiment fini leur repas, mais elles en ont marre. Elles ont fait deux à trois fois le tour et elles se couchent, et elles attendent à la porte qu'on vienne les changer. C'est l'avantage du berger. Encore l'autre jour, on est retourné les chercher au parc, il était quoi ?… cinq heures du soir. Eh ben, elles étaient toutes couchées, elles attendaient. Et puis du temps où on les a redescendues un peu par la draille pour retourner vers la bergerie, elles se sont toutes remises à manger. Alors que, au parc… Mais je suis sûr qu'elles auraient encore facilement mangé pendant une heure, là où elles étaient !*

FS : *[…] En principe, si une relance a fonctionné, le plat secondaire, ça peut être exactement au même endroit que le plat principal. En principe. Mais quand tu as des animaux qui ont mangé pendant un moment sur un endroit, il y a des phénomènes d'odeurs qui font que, bon… revenir au même endroit, ça les branche pas. Tu peux revenir le lendemain, mais pas dans le même circuit.*

AL : *La relance, c'est ça qui est important. C'est comme ça qu'on arrive à faire manger des mauvais coins : c'est de les en sortir un moment, et puis de les ramener, et puis de les ressortir, et puis…*

4.3 Desserts

FS : *Pour moi, les «desserts» idéaux, c'est quand on descend sur les bords de l'Ardèche et qu'on fait manger de l'herbe jeune...*

AL : *C'est aussi tes cytises, non ?*

FS : *Oui, mais dans les vallons à cytises, tu peux y faire trois desserts, pas plus... ça manque un peu. On pourrait en créer, faire des plantations, mais alors plutôt ici, en bas* [près de la chèvrerie, sur les terres labourables]. *Des desserts, ou des zones de fin de circuit, tu fais aussi des trucs comme ça ?*

AL : *Autour de la bergerie* [en Ardèche], *il y a des terres... Bon, quand j'en ai, quand c'est pas fini, j'essaye d'y arriver une demi-heure avant la nuit, et puis je les mets dans des coins meilleurs que les collines. Puis là, en général, elles en mangent tant que tu veux... du dessert. Tandis qu'en montagne, c'est plutôt remplacé par... c'est-à-dire, après le plat secondaire, les bêtes elles rejoignent un endroit où elles vont chômer le midi. Mais le soir, elles rejoignent un peu le coin où elles vont dormir. Et avant de se coucher, là, elles se mettent à manger dans la zone où elles vont dormir, elles se mettent à manger un moment pratiquement sans bouger. Et, petit à petit, ça va se coucher. Il y a une espèce de moment assez tranquille. Même dans du grossier, elles mangent. Elles sont patientes, quoi... elles trient n'importe quoi. Et même des fois, ça serait intéressant d'utiliser ce comportement-là pour faire manger des mauvais coins. Le soir, elles accepteraient du beaucoup plus grossier. Enfin, elles trieraient. Elles prendraient patience dans des coins où le matin elles y seraient pas allées.*

FS : *Ici* [avec des chèvres laitières], *je peux toujours essayer de faire des fins de circuits sur du grossier... bonjour !*

AL : *Ici aussi, il y a un dernier mouvement de plat tranquille, où elles acceptent un peu n'importe quoi. Il n'y a pas besoin que ça soit très bon, même si c'est un coin où elles se perdent de vue, tu vois... des coins dangereux et tout ça... ça s'écarte, et puis, elles sont tranquilles, parce qu'elles savent qu'elles vont toutes se rassembler à cet endroit-là.*

4.4 Mise en route et reprise en main

FS : *[...] Ta «mise en route», tu la fais sur quoi ?*

AL : *C'est uniquement pour le matin. Quand elles commencent à se mettre en route. C'est pour qu'elles se dégourdissent les pattes. Ça a pas besoin d'être très bon. Parce que même si c'est très bon, elles vont pas s'arrêter, le matin, elles vont le traverser. Elles ont pas envie de manger tout de suite en se réveillant et en démarrant. Ici, en Ardèche, c'est un peu différent parce qu'on a un peu de la draille* [du chemin] *à faire, un peu des bois à traverser. Ca fait la mise en route. Et en montagne, c'est des zones où on descend, on fait descendre les bêtes, souvent elles dorment en haut, donc on les fait un peu descendre, tranquillement. C'est des zones de cailloux, où il y a un peu d'herbe, par ci, par là... Pour moi, c'est le premier truc, une mise en route, parce qu'elles ont toujours de l'appétit, mes brebis...* [il rit] *[...]. L'après-midi, elles se mettent mieux à manger tout de suite. Mais c'est pas besoin de mettre du très bon, non plus. Parce que souvent, elles le gaspilleront. Si elles font que de le traverser, et de le piétiner... L'après-midi en montagne, ça serait un coin avec un peu d'ombre, un coin pour les laisser un peu tourner comme elles veulent, mais où c'est pas encore les choses sérieuses.*

FS : *Ah, mais c'est vrai... parce qu'en fait, toi, tu prends les animaux au réveil !*

AL : *Oui, c'est comme l'après-midi, il y en a la moitié qui sont encore à chômer. Surtout sur un gros troupeau. Il y a des fois où c'est que la moitié du troupeau qui a un peu commencé à manger. Les autres chôment, elles avancent un peu… elles se remettent à chômer. Il faut attendre qu'elles soient toutes bien réveillées, pour arriver dans une zone de «plat», parce que sinon, tu la gaspilles.*

FS : *Par rapport à ce dessin, c'est nouveau… parce que mes chèvres, elles sont réveillées quand je sors. Je veux dire, on a déjà eu le concentré, la traite… puis on a une demi-heure de déplacement.*

AL : *[…] Et à la nuit, quand elles sont déjà remplies, il y a un dernier moment pour dire de manger encore un peu.*

FS : *Nous, c'est quand on les met la nuit dans les parcs. Quand on les ramène le soir, elles mangent encore un peu… elles vont commencer à se coucher, et juste avant la tombée de la nuit, ça se remet un peu à manger.*

AL : *Je crois que c'est un comportement spécial dans les troupeaux, le soir. Souvent, on arrive et on les rentre en bergerie. Mais si on prend son temps, et qu'on les laisse… enfin, les chèvres, je ne sais pas, il y a l'effet de la traite et tout ça, qui change.*

FS : *Oui, mais moi je trais avant la sortie du soir.*

AL : *Ah ?*

FS : *Mais c'est vrai qu'elles ont tendance à grappiller à toute allure, avant la tombée de la nuit. Je laisse faire. C'est pas forcément sur la quantité de nourriture, c'est pour le troupeau… le comportement du troupeau. Pour calmer le troupeau. C'est des petits trucs. Si tu rentres calmement, tu finis tranquillement ta journée, au lieu de rentrer tout «speed», en poussant avec le chien derrière.*

AL : *Tu vois, ça je crois que c'est important.*

FS : *Il y a un effet de «reprise en main». Pas forcément sur le lendemain matin, mais en tout cas sur la nuit qu'elles vont passer. Et puis après, sur le comportement général du troupeau. Moins stressé, et tout.*

AL : *L'ambiance du troupeau.*

FS : *Tu sens que le troupeau, il est mieux.*

AL : *Oui, je crois que c'est ça… Des fois, on sent que ça va bien. Ça suit bien… voilà !*

4.5 L'art d'accommoder les restes

AL : *Moi je pensais, pour un machin comme ça* [il montre le schéma Menu (fig. 1)] *: soit, il y a des circuits où elles font un plat principal et elles ont mangé ; soit, au contraire, il y a des circuits où il faut bricoler, avec quatre ou cinq plats… en morceaux. Et ça permet… Par exemple, au début, quand on arrive dans un quartier neuf, il y aurait la mise en appétit. Bon, il y aurait un plat principal, et puis voilà, elles vont chômer. Et à la fin, il y aura la mise en appétit, et puis un petit plat secondaire, puis une relance et puis à nouveau un petit plat secondaire, et relance, et comme ça… trois à quatre fois* [il dessine sur un bout de papier]. *Je trouve que ça reproduit bien ce que… Moi, je me suis tout de suite retrouvé là-dedans, dans les rôles attribués à chaque zone. Il n'y avait que la différence entre «mise en appétit» et «modération» que je comprenais pas. Et je crois que si on veut un peu trier* [il fait référence à son travail en cours avec l'Inra Sad de Versailles]… *Donc, on a deux années de relevés, ce qui fait qu'on a à peu près deux cents journées de circuits. Matin et soir, ça en fait quatre cents… Alors, je crois que si on veut un peu les classer, c'est une méthode comme ça qu'il faut* *employer. Soit, c'est un plat principal, soit ça se décompose en… D'ailleurs, c'est marrant, parce que plus le pâturage il se finit, plus tu bricoles pour les faire manger. Alors, tu sais que tu as un petit coin là pour les faire manger une demi-heure, qu'elles vont être contentes une demi-heure… donc tu donnes un petit bout là-bas et puis tu reviens dans du grossier, et puis tu retournes à nouveau là-bas.*

FS : *Ce schéma, ça sert à réfléchir comment on organise les bricolages.*

Conclusion

Le troupeau apparaît comme très mobile, très sélectif, doué de mémoire, donc capable d'apprentissage. Il est presque obligatoire, plutôt que de vouloir lui imposer des choix, de ruser, de composer, «*d'être habile*», comme le dit André. De tisser avec le troupeau «*une relation de confiance*» (l'expression suffit à dire que cette relation sera vécue par les bergers sur le mode affectif) qui donnera au pilotage la souplesse indispensable pour atténuer l'effet sur les animaux des ruptures de situation et des transitions alimentaires brutales. Une fois établie cette relation faite d'autorité et de confiance, une fois calés les référentiels respectifs, le berger peut orienter le pâturage dans des sens très contrastés : faire prélever une ration de qualité, faire consommer des végétaux grossiers peu appétibles, moduler l'impact du pâturage sur telle ou telle surface, etc.

La conception du circuit de pâturage, telle qu'elle ressort de cet échange, nous confirme dans l'idée qu'il est aujourd'hui nécessaire de repenser l'approche de la «valeur pastorale» des montagnes et des collines, en préalable à des projets d'aménagement du territoire ou de conservation de la biodiversité avec recours au pâturage. L'intérêt alimentaire de la formation végétale rencontrée en un lieu donné dépend en partie de la succession dans laquelle elle s'inscrit au cours du circuit de pâturage. Le rôle qu'une surface pastorale jouera au sein d'un repas et la manière dont les diverses espèces qui composent sa végétation seront consommées dépendent des caractéristiques du circuit, et plus généralement, du mode de conduite adopté.

Les structuralistes nous ont appris que c'est la phrase et le contexte qui donnent leur sens aux mots, et non l'inverse. De même, c'est le circuit et le contexte du pâturage qui font la valeur d'une «ressource» pastorale.

Remerciements

1993 – Outre les deux protagonistes de cet échange, André Leroy et Francis Surnon, je tiens à remercier très chaleureusement Jean-Pierre Deffontaines, Etienne Landais, Elisabeth Lécrivain, Gilbert Molénat et Isabelle Savini, sans qui l'idée de ce débat n'aurait pas vu le jour et qui m'ont aidé à établir ce texte, avec une mention spéciale pour Etienne Landais, qui a participé à sa mise en forme définitive.

2007 – Si André et Francis avaient imaginé que leur échange d'expériences circulerait en photocopies pliées en quatre dans la poche de bergers et d'éleveurs puis, dix ans après, au format numérique sur internet… ils auraient alors été tentés de «faire de belles phrases». Heureusement, il n'en fut rien, pour eux comme pour moi. C'est pourquoi leur passion est communicable. Merci chers amis.

Chapitre 8

Modèle MENU : le berger vu comme un chef cuisinier

Michel MEURET

Il y a quinze ans, une dizaine de bergers et chevriers expérimentés et passionnés, partenaires de nos recherches, nous ont aidés à concevoir MENU, un modèle de pilotage de la motivation alimentaire d'un troupeau au cours d'un circuit de garde d'une demi-journée.

Nous avions trois objectifs : 1) montrer sous une forme accessible qu'un savoir-faire de berger peut se révéler technique et astucieux pour ce qui concerne la stimulation de l'appétit et l'amélioration consécutive de la valeur alimentaire des lieux de pâturage ; 2) encourager les sciences animales à travailler la notion d'appétibilité relative des aliments en situation d'offre diversifiée et séquencée en cours de journée ; 3) proposer à des bergers novices, parfois découragés face à un troupeau, quelques clefs pratiques ayant fait leurs preuves afin d'observer et d'agir au mieux, notamment lorsqu'ils ont aussi à faire consommer des ressources d'appétibilité apparemment médiocre, comme des broussailles coriaces ou des herbes pailleuses.

1. La surprise des chercheurs face au comportement de troupeaux en gardiennage

1.1 La nutrition animale assez démunie

Au début des années quatre-vingt, nous avions tenté de calculer le bilan énergétique de chèvres laitières conduites en gardiennage sur parcours dans le Sud-Est de la France (Alpes et Massif Central). Un tel bilan consiste à voir si la demande alimentaire de l'animal est satisfaite par l'apport quantitatif et qualitatif en aliments. Il utilise les références des tables de valeurs des aliments, provenant d'enregistrements réalisés en conditions contrôlées avec des animaux nourris en auges individuelles. Lorsque sont intégrés les processus d'interactions dans les rations, cette façon de raisonner a fait preuve de pertinence pour nombre de situations d'élevage, notamment celle de la vache laitière à haut rendement et élevée en bâtiment.

Force a été de constater que la valeur alimentaire des fourrages naturels consommés par les chèvres conduites en gardiennages, valeur prédite à partir de l'analyse de la composition chimique, ne pouvait satisfaire en théorie qu'à la moitié de la demande totale en énergie. Il s'agissait donc de couvrir le déficit par des apports en foin et aliments concentrés assez conséquents, comme recommandé d'ailleurs par les manuels d'alimentation (Morand-Fehr et Sauvant, 1988). Or, nous constations que bien des chevriers ne pratiquaient pas ainsi. En complément du gardiennage, leurs animaux ne recevaient qu'un peu de céréales (de 400 à 500 g/jour), du sel et de l'eau. Donc, ces chèvres auraient dû dépérir. Elles se montraient pourtant, à mi-lactation et en plein été, en bon état corporel et chacune produisait chaque jour deux à trois litres de lait, ce qui est proche de la moyenne nationale, tous systèmes d'élevage confondus. Ceci signifiait que les références scientifiques et techniques étaient fort inappropriées concernant ce type d'élevage.

Nous avons donc cherché à mesurer précisément les quantités ingérées par ces chèvres, directement dans leurs élevages et dans leurs conditions habituelles de conduite en gardiennage (Meuret *et al.*, 1985). Au vu de nos résultats, des nutritionnistes réputés furent tout d'abord surpris, au point de suspecter qu'ils soient entachés d'erreurs de mesure. Pour les valider, nous avons donc travaillé avec les mêmes animaux placés en cages à digestibilité spécialement adaptées (Meuret, 1988). Plus récemment, nous les avons confortés avec des moutons en parcs clôturés, une espèce et une pratique nettement mieux référencées (Agreil et Meuret, 2004 ; Agreil *et al.*, 2005).

La surprise des nutritionnistes était légitime car, à valeur nutritive égale des aliments, les chèvres et les brebis consomment le double par rapport au modèle international de référence (cf. droite en pointillés épais, fig. 1). Face à des régimes de valeur nutritive moyenne (50 à 70 % de digestibilité de la matière organique), l'ingestion de matière organique digestible sur parcours est souvent supérieure à ce qui est observé chez le mouton nourri à l'auge y compris avec de la luzerne fraîche, un excellent fourrage. Ceci permet à la chèvre de couvrir sa demande énergétique de base, celle liée à la vie en plein air et aux déplacements, mais aussi jusqu'à la moitié de celle nécessaire à la lactation (Meuret, 1989 ; Meuret et Giger-Reverdin, 1990).

La pratique des chevriers ne distribuant qu'un peu de céréales en complément du gardiennage s'avérait donc pertinente. Mais restait à expliquer la motivation de leurs animaux à consommer des quantités si importantes à partir de pâturages de qualité nutritive moyenne (cf. bulle grise et triangles noirs, fig. 1). Cette motivation peut être appréciée en considérant la courbe de l'ingestion cumulée au cours du repas, dite « profil du repas ». Nos mesures ont confirmé une excellente motivation en gardiennage (fig. 2) avec, outre des flux d'ingestion (grammes de matière sèche ingérée par minute) en début de repas souvent aussi élevés qu'avec un très bon fourrage distribué à l'auge, mais aussi des coefficients de freinage de la courbe, reflétant l'apparition de la satiété, plutôt réduits (Meuret, 1989). Ainsi, dans l'exemple des cinq repas du soir à la figure 2, le chevrier réussit à faire ingérer entre 1,1 et 1,3 kg de matière sèche par repas, ce qui est très important, et ceci en 170 à 180 minutes seulement, terminant juste avant la nuit.

Les profils de repas présentés figure 2 sont constitués d'une succession irrégulière de phases avec ingestion plus lente et plus rapide. Pour le nutritionniste, ceci signifie que

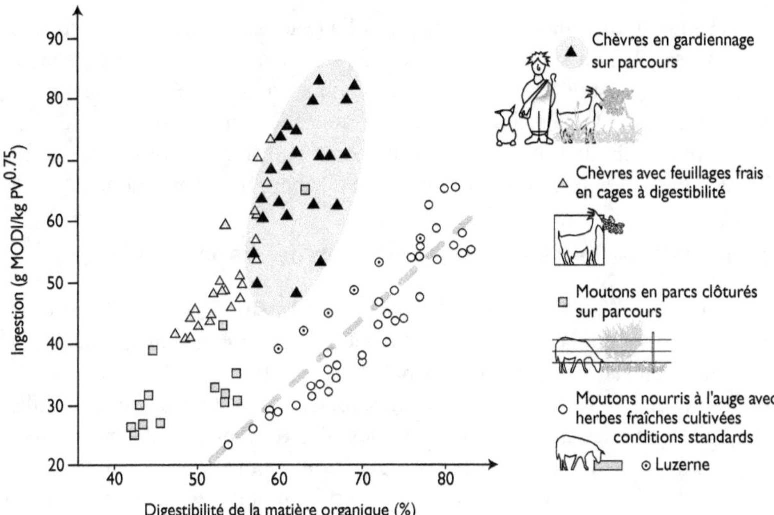

Figure 1. Niveaux d'ingestion de chèvres et moutons au pâturage sur parcours ou en cages à digestibilité avec des feuillages frais d'arbres. À digestibilité de la matière organique du régime équivalente, nous enregistrons un niveau d'ingestion double de ceux rapportés par la littérature pour des herbes cultivées distribuées fraîches à l'auge. L'ingestion est exprimée ici en matière organique digestible ingérée (MODI) par kilo de poids métabolique ($PV^{0,75}$) de l'animal (d'après Agreil et Meuret, 2004 ; Baumont *et al.*, 1999 ; Jarrige 1988 ; Meuret, 1989). Le modèle de référence (tracé épais gris et en pointillés) est établi d'après Morley (1981) et Van Soest (1994). La bulle grise en haut de graphique situe nos enregistrements avec des chèvres gardées par des chevriers sur parcours, où chaque triangle noir représente la moyenne de plusieurs jours consécutifs de mesure.

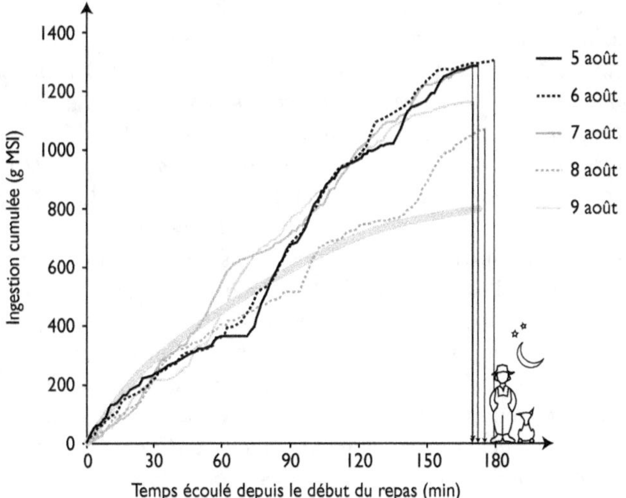

Figure 2. Ingestion cumulée de matière sèche (DMI) dans le cas de cinq grands repas du soir (« profils de repas ») enregistrés en août avec une chèvre laitière conduite en troupeau et en gardiennage par son chevrier habituel (d'après Meuret, 1989). Selon leur pente et régularité, ces courbes reflètent le niveau de motivation de l'animal à consommer ses fourrages. À titre de comparaison, est indiquée une courbe théorique d'ingestion d'un bon fourrage frais ingéré à l'auge par un mouton à l'entretien (trait grisé à l'arrière-plan, d'après Baumont, 1989).

l'animal, à la suite d'une phase de satiété partielle (Sauvant *et al.*, 1996), retrouve un fort appétit au cours de la phase suivante. C'est là un signal différent de celui obtenu à l'auge, où le profil des repas est de type décroissance exponentielle régulière de la pente (cf. cas théorique en gris clair et épais, fig. 2). Qu'est-ce qui génère en gardiennage ces fréquentes reprises d'appétit ? Pour y répondre, nous avons choisi de modifier notre démarche scientifique... et d'interroger sur cette question des bergers[1] expérimentés.

1.2 Les bergers et leurs règles de gestion des repas pâturés

En tant que zootechniciens, nous n'avons pas été rassurés par les premières informations obtenues, le vocabulaire et les règles d'action des bergers n'ayant pas grand-chose à voir avec nos références disciplinaires habituelles (Meuret et Landais, 1997). Ils ont tout d'abord évoqué la nécessité de bien concevoir le «circuit de garde», en utilisant des qualificatifs éloignés des nôtres, voire opposés. Par exemple, ils disent «*l'intérêt de la nouveauté d'une plante ou d'un espace mis à pâturer*» pour la stimulation de l'appétit, alors que c'est le manque d'expérience vis-à-vis des aliments et des habitats et son effet négatif sur l'appétit qui sont étudiés en alimentation animale (Provenza, 2003); ils relèvent les effets sur la motivation liés à «*la configuration d'un terrain par rapport à l'effectif et à la grégarité du troupeau*», alors que c'est le «chargement» qui est l'outil de gestion habituellement préconisé (nombre d'animaux par unité de surface et de temps, peu importe la conformité des lieux); ils soulignent «*l'intérêt stimulé par la diversité des plantes*», alors que la nutrition animale et l'agronomie des cultures fourragères cherchent plutôt à optimiser l'ingestion de régimes très simplifiés dans leurs composantes (rations complètes et monocultures); enfin, ils insistent sur «*la bonne gestion des phases de relance de l'appétit en cours de circuit*». Cette dernière règle empirique nous fit particulièrement tendre l'oreille. C'est pourquoi nous leur avons montré nos graphiques et leurs irrégularités du rythme d'ingestion (fig. 2). Pour les bergers, c'était là une évidence car, comme nous dit l'un d'entre eux : «*Comme on n'a souvent pas un temps infini pour garder dans la journée, on les bouge de temps en temps pour les stimuler, ça les change et ça leur relance l'appétit!*». Ils nous ont ensuite unanimement déclaré : «*L'important, c'est d'offrir au cours du circuit les choses dans un ordre qui stimule l'appétit!*».

Concevoir un repas par l'ordonnancement de l'offre alimentaire au cours du circuit, miser sur la diversité, relancer l'appétit... ces règles empiriques ne sont pas interprétables en l'état par la nutrition animale, même s'il y a quelques tentatives en cours (Provenza *et al.*, 2003; Provenza et Villalba, 2006). Cette discipline évalue en effet la valeur intrinsèque des aliments offerts individuellement et durant des journées complètes et successives. Lorsqu'elle traite des interactions au sein des régimes quotidiens, c'est seulement avec deux ou trois sources alimentaires. Ainsi, l'organisation de l'alimentation par des bergers, apparemment fondée sur une mise à disposition successive en cours de repas de plusieurs dizaines voire centaines d'aliments différents, est très difficile à étudier en nutrition animale du fait de la multitude des interactions en jeu.

Les bergers nous offraient donc l'occasion d'informer des questions de recherche jusqu'alors inédites. Mais, pour cela, il nous fallait changer de perspective scientifique et,

---

1. Pour la suite, nous utiliserons le terme «berger» pour qualifier indifféremment celles et ceux qui pratiquent le gardiennage de troupeaux ovins ou caprins, en tant qu'éleveurs qui gardent ou en tant que bergers salariés. Lorsque des spécificités caprines seront utiles à évoquer, nous utiliserons le terme «chevrier».

partant des pratiques de gardiennage, tenter de comprendre leur incidence sur le comportement d'ingestion et la valorisation des aliments. Il nous fallait ainsi nous intéresser d'abord aux bergers, à leurs expériences empiriques et règles d'action pratique (Maître, 1991 ; Viaux, 1992 ; Meuret, 1993).

2. Démarche et méthodes d'enquêtes

Notre démarche visant à mieux comprendre et évaluer les pratiques d'alimentation en gardiennage a requis l'acquisition en simultané d'informations issues de plusieurs niveaux d'organisation, ceci à l'aide d'une palette de méthodes relevant de disciplines scientifiques distinctes. Des enquêtes par entretien direct auprès des bergers furent associées à des mesures de performances zootechniques, mais aussi à des cartographies des végétations pâturées ainsi qu'à des enregistrements du comportement et des quantités ingérées au cours des repas.

2.1 Une démarche itérative incluant des débats

Nous avons enquêté durant quatre ans auprès de chevriers, et ensuite de bergers (1991-1994). Des chevriers fabriquant leurs fromages fermiers furent privilégiés, car ils disposaient, et nous également, d'un indicateur fiable et aisé à enregistrer : la variation biquotidienne de la production laitière et fromagère, reflétant la qualité des repas correspondants. Nous avons procédé par observations *in situ* et entretiens individuels, poursuivis auprès de chaque berger au cours de plusieurs mois, voire années. Nos premiers interlocuteurs furent ceux avec qui nous avions déjà entretenu des collaborations privilégiées à l'Inra, chevrier sur parcours boisé (Meuret *et al.*, 1985) et berger d'estive (Landais et Deffontaines, 1988). Au vu de nos centres d'intérêt, ceux-ci nous renvoyèrent ensuite vers des collègues à eux probablement intéressés de s'entretenir à leur tour avec nous, et ainsi de suite. Nous avons fait circuler ensuite les représentations et arguments entre nos divers interlocuteurs, une vingtaine au total, mais sans citer de sources personnalisées. Le risque d'un conflit de compétences entre professionnels a ainsi été évité. Nous avons également organisé quelques débats (voir au chapitre précédent celui entre un berger et un chevrier), ce qui a abouti à certaines reformulations. Certains de nos interlocuteurs, très attachés à leur propre expérience, ont critiqué l'appauvrissement des expressions et sensibilités individuelles. Mais l'enjeu était bien de partir de l'expérience de chacun pour élaborer une représentation collective.

À la question de savoir ce qui a motivé la participation des bergers à notre étude, aucun n'ayant perçu de compensation matérielle, la réponse a été : «*le plaisir des débats, la nouvelle vision des choses qui en résulte et enrichit notre savoir-faire*». Il faut dire que peu d'informations circulaient alors relativement aux techniques de gardiennage, l'idée dominante étant que «*chacun fait à sa mode, dans son coin*».

2.2 Le magnétophone, le chronomètre et la balance de laboratoire

Le dialogue fut notre premier moyen d'enquête. Nous avons utilisé une méthode qualifiée par les sciences sociales d'entretiens semi-structurés (Yin, 1994) ou compréhensifs (Kauffman, 1996). L'entretien était libre, en ce sens que nous acceptions tout type de réponse aux questions, ces dernières étant néanmoins focalisées d'entrée sur la pratique personnelle de gardiennage. Les entretiens ont été enregistrés, puis retranscrits en totalité.

Le second moyen utilisé fut l'enregistrement par les bergers et chevriers eux-mêmes de leurs circuits de garde : horaires précis, chronique d'utilisation des différents lieux et ses raisons, emprise spatiale estimée du troupeau, le tout dessiné en cours de circuits et sur fond de carte vierge (échelle 1/1 500 ou 1/3 000, selon les cas), ainsi que toutes autres remarques jugées utiles (photo 1).

Photo 1. Un chevrier dessine au cours de la garde et en temps réel le déroulement de son circuit et il note également toutes les raisons de ses interventions (© Michel Meuret/Inra).

Le troisième et dernier moyen d'investigation fut plus classique pour nous. Il consista à mesurer auprès de certains troupeaux le comportement d'ingestion d'individus témoins, à une période de l'année où toute l'alimentation pâturée provenait du gardiennage. Des mesures par observation directe furent ainsi réalisées (photo 2), portant simultanément sur : 1) la nature et l'état des lieux pâturés; 2) le rythme d'activité du berger et de son troupeau au cours des circuits; 3) le flux d'ingestion chez un individu témoin. Le tout fut spatialisé sur fond de carte au 1/1 500. Ces enregistrements sont exigeants en temps de préparation, d'observation et d'échantillonnage : dix à vingt jours de cartographies à partir de photos aériennes et de relevés de terrain; plusieurs jours d'accoutumance réciproque du troupeau et des observateurs; cinq à dix jours consécutifs de mesures; plusieurs jours de collecte et de conditionnement des échantillons végétaux représentatifs de toutes les catégories de prises alimentaires (Agreil et Meuret, 2004). Lorsqu'ils sont bien menés, ces enregistrements n'interfèrent pas avec les activités du berger et produisent des résultats fiables.

Photo 2. Enregistrement par observation directe du comportement d'ingestion d'individus témoins dans un troupeau gardé par un berger. L'observateur enregistre en continu toutes les prises alimentaires à l'aide d'une grille de codage des prises classées selon la nature et la structure des portions de plantes sectionnées (Agreil et Meuret, 2004) (© Michel Meuret/Inra).

3. Deux règles préalables aux yeux des bergers

3.1 Constituer un troupeau prévisible

Le troupeau est un objet biologique construit par l'homme. Les bergers disent parfois «*il a compris*», parlant du troupeau comme d'un être doué d'un comportement propre (voir également chapitre 5). Ils savent que le comportement de groupe transcende souvent les comportements individuels, et qu'ils doivent en tenir compte pour moduler leur propre attitude. Mais la stabilité et la cohérence du troupeau sont renforcées par des pratiques d'élevage : sa construction passe par l'éducation des jeunes, mais aussi par la sélection des adultes, conservation ou réforme d'individus influents selon leur rôle positif ou négatif vis-à-vis de ce qui est attendu du groupe. Et, dans tous les cas, des catégories d'individus, voire des individualités fortes, restent aisément repérables.

Le troupeau, les groupes, les individus

Les bergers reconnaissent trois entités cibles à devoir gérer : 1) le «*troupeau*»; 2) des «*groupes*» ou catégories d'individus; 3) des «*individus*». C'est au niveau individuel que sont repérés un problème de santé, un état corporel, une chute de production à la traite, parfois une préférence pour un aliment atypique. Certains moyens d'action sur le troupeau (choix des animaux de réforme, pose de cloches...) passent donc par les individus. C'est au niveau des groupes ou catégories («*celles qui...*» disent les bergers), que des qualités ou défauts de comportement sont reconnus comme susceptibles d'influer sur l'ensemble du troupeau. Dans le cas de troupeaux d'estive, constitués à partir de plusieurs élevages, des effets de race, de gabarit, d'agilité et d'habitudes alimentaires, conduisent des bergers à distinguer nettement des comportements de groupe (*«quand les Métis* [petites brebis Mérinos d'Arles] *grimpent dans les pierriers, les Îles* [grosses brebis de race Île-de-France] *restent en bas»*). Pour chaque groupe, ou catégorie d'individus, il existe des individus témoins (*«mes repères»*). Certains sont choisis pour jouer le rôle de témoin permanent, mais d'autres sont témoins spécialisés d'un type d'activité. Une spécialisation est perçue suite à des observations répétées des comportements (*«les grosses mangeuses»*, *«les tireuses»*, *«les freineuses»*, *«les aventureuses»* ou *«les garces»*). Le témoin le plus courant est celui qui permet d'affirmer sans prendre trop de risque : *«si ces deux-là ont bien mangé, alors c'est que c'est bon pour tout le monde»*. Enfin, c'est au niveau du troupeau entier que l'éleveur et le berger visent à créer une relation de confiance. C'est aussi vis-à-vis de lui qu'ils éduquent leurs chiens de travail ou de protection. Les pratiques d'alimentation concernent souvent le troupeau dans sa globalité, car c'est bien le nombre total d'agneaux prêts à vendre à une date donnée qui est noté, ou le nombre total de fromages.

Chez nombre de bergers, et chez tous les chevriers, le troupeau doit être structuré en deux pôles de maîtrise : les *«bons guides»* et *«les jeunes»* (ou *«les naïves»*, à savoir celles qui sont encore inexpérimentées). Un bon guide est considéré comme tel s'il *«comprend vite»*, réalise *«ce qu'on attend de lui»* et *«entraîne les autres à sa suite»*. Ceux-ci sont conservés dans le troupeau même s'ils réalisent des performances zootechniques moyennes. Ils sont équipés d'une cloche (ou *«sonnaille»*), ce qui renforce la cohésion du troupeau, notamment par temps de brouillard ou en milieux très embroussaillés. Il s'agit aussi de conforter la cohérence du troupeau par l'introduction de jeunes ayant reçu une éducation préalable (cf. *infra*). Muni de ces deux pôles de maîtrise, l'éleveur qui garde ou le berger n'aura plus trop à se soucier de la masse des autres individus, qualifiés parfois d'*«anonymes»* (Landais et Deffontaines, 1988).

Éduquer les jeunes

Les jeunes de renouvellement (agnelles ou chevrettes) du troupeau doivent être *«préparés»* aux conditions du gardiennage. La préparation diffère selon que le troupeau est constitué d'animaux allaitants ou laitiers, mais de l'avis des bergers, trois apprentissages successifs sont nécessaires :

1. L'apprentissage des aliments. Il est acquis spontanément par mimétisme dans le cas des jeunes élevés avec leur mère (Provenza, 2003). Mais encore faut-il que le couple mère-jeune soit conduit dès les premiers mois en des lieux permettant d'apprendre à reconnaître toute la gamme des aliments ingérés par les adultes (Meuret, 2010). Pour les autres, il faut apprendre à associer l'extérieur de la bergerie à un site d'alimentation et non à une aire de jeu. C'est pourquoi, entre deux et six mois d'âge selon les élevages, des végétaux (herbe ou arbuste) peuvent être distribués en vert à l'auge, par dessus un foin de qualité moyenne : *«ce qui dans l'auge est censé être comestible»*. Après un ou deux jours, ces végétaux sont ingérés préférentiellement au foin.

2. L'apprentissage du berger. Dans le cas des jeunes n'accompagnant pas ou plus leur mère, et lorsque l'herbe fraîche est reconnue comme aliment (1.), le groupe des jeunes est sorti en prairie, seul et sous la garde du berger et de son chien. Les sorties sont de courte durée, et le groupe doit bien se diriger après trois à quatre sorties. La non-réalisation de (1.) peut prolonger (2.) jusqu'à plus de dix sorties, ce qui devient pour le berger une contrainte peu supportable.

3. L'apprentissage de la sortie en troupeau. Pour des jeunes ayant maintenu ou non le contact avec leur mère, le berger organise quelques petits circuits avec le troupeau complet sur des *«lieux-écoles»*. Ces lieux doivent être, en miniature, ce que le troupeau aura à fréquenter ensuite, barres rocheuses et éboulis non compris. Le taux de réussite est meilleur si les déplacements non alimentaires sont limités, si les adultes ont faim et sont placés devant des végétaux appréciés.

Cette maîtrise vise à réduire l'incertitude : *«on peut anticiper le troupeau»*, disent les bergers. Réciproquement, ceci améliore la prévision et la capacité d'interprétation que le troupeau acquiert vis-à-vis des actions du berger. Ceci implique bien entendu que le berger ainsi que son chien adoptent des comportements univoques et donc interprétables : *«Elles finissent par bien nous connaître!»*.

3.2 Ajuster le référentiel alimentaire du troupeau

Aider à mémoriser l'espace autorisé

En France, comme partout ailleurs, un souci majeur des éleveurs et des bergers consiste à ne pas laisser le troupeau déborder sur des espaces non autorisés : parcelles des propriétaires voisins, estive du collègue berger, espace forestier protégé, etc. Des bergers d'estives pestent parfois envers certains de leurs collègues dont le troupeau, *«qui ne connaît pas bien les limites»*, vient brouter leurs secteurs d'herbe neuve, ou se mélanger à leur troupeau, ce qui pose problème notamment en matière sanitaire.

L'éleveur récemment installé, ou le berger juste recruté, gagne ainsi beaucoup à être mis au courant, par ses prédécesseurs ou par les voisins, des limites à respecter afin d'éviter les conflits. Aujourd'hui, outre les pierres et arbres remarquables marquant certaines limites foncières, des photographies aériennes en accès libre sur internet sont aussi mises à profit, hormis en milieu forestier et embroussaillé, où parfois même les chasseurs s'égarent…

Les bergers dont l'espace n'est pas entièrement circonscrit par des limites infranchissables (falaises, fleuve, clôture…) ne désirent pas devoir adopter trop fréquemment le rôle de clôture mobile (*«je n'aime pas jouer au cow-boy»*). Ils préfèrent nettement celui de *«guide»*, au pouvoir attracteur plutôt que répulsif. C'est la raison pour laquelle ils confient à leur(s) chien(s) de travail le soin de marquer explicitement les limites et ils conditionnent également leur troupeau à respecter de lui-même ces limites, du fait d'une bonne mémoire spatiale. Ceci relève d'un apprentissage spécifique, à parfaire lors d'une première utilisation d'un espace, mais aussi à chaque début de saison *«afin de leur rafraîchir un peu la mémoire»*. C'est primordial pour des animaux *«qui ne connaissent pas encore bien les lieux de pâturage»*, a fortiori s'ils sont jeunes et inexpérimentés.

«Faire respecter une limite» consiste à laisser le troupeau se déplacer spontanément en direction de cette limite, puis à l'empêcher autoritairement de la dépasser. Les premiers jours, le berger agit en se plaçant sur le flanc du troupeau, non loin de la limite, tout en étant bien visible et audible. Lors de l'arrivée des individus de tête sur la limite, il pousse un cri spécifique (ex. *«Hôô!»*) et fait explicitement marquer la limite par le déplacement et l'attitude de son chien, de manière *«à retourner le troupeau»*. Les jours suivants, il peut se contenter de faire asseoir calmement et silencieusement son chien sur

la limite. En cas de débordement, il peut réitérer le même cri, mais tout en restant en arrière du troupeau. Par la suite, et au fil de la saison, il n'est pas rare d'observer qu'un troupeau *«se retourne de lui-même»* une fois la limite atteinte par le groupe de tête. Toutefois, dans le cas des chèvres, ou dans tous les cas lorsque les ressources situées au-delà de la limite sont nettement plus appétibles qu'en deçà, l'attention portée par le berger et par son chien reste indispensable.

Ajuster le « référentiel provisoire de palatabilité »

«Elles trient tout le temps!», *«Elles cherchent quelque chose qu'il n'y a plus»*, *«Il y a des périodes où elles ne vont pas le toucher, et maintenant elles se jettent dessus»*. Pour la plupart, les bergers sont très curieux et attentifs vis-à-vis des choix alimentaires du troupeau, certains ayant été jusqu'à se constituer un herbier. Mais tous considèrent que ce sont avant tout les lieux de pâturage, plutôt que les plantes, qui suscitent ou non l'intérêt alimentaire d'un troupeau. Ils doivent donc savoir distinguer les différents lieux, qui seront plus ou moins appréciés *«en fonction de la gamme des choix possibles à un moment donné»*, mais aussi en fonction de ce qui a été consommé auparavant et de ce que les animaux *«espèrent trouver ensuite»*. Cette notion d'espoir est l'interprétation faite par les bergers du comportement de *«contrariété»* observé suite à une recherche de nourriture visiblement non satisfaite. Cette contrariété se manifeste selon eux par des *«attitudes interrogatives»* (oreilles dressées, tête droite et yeux écarquillés dans leur direction, bêlements) et de *«bouderie»* (consommation de végétaux habituellement délaissés).

Aux dires des bergers, leurs animaux se bâtissent une sorte de « référentiel provisoire de palatabilité » pour juger en termes comparatifs si une offre alimentaire présente sur un lieu donné est satisfaisante ou non. Et ils jugent être en mesure de réussir à moduler ce référentiel, en organisant au fil des jours l'accès aux différentes zones de pâturage telle une suite raisonnée de petites transitions alimentaires. Il s'agit d'éviter au troupeau des expériences gustatives à ce point positives qu'elles déphasent ensuite son référentiel de palatabilité par rapport aux disponibilités réelles, ce qui aura pour conséquence d'augmenter les durées de recherche inutiles : *«j'aurai besoin de plusieurs jours pour leur faire comprendre qu'il n'y a plus de châtaignes et ça va me faire perdre un maximum de temps!»*.

Selon les bergers, deux situations sont défavorables à une bonne ingestion quotidienne : 1) laisser le troupeau se constituer un référentiel de palatabilité bien trop large au regard des disponibilités réelles, ce qui conduit à un troupeau constamment *«frustré»*; 2) à l'inverse, amener le troupeau à se constituer un référentiel très réduit, et surtout éminemment prévisible, ce qui conduit à la *«lassitude alimentaire»* et diminue aussi fortement l'ingestion. Entre ces extrêmes, les bergers cherchent à ajuster le référentiel provisoire de palatabilité en agissant à trois niveaux :

1. rendre prévisibles au troupeau les horaires et le rythme quotidien d'alimentation. Par exemple, il s'agit d'offrir systématiquement en tout début de circuit, ou à l'opposé, strictement le soir, les aliments nettement préférés, ceci afin qu'ils ne soient pas recherchés durant tout le reste de la journée. Le berger crée ainsi des référentiels provisoires différents selon les moments de la journée;

2. rendre prévisible la nature des lieux pâturés du jour, ou de la demi-journée. Ceci vise à faire prendre assez vite connaissance de la gamme des possibles sur un espace donné et à limiter ainsi les déplacements prospectifs trop inutiles;

3. rationner soigneusement lors de chaque circuit l'accès aux «*meilleurs endroits*», afin de renforcer la dépendance et aussi la confiance du troupeau envers le berger. Ceci aboutit à ce que le troupeau se contente assez rapidement des ressources proposées, comme s'il savait que «*ça le satisfait généralement*».

4. Menu : séquencer l'offre pour stimuler l'ingestion

Pour les bergers, un circuit de garde, correspondant à l'activité que les nutritionnistes nomment un «grand repas» (une séquence quasi ininterrompue de prélèvements alimentaires durant plusieurs heures d'affilée), vise à influer sur les choix et le rythme d'ingestion spontané de sorte à «*faire manger le troupeau*» sur les lieux et dans les temps impartis.

4.1 Conception et pilotage d'un circuit de garde

La pratique de la garde peut être représentée (Meuret, 1993) sous la forme d'un système à trois niveaux hiérarchisés (cartouches de droite, fig. 3) :

A. Le projet de circuit découle d'abord d'une information (voir flèche pointillée i, fig. 3) que le berger prend en cours de saison (semaines et jours précédents) relativement à l'état de ses différents secteurs à faire pâturer, en fonction de l'abondance des ressources et de leur appétibilité relative pour son troupeau à ce moment-là ;

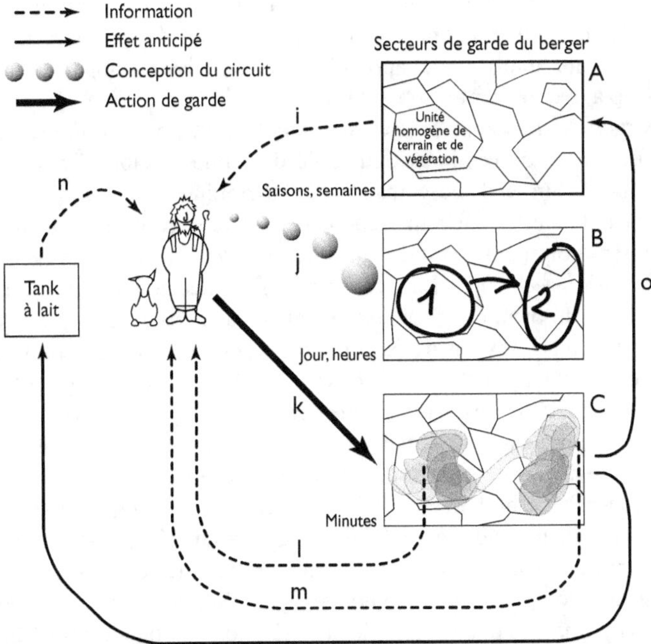

Figure 3. La pratique de garde peut être représentée sous la forme d'un système à trois niveaux hiérarchisés (d'après Meuret, 1993). Elle est ici résumée ici à l'enjeu de «*faire manger*» le troupeau au mieux lors d'un grand repas d'une demi-journée.

B. Ayant choisi le ou les secteurs de pâturage du jour, il conçoit (voir j) l'enchaînement des lieux sur lesquels il conduira le troupeau au cours d'un circuit d'une demi-journée (soir ou matin), dans un ordre qui lui paraît judicieux pour réaliser un repas de quelques heures sans trop d'interruptions, donc avec une consommation dynamique y compris sur les ressources qu'il prévoit comme étant *« les plus difficiles à faire manger »* ;

C. L'action vise à orienter de temps à autre le déplacement du troupeau (flèche épaisse k), soit autoritairement avec l'aide de son chien, soit en exploitant la confiance que le troupeau lui accorde pour le suivre vers des lieux appréciés. Il conduit ainsi les différentes phases du repas selon un ordre qu'il a conçu. Cette action se déroule à une échelle de temps très courte : les minutes. Pour ajuster le circuit, le berger utilise deux informations. La première, en cours de circuit, est relative aux réactions du troupeau vis-à-vis du circuit proposé (flèche pointillée l), ce que révèlent ses attitudes et son rythme d'activité. La seconde découle du bilan que le berger peut tirer, soit dès la fin de circuit (voir flèche pointillée m), en observant l'intensité des signes de satiété (premières ruminations, état de réplétion des panses), soit de façon différée avec des animaux laitiers (flèche pointillée n) en appréciant la quantité de lait obtenue à la traite suivante. L'usage répété des mêmes lieux aura un impact direct sur la nature et l'abondance locale des ressources (flèche o), ce qui incitera le berger à revoir, ou non, ses projets de circuits pour les journées suivantes (voir à nouveau flèche pointillée i).

4.2 Abondance locale ne signifie pas ingestion plus élevée

De prime abord, on pourrait imaginer qu'un berger avisé peut se contenter de repérer parmi ses secteurs les meilleurs endroits, ceux comportant des ressources alimentaires abondantes, de qualité homogène et appréciée, afin d'y laisser manger le troupeau sans souci d'avoir trop à le déplacer au cours du repas. Or, il n'en est rien.

Pour les bergers, la raison première est évidente : aucun territoire de pâturage ne comporte suffisamment de ces lieux pour qu'il devienne possible d'y compter durant toute une saison. Chacun en dispose, mais nos cartographies de l'abondance relative des ressources montrent en effet que leur étendue ne couvre souvent que 5 à 10 % des territoires. Des bergers nomment ces lieux rares des *« secteurs à stagiaires »*, ou des *« lieux pour un peu souffler le week-end »*. La seconde raison est liée au fait que, ayant à gérer au mieux la motivation du troupeau face aux ressources de l'ensemble du territoire, l'utilisation privilégiée de tels lieux s'avère parfois risquée, en raison de la rupture de référentiel alimentaire qu'elle pourrait susciter (cf. *supra*). Les bergers paraissaient donc convaincus de l'efficacité d'une pratique consistant plutôt à repérer les bonnes combinaisons de lieux à organiser dans les circuits, en misant d'entrée de jeu sur les avantages à tirer d'une diversité de lieux et de ressources alimentaires.

Nous avons cherché à valider cette règle, en réalisant un suivi spatialisé de l'ingestion dans le cas d'un troupeau de 40 chèvres laitières gardées en été sur un territoire embroussaillé de 110 hectares. Nous y avons cartographié 605 unités de terrain homogènes et contiguës, classées selon 5 variables qualitatives ayant du sens pour le chevrier et organisées en classes (n) : nature et structure de la végétation (7), pénétrabilité pour le troupeau (4), niveau d'embroussaillement (4), abondance des fourrages comestibles et accessibles (4) et taux de consommation déjà réalisé des fourrages (4) (Miellet et Meuret, 1993).

Après avoir enregistré 10 circuits successifs d'un total de près de 30 heures d'ingestion, nous avons cherché les relations entre le flux d'ingestion instantané (en grammes de matière ingérée par minute) et chacune des caractéristiques de l'unité de terrain pâturée durant la minute considérée du circuit. Nous avons constaté qu'il n'y avait statistiquement aucun effet sur le flux d'ingestion des variables considérées isolément, y compris la variable d'abondance locale (Viaux, 1992) : les chèvres ne consommaient pas plus là où il y avait plus de fourrage disponible. Poussant plus avant notre analyse par l'analyse des phases de forte accélération du flux d'ingestion en cours de repas (Meuret *et al.*, 1994), nous avons montré que ces accélérations apparaissaient majoritairement au moment des changements d'unité de terrain, qu'ils soient provoqués par le chevrier (42 % des cas), ou réalisés spontanément par l'individu (17 %), ou par tout le troupeau (10 %). Ceci confortait la règle empirique des bergers, selon laquelle la valeur alimentaire globale ne découle pas tant de bonnes valeurs locales que d'un enchaînement des unités de terrain au cours d'un circuit.

4.3 Le modèle de pilotage MENU

Enjeu du modèle

Élaboré avec l'aide d'une dizaine de bergers et chevriers expérimentés, MENU (fig. 4) a pour objectif d'aider un berger à concevoir l'organisation de ses circuits d'une demi-journée (un grand repas) à partir d'une série de lieux contrastés en termes de

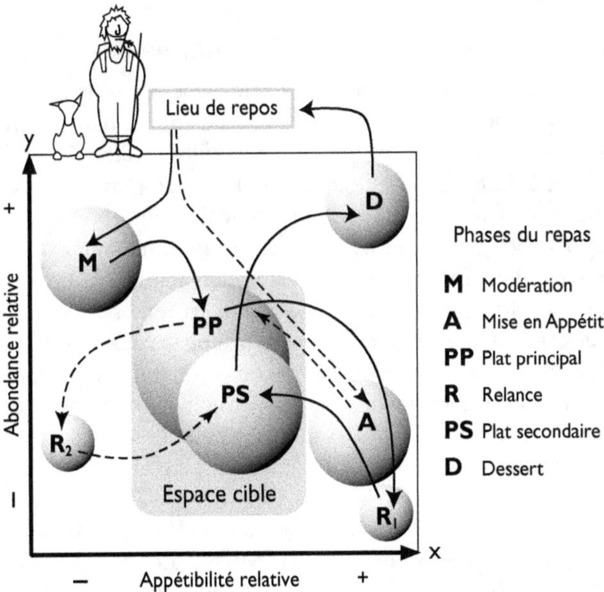

Figure 4. Le modèle MENU propose à un berger comment s'organiser afin de réussir à stimuler l'appétit sur un « espace-cible » (au centre) qui serait insuffisamment apprécié du troupeau sans une organisation particulière. Le berger tire ici profit de la diversité de l'espace, en concevant ses circuits d'une demi-journée (correspondant chacun à un grand repas) sous la forme d'enchaînements appropriés de l'accès du troupeau à une série de lieux contrastés (phases du repas) en termes d'appétibilité et d'abondance relative des ressources (d'après Meuret, 1993).

ressources alimentaires. Ces lieux sont à évaluer chacun selon l'abondance et l'appéti-bilité relatives des végétaux qu'ils comportent. L'abondance relative (axe Y) est aisé-ment évaluable par un berger même inexpérimenté. Il s'agit de zones où les végétaux sont à la fois comestibles à la saison en question (vus consommés par le même trou-peau, ici ou ailleurs) et accessibles (présents à moins de 1 m 50 du sol). Ainsi, il arrive que des sous-bois n'en comportent plus, du fait d'un pâturage réitéré durant plusieurs saisons. L'appétibilité relative (axe X) est un critère plus délicat à évaluer, car il néces-site de réaliser quelques observations préalables sur le troupeau, en des lieux analo-gues et durant la saison en question. Des bergers novices mais curieux s'en sortent toutefois très bien, car il suffit de distinguer, à droite de l'axe, les zones sur lesquelles le troupeau se précipiterait de lui-même, tant il les apprécie à cette saison (ex. avec des arbustes légumineuses en fleurs ou en fruits) et, à gauche, celles que le troupeau livré à lui-même traverserait sans y prêter attention à cette saison (ex. des plaques d'herbes mûres devenues très pailleuses).

L'enjeu consiste à motiver l'ingestion sur un «espace cible». Celui-ci peut être choisi en raison de l'organisation d'un calendrier annuel de pâturage (ressources à valoriser à une saison donnée). Il peut relever également d'un engagement à mieux maîtriser par le pâturage certaines dynamiques de végétation (par exemple : un contrat de débrous-saillage, ou un plus fort impact sur l'herbe mûre en vue de limiter un risque d'avalanche en montagne). Localisé au centre du modèle, cet espace est d'attractivité alimentaire relative moyenne. Si le troupeau y était cantonné pour l'intégralité de son repas (en petit parc clôturé, par exemple), il y mangerait très insuffisamment ou chercherait à s'en échapper pour trouver mieux ailleurs.

Principes d'utilisation : raisonner la synergie des phases du repas

Les lieux de pâturage peuvent jouer six rôles-types dans un circuit. Le terme retenu par les bergers pour nommer un lieu ayant à tenir un rôle dans le circuit est la «*zone*». En début de circuit, deux types de zone sont mobilisés, selon l'appétit initial estimé du troupeau en sortie de bergerie ou de lieu de repos de jour ou de nuit. Si le troupeau manque visiblement d'appétit (repas précédent mal ruminé, brusque changement météo-rologique, etc.), le berger peut utiliser une zone de «*mise en appétit*» (en bas à droite de MENU). Celle-ci doit comporter des ressources bien appétibles, mais pas nécessairement en abondance. «*Il faut offrir de la diversité*» disent les bergers, et cette diversité se trouve, soit en des lieux spécifiques, soit en laissant le troupeau circuler sur une grande surface : «*il faut leur donner envie de chercher*». Au contraire, lorsque le troupeau manifeste de l'excitation et d'autres signes qui laissent penser qu'il a très faim, il peut être conduit sur une surface dite de «*modération*», servant, d'après les bergers, à «*stabiliser le troupeau*». Les ressources doivent y être abondantes, mais plutôt d'appétibilité médiocre (en haut à gauche de MENU).

Lorsque le rythme de consommation est stabilisé, le troupeau est conduit sur l'espace-cible pour le «*plat principal*» (au centre de MENU). Les caractéristiques d'appétibilité et d'abondance de cette zone servent de référence centrale au modèle, car c'est par rapport à elles que sont évaluées les caractéristiques des autres ressources disponibles.

La zone de plat principal peut être abordée d'entrée de jeu, si l'appétit du troupeau semble ne devoir être ni stimulé ni calmé au départ. L'idéal pour le berger est que le trou-peau y prenne la plus grande part possible de son repas sans baisse significative d'activité, ce qui simplifie beaucoup la garde. Mais, en réalité, il arrive fréquemment que le rythme d'activité alimentaire diminue rapidement, après une heure environ d'utilisation de la zone de plat principal. Les animaux «*ont fait le tour de la question*», disent les bergers, sur cette zone de qualité moyenne, et s'en lassent.

Le berger utilise alors la principale astuce, qui consiste à utiliser une zone de «*relance*» pour renouveler l'appétit du troupeau. Cinq modalités de relance sont distinguées : 1) relance par passage de quelques dizaines de minutes seulement sur une zone d'excellente appétibilité (R_1, en bas à droite de MENU), représentant souvent «*le préféré*» local (ex. des haies diversifiées, des vallons où la phénologie des plantes est retardée, des herbes fines et nichées entre les cailloux, etc.) ; 2) relance, totalement à l'opposé, par passage sur une zone de nettement moindre intérêt (R_2, en bas à gauche de MENU) où «*il s'agit de faire comprendre au troupeau que la zone de plat n'est pas si mauvaise, par comparaison*» (ex. plaques d'herbes desséchées, massifs d'arbustes très épineux, sous-bois offrant uniquement quelques mousses ou fougères non comestibles) ; 3) relance par regroupement autoritaire du troupeau et déplacement sur une piste, «*histoire de leur changer les idées*» ; 4) relance par abreuvement, quand un point d'eau existe ; 5) relance par distribution de sel. Pour ce qui concerne les modalités 4 et 5 (non signalées sur le modèle), les bergers observent que «*ça leur change ensuite le goût de l'herbe*».

Cette phase de relance est nécessairement limitée dans le temps et doit rester imprévisible pour le troupeau, de façon à éviter des phénomènes d'anticipation. La zone concernée est étroitement rationnée, d'autant plus qu'elle est restreinte, car c'est un espace-clé qui donne de la valeur, par interaction synergique, aux zones les plus abondantes.

Après une phase de relance réussie, le berger peut ramener le troupeau sur l'espace-cible pour y compléter le repas sur une zone dite de «*second plat*». Cette dernière peut être située juste à côté de la zone de plat principal (à nouveau au centre de MENU), donc être de nature très comparable. Toutefois, comme le troupeau s'achemine vers la fin de son repas, il s'agit d'offrir du «*légèrement meilleur*» (vers la droite du modèle).

Lorsque le berger juge, en observant le creux supérieur des panses, ou en ayant aussi estimé la durée d'activité alimentaire, que son circuit n'a jusqu'alors pas permis de rassasier le troupeau et que le temps dont il dispose ne lui permet plus de réaliser une nouvelle séquence «plat-relance-plat», il mobilise une zone dite de «*dessert*». Cette fois, il s'agit d'obtenir à coup sûr une consommation très dynamique sur une durée limitée. C'est pourquoi ce sont des zones offrant à la fois une forte appétibilité et une forte abondance qui jouent ce rôle (en haut à droite de MENU). Il est primordial qu'une phase de dessert ne soit pas prévisible par le troupeau, sous peine d'engendrer des effets d'anticipation néfastes car déclenchant une baisse du rythme d'activité lors des phases précédentes du repas. Le berger assure l'imprévisibilité d'une phase de dessert en mobilisant ce type de zone de façon très sporadique. Également, lorsqu'il juge que le troupeau est inutilement en attente d'une phase de dessert (le rythme d'activité chute brutalement et la plupart des animaux commencent à se regrouper, certains regardant le berger tout en bêlant), il demeure immobile durant les premières minutes, puis il commence à se déplacer, comme s'il encourageait le troupeau à gagner une nouvelle zone. Mais en réalité, il interrompt assez vite le déplacement du troupeau, et ceci à nouveau dans la zone de «second plat». Certains bergers disent : «*Il m'a fallu environ deux semaines pour leur faire comprendre que réclamer un dessert était une perte de temps*».

4.4 Quelle conséquence sur l'ingestion ?

Un exemple de circuit conçu selon MENU, et sa conséquence sur le flux d'ingestion d'un individu témoin, est présenté figure 5, dans le cas du gardiennage de 40 chèvres laitières en été dans un taillis de chêne pubescent (*Quercus pubescens* Willd.). Le flux d'ingestion y est particulièrement dynamique, avec des accélérations à plus de 10 g MS/min. Ces accélérations sont fréquemment provoquées par les interventions du chevrier (cf. flèches en haut de graphique), suscitant de petits déplacements visant à enchaîner ici cinq phases de repas : modération, plat principal, relance, second plat et dessert.

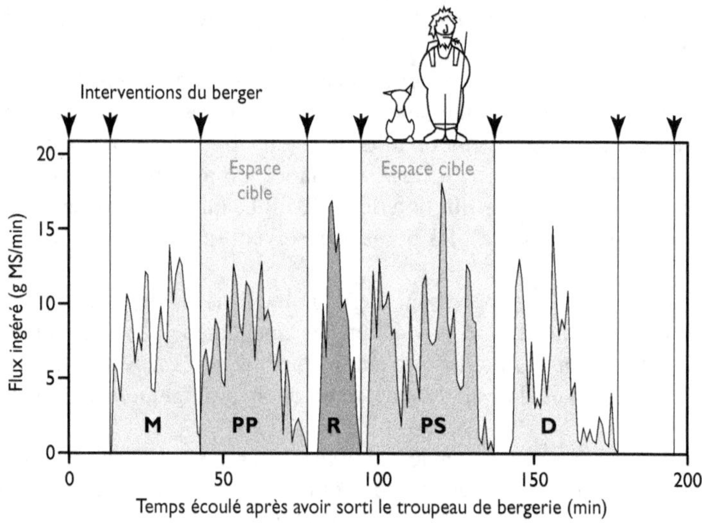

Figure 5. Un exemple de la structuration d'un repas par un chevrier et sa conséquence sur le flux d'ingestion d'un individu témoin, dans le cas de la garde d'un troupeau de chèvres laitières dans un taillis de chêne en été. Utilisant un enchaînement raisonné de zones auxquelles il attribue des rôles à partir du modèle MENU, le chevrier réussit à stimuler régulièrement l'ingestion, comme en témoignent les fortes accélérations du flux d'ingestion (d'après Meuret, 1993).

Nous avons également comparé les dynamiques quotidiennes d'ingestion chez des chèvres laitières en été, gardées en sous-bois ou parquées sur prairie naturelle riche en légumineuses. L'exemple de la figure 6 présente les ingestions réalisées par deux chèvres de la même race Alpine chamoisée, de même gabarit et niveau de production laitière (2,7 litre/jour), recevant toutes deux un complément de 500 g d'orge, fractionné en deux distributions. La première (trait plein) est gardée avec son troupeau en taillis de chêne pubescent, et l'autre (trait pointillé) est parquée avec son troupeau sur prairie naturelle. Les ressources du parc sont «*neuves*», car c'est le premier jour d'utilisation à cette saison (Ouedraogo, 1991). Exprimée en matière sèche ingérée (MSI) cumulée au cours de la journée, l'ingestion est très importante dans les deux cas, mais toutefois moindre en prairie qu'à la garde (110 contre 135 gMSI/kg $PV^{0,75}$). Lorsqu'on corrige par la digestibilité de la matière organique ingérée, moindre en taillis de chêne, ces ingestions deviennent identiques : 80 et 83 g MODI/kg $PV^{0,75}$. Le chevrier qui garde, utilisant à plein la période diurne de 14 heures, organise deux repas à 11 heures d'intervalle autour d'une longue période de repos et rumination à la mi-journée. Il offre ainsi à ses chèvres de quoi compenser par une ingestion plus conséquente à la garde la moindre valeur nutritive des ressources (Meuret et Giger-Reverdin, 1990).

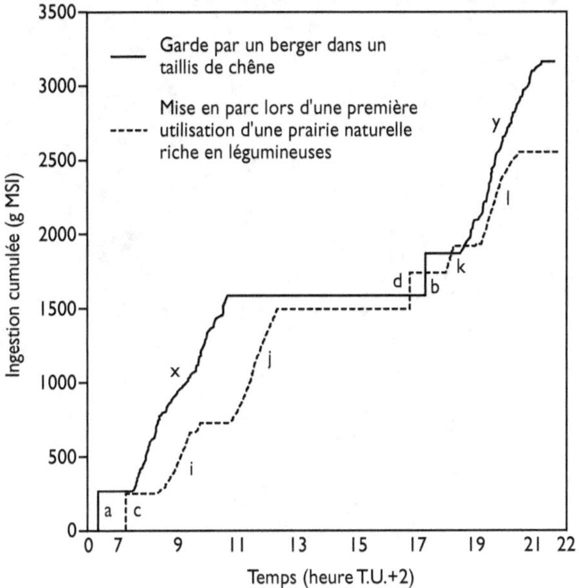

Figure 6. Cinétiques comparées de l'ingestion totale quotidienne cumulée (exprimée en gramme de matière sèche ingérée) dans le cas de deux chèvres témoins pâturant en été au sein de leurs troupeaux : l'un gardé en taillis de chêne et l'autre parqué sur prairie naturelle riche en légumineuses. La journée en gardiennage comprend 4 repas : 2 repas au pâturage (x et y) et 2 de compléments distribués (250 grammes d'orge : a et b). La journée en parc sur prairie comprend 6 repas : 4 repas spontanés au pâturage (i, j, k et l) et 2 de compléments distribués (250 grammes d'orge : c, d) (d'après Meuret, 1993).

4.5 Au niveau territoire : une dynamique de rôles à faire jouer

MENU permet à un berger de catégoriser sur son territoire l'ensemble des zones de gardiennage selon les rôles qu'ils pourraient tenir dans ses circuits (Meuret, 1997). Ainsi, une portion de territoire sera jugée de bonne valeur alimentaire si les zones qu'elle contient sont bien disposées les unes par rapport aux autres. Par exemple, les zones susceptibles de jouer les rôles de modération ou de mise en appétit doivent se situer à proximité des lieux de repos du troupeau. À défaut, elles ne seront d'aucune utilité, ce qui diminue la valeur d'usage des zones de plats. De même, les zones pouvant servir aux relances doivent se trouver à proximité de celles utilisables pour des plats, mais avec toutefois une configuration du terrain permettant au berger de «*contrer le troupeau*» (l'empêcher de s'y précipiter) avant le moment opportun. Désirant s'inspirer de MENU, des bergers peuvent ainsi se représenter mentalement leur territoire, afin de planifier ce «jeu de rôles» de leurs différentes zones à faire pâturer (voir exemple figure 7 d'un secteur d'été de chevrier d'une petite dizaine d'hectares, tel que dessiné par lui et à notre demande sur fond de carte au 1/1 500).

Figure 7. Un exemple de carte inspirée de MENU pour situer les zones utilisables dans les circuits en fonction des rôles qu'elles auront à jouer. Ici, un chevrier les a dessinées sur fond de carte au 1/1 500, pour l'un de ses secteurs d'une dizaine d'hectares situé en taillis très clairièré.

Il est également important de signaler que les zones MENU sont susceptibles de changer de rôle en cours de saison, selon la croissance et la phénologie des végétaux, mais aussi suite aux utilisations déjà réalisées par le berger (voir figure 3, flèche o). Ainsi, lorsqu'une zone de plat a été assez fréquemment utilisée au cours de la même saison, et ses végétaux préférés du troupeau bien rabattus (d'où une nettement moindre appétibilité de la zone), elle peut jouer pour un temps un rôle de modération, pour autant que son abondance en fourrages reste suffisante. Ensuite, après passages répétés du troupeau, elle peut se retrouver à tenir un rôle de relance$_2$, car n'ayant plus alors ni bonne appétibilité ni même abondance satisfaisante. Une zone de mise en appétit pourra quant à elle rester partiellement utile comme zone de relance$_1$, dans le cas où elle conserverait une portion riche en fourrages très appétibles. Une zone ayant joué en été le rôle de plat peut, si elle n'a pas été trop fréquemment utilisée, tenir en début d'automne le rôle de mise en appétit, ceci une fois que les jeunes repousses d'automne, ainsi que quelques fruits récemment tombés (ex. des glands ou des gousses d'acacia), lui conféreront une appétibilité nettement meilleure. Enfin, une zone tenant jusqu'alors le rôle de plat peut devenir utilisable en tant que dessert lorsque, préservée du pâturage durant quelques semaines, la phénologie et la dynamique particulière de ses végétaux lui en confèrent les qualités (par exemple : un bord de rivière).

Pour l'attribution des rôles, les bergers restent plus particulièrement attentifs à bien identifier et rationner leurs zones de mise en appétit, relance₁ et dessert. Il s'agit là en effet des «facteurs rares» du territoire, puisque les zones de meilleure appétibilité sont, par définition, relatives à l'ensemble des disponibilités dont le troupeau aura déjà pris connaissance, ceci durant la saison en cours, mais aussi au cours des années antérieures (car les troupeaux ont une très bonne mémoire).

5. Menu comme outil d'apprentissage

5.1 Une source d'inspiration à développer au cas par cas

MENU est présenté ici dans ses grands principes. Sur le terrain, il est à décliner selon l'espèce et l'effectif du troupeau, selon la saison de garde et, bien évidemment, selon l'état d'esprit et la façon de travailler de chacun des bergers et chevriers. C'est donc avant tout une source d'inspiration qui reste à adapter et développer ensuite au cas par cas. Par exemple, des bergers d'estive gardant au-dessus de 2 000 mètres d'altitude, ou en plaine durant l'hiver, nous ont signalé qu'il était également primordial de prévoir une phase préliminaire de «*mise en route*», ou «*mise en chauffe*», lorsque les conditions du repos nocturne sont froides et humides. Dans ce cas, la zone à trouver doit permettre de placer confortablement le troupeau face aux premiers rayons du soleil, afin qu'il s'ouvre l'appétit pour son circuit du matin. Également, il est connu des bergers de grands troupeaux ovins qu'il est souvent «*possible de faire manger à peu près n'importe quoi en toute fin de circuit du soir*». Tout se passe alors comme si le troupeau, qui a encore faim mais qui «*oublie toutes ses références*» du fait qu'il se sent pressé par l'heure de rentrer, accepte de manger sans trop discriminer «*ce qu'il a sous les pattes*». Enfin, nous a été rappelée une pratique ancienne : relancer l'appétit en cours de circuit par la coupe et la distribution de feuillages d'arbres. Ceci provoque la colère des forestiers dans bien des régions du monde. Mais, dans le Sud de la France, où les vieux taillis de chênes abondent et manquent souvent d'entretien, «*le troupeau accourt aussitôt qu'il entend la tronçonneuse*».

5.2 Un outil pour former des stagiaires ou pour se relayer au troupeau

MENU peut être mis à profit auprès des bergers novices ayant à apprendre à établir seuls une relation au troupeau et à encourager son appétit. Mais il peut être aussi apprécié d'éleveurs qui gardent mais qui ont, en raison de bien d'autres activités, à être parfois relayés. Dans ce cas il est utile, comme disent des bergers ou des éleveurs qui gardent, de réussir à «*se passer le troupeau tout en gardant un peu de même, question de ne pas le désorienter*». Dans ce sens, MENU devient une base de règles de conduites similaires, notamment pour l'accueil de stagiaires.

C'est pourquoi, outre nos interventions ponctuelles en écoles de bergers, nous avons contribué à un test en vraie grandeur, réalisé à l'initiative d'un chevrier ayant à former deux jeunes stagiaires. Le test a consisté à mettre à l'épreuve MENU afin d'apprendre aux novices à relayer correctement le chevrier à la garde durant une demi-journée, c'est-à-dire sans que la production laitière du troupeau en pâtisse. La période du test fut au total de 3 mois durant l'été, une saison où l'enjeu de performance zootechnique est important : réussir à stabiliser la production du troupeau de 40 chèvres entre 80 et 85 litres/jour, ceci jusqu'au 20 août, date des premières chaleurs physiologiques. Le test a débuté par un exposé fait aux stagiaires, alors très inexpérimentés, des principes théoriques de MENU, exposé fait par le chevrier. S'en sont suivies des séances de questions et visites sur le terrain de 80 hectares, mais en l'absence du troupeau et sans que soit précisée aux stagiaires la localisation des zones MENU mises à profit par le chevrier. Ensuite, après 3 jours d'accoutumance réciproque des stagiaires et du troupeau, et durant 45 jours consécutifs, la garde du troupeau a été confiée alternativement et par demi-journées au chevrier (B_1) ainsi qu'aux deux stagiaires (B_2 et B_3). La production du troupeau était enregistrée deux fois par jour, à 7 heures et à 17 heures. Le graphique résultant (fig. 8) était affiché en salle de traite. En été, la production laitière est très corrélée aux quantités et aux qualités ingérées au cours des 12 heures précédentes. C'est pourquoi la réussite de la garde d'une demi-journée peut être évaluée par la quantité de lait produit lors de la traite suivante.

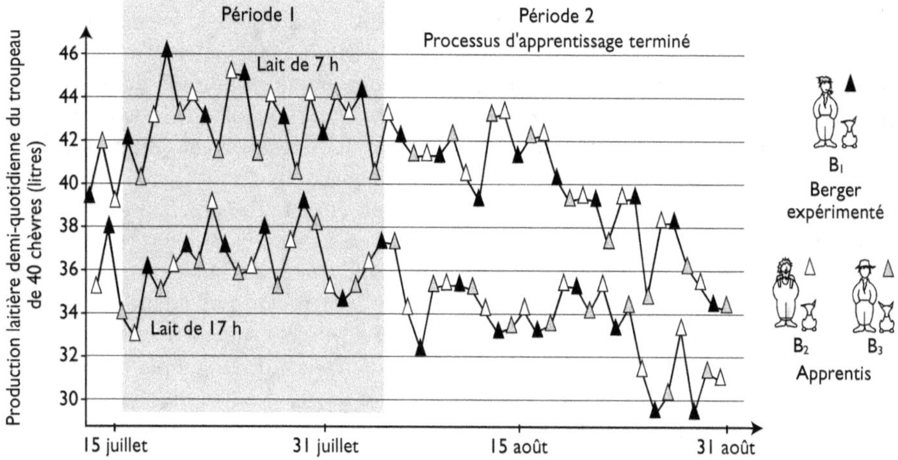

Figure 8. Production laitière d'un troupeau de 40 chèvres lors des traites du matin (7 h) et du soir (17 h) enregistrée au cours d'un test du modèle MENU utilisé comme outil d'apprentissage de deux chevriers apprentis. Durant 48 jours consécutifs en été, le troupeau était gardé à tour de rôle par son chevrier habituel déjà expérimenté (B_1), puis par les deux apprentis (B_2 et B_3). Après la traite, celui qui avait gardé le troupeau au cours de la demi-journée précédente inscrivait la quantité de lait obtenue, ainsi que ses initiales, sur ce graphe affiché en salle de traite.

Nous avons procédé à l'analyse de la cinétique de la production laitière durant les 45 jours d'affilée (pour ce concerne la méthode statistique, voir Meuret et Dumont, 2000). Durant une période initiale de 21 jours (période 1, fig. 8), la réussite de B_3 a été significativement moindre ($p < 0{,}05$) que celle de B_1 qui gardait lors du demi-jour précédent et de B_2 qui gardait lors du demi-jour suivant. A contrario, durant la même période, aucune différence significative ($p > 0{,}05$) n'a été relevée entre la réussite de B_1 et celle de B_2 qui gardait lors du demi-jour précédent. Lorsque nous avons analysé les petits dessins faits sur fond de carte au 1/2 000 par les trois bergers, il est apparu que, durant la période 1, B_2 s'organisait déjà pour exploiter toute la gamme possible des «zones» MENU, alors que B_3 n'arrivait à utiliser ni les «modérations», ni les «mises en appétit».

Durant les derniers 24 jours (période 2, fig. 8), il n'y eut aucune différence significative (p > 0,05) entre la réussite des trois bergers, car le processus d'apprentissage de B_3 était apparemment terminé.

Conclusion

Pour un berger s'organisant avec l'appui de MENU, ce sont les différentes zones, portions d'espace à enchaîner au cours du circuit, qui constituent les « aliments » du troupeau, à associer judicieusement et deux fois par jour dans la ration. Leur superficie est fonction de l'effectif et de la grégarité du troupeau : plusieurs zones peuvent être identifiées pour un troupeau de 40 chèvres, sur un espace ne comportant qu'une seule zone pour un effectif de plus de 1 000 moutons. Ces zones sont fréquemment composées de plusieurs communautés végétales, ainsi que leurs lisières, et c'est une analyse de l'ensemble du territoire dont dispose le berger qui permet de les identifier et d'en saisir les fonctionnalités, par une approche qui relève, en science, plutôt de l'écologie du paysage que de l'agronomie des parcelles fourragères.

Aucune des zones à associer dans un circuit de garde n'a de valeur locale intrinsèque, qu'il serait possible de prédire de façon fiable à l'aide des relevés phytoécologiques ou de mesures de biomasse et valeurs nutritives des plantes. Il n'est donc pas pertinent de qualifier cette valeur du strict point de vue des végétaux présents, comme c'est généralement encore le cas pour le conseil technique pastoral, suite aux habitudes acquises en prairies cultivées et clôturées. En France et ailleurs, sont produites des cartes de valeur pastorale de territoires de bergers, ayant la forme d'un ensemble de polygones juxtaposés et identifiés à l'aide de photographies aériennes ou de signaux satellitaires. À chaque polygone est attribuée une valeur, généralement exprimée en unité de « chargement optimum » (nombre recommandé de têtes de bétail par unité de surface). Mais en réalité, la valeur des zones utilisées par un berger est de nature relative et instantanée, fonction de l'efficacité de l'enchaînement organisé en cours de circuit et de son effet synergique probable sur la motivation du troupeau à ingérer les ressources au cours du repas. Un polygone (A) n'aura de valeur que si son utilisation suit celle de (B), et ceci dans le bon ordre au cours du repas.

La valeur alimentaire d'un territoire de berger est directement fonction de la motivation du troupeau à y manger plus ou moins abondamment. Elle est donc à considérer comme une valeur construite par le berger, en vertu d'organisations appropriées. Les temporalités du processus d'alimentation en sont la clef.

Dans l'interaction berger-troupeau-ressources, il y a quatre processus temporels emboîtés : 1) éducation préalable pour la reconnaissance de toutes les ressources comestibles (années) ; 2) modulation du référentiel alimentaire pour une anticipation appropriée des ressources probables en saison (mois, semaines) ; 3) ordonnancement de l'accès aux ressources mises à disposition au cours d'un circuit (heures) ; 4) création de valeur alimentaire globale par stimulation de l'appétit suite aux effets synergiques entre phases du repas (minutes).

D'un même territoire, avec un troupeau de même espèce, race et effectif, deux bergers ne tireront pas la même valeur d'usage, ne feront pas ingérer les végétaux avec le même appétit, selon leur capacité de conception préalable et d'ajustement de leurs circuits. En matière de diagnostic pastoral, c'est donc des fonctionnalités spatiales des différentes zones alimentaires dont il faut rendre compte, sur des territoires polarisés et vectorisés par les circuits de garde.

Le modèle MENU a été conçu, avec l'aide de bergers et chevriers professionnels, avant tout comme un moyen d'apprendre à observer un troupeau et à agir avec lui plus pertinemment pour ce qui concerne son alimentation. MENU ne consiste nullement en une prescription technique, à appliquer aveuglément dans un objectif de standardisation ou banalisation des pratiques individuelles de gardiennage. Pour son application, il s'adresse avant tout à deux types de praticiens : des bergers novices en apprentissage ; des bergers déjà plus expérimentés, mais confrontés à la nécessité de faire manger aussi des ressources plus grossières que celles dont ils ont l'habitude (cf. «espace-cible» au centre du modèle). Suite à nos expériences, nous pouvons, en guise d'ultime conclusion, témoigner ici des diverses façons dont des bergers ont réagi suite à notre exposé des principes de MENU.

Durant plusieurs années, nous avons été conviés à présenter MENU à des bergers engagés dans des formations qualifiantes pour adultes et qui ignoraient jusqu'alors nos travaux. À la suite de nos exposés, nous avons observé quatre types de réactions :

– un berger nous a accusés de *«piller les savoir-faire»*. Il a immédiatement reçu une réponse ferme de plusieurs de ses collègues, lui disant que MENU contribue plutôt à légitimer la pratique du gardiennage : il en explicite la part technique. Ce qui contrebalance l'image devenue parfois désuète et folklorique du métier (voir également chapitres 2 et 15) ;

– des bergers nous ont dit que *«ça se passe tout à fait comme ça chez nous !»* (sous-entendu : vous ne nous apprenez rien !). Puis ils ont ajouté : *«mais vous le dites avec vos mots à vous* (de scientifiques)*, vous mesurez les quantités mangées, et ça, ça nous conforte dans l'idée qu'on fait bien, même si c'est du boulot en plus»* ;

– des bergers sont restés très dubitatifs, en raison du fait que, selon eux, MENU *«ça signifie rester collé la journée au cul du troupeau»*, c'est-à-dire une façon d'agir qu'ils ne désirent pas adopter ;

– beaucoup se sont montré intéressés, posant des questions auxquelles nous n'avons pour la plupart pas su répondre, tant la diversité des conditions locales de gardiennage est grande. Ils ont presque toujours conclu par : *«On va essayer !»*. Pour nous, chercheurs appréciant la pédagogie par l'action, «c'était gagné», car MENU avait suscité chez eux une nouvelle curiosité, un désir de peut-être développer davantage leurs compétences professionnelles.

Remerciements

Je ne remercierai jamais assez toutes celles et tous ceux des bergers et chevriers ayant contribué à nos enquêtes, observations et expérimentations, puis ayant pour beaucoup initié et accompagné la maturation lente de MENU. Tous se sont rendus disponibles avec entrain, comme s'ils n'avaient que ça à faire de leurs journées. Je salue donc tout particulièrement ici : Nicole Amsaleg, Catherine Arnaud, Robert Arnaud, Marie-France Bénistant, Michelle Gascoin, Mick Gascoin, Clément Gaubert, Jean-Marie Gautier, André Leroy, Gérard Loup, Marie-Hélène Marino, Jean-Louis Meurot, Sophie Rosenberger, Francis Surnon, Julien Valade, Marie Vernerey et Bruno Vidal.

Je tiens à remercier aussi les stagiaires ayant accepté de se lancer avec moi dans cette aventure, munis d'un magnétophone, d'un chronomètre, de bonnes chaussures et d'une motivation remarquable : Philippe Maître, Charles Ouedraogo, Olivier Poty, Caroline Viaux et Jean-Jacques Waelput.

Enfin, je remercie très sincèrement ici mes collègues zootechniciens, écologues, biomathématiciens, géographes, agronomes et pédagogues, ayant accepté d'épauler ces recherches à risque, car aux frontières de plusieurs disciplines : Claude Béranger, Chantal Blanc-Pamard, Joseph Bonnemaire, Claude Bruchou, Jean-Paul Chabert, Joël Chadoeuf, Jean-Pierre Deffontaines, Bernard Dravet, Philippe Faverdin, Bernard Hubert, Étienne Landais, Hubert Mazurek, Philippe Miellet, Gilbert Molénat, Pierre Morand-Fehr, Pierre-Louis Osty, Jean-Louis Peyraud, Daniel Sauvant, Pascal Thinon et Bertrand Vissac.

Bibliographie

AGREIL C., MEURET M., 2004. «An improved method for quantifying intake rate and ingestive behaviour of ruminants in diverse and variable habitats using direct observation», *Small Ruminant Research*, 54/1-2, 99-113.

AGREIL C., MEURET M., FRITZ H., 2005. «Foraging on varied and variable environments : adjustment of feeding choices and intake in domestic sheep». *In :* BELS V. (ed), *Food and Feeding : From structure to behaviour*, CABI Pub., Wallingford, UK, New York, USA, 302-325.

BAUMONT R., 1989. *État de réplétion du réticulo-rumen et ingestion des fourrages : incidence sur le contrôle de la quantité de foin ingérée par le mouton*, thèse de doctorat, Institut national agronomique Paris-Grignon, 159 p.

BAUMONT R. *et al.*, 1999. «Une démarche intégrée pour prévoir la valeur alimentaire des fourrages pour les ruminants : PrévAlim pour INRAtion», *Inra Productions animales*, 12, 183-194.

JARRIGE R. (coord.), 1988. *Alimentation des bovins, ovins et caprins*, Inra éditions, Paris, 471 p.

KAUFFMAN J.-C., 1996. *L'entretien compréhensif*, éditions Nathan Université, collection Sociologie, 128, 126 p.

LANDAIS E., DEFFONTAINES J.-P., 1988. *André L. : un berger parle de ses pratiques*, doc. Inra SAD Versailles, 111 p.

MAÎTRE P., 1991. Chevrier en forêt, mémoire BTS-Productions animales, LEGTA de Besançon, 109 p.

MEURET M., 1988. «Feasibility of in vivo digestibility trials with lactating goats browsing fresh leafy branches», *Small Ruminant Research*, 1, 273-290.

MEURET M., 1989. *Fromages, feuillages et flux ingéré*, thèse de doctorat de sciences agronomiques, Faculté de sciences agronomiques, Gembloux, Inra-SAD Avignon, 249 p.

MEURET M., 1993. «Piloter l'ingestion au pâturage». *In :* Landais E. (coord.), «Pratiques d'élevage extensif : identifier, modéliser, évaluer», *Ét. Rech. Syst. Agr. Dév.*, 27, 161-198.

MEURET M., 1997. «How do I cope with that bush ? : Optimizing on less palatable feeds at pasture using the MENU model». *In :* LINDBERG J. E., GONDA H. L., LEDIN I. (eds), «Recent advances in small ruminant nutrition». *Options Méditerranéennes*, A-34, 53-57.

MEURET M., BARTIAUX-THILL N., BOURBOUZE A., 1985. «Évaluation de la consommation d'un troupeau de chèvres laitières sur parcours forestier : méthode d'observation directe des coups de dents ; méthode du marqueur oxyde de chrome, *Annales de zootechnie*, 34, 159-180.

MEURET M., GIGER-REVERDIN S., 1990. «À comparison of two ways of expressing the voluntary intake of oak foliage-based diets in goats raised on rangelands», *Reproduction, Nutrition, Développement*, suppl. 2, p. 205.

MEURET M., VIAUX C., CHADOEUF J., 1994. «Land heterogeneity stimulates intake during grazing trips», *Annales de zootechnie*, 43, p. 296.

MEURET M., LANDAIS E., 1997. «Quoi de neuf sur les systèmes d'élevage ?». *In :* BLANC-PAMARE C., BOUTRAIS J. (coord.), *Thème et variations : nouvelles recherches rurales au Sud*, ORSTOM eds., Paris, 323-355.

MEURET M., DUMONT B., 2000. «Advances in modelling animal-vegetation interactions and their use in guiding grazing management». *In :* GAGNAUX D. *et al.* (eds.), *Livestock Farming Systems : Integrating animal science advances into the search for sustainability*, EAAP Pub., Wageningen Pers., 97, 57-72.

Meuret M., 2010. «Des troupeaux dans la broussaille : un comportement inattendu qui incite à changer de paradigme scientifique». *In :* Burgat F. (dir.), *Penser le comportement animal : contribution à une critique du réductionnisme*, éditions Maison des sciences de l'homme, éditions Quæ, coll. Natures sociales, 223-252.

Miellet P., Meuret M., 1993. «Savoir faire pâturer en S.I.G.», *Mappemonde*, 2/93, 12-17.

Morand-Fehr P., Sauvant D., 1988. «Alimentation des caprins». *In :* Jarrige R. (coord.), *Alimentation des bovins, ovins et caprins*, Inra éditions, p. 293.

Morley F.H.W., 1981. «Grazing animals». *In :* Neimann-Sorensen A. & Tribe D.E. (eds.), *World animal science B1*, Elsevier éditions, 411 p.

Ouedraogo C., 1991. Cinétique d'ingestion par des chèvres laitières au pâturage : étude dans deux exploitations en région méditerranéenne, DAA Productions animales et fourragères, ENSA de Rennes, 72 p.

Provenza F.D., 2003. *Foraging behavior : managing to survive in a world of change. Behavioral principles for human, animal, vegetation, and ecosystem management.* Utah State Univ., Logan, UT, USA, 63 p.

Provenza F.D., Villalba J.J., 2006. «Foraging in domestic vertebrates : linking the internal and external milieu». *In :* V. Bels (ed), *Food and Feeding : From structure to behaviour*, CABI Pub., Wallingford, UK, New York, USA, 210-240.

Provenza, F.D., Villalba J.J., Dziba L.E., Atwood S.B., Banner R.E., 2003. «Linking herbivore experience, varied diets, and plant biochemical diversity», *Small Ruminant Research*, 49, 257-274.

Sauvant D., Baumont R., Faverdin P., 1996. «Development of a mechanistic model of intake and chewing activities of sheep», *Journal of Animal Science*, 74, 2785-2802.

Van Soest P.J., 1994. *Nutritional ecology of the ruminant*, 2ᵉ ed., Cornell University press, New York, USA, 476 p.

Viaux C., 1992. Par ici la relance !, DESS informatique, université d'Avignon, 58 p.

Yin R.K., 1994. *Case study research*, 2ᵉ ed., Sage Publications, Thousand Oaks, Californie.

PARTIE 4

Les bergers
et la conservation
de la nature

Le pâturage conduit par des bergers sur les sites des conservatoires d'espaces naturels

Francis MULLER et Michel MEURET

1. Que sont les conservatoires d'espaces naturels ?

Les conservatoires d'espaces naturels (CEN) sont des associations non gouvernementales sans but lucratif, qui ont été créées à partir des années soixante-dix sur l'ensemble du territoire français métropolitain[1]. À l'échelle d'une région, ou parfois d'un département, ces conservatoires ont pour but de contribuer à connaître, protéger, gérer et valoriser des espaces naturels ou semi-naturels remarquables. Ils achètent ou louent les terrains concernés, ou signent des conventions avec des propriétaires fonciers, collectivités ou autres ayants droit. Ils gèrent aussi de nombreuses réserves naturelles, nationales ou régionales. Enfin, ils interviennent fréquemment auprès des collectivités et administrations régionales ou départementales afin de les aider à définir et suivre les politiques publiques en faveur de la biodiversité.

En tant qu'associations, les CEN bénéficient d'adhérents, mais ceux-ci sont actuellement peu nombreux (8 400). L'habitude d'adhérer à des associations de protection de la nature est moins répandue en France que dans d'autres pays européens (Angleterre, Allemagne…). Par exemple, la Ligue pour la Protection des Oiseaux (représentante en France de *BirdLife International*) compte 43 000 adhérents (LPO, 2007), contre plusieurs millions au Royaume-Uni pour la *Royal Society for the Protection of Birds*. Le budget annuel des CEN est principalement issu de diverses subventions publiques : Union européenne, État et collectivités locales. Son montant actuel est de vingt-cinq millions d'euros.

---

1. Afin de faciliter la lecture, nous utiliserons ici le terme générique de « CEN » pour nommer tous les conservatoires ayant contribué à notre synthèse et dont le nom varie parfois selon les départements et les régions. Leurs noms exacts sont indiqués à la section des remerciements, en fin de chapitre.

En 1988, les CEN se sont fédérés en une fédération nationale, celle-ci ayant pour vocation de les représenter dans les instances de l'État (notamment le ministère de l'Environnement) et de mener des opérations d'envergure nationale. Citons par exemple le programme «LIFE pelouses sèches relictuelles de France» (1998-2001).

En 2006, 30 CEN employaient un total de 483 personnes (FCEN, 2007), dont une quinzaine de bergers salariés. Les CEN gèrent actuellement un total de 121 265 ha répartis en 2 058 sites, dont 8 700 ha sont leur propriété. La grande majorité des sites est ouverte au public, et plus de 700 sites sont équipés de panneaux ou plaquettes explicatifs, balisage de sentiers de découverte, etc.

Les espaces gérés par les CEN sont principalement des prairies naturelles, pelouses et landes sèches. Mais il y a également des zones humides (étangs, marais et tourbières), des forêts, des cordons dunaires littoraux, des grottes, etc. En ce qui concerne les choix de gestion, les équipes des CEN comptent d'abord sur leurs propres compétences ainsi que sur leurs conseils scientifiques respectifs. Mais il n'est pas rare que des relations s'instaurent également avec d'autres organismes, tels les conservatoires botaniques nationaux.

Les CEN gèrent actuellement 482 sites en convention avec 817 agriculteurs et/ou éleveurs. Une carte des 13 régions où le pâturage d'herbivores domestiques est conduit sur des sites gérés par les CEN est présentée figure 1. La surface totale de sites pâturés sous la responsabilité d'un ou de plusieurs bergers est actuellement de 5 476 ha, avec une très grande disparité entre régions : moins de 10 ha dans le Nord-Pas-de-Calais et en Champagne-Ardenne, contre plus de 2 500 ha en Provence-Alpes-Côte d'Azur. Le

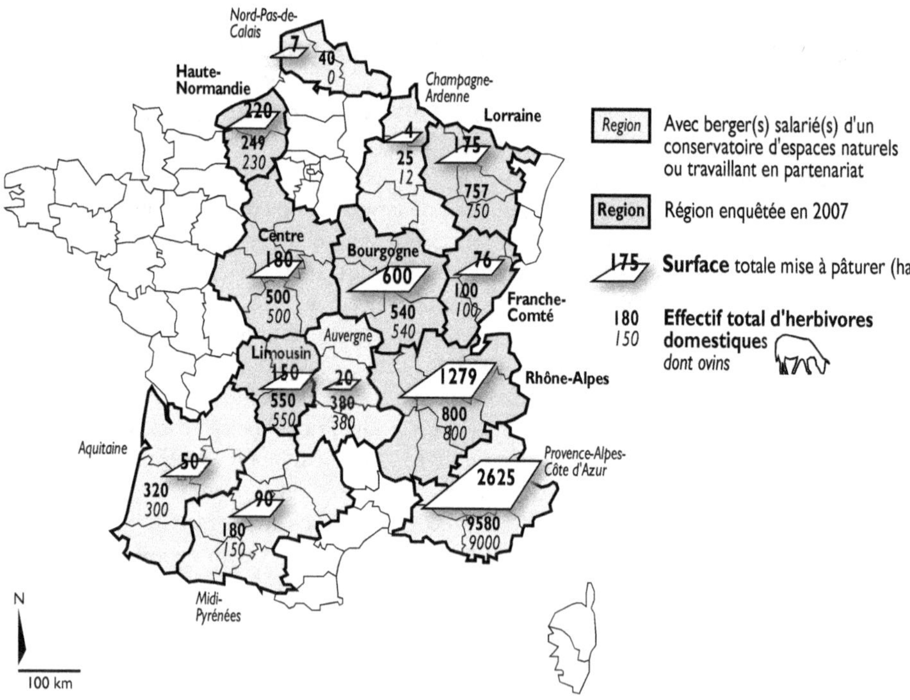

Figure 1. Surfaces et effectifs d'herbivores conduits par des bergers sur des sites de CEN. Sont distinguées les sept régions enquêtées plus précisément en 2007 en vue de cet écrit de synthèse.

nombre total d'herbivores mis à pâturer sur cet ensemble de sites est de 14 020, dont près de 95 % d'ovins. Les autres herbivores (non indiqués fig. 1) sont fréquemment des caprins, et plus rarement des bovins ou des équins. Sur l'ensemble des 13 régions, les CEN sont propriétaires d'un cinquième de l'effectif total ovin de 13 312 bêtes. Mais si l'on ne tient pas compte du cas exceptionnel de la région Provence-Alpes-Côte d'Azur, avec ses 9 000 ovins appartenant tous à des éleveurs (utilisateurs notamment des pâturages en réserve naturelle des Coussouls de Crau, voir chapitre 6), la proportion d'ovins appartenant à des CEN remonte à près de 60 %.

2. Les raisons de faire pâturer un site

Les CEN ont principalement à gérer des milieux dits «ouverts» et «semi-naturels», c'est-à-dire des milieux façonnés dès leur origine, il y a plusieurs siècles, voire millénaires, par des pratiques agropastorales. Aujourd'hui, ces pratiques ont été abandonnées, ou fortement réduites depuis des décennies, en raison de la diminution du nombre d'agriculteurs, mais aussi du repli généralisé de ceux qui restent sur les espaces favorables aux pratiques agricoles intensives (voir chapitre 1). Les milieux qualifiés en agriculture de «difficiles» ou «défavorisés» sont par conséquence soumis à des dynamiques spontanées et parfois rapides d'embroussaillement et d'accrus forestiers. La mission des CEN est alors de tenter de maîtriser au mieux ces dynamiques, afin de conserver des structures d'habitats favorables aux espèces appréciant les milieux ouverts ou en mosaïque. Parfois, vu l'état d'un site lorsqu'un CEN en prend la gestion, c'est plutôt de restauration écologique qu'il s'agit, tant le milieu ouvert ne l'est en réalité plus depuis longtemps (photo 1).

Photo 1. Un exemple d'état de pelouse sèche à restaurer, car trop envahie de prunelliers, genévriers et pins, au moment où un CEN en prend la gestion (© Michel Meuret/Inra).

2.1 Le débroussaillage mécanique s'avère peu respectueux des sites

Les premières opérations de restauration de sites trop embroussaillés avaient toutes eu recours au débroussaillage mécanique plutôt qu'au pâturage : gros broyeurs motorisés ou, lorsque la présence de rochers ou les fortes pentes en interdisaient l'usage, petits broyeurs portatifs. Plusieurs raisons à cela : 1) un engin peut se louer à la journée ou à la semaine et être remisé au garage lorsqu'il n'est plus utilisé, ce qui n'est pas le cas d'un troupeau, à nourrir et à surveiller tous les jours ; 2) il est facile de se procurer un engin, alors que la constitution d'un troupeau, de même que la négociation avec un éleveur, sont des opérations complexes ; 3) parmi les CEN, des agents maîtrisent ce type d'engin, alors qu'il n'y a souvent aucun animalier ou berger compétent dans l'équipe ; 4) la majorité des références scientifiques et techniques affirment que les troupeaux d'herbivores domestiques ne s'alimentent que d'espèces herbacées ; 5) hormis quelques chevriers, la plupart des éleveurs n'envisagent pas de confier leurs animaux pour qu'ils soient mis à pâturer sur des milieux aux ressources à ce point incertaines.

En plusieurs régions, les opérations de restauration par débroussaillage mécanique (photo 2) ont donc été nombreuses. Mais force a été de constater trois conséquences décourageantes : 1) les gros engins ne font pas travailler dans la nuance, et l'impact du chantier qui en résulte peut s'avérer dramatique, non seulement sur la faune et la flore, mais aussi visuellement au niveau paysager ; 2) le passage des engins peut être néfaste sur les sols et sur les banques de graines, et ceci y compris lorsqu'ils sont équipés de roues basse pression ; 3) le broyage ou la fauche stimule les repousses. Plusieurs CEN ont témoigné ainsi combien leur site, de prime abord bien éclairci, s'était vite transformé en une « prairie de repousses » de broussailles, parfois épineuses et toujours vigoureuses. Le

Photo 2. Une opération de restauration par débroussaillage mécanique à l'aide de gros engins s'avère souvent peu respectueuse de la qualité écologique des sites (© Nicolas Greff/Conservatoire Rhône-Alpes des espaces naturels).

travail étant à refaire fréquemment, ceci a conduit à rechercher d'autres solutions, si possible moins coûteuses et surtout plus pertinentes car respectueuses des sols et des habitats d'espèces.

Tant sur pelouses sèches que sur landes ou milieux humides, la logique des CEN a donc été alors de s'inspirer des pratiques anciennes ayant façonné les sites, donc d'y réintroduire du pâturage. La question était alors de décider à quel type d'herbivore recourir et comment organiser son pâturage ? Lors des premières initiatives, deux paradigmes se sont souvent confrontés.

2.2 Le « brouteur autonome » mis en difficulté

Le paradigme que nous qualifierons être celui du « brouteur autonome » a tout d'abord rencontré un large succès, suite notamment à la synthèse de Lecomte (1995), inspirée par des naturalistes du Muséum national d'histoire naturelle, à Paris. Il est fondé sur le postulat selon lequel les actuels animaux d'élevage ont quasiment perdu toute aptitude à vivre en plein air et à s'alimenter à partir de ressources naturelles. Il s'agit donc de recourir à des brouteurs quasi sauvages, similaires de ceux ayant existé avant la domestication (bovins Highland Cattle, brebis Soay, etc.). En misant sur la grande « rusticité » de ces animaux, il s'agit de les conduire à l'année dans de vastes enclos, avec un strict minimum d'intervention humaine : ni compléments alimentaires, ni soins vétérinaires. Cette démarche, attrayante au demeurant pour quiconque est issu du monde des naturalistes, a été tentée en diverses régions. Mais, sur les sites que les CEN ont à gérer, elle a assez vite trouvé ses limites :

1. les sites sont de petite taille, quelques dizaines ou centaines d'hectares, donc d'une surface bien insuffisante par rapport à ce qu'exigent des groupes d'herbivores sauvages ayant à réguler par la mobilité saisonnière (migration) des insuffisances locales en ressources alimentaires ;

2. les contenus des sites sont souvent d'appétibilité et de circulabilité très inégales (secteurs trop embroussaillés, inondables, etc.), ce qui incite les troupeaux à rester cantonnés sur les lieux les plus confortables, avec à la clef du surpâturage localisé et de l'infestation parasitaire, surtout lorsque le pâturage s'effectue en permanence et en toutes saisons dans un seul et unique enclos ;

3. le recours à ce type d'herbivores encourage la perception souvent négative de l'action du CEN par la société rurale locale (rappelons que la plupart de nos sites sont ouverts au public), aux yeux de laquelle des animaux, fussent-ils proches de leurs cousins sauvages, ne peuvent raisonnablement être laissés sur le site dans un état faible, voire proche de la mort, sans qu'il y ait intervention d'un éleveur responsable.

2.3 Les « brouteurs gestionnaires » et leurs diverses raisons d'être

Le paradigme que nous qualifierons être celui du « brouteur gestionnaire » a été privilégié par nombre de CEN, et surtout plus récemment. Il s'agit d'une approche nettement plus pragmatique, qui devient comparable aux pratiques des éleveurs utilisant des parcours dans le Sud de la France (Meuret *et al.*, 1995). Toutefois, elle cherche avant tout à concilier des objectifs de conservation ou de restauration d'un site avec des objectifs d'alimentation et d'état corporel satisfaisants des animaux, que ceux-ci soient propriété d'un CEN ou d'un éleveur sous convention.

S'inspirer de l'histoire des pratiques locales

L'histoire des pratiques agricoles locales est souvent source d'inspiration pour choisir de rétablir un mode de pâturage plutôt qu'un autre. En Haute-Normandie par exemple, le pâturage ovin itinérant sur les pelouses sèches des coteaux de Seine a été de tradition jusqu'au début du xxe siècle. La pratique abandonnée, les pelouses ont été dégradées par la colonisation d'espèces herbacées et arbustives à forte capacité de dominance. La remise en pâturage a été mûrement réfléchie, avec un accompagnement scientifique et en valorisant des expériences acquises par des CEN d'autres régions. Depuis 1995, un pâturage ovin itinérant est en place, mais la conduite du troupeau de 220 brebis a été ajustée en utilisant moins la garde par le berger et davantage les clôtures mobiles électrifiées. Cette technique permet aussi d'appliquer localement et brièvement, aux saisons adéquates, d'assez fortes pressions de pâturage, ce qui est nécessaire lorsqu'il s'agit de contenir l'envahissement par des graminées sociales et des arbustes.

Une volonté d'innovation se manifeste parfois également. Ainsi, la transhumance ovine a été inaugurée en bords de Loire en 2001 (région Centre), alors qu'elle n'y avait jamais été pratiquée jusqu'alors (photo 3). Pour le moins originale dans cette région, elle se révéla un support de communication inattendu mais très efficace auprès des riverains et des autres usagers des lieux, pour ce qui concerne notamment l'explication des objectifs de gestion conservatoire. La transhumance a également été réintroduite en Moselle (Lorraine).

Photo 3. Transhumance en bords de Loire organisée par le CEN. Pratique jusqu'alors inédite, mais devenue très populaire, elle facilite l'information des riverains et des autres usagers quant aux raisons de la remise en pâturage des bords du fleuve (© François Hergott/Conservatoire du patrimoine naturel de la région Centre).

Lorsque des arguments scientifiques confortent des expériences pratiques

Au début des années 2000, divers bilans dressés par la Fédération des CEN au sujet de la gestion conservatoire des sites mettaient en lumière certains constats empiriques (voir notamment Dupieux, 1998) : 1) des herbivores domestiques semblent pouvoir aider à maîtriser la dominance des broussailles, pour autant que les dynamiques végétales n'aient pas été préalablement perturbées par du débroussaillage mécanique; 2) contrairement aux engins, le pâturage n'homogénéise pas brutalement le milieu et, du fait du comportement alimentaire sélectif des herbivores, les espèces et habitats se diversifient au fil des années, ce qui s'avère très satisfaisant. Mais comment mieux étayer ces constats, car la grande majorité des références scientifiques et techniques postule que les herbivores domestiques ne s'alimentent que d'herbes?

C'est la raison pour laquelle la Fédération des CEN a très favorablement accueilli de nouvelles connaissances scientifiques, suggérant des façons de raisonner le pâturage «direct» sur milieux embroussaillés, c'est-à-dire sans recours préalable au débroussaillage mécanique (Colas *et al.*, 2002; Agreil *et al.*, 2005 et 2008). Des travaux de recherche de l'Inra, menés *in situ* chez des éleveurs, concluent en effet que des troupeaux de ruminants (ovins, caprins, bovins), de races banales, peuvent en réalité tirer un excellent profit alimentaire de mélanges comportant des herbes et des broussailles. Toutefois, deux principales conditions à cela : disposer d'animaux ayant appris dès leur jeune âge à pâturer sur de tels milieux; leur mettre chaque jour à disposition des communautés végétales diverses, et notamment des plantes comestibles dont le format permet de réaliser de grosses prises alimentaires et donc de consommer plus rapidement en cours de repas (Agreil et Meuret, 2007). Quant aux broussailles, il s'avère que la plupart d'entre elles ont une valeur alimentaire souvent comparable, voire supérieure, par rapport aux espèces herbacées (Meuret et Agreil, 2006). Sur les sites des CEN, il est donc profitable de chercher à préserver, ou à reconstituer, une «biodiversité alimentaire» composée d'herbes et de broussailles comestibles. Le débroussaillage mécanique n'est à utiliser qu'occasionnellement, afin de percer des portes dans les massifs trop épais ou épineux, de manière à inciter les animaux à y circuler.

Berger : un « nouveau métier » à encourager ?

Des CEN défendent l'idée selon laquelle les activités de berger seraient un «nouveau métier» à encourager. À première vue assez paradoxale, cette idée peut se comprendre si l'on tient compte du fait que de nombreux CEN sont situés dans le Nord et le centre de la France (fig. 1), régions où domine aujourd'hui une agriculture très artificialisée et industrialisée. Les pratiques de gardiennage par des bergers n'y sont donc plus d'actualité depuis soixante-dix à cent ans. Lorsqu'il reste des troupeaux ovins, ceux-ci sont très prolifiques, donc très exigeants, essentiellement nourris en bâtiments et sur prairies cultivées. L'activité du berger se limite ainsi à faire brouter l'herbe au stade feuillu de meilleure qualité, à contrôler l'état de santé, la distribution d'eau, de sel et d'aliments concentrés, et surtout à vérifier l'état des clôtures. C'est la raison pour laquelle, en région Limousin par exemple, l'idée de recruter des bergers pour faire pâturer sur milieux naturels apparaissait encore il y a une quinzaine d'années pour le moins extravagante, ou très marginale. Ceci avait pour conséquence de rendre difficile le recrutement de jeunes bergers locaux prêts à se lancer dans l'aventure. Mais récemment, et peut-être suite aux épisodes récurrents de sécheresse ayant occasionné bien du souci et des pertes financières aux éleveurs n'utilisant que des prairies, les regards se tournent aussi vers les ressources des pelouses naturelles, des landes et des sous-bois. Comme le confirme également le CEN de Bourgogne, l'idée de remettre en pâturage ces milieux naturels ferait son chemin, y compris dans des régions où les éleveurs n'y ont plus eu recours depuis plusieurs décennies.

Autres raisons

Bien d'autres raisons peuvent conduire un CEN à recourir au pâturage pour gérer un site, et nous n'allons pas toutes les énumérer. Parfois, le CEN reprend à son compte une initiative d'élus ou d'éleveurs, par comme par exemple sur les rives de la Loire, où le CEN du Centre a accompagné le projet conçu par l'Association pour le pastoralisme dans le Loiret. À l'opposé, l'initiative provient parfois d'une sensibilité personnelle des responsables d'un CEN. Soit, ils ont été convaincus de la pertinence du pâturage lors de visites thématiques organisées en France ou à l'étranger. Soit, ils ont eu une expérience personnelle très favorable, qu'ils tiennent à reproduire dans le cadre des activités du CEN. Le pâturage n'est plus seulement alors un moyen de gestion, il devient un objectif en soi, à situer aux côtés de ceux liés à conservation du site.

3. Caractéristiques des sites avec berger

3.1 Caractéristiques communes

Des mosaïques de communautés végétales aux dynamiques variées

Les sites gérés avec l'aide d'un berger sont pour la plupart des terres agricoles abandonnées par l'élevage et le pâturage depuis plus ou moins longtemps. Ils comportent des pelouses naturelles et des landes, mais aussi des prés humides, certains inondables, alluviaux, ou parfois situés en périphérie immédiate d'une tourbière.

Avant remise en pâturage, la plupart des sites se présentent sous la forme de mosaïques de communautés végétales à des stades d'embroussaillement très divers : arbustes isolés sur pelouse, massifs plus ou moins continus et contigus, landes à divers stades de fermeture, «ourlets forestiers» ou bosquets. Selon la nature des sols, du microclimat, mais aussi en fonction des espèces à capacité de dominance, les dynamiques de colonisation peuvent être lentes (dix à quinze ans avant d'atteindre un stade jugé néfaste aux habitats d'espèces sur une lande sur sol squelettique) ou rapides (deux à quatre ans sur d'anciennes terres cultivées en sol profond). Et comme la plupart des sites comportent également de nombreux secteurs qui furent cultivés durant des siècles, le sol ayant été alors manuellement épierré et amendé, il est fréquent que les dynamiques diffèrent considérablement à seulement une dizaine de mètres de distance.

De petits espaces au foncier morcelé

La majorité des sites présente deux contraintes majeures : une superficie réduite, parfois juste quelques hectares, et surtout un important morcellement foncier. Nombre de CEN ont à gérer de véritables «chapelets» d'espaces, localisés pour la plupart, relégués pourrait-on dire, en marge de ceux occupés à présent par les grandes cultures, les prairies, les forêts de production et l'urbanisation (photo 4). Or, pour qu'un éleveur y trouve son compte afin de mener un lot d'animaux d'effectif suffisant et, qui plus est, pour qu'un berger puisse s'organiser afin de bien utiliser les ressources au fil des saisons, la surface totale à faire pâturer doit être de 100 ha minimum, aux dires du berger du CEN de Lorraine. Lorsque la surface totale est disponible, il reste parfois nécessaire de consacrer plus de temps avec le troupeau sur les routes que dans les parcelles, ceci afin de réussir à enchaîner le pâturage sur un ensemble de terrains très dispersés. Dans ce cas, le travail du berger n'est souvent plus viable et la solution devient la conduite de petits lots d'animaux appartenant au CEN, distribués sur les différents terrains et menés en toutes saisons dans des parcs clôturés.

Photo 4. Vue aérienne du site Natura 2000 du Puy d'Ysson en Auvergne (cf. périmètre en pointillés), exemple typique d'un petit espace géré par un CEN à l'aide du pâturage, ceinturé par des bois cultivés, des cultures de céréales et de l'urbanisation (d'après Golé S., 2002). Photo © IFN 1999, couverture Puy-de-Dôme infrarouge couleur.

Quel type d'herbivores choisir ?

En théorie, le choix du type d'herbivore doit se faire au cas par cas, en considérant l'état du site et les connaissances sur les aptitudes comparées des espèces et des races. Il est recommandé de recourir aux caprins pour un site très embroussaillé, ou aux bovins et équins pour un site couvert d'herbes grossières. Des animaux légers doivent être privilégiés sur un site accidenté, avec de fortes pentes, des rochers ou des sols fragiles. Il est recommandé de faire pâturer plusieurs espèces, en simultané ou en succession, de manière à assurer une complémentarité des choix alimentaires et des impacts.

En pratique, ce sont surtout des ovins qui ont été réintroduits (fig. 1), avec quelques cas d'association avec des bovins, équins ou caprins. Il y a plusieurs raisons : un moindre coût d'achat et d'entretien lorsqu'il faut se constituer un troupeau ; *a priori* une plus grande facilité pour le maniement et le transport ; moins de soucis qu'avec les caprins pour ce qui concerne les clôtures ; une plus grande facilité à trouver des éleveurs intéressés, les éleveurs bovins restant en majorité très réticents face aux pâturages peu conventionnels des CEN.

L'association de plusieurs espèces complémentaires est une option confrontée à des difficultés. D'abord, et ceci contrairement à d'autres pays européens (Irlande ou Écosse notamment), et avec quelques exceptions (dont le Pays Basque français), les éleveurs français, dans leur majorité, se sont spécialisés sur une espèce de bétail. Ils sont donc très peu disposés à mélanger avec des animaux non issus de leur élevage, notamment pour raisons sanitaires. Ensuite, il est fréquent qu'un berger habitué à garder des ovins supporte assez mal de devoir aussi mener des chèvres, et dans une moindre mesure des génisses ou des bœufs. Ce n'est pas le cas avec des ânes ou des chevaux, compagnons habituels des troupeaux ovins, notamment les transhumants.

Pour ce qui concerne les races animales, le choix de plusieurs CEN a été guidé par le désir de contribuer à la sauvegarde de celles dites «menacées», ou «à petit effectif», ayant tendance à disparaître en France au profit de quelques races dites «améliorées» pour l'élevage intensif. C'est une forme de biodiversité, cette fois domestique, dont les caractéristiques génétiques, comportementales et même culturelles, sont également à conserver. En Haute-Normandie par exemple, le berger a choisi de remplacer les moutons Mergelland du CEN, originaires des Pays-Bas, par des moutons Solognots plus rustiques, ces derniers s'attaquant davantage aux broussailles et mobilisant mieux leurs réserves corporelles en période de faibles disponibilités alimentaires.

Enfin, pour ce qui a trait aux performances zootechniques, la plupart des CEN interrogés considèrent que cet enjeu reste secondaire. Seuls quelques-uns, dont les CEN Rhône-Alpes et Limousin, ont pour objectif de diminuer leurs coûts de gestion des sites grâce à un revenu tiré de la vente d'agneaux. Même si l'enjeu est secondaire, ceci ne signifie pas pour autant que la reproduction du troupeau se déroule au hasard. Pour tous les CEN, il s'agit d'assurer au fil des années le renouvellement des individus devenus trop âgés, voire une augmentation progressive de l'effectif. Il leur faut donc s'organiser pour que les naissances interviennent au moment où les sites sont aptes à accueillir les mères et leurs jeunes. Aucun CEN ne désire investir, comme le font souvent les éleveurs, dans l'élevage des agneaux en bâtiment et à partir d'aliments achetés.

Lorsque le troupeau est propriété du CEN, l'idée première est de respecter les cycles naturels de reproduction. Mais ceci rentre parfois en contradiction avec l'objectif de restauration des sites par le pâturage. Par exemple, une mise à la reproduction des brebis adultes en septembre ou octobre fait naître les agneaux en février ou mars, date à laquelle les conditions météorologiques sont parfois encore trop rigoureuses. De plus, ceci ne permet pas de faire pâturer les sites embroussaillés dès le mois d'avril, c'est-à-dire lorsque les agneaux sont encore très jeunes et leurs mères fort occupées à les allaiter. Des formules de compromis sont ainsi à trouver au cas par cas, et c'est là que le savoir-faire d'éleveurs locaux et de bergers expérimentés s'avère précieux, aucun CEN n'ayant l'intention de recourir à la solution du troupeau de mâles castrés.

Des calendriers de pâturage à améliorer

Les calendriers de pâturage des sites demeurent souvent assez rudimentaires. Ils privilégient les saisons où la plupart des ressources sont attractives pour le troupeau, y compris les herbes et les arbustes à forte capacité de colonisation. Les CEN avaient pris l'habitude de maintenir assez longuement le troupeau dans un grand parc clôturé (voir précédemment, le paradigme du «brouteur autonome»). En Limousin par exemple, le CEN maintient encore aujourd'hui le pâturage sur un même parc durant six à sept mois, alors qu'il est limité à un ou deux mois chez les éleveurs de la région. Cette pratique de longs séjours du troupeau est critiquée par plusieurs bergers recrutés ou associés aux CEN. Ceux-ci argumentent de la lassitude des animaux vis-à-vis des ressources, mais aussi du risque sanitaire. Plusieurs ont ainsi proposé des calendriers de pâturage plus diversifiés. En Lorraine notamment, le berger du CEN a préconisé d'associer sur chaque site, selon les saisons et les conditions climatiques, des périodes en gardiennage et des périodes où les brebis sont ramenées sur les mêmes sites, mais cette fois en clôtures électrifiées mobiles à ajuster selon l'état des ressources et des besoins alimentaires.

Qui va « faire le berger » ?

Lorsqu'un CEN décide de travailler avec un berger, il s'agit d'abord de décider si ce berger sera recruté et salarié par le CEN (gestion dite «en régie»), ou si le CEN fera appel à un éleveur-berger déjà installé dans les environs (gestion dite «en convention»). Nous reviendrons plus loin sur les avantages et inconvénients administratifs et juridiques des deux formules, mais signalons que la tendance actuelle est de chercher à conventionner avec un éleveur-berger. Dans ce cas, soit c'est l'éleveur qui fait office de berger, soit un berger est déjà salarié par cet éleveur, soit l'éleveur recrute et salarie pour l'occasion un berger.

Dans la plupart des cas, lorsque le CEN est propriétaire foncier d'un site, mais que le berger n'est pas l'un de ses salariés, les terrains sont gratuitement mis à disposition. C'est également le cas lorsque les terrains sont propriété communale. Lorsqu'un loyer de pâturage est demandé, il est peu élevé afin de rester attractif au regard des exigences de gestion du site par le pâturage. En Bourgogne par exemple, le CEN n'est pas propriétaire, mais il doit assurer la gestion d'un ensemble de pelouses sèches sur coteaux calcaires, et aussi des prairies alluviales distantes de plusieurs dizaines de kilomètres. Pour cela, le CEN a passé deux conventions : l'une avec les communes propriétaires de la majorité des terrains, et l'autre avec l'éleveur-berger.

D'autres formules d'emploi du berger existent également, comme par exemple à Villécloye (Lorraine), où le berger, devenu employé communal, travaille dans le cadre d'une convention entre la commune et le CEN. À Champlitte (Franche-Comté), aucun éleveur local ne souhaitant s'engager sur le site et, de son côté, le CEN ne désirant pas avoir à s'occuper d'un troupeau, l'objectif a été d'aider à l'installation agricole d'un jeune éleveur-berger. Son accès au métier a été favorisé par une première phase de salariat en tant que berger du CEN. En Bourgogne par contre, un éleveur-berger souhaitant s'installer localement a été vite repéré. Son installation a été favorisée, tant administrativement qu'économiquement, par la mise à disposition de 400 ha de pelouses par le CEN.

Le souci des clôtures

Même si le gardiennage du troupeau est privilégié, les clôtures représentent un souci potentiel et un coût financier important. Des clôtures mobiles sont utilisées pour le regroupement nocturne du troupeau. Elles doivent être fréquemment déplacées par le berger afin d'éviter que les déjections ne s'accumulent et dégradent le site par un excès d'apport organique. La pose de clôtures fixes est refusée dans certains cas par les propriétaires privés des terrains, mais aussi par les chasseurs. Sur des sites gérés en convention, des CEN ont constaté que les clôtures fixes, même lorsqu'elles sont très discrètes, restent assimilées par les autres usagers des lieux à une privatisation inacceptable. C'est moins le cas avec des clôtures mobiles et ce ne l'est plus avec un berger pratiquant la garde (voir chapitre 15).

3.2 Singularité de certains sites

Certains sites pâturés à l'initiative d'un CEN présentent de fortes singularités. C'est le cas du site circonscrit dans le périmètre du camp militaire de La Valbonne, situé dans la plaine de l'Ain à l'est de la ville de Lyon (voir chapitre suivant). D'une surface continue de 1 350 ha, il a été confié en gestion au CEN Rhône-Alpes, qui a acheté pour l'occasion un troupeau de 400 brebis, puis salarié un berger. Ceinturé par des cultures de maïs et de blé, des villages, routes, autoroutes et industries, ce site est composé majoritairement de pelouses sèches, dont 400 ha sont trop embroussaillés. Il y a également 100 ha de bois de feuillus. Le berger, contraint par le calendrier hebdomadaire des tirs d'exercices militaires, conduit actuellement le troupeau dans une succession de grands parcs temporaires, chacun étant utilisé durant quinze à vingt-cinq jours d'affilée et l'ensemble ne couvrant qu'un quart de la surface totale pâturable. Le berger constate que les brebis apprécient beaucoup les broussailles, mais il craint que ce «capital de nourriture» s'épuise au bout de quelques années. Il serait envisageable que demi-journées en parcs et à la garde soient associées, avec des circuits de garde combinant pelouses, friches et passages dans les sous-bois. Ceci devrait permettre de tirer un meilleur profit de la diversité des ressources du site, diversité qui ne peut être trouvée dans les parcs qui, même s'ils sont de grande taille, sont parfois considérés comme trop monotones par le berger.

En région Centre, un site en bords de Loire est tout aussi singulier. D'une superficie de 1 200 ha pâturables, il est étiré sur 150 kilomètres de rives du fleuve, y compris des grèves. Son état d'embroussaillement prononcé nécessite d'appliquer quasiment partout une pression de pâturage accentuée mais brève. Trois bergers salariés s'y sont attelés avec des troupeaux de 200 à 300 brebis chacun, et ceci malgré toutes les contraintes. L'ensemble relève de la réglementation s'appliquant au domaine public fluvial, qui interdit notamment la pose de clôtures fixes. Le fleuve est sujet à des crues fréquentes et inopinées, qui inondent non seulement les rives mais aussi les espaces limitrophes. C'est le lieu de prédilection d'une kyrielle d'autres usagers : pêcheurs, ornithologues amateurs, randonneurs à pieds ou en quads, pique-niqueurs, etc. Les trois bergers réussissent à jongler avec toutes ces contraintes. Par leur action de débroussaillage ciblé avec le troupeau, ils contribuent à la restauration des prairies et des pelouses, mais aussi au meilleur écoulement des eaux du fleuve.

4. Le cahier des charges de pâturage

Un cahier des charges rédigé par le CEN constitue le document de référence du berger ayant à travailler sur un site. Sa rédaction doit être claire et accessible, ce qui n'est pas toujours le cas, car elle peut en réalité relever d'un compromis entre les diverses opinions, parfois contradictoires, des rédacteurs ou des conseillers scientifiques. Souvent, quelques points du cahier des charges sont strictement imposés, comme par exemple le non-recours à des traitements antiparasitaires nuisibles à la faune du sol, ou un recours limité et tardif dans l'année. Parfois, le berger est sollicité pour la rédaction du cahier des charges, notamment afin de donner son avis au sujet du zonage du site : a) ce qui peut être pâturé en l'état ; b) ce qui nécessite des travaux préalables : équipements, débroussaillages ponctuels, localisation de «mises en défens» pour éviter la concentration du troupeau sur des portions du site à très haute valeur biologique. Cette question du zonage approprié dépend beaucoup du berger et de son expérience préalable. Elle peut donner lieu à conflit, dans le cas où le CEN se verrait bien inclure toutes les zones, y compris celles très embroussaillées ou trop difficilement accessibles au troupeau.

Il n'est pas rare qu'un cahier des charges soit, à la première lecture, d'allure assez décourageante pour un berger. Deux raisons à cela : d'une part, peu d'informations sont données quant à la conduite pastorale adéquate, car les principaux rédacteurs manquent souvent d'un avis autorisé et laissent donc beaucoup de latitude au berger ; d'autre part, la liste des contraintes à respecter est souvent longue et détaillée. Par exemple : se contenter des bâtiments d'élevage existants, même s'ils sont très rudimentaires ; s'interdire la pose de clôtures fixes sur certaines parcelles ; respecter strictement les dates de chasse en interrompant le pâturage ; se prémunir contre les chiens errants et les vols d'animaux à l'aide de chiens de protection Patou, etc.

Une contrainte supplémentaire apparaît, lorsque le berger est invité à tenir un «carnet de pâturage» précisant l'effectif des animaux mis à pâturer, les dates et les différentes zones utilisées. Ceci a pour but d'alimenter le relevé de terrain des impacts du pâturage, effectué par les salariés du CEN ou leurs stagiaires.

En réalité, cette dernière contrainte n'est pas toujours vécue comme telle par le berger. Ceci lui permet d'argumenter, exemples à l'appui, de ce qu'il est possible de réaliser avec un troupeau et du choix de sa conduite pastorale, ceci auprès d'interlocuteurs qui, généralement, ont à ce sujet beaucoup à apprendre. En Lorraine par exemple, le berger a choisi de noter divers éléments observés sur le troupeau et les végétations, en plus de sa réalisation d'une carte de «pression de pâturage» (voir chapitre 4). Ceci est très utile pour un berger, car les CEN, ou du moins leurs conseillers scientifiques, souhaitent parfois obtenir un impact du pâturage très «ciselé» : conserver la présence de telle plante rare ici, de tel insecte là, éliminer cette espèce d'arbuste, mais conserver cette autre. Or, en pratique, le pâturage ne peut répondre à ces consignes, qui s'apparentent à du jardinage.

5. Les bergers

Sur un site de CEN, un travail bien mené par un berger permet d'atteindre des objectifs qu'une conduite en parcs clôturés ne permet pas. La compétence professionnelle et la personnalité du berger en font une personne-clé, car de ses expériences et de sa pratique dépendra la bonne conservation ou restauration du site qui lui est confié.

5.1 Trouver un berger qualifié ?

Il n'est pas toujours facile pour un CEN, notamment en région de plaine, de réussir à trouver un berger ayant une expérience du travail sur parcours, qui soit motivé à devoir parfois garder sur des surfaces réduites et dispersées, et qui sache conduire un troupeau avec toute la finesse requise, y compris sur milieux embroussaillés. Ceci a parfois empêché la réalisation de projets de pâturage avec berger, et fait recourir aux parcs clôturés.

Un berger trouve généralement auprès d'un CEN des conditions de travail qu'il apprécie, car en pleine nature et avec un assez grand degré de liberté dans la conduite du troupeau. Ainsi, les bergers employés sur La Côte de Delme (Lorraine) se disent «*satisfaits dans les grandes lignes*», même s'ils regrettent de devoir travailler sur «*des surfaces un peu étriquées*».

Par contre, le travail du berger sera différent de ce qu'il est d'habitude auprès d'un éleveur. L'attention à accorder aux animaux sera du même ordre, notamment pour ce qui concerne leur état sanitaire, mais il est certain que le travail n'aura pas comme finalité première le niveau de production zootechnique. Avec un CEN, il y aura dans tous les cas à concilier deux objectifs : 1) alimenter correctement le troupeau au pâturage afin d'assurer un bon état physiologique, y compris aux périodes de reproduction et d'allaitement; 2) orienter le pâturage afin d'atteindre les objectifs de conservation ou de restauration du site. C'est bien le second objectif qui justifie le recrutement du berger, mais le premier doit garder toute son importance, car les troupeaux de CEN ne sont pas uniquement des «débroussailleurs écologiques». Il en va de la crédibilité des CEN vis-à-vis de la société locale, et pas uniquement de sa composante agricole. Mais il en va aussi et surtout de la motivation du berger à remplir sa fonction. Car tout berger, même lorsqu'il devient salarié d'un CEN, doit rester «fier de son troupeau».

5.2 Deux cultures professionnelles à partager

Berger et CEN ont souvent une culture professionnelle d'origine bien différente. Les préoccupations du berger concernent avant tout le troupeau. Le personnel du CEN se préoccupe surtout du site, de ses ressources biologiques et patrimoniales. Sans risquer la caricature, nous pouvons affirmer que même les langages respectifs sont parfois difficiles à traduire. Tous parlent français, mais il est fréquent que le personnel du CEN, lorsqu'il mentionne des espèces ou les habitats du site, ponctue ses phrases de noms scientifiques tirés du latin. Il est aussi fréquent que le berger utilise son jargon professionnel. Il faut prendre alors le temps d'expliquer que, par exemple, les «*empoussées*» (du berger) sont les brebis dont l'état de la mamelle indique qu'elles vont mettre bas d'ici un mois environ, ou que les «*ourlets à* Brachypodium pinnatum» (du CEN) sont des lisières de forêt couvertes de grosses herbes en touffes.

La tendance actuelle est de chercher à acquérir une culture partiellement commune. Celle-ci s'établit lorsqu'un temps suffisant peut être passé ensemble, d'où l'utilité d'une certaine stabilité des personnes, de part et d'autre. Mais le temps ne suffit pas toujours, car il faut aussi l'écoute et la volonté de se comprendre. Le berger doit pouvoir intégrer les préoccupations d'ordre naturaliste, le CEN celles liées au travail et aux contraintes techniques de l'élevage. Côté CEN, les conseillers scientifiques et le personnel administratif sont moins attentifs aux activités du berger que ne le sont les personnes en contact fréquent avec lui. Il s'avère donc bénéfique de confier à un chargé de mission «pâturage», même à temps partiel, le soin de mieux comprendre les raisons des préoccupations du berger (voir chapitre suivant).

La plupart des CEN enquêtés ont souligné le caractère très indépendant des bergers, que ces derniers soient salariés ou travaillent en convention. Le souhait d'indépendance leur apparaît inhérent au choix même du métier de berger. Mais lorsque le berger a été habitué à s'organiser, en été et en montagne, dans un relatif tête-à-tête avec le troupeau, la montagne et les intempéries, et qu'il se retrouve associé, en plaine et à l'année, à une équipe CEN qui ne connaît pas grand-chose à l'élevage, ceci peut engendrer de grosses difficultés. Pour le moins désorienté, le berger peut être encouragé à adopter un comportement décrit comme «sauvage» par certains CEN. Forger une relation de confiance mutuelle devient alors impossible.

Lorsque la relation se dégrade tant les incompréhensions sont grandes, il est utile de convoquer un intermédiaire issu du monde de l'élevage. À Champlitte par exemple (Franche-Comté), le contact et les discussions engagés avec un voisin éleveur de moutons ont bien aidé à débloquer une situation. Parfois, c'est au sein de l'équipe CEN que les ressources humaines *ad hoc* sont à trouver et à distribuer. En Bourgogne, un salarié CEN muni d'un diplôme de technicien supérieur en production animale est chargé à mi-temps des relations avec l'éleveur-berger, tandis qu'une chargée de mission scientifique veille à la pertinence de la gestion pastorale des sites et en assure le suivi naturaliste. En Rhône-Alpes, le salarié chargé des questions pastorales est aussi éleveur d'ânes.

Mais pour que s'instaure la confiance, les efforts doivent être réciproques et les *a priori* abandonnés. Souvent, le CEN est étiqueté d'emblée par le berger comme incompétent en élevage et pâturage. Ceci relève de ses qualités professionnelles, qu'il ne tient pas nécessairement à partager. Cependant, des CEN ont parfois eu à constater que des personnes s'étant annoncées berger ou bergère lors de leur recrutement étaient en réalité assez incompétentes en pâturage sur parcours. Elles n'avaient jusqu'alors travaillé qu'en élevage très industrialisé : en bâtiments, sur prairies semées et avec recours abondant aux aliments concentrés.

5.3 Les aspects administratifs et financiers

Le statut du berger reste une question épineuse. Lorsqu'un CEN salarie directement un berger, il s'ensuit une série de difficultés administratives, car ce type de personnel n'entre pas dans les catégories habituelles d'emplois au sein d'une association. L'administration publique est également perplexe au sujet des conditions de travail auxquelles soumettre le berger. Doit-il cotiser à la mutuelle sociale des agriculteurs? Comment concevoir des horaires de travail, en rapport avec les contraintes du métier, mais qui correspondent au cadre rigide de la législation sur le droit du travail? Comment qualifier de fréquentes périodes de disponibilité, avec surveillance parfois peu active, mais qui constituent toutefois une astreinte pour le berger? Comment tenir compte des nécessités d'interventions brèves dans la journée, mais réparties sur toute l'année, où le berger vérifie que tout se passe bien avec le troupeau? Les horaires journaliers, hebdomadaires ou annuels, peuvent être dans une certaine mesure adaptés, mais bien moins dans le cas d'un CEN que d'un employeur agricole. Le système d'annualisation, retenu par le CEN de Haute-Normandie, permet de passer en période d'agnelage jusqu'à 45 heures de travail par semaine.

Le remplacement du berger durant ses périodes de congés ou de maladie reste délicat. Ce sont parfois des collègues du CEN qui s'en chargent, ce qui comporte un risque lorsqu'une difficulté surgit, par exemple en période d'agnelage. L'organisation est évidemment plus commode lorsque plusieurs bergers travaillent au CEN et peuvent se relayer. Un CEN peut également faire appel à un berger intérimaire, en saison d'hiver notamment, mais ceci reste assez rare. En Lorraine, la compagne du berger titulaire, elle-même bergère, est employée quelques heures par semaine pour compléter les horaires nécessaires. Toutefois, la gestion des intérims ou des remplacements implique une quantité de formalités administratives supplémentaires.

Toutes ces difficultés font que c'est parfois la contractualisation avec un éleveur-berger qui est privilégiée. Ce dernier peut être intéressé par l'usage de pâturages supplémentaires, mais aussi par le fait que l'équipe CEN est en mesure de l'aider à remplir chaque année les formalités administratives d'éligibilité aux contrats agri-environnementaux. Parfois, la demande est forte et plusieurs éleveurs sont mis en concurrence par le CEN. Des contrats de prêt des terrains à usage gratuit permettent d'établir une durée de contrat librement consentie entre les deux parties, ainsi qu'un cahier des charges au contenu négociable. Cette solution n'est toutefois pas toujours satisfaisante, car plusieurs CEN ont eu à constater que des éleveurs avaient de grandes difficultés à respecter les modalités de pâturage prévues dans le contrat. Parfois, c'est la rédaction du contrat qui est en cause, trop rigide ou non «traduite» en termes intelligibles et donc négociables par l'éleveur. Mais parfois, c'est l'éleveur qui fait résolument passer ses propres objectifs avant ceux définis dans la convention.

La rémunération des bergers salariés est surtout issue des subventions publiques accordées aux CEN. Or, le renouvellement annuel de ces financements n'est pas toujours garanti. C'est pourquoi il est aussi nécessaire d'utiliser autant que possible une part des contrats agri-environnementaux, mais leurs montants limités ainsi que l'imprévisibilité de la date du versement des fonds ne le permettent pas toujours. La vente des produits de l'élevage peut constituer une source financière supplémentaire. Une marque collective destinée à faciliter la commercialisation des agneaux a été tentée en 2001 entre les CEN de Bourgogne et Franche-Comté, mais, aux dires des bouchers, les agneaux n'avaient pas la conformation requise. Enfin, comme complément à sa rémunération, le berger peut être amené à exercer d'autres activités, aux environs immédiats du site et durant la saison (maraîchage par exemple) ou plus loin et hors saison (moniteur de sports d'hiver...).

6. Travailler avec des bergers : quelles perspectives ?

En une petite vingtaine années seulement, bien du chemin a été parcouru. Depuis le recours aux herbivores «autonomes» jusqu'à celui d'animaux d'élevage plus traditionnels. Depuis le recours aux gros engins broyeurs et aux chantiers de bénévoles jusqu'au travail avec des bergers salariés ou conventions avec des éleveurs-bergers. Pour autant, la gestion de sites à l'aide du pâturage est une pratique pour laquelle le recul d'expérience des CEN reste limité. Elle comporte beaucoup de tâtonnements, surtout au démarrage et en raison du manque de références. Il faudra donc patienter encore avant de dresser un bilan plus circonstancié, avec analyse concrète du rôle tenu par les bergers.

La plus grande difficulté actuelle est de réussir à faire perdurer les bonnes pratiques mises en place, ceci du fait que les sources de financement tendent à se limiter d'année en année. Or, dans les régions de plaine ou de la moitié nord de la France, la possibilité pour des CEN de maintenir l'activité de leurs bergers reste tributaire de financements publics. Ceux venus de l'Union européenne pour la mise en œuvre de la directive Habitats et du réseau de sites Natura 2000, apportent parfois de l'espoir, mais ils restent souvent longs à venir et ne sont pas à la hauteur des attentes.

Une autre difficulté résulte de la surface réduite et de la dispersion des sites. L'extension du pâturage à de nouveaux sites, proches ou plus éloignés, est un souhait fréquent. En prenant appui sur des terrains abandonnés par l'agriculture, de moindre intérêt biologique intrinsèque que les sites actuels, il s'agirait de constituer des chapelets de sites formant des « corridors écologiques ». Un berger salarié à temps complet devrait alors pouvoir s'y organiser avec un troupeau itinérant. Ce projet prend forme en Franche-Comté. En revanche, les CEN de Lorraine et du Limousin, ayant pratiqué l'itinérance du troupeau durant plusieurs années, ont plutôt tendance à abandonner l'usage pastoral de sites trop éloignés, au profit de la fauche ou du débroussaillage mécanisé.

La question de l'origine des bergers fait débat au sein du réseau des CEN. Ce n'est pas leur nationalité qui pose question, mais leurs compétences initiales. Depuis plusieurs années, les CEN se sont interrogés pour savoir s'il leur était plus judicieux de former au métier de berger des jeunes ayant déjà acquis une bonne culture naturaliste ou, au contraire, d'intéresser aux préoccupations de gestion de la nature des bergers expérimentés dans la conduite d'un troupeau. Le CEN de Lorraine a opté pour la première solution. Le CEN Rhône-Alpes, antenne de l'Ain, opte pour la seconde. Les enseignements actuellement dispensés dans les écoles de bergers (voir chapitre 12), semblent privilégier la pratique de la conduite des grands troupeaux en montagne, un contexte bien différent de celui des CEN. Une solution serait de contacter ces écoles, en leur suggérant d'associer à leur enseignement des interventions à faire par des personnels de CEN. Ceci serait complété par des offres de stage auprès de bergers salariés de CEN déjà qualifiés.

Pourquoi ne pas imaginer le développement possible en France et en Europe d'un marché de l'emploi pour des bergers « qualifiés en gestion de troupeaux et de ressources issues de la biodiversité » ? Il nous faudrait évaluer l'ampleur de ce marché. Celui-ci pourrait atteindre une taille satisfaisante, si tous les réseaux concernés se regroupaient : parcs nationaux, parcs naturels régionaux, réserves naturelles, CEN, etc. Ceci permettrait d'offrir d'intéressantes perspectives à de jeunes bergers, notamment en matière de maintien de leur mobilité, aspect auquel la plupart semble tenir. Mais ceci permettrait aussi, si les réseaux se coordonnent, de reconnaître et de rétribuer à leur juste valeur les « services écologiques » rendus par des bergers et des éleveurs-bergers, ce qui est loin d'être le cas aujourd'hui.

À l'avenir, les modes d'utilisation pastorale des sites gérés par les CEN resteront divers. Aucun site ne ressemble totalement à un autre, y compris dans un petit pays comme la France. Donc, aucune recette miracle ne doit être attendue, ni préconisée, que ce soit dans le type de relation à établir entre les acteurs, dont les bergers sont l'un des principaux, ni dans le choix précis d'un mode opératoire. Simplement, l'expérience des uns et des autres doit être valorisée et chaque site doit être examiné, avec ses particularités, afin de lui choisir un mode de gestion approprié. N'est-ce pas grâce à des systèmes d'activités variées que nos Anciens nous ont légué des « paysages culturels » (notamment les *Kulturlandschafte* des auteurs allemands), paysages aujourd'hui reconnus en Europe d'un si grand intérêt naturel ?

Remerciements

Nous tenons à remercier les personnes dont les précieux témoignages nous ont fourni matière à rédaction (cités ici du Nord au Sud du pays) :
– Michel Ameline et Pascal Vautier : Conservatoire des sites naturels de Haute-Normandie
– Véronique Corsyn, Carine Crosnier, Mathieu Millot, Laurence Properzi, Sandrine Schwey et Yves Vincent : Conservatoire des sites lorrains
– François Hergott : Conservatoire du patrimoine naturel de la région Centre
– Sylvie Caux, Romain Gamelon et Rémi Vuillemin : Conservatoire des sites naturels de Bourgogne
– Pascal Collin et Laurent Delafollye : Conservatoire régional des espaces naturels de Franche-Comté
– Arnaud Six : Conservatoire des espaces naturels du Limousin
– Hervé Coquillart, Nicolas Greff et François Salmon : Conservatoire Rhône-Alpes des espaces naturels
– Guillaume Pasquier : Agence pour la valorisation des espaces naturels isérois remarquables

Nombre des actions de pâturage décrites ici ont été réalisées grâce à des programmes européens LIFE, soutenus notamment par l'Union européenne et le ministère chargé de l'Écologie, et menées par les conservatoires d'espaces naturels et/ou leur fédération.

Bibliographie

AGREIL C., MEURET M., 2007. «Évaluer la valeur alimentaire d'une végétation : la méthode Grenouille s'intéresse au point de vue des troupeaux», *Espaces Naturels*, 19, 30-31.

AGREIL C. ET GREFF N. (coord.), POLIS P., MAGDA D., MEURET M., MESTELAN P., 2008. *Des troupeaux et des hommes en espaces naturels : une approche dynamique de la gestion pastorale.* Guide technique du Conservatoire Rhône-Alpes des espaces naturels, Vourles, 87 p. + annexes.

AGREIL C., MEURET M., MILLOT M., 2005. *Faire pâturer des sites naturels.* Cahiers conférences techniques thématiques, Fédération des conservatoires d'espaces naturels et Inra, 4 p. http://www.avignon.inra.fr/michel_meuret (consulté le 7 février 2008).

COLAS S., MULLER F., MEURET M., AGREIL C., (coord.), 2002. *Pâturage sur pelouses sèches : un guide d'aide à la mise en œuvre*, Fédération des conservatoires d'espaces naturels, Programme LIFE-Nature Protection des pelouses relictuelles de France, éditions Espaces naturels de France, Orléans, 152 p.

DUPIEUX N., 1998. *La gestion conservatoire des tourbières de France : premiers éléments scientifiques et techniques.* Fédération des conservatoires d'espaces naturels, Programme LIFE-Nature Tourbières de France, FCEN et Office national des forêts, éditions Espaces naturels de France, Orléans, 244 p.

FCEN, 2007. *Chiffres clés du réseau des conservatoires d'espaces naturels : tableau de bord au 1er janvier 2007.* Fédération des conservatoires d'espaces naturels, 4 p.

GOLÉ S., 2002. Un Puy de savoirs : concilier production en élevage et préservation des milieux naturels au titre de Natura 2000, mémoire de fin d'études Enita-C, 66 p.

LECOMTE T., LE NEVEU C., NICAISE L., VALOT E., 1995. *Gestion écologique par le pâturage : l'expérience des réserves naturelles*, éditions ATEN (Atelier technique des espaces naturels), collection Outils de gestion, Montpellier, 76 p.

Ligue de protection des oiseaux (LPO), 2007. *Agir ensemble pour les oiseaux et l'homme.* http://www.lpo.fr/presentation/index.shtml (consulté le 29 novembre 2007).

MEURET M., BELLON S., GUÉRIN G., HANUS G., 1995. «Faire pâturer sur parcours», *Renc. Rech. Ruminants*, 2, 27-36.

MEURET M., AGREIL C., 2006. *Des broussailles au Menu.* Plaquette de 4 p. http://www.avignon.inra.fr/michel_meuret (consulté le 7 février 2008).

Chapitre 10

Collaborer en confiance entre berger et gestionnaire de site naturel : le cas du camp militaire de La Valbonne

Mathieu ERNY et François SALMON

Notre collaboration se situe à La Valbonne, un site de 1 350 hectares d'un seul tenant dans la plaine de l'Ain. C'est un camp d'exercices militaires créé en 1875. Il est essentiellement constitué de pelouses sèches, qui s'embroussaillent à partir des quelques bois et bosquets car les pelouses ne sont plus pâturées depuis plusieurs dizaines d'années. L'outarde canepetière, espèce emblématique, y a disparu en 1990, et l'habitat de plusieurs autres espèces d'oiseaux remarquables est mis en péril par l'embroussaillement : oedicnème criard, courlis cendré et caille des blés. La conservation des ressources naturelles du site a été confiée par l'État, propriétaire, au Conservatoire Rhône-Alpes des espaces naturels (CREN). Un projet de remise en pâturage avec berger a mis dix ans à mûrir, puis s'est concrétisé en 2005.

Pour commencer, chacun de nous présente son itinéraire personnel, avant notre collaboration. Ce qui permet de mieux comprendre nos attentes initiales respectives et les termes de notre collaboration, dont nous faisons état ensuite. La troisième partie, écrite en commun, porte sur ce qui nous apparaît être, de manière plus générale, les clefs de réussite d'une telle collaboration. La description de notre expérience vient en complément du chapitre précédent.

1. Origines des deux protagonistes

1.1 Le berger

Mathieu (42 ans) – *Je suis originaire d'Alsace* [Nord-Est de la France]. *Mon père est professeur d'ethnologie, spécialisé dans l'éducation des jeunes en Afrique, et ma mère est* *infirmière. Entre 4 et 10 ans, j'ai vécu en Afrique tropicale. De retour en Alsace, je me suis senti «un peu décalé» et ma scolarité s'en est ressentie. À 15 ans, j'ai opté pour trois ans d'apprentissage de la sculpture sur bois, suivis de six ans dans une école des arts décoratifs, mon ambition était de devenir artiste sculpteur. Mais à 24 ans, il me fallait travailler pour gagner ma vie. Je me suis alors engagé durant trois ans dans l'éducation de jeunes handicapés mentaux. Ce travail m'intéressait mais n'a pas suscité chez moi de vocation. J'ai alors tenté de vivre de mes sculptures, illustrations, écriture de contes et de légendes, mais j'ai eu bien du mal à vivre de mes œuvres. N'étant pas disposé à exercer n'importe quel métier, je suis parti en 1996 afin de mieux y réfléchir en pèlerinage sur le chemin de Saint-Jacques-de-Compostelle. Grands espaces, marche, vie en plein air... je trouvais là une forme de liberté très appréciable. Au retour, j'ai pensé devenir bûcheron ou ramasseur de fruits. Mais un ami m'a suggéré de réaliser plutôt une saison en alpage, en équipe et avec des vaches laitières. J'ai envoyé une demande d'emploi en ce sens, mais ce sont des moutonniers qui m'ont répondu : «On aurait 1 200 brebis à garder». Impressionné par la proposition, j'ai précisé que je n'étais pas formé à la garde. «On ne trouve pas de gens formés, donc on serait prêts à vous prendre» ont répondu les éleveurs. J'ai hésité trop longtemps et j'ai manqué cette embauche. Mais ceci m'a incité à réfléchir : on connaît tous le métier de berger par les contes pour enfants ainsi que les romans, mais on n'y croit plus trop comme étant un métier actuel. Et là, confronté à une offre concrète, je me suis dit : il faut y ailler franchement! Donc, je me suis inscrit en 1998 à l'école de bergers du Merle, en Provence* [voir chapitre 12]. *J'ai ensuite été salarié pour quatre saisons en steppe de Crau* [voir chapitre 6], *où j'ai eu la chance d'avoir pour voisin un berger italien expérimenté qui parlait très volontiers du métier et de ses astuces. Un ethnologue spécialisé sur les bergers m'a aussi aidé à mesurer toute la richesse du métier de pâtre et à acquérir plus de confiance.*

J'ai toujours «fait» berger salarié, en Crau [Bouches-du-Rhône] *et en montagne durant l'été* [Alpes-de-Haute-Provence et Alpes-Maritimes]. *Pendant dix ans, dont sept sur la même montagne, j'ai veillé à ne pas avoir à garder 365 jours par an, au risque de devoir faire face aux dangers que représentent les excès de solitude. C'est pourquoi je remontais chaque hiver en Alsace, où je prospectais pour d'autres conditions de travail en tant que berger. Devenu féru d'Internet, j'ai créé un «blog brebis» et je me suis découvert motivé par la défense du pastoralisme au titre de ses contributions à la bonne santé écologique des espaces naturels. J'ai contacté le parc naturel régional des Ballons d'Alsace qui avait en projet de faire pâturer un site culturel et naturel remarquable. Devenir berger, et peut-être conteur, sur la «Colline des sorcières»* [Bollenberg] : *le rêve deviendrait réalité! Malheureusement, le parc a opté pour les clôtures, et non pour le gardiennage. J'ai alors décidé de créer mon «book» sur Internet, afin de proposer mes services. Mes coordonnées, envoyées à la Fédération des conservatoires* [voir chapitre précédent], *ont été transmises à François Salmon, qui cherchait un remplaçant pour le troupeau de La Valbonne. Au printemps 2007, j'ai été engagé, d'abord pour un remplacement de trois mois, puis, à ma descente d'estive, sur contrat à durée indéterminée.*

1.2 Le gestionnaire d'espace naturel

François (45 ans) – *Je suis originaire d'Anjou* [Pays de Loire, Ouest de la France]. *Mon père est cadre supérieur dans l'industrie et ma mère est psychologue. J'ai réalisé un cursus scolaire classique, suivi d'une licence en biologie et biochimie à l'université* *de Paris-Orsay. Je ne désirais devenir, ni professeur, ni chercheur, et visais une formation plus pratique, plus professionnalisante. À 21 ans, j'ai réussi le concours d'entrée à l'école d'ingénieurs agronomes de Nancy. Je n'étais pourtant pas attiré par l'agronomie classique, ni par la «recherche en éprouvettes». D'origine urbaine, j'étais plutôt curieux des choses de la nature et des territoires ruraux. La formation m'intéressa néanmoins, surtout du fait de la variété des thèmes abordés. En troisième année, j'ai opté pour une spécialisation en science du sol et écologie, comprenant un stage de fin d'études au Conservatoire de Lorraine sur l'hydrobiologie d'un marais, où j'étais chargé de l'analyse des invertébrés en tant qu'indicateurs de la qualité des eaux. C'est là que j'ai pris connaissance des activités des CEN. Devenu ingénieur agronome, j'ai choisi d'acquérir une formation complémentaire d'un an en administration et micro-économie des entreprises. J'ai ensuite été embauché pour trois mois par l'Inra afin de mener des enquêtes en exploitations agricoles, puis par un bureau d'étude qui analysait l'impact environnemental des carrières et des gravières. Enfin, j'ai décroché un poste sur trois ans au Centre d'économie rurale de Haute-Normandie, organisme de conseil économique et fiscal aux agriculteurs. Cet emploi ne m'a pas beaucoup motivé, car on n'y raisonnait qu'en termes de performance commerciale individuelle.*

C'est à cette époque que j'ai pris contact avec le CEN de Haute-Normandie. Je n'envisageais toutefois pas de travailler avec un CEN car, n'étant pas naturaliste, je ne me jugeais pas assez compétent. En 1992, j'ai tout de même répondu à une offre d'emploi d'une petite association de protection de la nature : le Conservatoire régional du patrimoine naturel Rhône-Alpes. Celle-ci n'exigeait pour le poste que peu de compétence naturaliste car il s'agissait de conseiller les agriculteurs sur la pratique de la fauche tardive des prairies. J'ai été recruté et, quasiment seul employé permanent parmi les bénévoles, j'étais chargé de la gestion de plusieurs sites, de l'achat de terrains, de la recherche de financements et de la trésorerie. En 1994, la petite association est devenue le CREN Rhône-Alpes, structure de dix salariés permanents, reconnue et portée politiquement par la Région. J'y ai exercé jusqu'en 1997 la fonction de chargé de projets, mais aussi celle de responsable financier, ce qui était une lourde charge. Or, je souhaitais plutôt poursuivre dans la conception et réalisation de projets de préservation d'espaces naturels. À l'échelle d'une région, c'est une activité qui ne peut pas être confiée à une seule personne. C'est pourquoi j'ai décidé de me recentrer sur un département, celui de l'Ain. En 2005, j'ai été nommé responsable de l'antenne de l'Ain du CREN, et ceci au moment du démarrage concret du projet de pâturage sur La Valbonne. Lorsque j'ai reçu copie de la demande d'emploi de Mathieu, je l'ai aussitôt contacté.

2. Les attentes respectives et les termes de la collaboration

2.1 Vus par le gestionnaire d'espace naturel

François – *Au moment du recrutement de Mathieu, en avril 2007, notre CREN avait constitué un troupeau de 400 brebis de race Thônes et Marthod et sortait de deux ans d'expérience de travail non concluante avec une bergère salariée. Celle-ci était venue chez nous munie d'une formation technique agricole et d'une expérience acquise en élevage ovin classique de la région, c'est-à-dire fondée essentiellement sur le modèle productiviste* *d'élevage en bergerie. Elle n'avait donc que peu d'expérience du pâturage, et aucune sur parcours. À ses yeux, les broussailles ne valaient rien du point de vue alimentaire, et il fallait donc fréquemment recourir aux aliments distribués. Les incompréhensions mutuelles et les conflits avec le CREN furent à ce point nombreux que nous avons décidé de licencier la bergère.*

Suite à cet échec, nous avons veillé à prendre le temps de réfléchir aux critères de recrutement d'un nouveau berger. C'est pourquoi nous n'avons d'abord embauché Mathieu que provisoirement. Mais le contraste avec la bergère fut de suite saisissant. Mathieu n'était pas du tout déconcerté à l'idée d'avoir à exploiter ces pâturages. Il confirmait que des milieux embroussaillés permettent sans complexe d'alimenter un troupeau. Pour les soins au troupeau, il n'envisageait pas de recourir systématiquement aux produits pharmaceutiques. Il était résolu à minimiser l'apport d'aliments distribués et, concernant l'agnelage, sa doctrine était d'éviter les pertes d'agneaux, mais sans prise en charge individuelle avec des biberons. Ce qui paraissait irréalisable pour la bergère, un système d'élevage en plein air intégral, semblait pour Mathieu non seulement crédible, mais souhaitable.

Fait très important pour le CREN, Mathieu a d'emblée conçu son nouvel emploi comme relevant d'un travail en équipe. Le premier contact avec nous fut donc très bon, notamment avec «l'équipe travaux», celle qui aide le berger lors des chantiers à réaliser à plusieurs. Dès sa période d'emploi provisoire, Mathieu a choisi de ne pas s'isoler dans ses compétences professionnelles, uniques dans l'équipe, mais au contraire de communiquer spontanément avec quiconque de l'équipe, y compris au sujet de ses incertitudes, ce qui fut apprécié.

Nous avons aujourd'hui recruté Mathieu en contrat à durée indéterminée. Il a le statut de technicien, placé sous ma responsabilité directe, puisque je suis «responsable projet», ce qui s'apparente dans le monde agricole au statut de chef d'exploitation. Il est affecté au site de La Valbonne, mais la définition du poste peut l'amener à travailler également sur d'autres sites, par exemple en appui à d'autres éleveurs ou bergers en convention, ou en tant qu'expert du CREN pour d'autres actions pastorales. Notre souci est en effet de ne pas clouer Mathieu sur le site, mais de l'intégrer à l'équipe. Pour bien différencier vie privée du berger et projet professionnel, nous avons demandé à Mathieu de trouver à se loger par lui-même et ailleurs. Sur le site de La Valbonne, il n'y a donc pas de cabane du berger. Il y a un petit local habitable, utilisable par les membres de l'équipe en cas de nécessité.

Administrativement parlant, Mathieu est «technicien travaux», donc quelqu'un qui doit accomplir de son mieux les tâches que je conçois et organise. Mais, on l'aura compris, je n'ai ni les compétences d'un chef berger, ni celles d'un éleveur pastoral. Mes connaissances sont issues des guides techniques pastoraux. Quant à Mathieu, comme la plupart des bergers sans doute, ce n'est pas dans la stricte exécution de consignes qu'il révèle au mieux ses talents. En réalité, j'attends donc de lui qu'il ait «l'œil du berger», sur le troupeau et sur les ressources pastorales, et aussi qu'il m'appuie pour négocier avec les autres usagers du site, dont les militaires et les chasseurs. C'est donc de cogestion entre Mathieu et moi qu'il s'agit concrètement. Il gère d'ailleurs à présent le pâturage de façon très autonome, sur la base de quelques principes généraux convenus ensemble au départ. Il m'en informe, parfois plusieurs fois par semaine. En moins d'un an, le technicien s'est converti de facto en chef d'atelier, ce qui convient lorsque la confiance mutuelle a été instaurée.

2.2 Vus par le berger

Mathieu – *Mon premier recrutement à La Valbonne était pour trois mois et je n'avais pas l'idée d'y rester plus longtemps, même si je cherchais alors un emploi à l'année. Trois raisons à cela. D'abord, je savais que le CREN pouvait disposer de personnes ayant des diplômes plus poussés en élevage comme en botanique. Également, en arrivant dans cette plaine encombrée d'industries, de grandes cultures et d'autoroutes, sans parler de la base militaire, ma première impression ne m'encourageait vraiment pas à considérer ce lieu comme un cadre de vie idéal. Enfin, travailler à l'année signifiait pour moi faire le deuil de la montagne, sacrifier la garde en estive. François a réussi à m'encourager, mettant en exergue ce qui me plaisait : tout était visiblement à créer, ou à recréer, avec le troupeau. Étant quelqu'un qui doute assez souvent de ses compétences réelles, j'ai vite compris que le CREN recherchait, justement, un berger non inféodé mentalement à tel ou tel modèle d'élevage, comme cela avait été le cas précédemment. Mon relatif manque d'expérience du travail d'éleveur-berger jouait donc ici en ma faveur, car il était attendu que je partage mon aventure avec le reste de l'équipe.*

Ce qui me motive aujourd'hui, c'est d'abord le côté expérimental du projet : nourrir un troupeau et freiner en même temps l'avancée des broussailles ; laisser le troupeau en plein air 365 jours par an et 24 heures sur 24, une pratique qui fait peur à encore beaucoup d'éleveurs. Il y a nécessité d'innover techniquement, d'inventer, par exemple pour la réussite de l'agnelage, car je tiens à produire des agneaux dont je serai fier : des agnelles pour renouveler et augmenter l'effectif du troupeau, mais aussi des agneaux de boucherie.

Ce qui me motive également, c'est non seulement la bonne ambiance dans l'équipe CREN, mais aussi et surtout le fait que je serai bientôt convié à expertiser d'autres sites, d'autres projets où est envisagé un recours au pâturage. À mon sens, il s'agit d'apprendre avec le troupeau et sur «mon» site, mais aussi au contact d'autres sites et d'autres éleveurs ou bergers collaborant avec un CEN.

Enfin, j'apprécie de travailler sur des sites atypiques, des lieux qui ont une «âme». Ces lieux ne sont pas si rares mais, souvent, les éleveurs n'y prêtent plus guère attention. Sur La Valbonne, je trouve cette émulation à valoriser un espace à première vue assez banal, des pelouses sèches et des buissons, mais qui est en réalité remarquable. C'est en effet l'un des derniers témoins de ce qu'était cette plaine avant l'industrialisation agricole et l'urbanisation (photo 1). Alors, mon esprit artiste s'éveille, y compris lorsque j'écoute mes collègues du CREN décliner leur jargon : Habitats communautaires, Code Corine, Znieff, Zico… Mais ici, l'artiste est correctement payé car mon salaire est de 1 275 € nets par mois, et je bénéficie aussi de week-ends et de périodes de vacances. Quand on a été berger salarié en Crau, on perçoit combien c'est une aubaine.

Il me reste toutefois un souhait. J'aimerais en savoir davantage au sujet des objectifs de restauration écologique et entretien du site. Je collabore avec ma collègue du CREN chargée de rédiger le «document d'objectif» Natura 2000 du site, mais nos échanges se limitent aux modalités de gestion pastorale et ne m'éclairent pas beaucoup quant aux attendus. Je pense que l'équipe CREN, ayant déjà de multiples compétences en écologie, n'imagine tout simplement pas que le berger désire en acquérir également. J'avais tenté d'aborder par moi-même la botanique, mais ceci se limitait à nommer les plantes. Or, mon nouveau métier exige de mieux anticiper les dynamiques de végétations, et notamment celles à orienter par l'impact du pâturage. J'estime donc qu'une formation m'est nécessaire, d'abord pour mieux connaître les «trésors» naturels dont je suis censé être le garant, et aussi pour mieux ajuster ma pratique par rapport aux objectifs écologiques du CREN.

Photo 1. Fin de journée de pâturage paisible sur le camp militaire de La Valbonne (© Michel Meuret/Inra).

3. Les principales clefs de réussite d'une telle collaboration

1. Ne pas faire collaborer des personnes qui n'en ont initialement aucun désir. Les consignes institutionnelles, les financements, l'offre d'un emploi stable…, ne suffisent pas à fonder une collaboration confiante et efficace. De plus, il faut réussir à bien démarrer la collaboration dès que le berger est recruté. C'est donc du côté des expériences antérieures motivantes de chacun qu'il faut chercher. Nous pensons donc que des personnes ayant déjà un peu «roulé leur bosse» de part et d'autre réussiront mieux à collaborer que des très jeunes, tout juste sortis, qui de l'école de bergers ou d'une formation sur le tas en élevage, qui d'un enseignement sur la protection de la nature et l'agriculture.

2. Éviter l'isolement du berger sur le site. Il est primordial que le berger soit immergé dans l'équipe dès son recrutement. Il faut donc qu'il soit doté, de même que ses collègues, d'un petit bureau et d'un ordinateur avec connexion internet. Lorsque les horaires de travail le permettent, ainsi que les distances, il est important d'organiser de fréquentes rencontres entre le berger et le reste de l'équipe. Dans notre cas, Mathieu partage souvent les repas de midi collectifs pris dans les locaux du CREN situés à quelques kilomètres du site. C'est l'occasion de discussions instructives, où affaires professionnelles et personnelles se mélangent. Mathieu apprécie alors de mieux voir et comprendre comment fonctionne le CREN, et ses collègues aiment l'entendre parler de ses brebis et de ses agneaux, sans pour autant qu'il y ait un problème urgent à régler. Le travail du berger devient alors moins mystérieux, ce qui est important car l'idée demeure parfois qu'activité agricole est synonyme de nuisance pour l'environnement. Ces rencontres doivent être complétées par des coups de mains au berger (ex. chantiers de pose de clôtures) de la part des membres de l'équipe. Le responsable doit bien entendu lui aussi y être impliqué.

3. Ne pas attendre d'avoir à régler une urgence pour discuter. Instaurer un dialogue quasi permanent entre responsable projet et berger (photo 2), faire le point sur une série de thèmes, y compris si tout semble bien se dérouler.

Photo 2. François (à gauche) et Mathieu sur le site de La Valbonne (© Michel Meuret/Inra).

4. En cas de crise, ne pas se rejeter la responsabilité. Lorsqu'il y a un gros problème et que le stress devient important, il faut d'abord réussir à agir vite et de concert, berger et responsable projet si possible ensemble sur le terrain et pas seulement au téléphone. Le responsable se doit alors d'interrompre son activité et d'éventuellement annuler ses autres rendez-vous. Il faut ensuite temporiser, rationaliser, tenter de tirer enseignement de la crise pour construire un diagnostic partagé. Ceci permet de convenir de nouvelles règles, comme par exemple : «face à quel type de problème appeler le vétérinaire, et qui le fait?». Dans notre cas, Mathieu peut à présent l'appeler lui-même afin de prendre conseil. Nous avons choisi ensemble de traiter avec un vétérinaire favorisant les pratiques de prévention en agriculture biologique.

5. Mettre le berger «en réseau». Lorsque le berger a fait ses preuves sur le site qui lui est confié, il est important de ne pas s'en satisfaire. Il faut aussi l'impliquer sur d'autres sites, notamment en tant qu'expert. Dans le cas contraire, ceci génère un trop gros différentiel mental entre le berger et le reste de l'équipe CEN. L'un excelle dans la gestion d'un seul site, et les autres ont à naviguer quotidiennement entre plusieurs sites, chacun avec des enjeux et caractéristiques différents. L'objectif collectif est de tirer profit des compétences du berger pour le montage de nouveaux projets, et aussi de stabiliser des règles de gestion à valeur générale. Le profit tiré par le berger est d'apprendre davantage en comparant les situations. Un exemple typique est celui du pâturage afin de lutter contre des excès d'embroussaillement : il est fort instructif de comparer les résultats de pratiques de pâturage plus ou moins anciennes et différemment organisées selon les saisons et les espèces végétales en question.

6. Associer le berger au raisonnement des objectifs de la gestion. Le berger est en mesure de concevoir lui-même les objectifs et les moyens d'alimentation du troupeau. Mais il s'avère indispensable de l'informer aussi, et le plus clairement possible, des objectifs de la gestion des ressources naturelles confiée au CEN : détermination des espèces à protéger, structures et étendues d'habitats favorables ; dynamique des communautés végétales à orienter par le pâturage ; traits de vie des populations végétales envahissantes ou susceptibles de le devenir, y compris celles que les brebis ne consomment pas. Ceci permet au berger d'ajuster sa pratique de pâturage en meilleure connaissance de cause.

Conclusion

Dans d'autres conservatoires, parcs nationaux ou réserves naturelles, il se dit souvent : «*tout est affaire de personnalités*» (des bergers). C'est certain, et il y a aussi une part de chance lorsque le berger est recruté suite à une audition d'une heure seulement. Mais les chances de réussite sont bien meilleures lorsque les protagonistes ont déjà réalisé deux parcours professionnels assez complets. Ils n'ont alors plus grand-chose à se prouver en matière de compétences spécialisées. Ils sont prêts, et parfois désireux, de se confronter à un autre point de vue portant sur le même objectif de gestion. Mais il y a deux conséquences à cela : organiser de façon assez rigoureuse la procédure de cogestion du pâturage, et expliciter en termes clairs le ou les objectifs précis de la gestion des ressources naturelles.

Quels avantages à devenir berger salarié de CEN plutôt que d'éleveurs ? Nous en suggérons un : le berger de CEN peut avoir, inscrite dans son profil de poste, non seulement la possibilité d'exercer ses talents sur un troupeau qui devient un peu le sien, comme c'est le cas pour des bergers qui gardent chaque année le même troupeau en estive, mais il a aussi l'opportunité de travailler sur d'autres lieux, avec d'autres troupeaux, éleveurs ou bergers. Il capitalise ainsi sur «son» site, mais il collectionne également d'autres expériences. Il procède ainsi comme le font des bergers qui changent de lieu chaque année, mais sans avoir toutefois ici le souci de la rémunération et de la précarité de l'emploi. Ceci plaît parfois, y compris dans le contexte assez atypique d'un camp militaire, en plaine.

Remerciements

Nous remercions nos lecteurs personnels de nous avoir aidés à peaufiner ce texte. Michel Meuret, venu sur place microphone en main, nous a permis d'engager cette rédaction avec sincérité et enthousiasme.

Chapitre 11

Les pratiques des bergers dans les Alpes bouleversées par le retour de loups protégés

Marc VINCENT

1. Le pastoralisme à la croisée des politiques publiques agricoles et environnementales

À la fin du XXe siècle, alors que la composante paysanne du tissu rural se délite en France depuis déjà plusieurs décennies (Mendras, 1967) sous les effets conjugués de l'industrialisation, de l'urbanisation et de la mondialisation des marchés agricoles, un retour de balancier inattendu vient réhabiliter certaines formes d'activités d'élevage. Jusqu'alors, deux politiques s'appliquaient assez indépendamment : d'un côté, la politique agricole poussait à l'industrialisation de l'agriculture et, de l'autre, la politique de protection de la nature, considérant par principe toute activité humaine productive comme potentiellement nuisible, s'appliquait sur des espaces sanctuarisés (réserves naturelles et parcs nationaux). Mais en 1992, les politiques européennes s'engagent dans ce qui peut être qualifié de «tournant agri-environnemental» (Alphandéry et Billaud, 1996). D'un côté, les réformes successives de la Politique agricole commune (PAC) instituent les mesures agri-environnementales (MAE). De l'autre, la directive européenne Habitats Faune Flore (1992) vise à favoriser la conservation de la biodiversité et la protection des habitats d'espèces, non seulement dans les sanctuaires, mais aussi dans la «nature ordinaire» des espaces agricoles (voir chapitre 1).

C'est dans ce contexte que le pastoralisme, tout en cherchant à maintenir sa fonction première de producteur de denrées alimentaires, se voit également reconnaître et encouragé financièrement pour sa contribution à la protection de la nature sur les territoires qu'il exploite : prévention des incendies de forêt, maintien de milieux ouverts et, plus généralement, conservation de la diversité biologique d'espaces naturels sensibles.

Depuis 1992, plusieurs générations de dispositifs agri-environnementaux ont pris acte de ces nouvelles fonctions dévolues aux éleveurs et aux bergers.

1.1 Plaine de Crau et montagnes du Queyras :
deux territoires pastoraux exemplaires

Nous avons mené nos enquêtes sur deux territoires pastoraux emblématiques de l'élevage ovin du Sud-Est de la France. Tout d'abord, la plaine de Crau et ses collines alentour, petite région du département des Bouches-du-Rhône accueillant des troupeaux ovins depuis plusieurs millénaires (voir chapitre 6). Ensuite, le massif alpin du Queyras, situé à près de 300 kilomètres de distance dans le département des Hautes-Alpes, une des zones de grande transhumance des troupeaux venus de la Crau, mais aussi le siège d'un élevage ovin local sédentaire.

Sur l'un et l'autre de ces territoires, éleveurs, bergers et troupeaux ovins ont façonné de longue date les paysages. Crau et Queyras sont liés par la pratique ancienne de la grande transhumance estivale, organisée depuis les plaines et les collines sèches provençales à la recherche de l'herbe neuve et fraîche des alpages. La grande transhumance requiert l'élevage de troupeaux ayant de bonnes aptitudes pour l'usage de milieux variés : prairies cultivées, steppe aride, milieux embroussaillés, pelouses accidentées en alpages. C'est là le fruit d'une longue sélection, ayant notamment abouti à la race Mérinos d'Arles (Fabre et Lebaudy, 2004), dont les individus de petits gabarits sont très grégaires et bénéficient d'une excellente plasticité comportementale. Mais la pratique de la grande transhumance est également un temps fort puissamment chevillé à l'âme provençale. C'est un moment privilégié notamment pour les bergers, vécu comme indispensable à leur ressourcement et au bien-être du troupeau après le long hivernage en plaine.

1.2 L'aptitude des éleveurs et bergers face au changement

Chaque année, éleveurs et bergers doivent réussir à s'adapter à des conditions de milieux et de travail par nature changeantes. Et cette capacité d'adaptation n'est pas seulement conjoncturelle ou à l'échelle d'une saison d'élevage, d'une « campagne ». Elle est aussi globale, structurelle et structurante. Elle implique des réorientations permanentes. Comme l'élevage ovin perdure et se renouvelle depuis des siècles, les pratiques qui lui sont associées sont nécessairement le produit aujourd'hui d'une succession de changements, voire de bouleversements, en réponse à l'évolution du secteur d'activité agricole, mais aussi de la société en général. Ce système d'élevage a donc réussi à évoluer à maintes reprises, tout en demeurant avant tout pastoral.

Que ce soit dans la plaine de Crau ou dans les montagnes du Queyras, les éleveurs transhumants ont dû faire face depuis le XIXe siècle à de nombreux et profonds changements :
– la substitution de la production de laine par celle de la viande d'agneaux ;
– l'exode rural et donc une forte chute des effectifs de main-d'œuvre, notamment d'origine familiale ;
– avec comme corollaire en montagne l'abandon des pratiques d'irrigation et de fauche des terrains trop pentus pour accueillir les nouveaux engins agricoles conçus avant tout pour les plaines ;

– l'interdiction de la grande transhumance à pied au profit de celle opérée par chemin de fer, puis par camions ;
– le remplacement progressif du ravitaillement en alpage réalisé à l'aide d'ânes bâtés par de l'héliportage subventionné ;
– le changement des sources du revenu agricole, depuis celui tiré de la vente des agneaux jusqu'à plus de la moitié du revenu provenant aujourd'hui des aides agricoles européennes, à présent toutes assez indépendantes (découplées) de la production d'agneaux ;
– l'éradication collectivement organisée des loups, considérés espèce nuisible jusqu'au XIXᵉ siècle, jusqu'à leur réapparition à la fin du XXᵉ siècle en tant qu'espèce protégée par une convention internationale.

Aussi importantes et fréquentes, voire brutales, qu'aient été ces évolutions, aucune n'a remis en cause la principale caractéristique de l'élevage pastoral : la construction de liens emblématiques et complexes entre espaces, ressources naturelles et pratiques d'élevage.

1.3 Des producteurs de biodiversité remarquable

En montagne, ces profonds changements des conditions d'exercice de l'élevage auraient pu conduire à un repli généralisé des éleveurs subsistants et de leurs troupeaux sur les ressources tirées des seules terres labourables, les éleveurs adoptant ainsi les modèles de production très intensifiés conçus pour les plaines. Or, il n'en a rien été, ou assez peu, comme en témoigne l'absence d'enfrichement et de boisement généralisé qui aurait découlé en alpages de l'abandon des pratiques pastorales. Les alpages, mais aussi bon nombre de collines, restent des pelouses ouvertes ou des landes semi-ouvertes, du fait de la persistance du pastoralisme.

Aujourd'hui, ces milieux sont reconnus comme étant plus que d'autres le siège d'une biodiversité remarquable et donc à protéger. Les pratiques pastorales permettant de les maintenir ouverts et diversifiés sont désormais encouragées par divers gestionnaires de la nature. Ainsi, sans même s'en douter, les bergers et leurs pratiques de pâturage «fabriquaient», parfois depuis plusieurs générations, en montagne mais aussi en plaine, des habitats écologiques favorables à l'accueil et à la survie de diverses formes de biodiversité remarquable, des espèces rares ou en péril, au statut de protection relevant d'une «liste rouge». C'est la raison pour laquelle des politiques agri-environnementales mobilisent à présent des budgets de la Communauté européenne afin de conforter ou d'orienter à l'aide de contrats les pratiques pastorales dans un sens jugé favorable à la sauvegarde d'une multitude d'espèces : plantes à fleurs, insectes, reptiles, rapaces et autres oiseaux rares, petits mammifères.

2. Protection des loups ou des autres formes de biodiversité : des politiques publiques contradictoires ?

La contribution du pastoralisme ovin aux politiques agri-environnementales se trouve brusquement remise en cause par le retour inattendu d'une forme emblématique de biodiversité : *Canis lupus* Linn., le loup. Le hasard a voulu qu'en 1992, sa toute première observation dans le massif alpin français ait coïncidé avec la mise en place des premiers contrats agri-environnementaux de pâturage. Après presque un siècle d'absence dans notre pays, des loups sont revenus en France suite à l'extension de leur population italienne. Mais en France, et contrairement à d'autres pays européens comme l'Espagne, les loups bénéficient d'un statut de protection intégrale. Il n'est donc pas envisagé de tenter de gérer l'extension de leur population. Ceci a créé un contexte favorable à leur retour, contexte amélioré par la dynamique d'exode rural, la déprise agricole, l'abondance des proies issues d'ongulés sauvages, ainsi que les dynamiques spontanées d'embroussaillement et d'enforestation sur les espaces anciennement cultivés. Le statut de protection intégrale est inscrit dans une convention internationale, la Convention de Berne « relative à la conservation de la vie sauvage et du milieu naturel de l'Europe ». Signée en 1979 et ratifiée en 1990 (décret *JO* 198, 1990), cette convention est entrée en vigueur en France deux ans avant l'annonce officielle du retour des loups. Elle fut renforcée le 21 mai 1992, quelques mois avant la première observation de loups dans le parc national du Mercantour (situé à l'extrême sud des Alpes), par la directive européenne Habitats Faune Flore, celle-ci visant à une meilleure conservation de certaines espèces de faune remarquable, dont *Canis lupus*.

La présence des premiers loups fut révélée au printemps 1993, essentiellement par le magazine *Terre Sauvage* (Peillon et Carbonne, 1993). Elle avait jusqu'alors été tenue secrète. Cette annonce prit la forme d'un cri de ralliement à la cause de la vie sauvage : « *Le Mercantour* [parc national]*, aujourd'hui, est en état de grâce. Le loup est revenu sans qu'il ait fallu se battre. Timidement, silencieusement, à sa manière. [...]. Ce numéro* [du magazine *Terre Sauvage*] *est dédié à ceux qui sont prêts, avec nous, à tout mettre en œuvre pour que cet état de grâce se prolonge. À ceux qui pensent, comme nous, que la disparition du loup est le fruit d'une longue injustice. Et qu'avec son retour la nature reprend vie* » (Adam, 1993). Des militants trouvaient, grâce aux loups, une raison de se fédérer, de batailler pour une cause nouvelle. Comme l'écrivait alors le président de France Nature Environnement, la fédération française des associations de protection de la nature et de l'environnement, c'était là un combat crucial : « [...] *Se battre pour un loup libre et sauvage, c'est se battre contre tous les enfermements, murs, prisons de toutes sortes, et contre l'appauvrissement de la biodiversité. [...] Sans ce super-prédateur, nos écosystèmes montagnards et forestiers s'abâtardissent, se changent en poulaillers à ciel ouvert. La vie a besoin du loup, l'homme de la vie* » (Brard, 1996a). À l'heure où la France ne comptait encore que quelques loups très localisés, ces propos guerriers s'inscrivaient déjà dans un ambitieux projet de reconquête territoriale : « *la collectivité nationale devra accepter la part du loup* [avec présence de] *1 000 à 1 500 loups* » (Brard, 1996b).

Munis de ce qui peut s'apparenter à une forme de laissez-passer juridique, les loups se sont répandus en quinze ans sur l'ensemble de l'arc alpin français (fig. 1), puis dans l'est des Pyrénées, via le sud du Massif central. Leurs attaques se sont révélées la plupart du temps mortelles pour les ovins (photo 1 et fig. 2), mais aussi pour les caprins et, depuis peu, pour des bovins et des équins. Elles ont toujours été très traumatisantes pour les éleveurs, les bergers et les troupeaux. Elles ont mis en péril le fragile équilibre politique établi entre pratiques pastorales et gestion des milieux naturels.

Peu préparés aux assauts soudains d'un prédateur intégralement protégé, éleveurs et bergers se sont vus tout d'abord contraints à ne pouvoir que constater les dégâts, puis signaler les pertes à l'administration afin de percevoir des indemnisations. Un conflit entre partisans des loups et éleveurs ovins confrontés à la prédation a donc rapidement éclaté. Pour les premiers, le loup est symbole d'une nature retrouvée, une « clef de

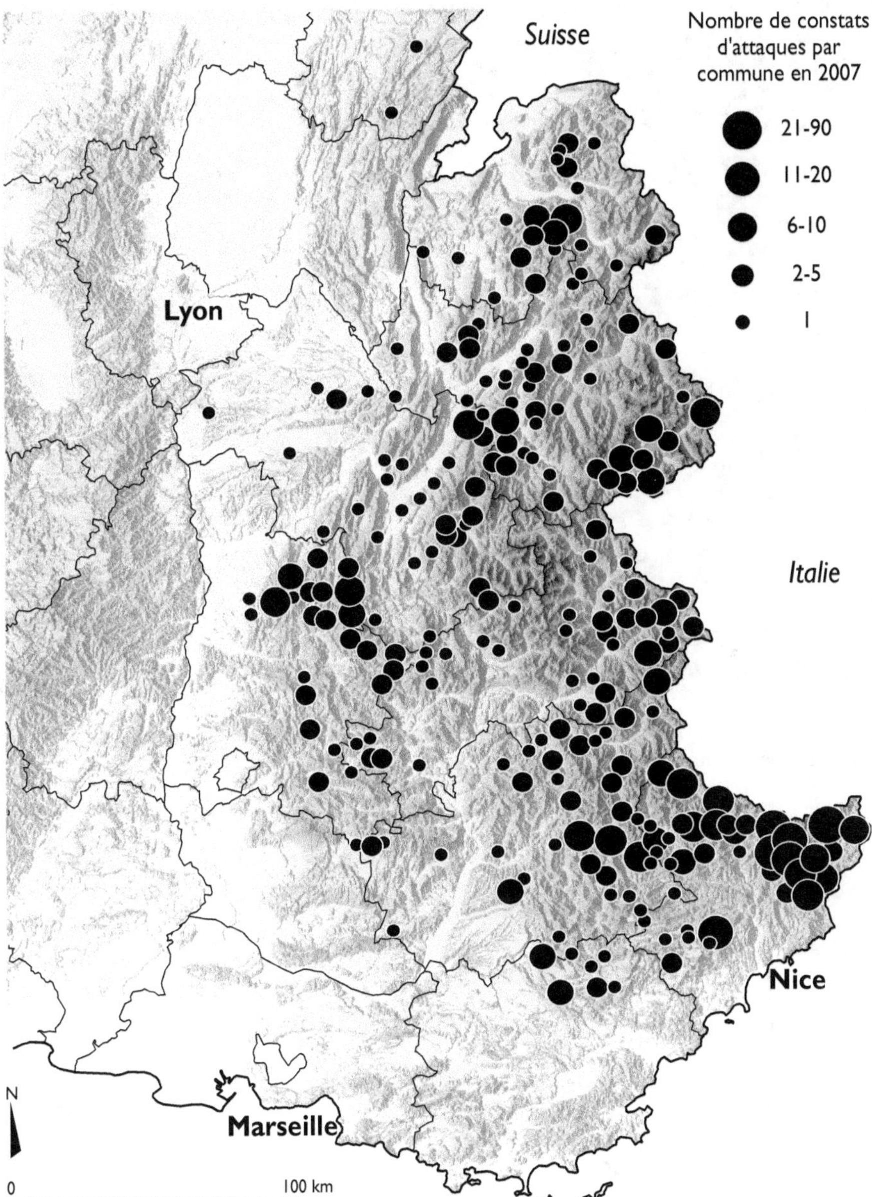

Figure 1. Répartition à l'échelle communale des constats d'attaques de loups dans l'arc alpin français durant l'année 2007 (*adapté de :* DIREN Rhône-Alpes, données DDAF-DDAE, mars 2009. *Données topographiques source :* NASA/NGA/USGS public domain - *adapté par :* Cellule SIG base de données, INRA URFM Avignon).

voûte» de l'écosystème, une icône de la biodiversité, un patrimoine national. Les seconds, en réclamant à hauts cris le retrait des loups, voient leur activité stigmatisée, tant elle viendrait contrecarrer la dynamique d'une «vraie» nature, exprimant son bon état de santé par la présence de grands prédateurs.

Photo 1. Une brebis tuée par un loup sur un alpage du Queyras (Hautes-Alpes) en août 2005 (© Marc Vincent/Inra).

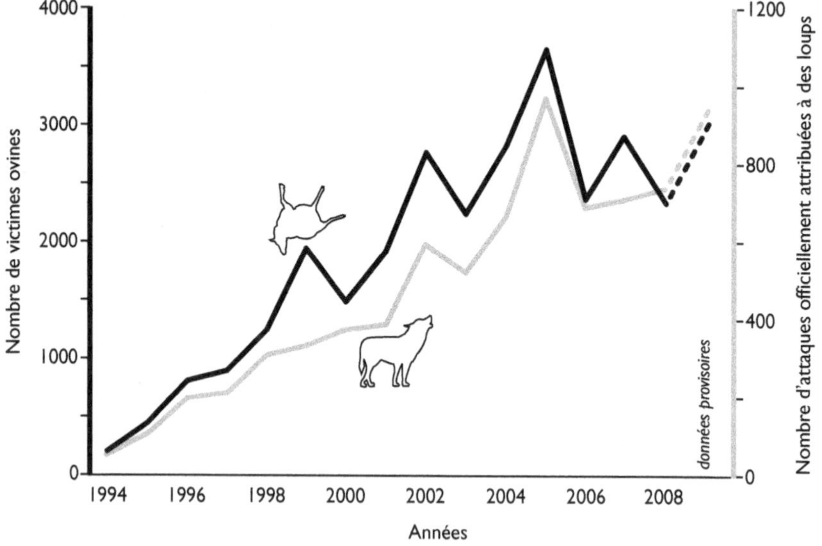

Figure 2. Variation sur 16 ans et sur l'ensemble des Alpes françaises du nombre de victimes ovines et du nombre d'attaques officiellement attribuées à des loups sur des troupeaux ovins (*Sources :* Office national de la chasse et de la faune sauvage et ministère de l'Agriculture).

Le pastoralisme ne serait-il pas confronté ainsi à une nouvelle et douloureuse épreuve ? La politique d'accueil des loups ne serait-elle pas révélatrice d'une forme de contradiction au sein des politiques publiques de la nature ? Car, en protégeant le loup au nom de la conservation de la biodiversité, ne menace-t-on pas en même temps l'effet positif escompté du pâturage sur les milieux naturels, aujourd'hui reconnu et légitimé par le financement de contrats de pâturage agri-environnementaux ?

3. Objectif, dispositif et méthodes d'enquêtes

Mes enquêtes ont été conduites en 2005 et 2006 sous la forme d'entretiens individuels, de recueils et analyses de documents écrits (Vincent, 2007). Les entretiens ont été menés dans les montagnes du Queyras et dans la plaine de Crau. L'ensemble a visé à mieux comprendre en quoi le retour en montagne des loups protégés affecte les pratiques des éleveurs et bergers, et comment cet élevage, se retrouvant en première ligne face à la prédation, tente actuellement de s'adapter malgré tout à la nouvelle situation. Une trentaine d'entretiens a été réalisée auprès d'éleveurs et de bergers, ainsi que de personnes clefs gravitant autour de ces métiers : représentants professionnels de l'élevage, administrateurs du parc naturel régional du Queyras et de la réserve naturelle des coussouls de Crau, techniciens de ces structures, techniciens pastoraux, conseillers d'administrations publiques, enseignants en école de bergers, vétérinaire conseil, chercheurs. J'ai également assisté à plusieurs procès d'éleveurs, jugés pour avoir éliminé des loups. J'ai analysé quelques pratiques culturelles et muséographiques dédiées à l'histoire des loups, des hommes et des moutons. Par ailleurs, les résultats de mes entretiens ont été confrontés à un corpus d'écrits diversifié : données statistiques et cartographiques, ouvrages et articles techniques et scientifiques, thèses et rapports, comptes rendus de colloques et de procès, documents officiels, textes de lois et, enfin, plusieurs centaines de coupures de presse relatives à ma problématique d'enquête.

4. Face aux loups : trois mesures de protection préconisées par l'État

Suite aux conclusions d'une commission d'enquête parlementaire (Estrosi et Spagnou, 2003), et afin de prendre le relais de deux programmes LIFE (L'instrument financier européen) successifs visant à développer des actions de protection des troupeaux débutées dans la décennie quatre-vingt-dix et gérés jusqu'alors exclusivement par le ministère de l'Écologie, l'État français met en place pour la période 2004-2008 un « plan d'action sur le loup » associant cette fois les ministères de l'Écologie et de l'Agriculture (MEDD et MAAPAR, 2004). Pour sa partie « prévention des dégâts », ce plan d'action est conduit par le ministère de l'Agriculture. Il permet de financer aux éleveurs déjà concernés par la prédation, ou susceptibles de l'être rapidement, de la main-d'œuvre (aides-bergers) ainsi que des équipements de protection des troupeaux (chiens de protection et clôtures mobiles), ceci par contrat de cinq ans (dit mesure « t », issu du plan de développement rural national). Le montant du financement du contrat est modulé selon quatre tailles de troupeau, ceci offrant le choix des techniques de protection à mettre en œuvre. Enfin, il dépend d'un zonage des communes : d'une part, celles où la prédation est effective et, d'autre part, celles où l'arrivée de prédateurs est probable à court terme. Des syndicats d'éleveurs estimaient que «640 éleveurs étaient en contrat de protection dans les Alpes en 2006» (*L'Agriculture Drômoise*, 2007).

Pour l'heure, le remboursement aux éleveurs des dégâts de la prédation n'est pas conditionné par la mise en place des mesures de protection. Les éleveurs sont libres de signer ou non un contrat mesure «t». Mais quel que soit le niveau de protection choisi, ils sont indemnisés si l'expertise officielle attribue l'attaque au loup, et non à toute autre cause d'origine naturelle (maladie) ou accidentelle (foudre, panique provoquée par des chiens divagants), le doute bénéficiant généralement à l'éleveur.

Même si ces techniques de protection étaient pour la plupart d'entre elles déjà en usage dans les Alpes au moment de l'arrivée des loups – sauf celle qui consiste à recourir aux chiens de protection –, nous verrons qu'aucune n'est apparemment évidente à mettre en œuvre, notamment pour ce qui concerne les éleveurs transhumants. Elles représentent des changements de pratiques qui ne relèvent en effet pas que de l'ajustement technique, mais qui touchent à la structure même de cette activité, sa pénibilité, mais aussi au rapport entre les bergers et les autres usagers de la montagne.

Ces techniques emboîtées se veulent complémentaires les unes des autres. Elles sont basées sur trois postulats assez simples portant sur le comportement des loups qui, par prudence, éviteraient de se faire remarquer par l'homme. Les fondements proviennent notamment, soit d'observations sur le comportement des loups en régions peu peuplées, notamment au Canada (Hénault et Jolicœur, 2003), soit en pays européens où les moyens humains consacrés aux troupeaux sont toutefois bien plus nombreux qu'en France (Roumanie et Pologne).

Premier postulat : un aide-bergers, à savoir une présence humaine supplémentaire et spécialisée dans la prévention, donc très vigilante et continue à proximité d'un troupeau, suffirait à tenir les loups à distance.

Second postulat : si toutefois un loup téméraire parvenait à s'approcher du troupeau malgré la vigilance humaine, il devrait rencontrer sur son chemin un obstacle de taille : des chiens de protection, dont la spécialité est à la fois de vivre continuellement parmi les moutons et à leur rythme, mais aussi de tenir à distance tout intrus, en l'espèce des loups, des chiens en divagation et, pourquoi pas, des voleurs de bétail. Ces chiens spécialisés doivent évidemment être capables de distinguer un être malfaisant d'un touriste amical. Ils doivent également se consacrer pleinement au troupeau et ne pas se laisser distraire par des proies sauvages potentielles.

Troisième postulat : un troupeau enfermé la nuit dans un enclos spécial et sous la garde des hommes et des chiens de protection ne subit plus d'attaque. Sur l'alpage, en l'absence de bergerie hermétique, il convient donc d'enfermer le troupeau dans un parc mobile électrifié, dit de «regroupement nocturne», situé à proximité de la ou des cabanes d'alpage où loge le berger.

5. Les mesures de protection sont-elles acceptables et efficaces ?

5.1 Aides-bergers et écovolontaires : des emplois spécialisés mais précaires

Comment cohabiter avec un aide-bergers ?

Depuis l'arrivée du loup dans les alpages, un métier tombé dans l'oubli en France depuis des décennies a été réactivé : l'aide-bergers (voir également chapitre 2). Ces personnes sans qualification étaient anciennement l'équivalent de «l'homme à tout faire». Il pouvait s'agir d'un jeune avec un statut d'apprenti qui soulageait des basses besognes le ou les bergers en titre. De fait, il était essentiellement chargé du ravitaillement et de la préparation des repas. Les équipes constituées d'éleveurs et de bergers se réduisant au fil du temps, pour ne plus exister du tout depuis la transhumance des brebis par camion, la fonction d'aide-bergers a subi le même sort. L'aide-bergers est chargé aujourd'hui dès tâches associées à la présence du prédateur et son emploi saisonnier est rémunéré sur le budget de l'État.

Le rapport issu de la commission d'enquête parlementaire (Estrosi et Spagnou, 2003) a qualifié cette mesure comme étant «la plus appréciée des éleveurs». Il a insisté sur les contraintes supplémentaires engendrées par la présence des loups dans la garde des troupeaux ovins et la bonne gestion des unités pastorales (voir définition des UP au chapitre 2), et notamment sur le travail supplémentaire engendré par la prévention : déplacement des parcs mobiles de regroupement nocturne, transport du matériel lors du changement de quartier de pâturage, alimentation des chiens de protection. En plus de ces tâches spécifiques confiées à l'aide-bergers, celui-ci participe à la recherche des brebis tuées, blessées ou égarées, et ceci en collaboration avec les agents assermentés chargés des constats de prédation. Le rapport parlementaire constatait le financement en 2002 de 107 emplois d'aides-bergers sur les six départements alpins. Au regard des besoins, c'était alors assez peu, car il existe environ 1 000 unités pastorales ovines d'altitude dans les Alpes françaises (Landrot, 1999). La tendance de création de postes est toutefois à la hausse car, en 2005, ont été enregistrés 414 contrats d'aides-bergers sur l'ensemble de l'arc alpin, ce qui représente environ 1 000 équivalents-mois de travail (Jallet et Fabre, 2007).

Mais les cabanes d'alpage sont petites, et il faut bien constater que la cohabitation en alpage de deux personnes ne se connaissant pas au préalable est souvent difficile. Ceci notamment en raison de la promiscuité rendue obligatoire, comme nous l'a signalé un berger :

«[Dans les cabanes], *il n'y a pas une chambre spéciale berger et une autre spéciale aide-bergers. C'est bien pour un couple… mais après, pour arriver à mettre deux gars qui s'accordent, c'est très dur ! Au bout de quinze jours, […], ils ne se parlent plus. Tu sens qu'il y a une tension*».

Parfois, l'aide-bergers est perçu comme du personnel corvéable par nature. À l'origine, la conception de son emploi voulait qu'il campe à côté du troupeau afin de pouvoir réagir immédiatement à une attaque de nuit. Mais cet emploi d'un travailleur non qualifié au départ, au statut précaire et assez mal payé (soit le salaire minimum de 8,44 € brut/heure en 2007 pour 152 heures de travail par mois) n'a pas rencontré le succès attendu auprès de beaucoup de bergers, tel celui-ci, révolté par cette nouvelle forme de déconsidération professionnelle :

«Pas question de faire dormir quelqu'un à côté du troupeau. Nous, on réclame des cabanes correctes pour vivre à peu près décemment. Alors, envoyer quelqu'un dormir à côté du troupeau dans une tente, c'est un non-sens ! C'est une régression !».

Le problème des logements trop exigus nous a été également évoqué par un éleveur-berger possédant pourtant sur son alpage une cabane de «dernière génération», desservie par une piste carrossable. Nous l'avons visitée. C'est un petit chalet coquet, possédant tout le confort moderne… mais dans la pièce unique de la cabane. Dans ces conditions, un défaut évident de conception apparaît : comment faire cohabiter dans la promiscuité deux travailleurs d'origines, de sensibilités, et de caractères très différents ?

«On m'en a proposé [des aides-bergers]*… mais ça ne pourrait pas faire. C'est ce que je leur ai expliqué. Vous vous rendez compte ! Cette cabane est bien, mais ce n'est pas prévu pour vivre avec un aide-bergers. Si ! Si c'est ton fils ou ta femme ! Mais la cohabitation* [avec une personne «étrangère»]*, c'est dur. Les caractères sont trop différents… On ne peut pas vivre comme ça».*

Formation préalable, conditions de logement, responsabilité, définition des tâches, tout reste donc à mettre en place afin de transformer ce qui s'apparente actuellement plus à un «petit boulot» qu'à un véritable métier qualifié. Une professionnalisation de l'aide-bergers en ferait une sorte de «néoberger», avec des compétences en matière de protection des troupeaux.

Quand l'écovolontaire découvre les conditions de vie du berger

À l'initiative des associations militantes favorables au retour des loups, une autre catégorie de personnel, les écovolontaires, vient aussi renforcer l'aide aux bergers, mais ceci de façon plus fugace et dans une moindre proportion que celle des aides-bergers. Ces personnes sont généralement issues des rangs des associations pro-loup, d'origine urbaine et à la sensibilité avant tout naturaliste. L'une des associations, FERUS, s'étant donné pour objectif la conservation de l'ours, du loup et du lynx en France, présente un bilan positif de l'action des «*pastoraloups* [qualificatif attribué à ses volontaires]» (Life-Coex, 2006) :

«De mai à octobre, près de 60 écovolontaires ont effectué des missions de 2 à 3 semaines auprès de 16 éleveurs, après avoir suivi un stage de sensibilisation d'une semaine. Au total, plus de 900 journées de présence (contre 300 journées en 2003) ! Ils n'ont connu que peu d'interactions avec le prédateur. Seuls 5 troupeaux ont enregistré des pertes : 10 brebis au total sur un cheptel concerné de 15 000 moutons et chèvres !».

Toutefois, certains «*pastoraloups*» eux-mêmes sont plus mitigés. Voici quelques-unes de leurs réactions, suite à l'opération menée en 2003 et 2004 :

Anne-Catherine (comédienne à Paris) : *«Je ne me rendais pas compte des difficultés d'un berger. J'ignorais qu'il y avait eu autant d'attaques attribuées aux loups»* (Degioanni, 2003).

Hervé (origine et profession non précisées) : *«À la fin de la journée, le brouillard arrive. «Un temps à loups», ils profitent en effet de la mauvaise visibilité pour contourner les patous. […]. En tout cas, Jérôme* [l'éleveur-berger] *semble déjà avoir eu pas mal d'échauf-*

fourées avec le loup : il a une pile d'environ 300 constats chez lui. Il m'explique que les pertes immédiates sont largement remboursées, mais pas le fait qu'il faut deux ans pour faire devenir adulte une agnelle. Le problème du loup est qu'il ne se contente pas de piquer une brebis de temps en temps : il en tue toujours plusieurs même s'il n'en mange qu'une, et ça crée des paniques qui aboutissent parfois à des suicides collectifs. Un jour, Jérôme a trouvé 25 de ses brebis mortes dans un éboulis et plusieurs tuées en haut de celui-ci... Dans ces cas-là, en tant que pro-loup, on se tait... » (FERUS, 2004).

Stéphane (25 ans, humanitaire, département de la Loire-Atlantique) : «*Pourvu que je tienne le coup! [...] Mais méfiance quand même! D'autant que je n'ai pas la grande forme : cette nuit, mon équipe surveillait le troupeau et, ce matin, nous manquons de sommeil. La veille du stage, je me moquais de toutes ces imageries populaires autour du loup et je prenais à la légère la violence des attaques sur les brebis. Mais cette nuit, chaque bruit ou craquement a pris une signification différente. [...]. Serais-je à la hauteur en cas de menace ?* » (LCI/TF1, 2004).

Nombre de personnes ayant choisi de devenir écovolontaire découvrent ainsi, outre les conditions habituelles assez rudes de vie et de travail des bergers, le stress quasi permanent engendré par la vigilance face au prédateur. C'est pour elles beaucoup à la fois. Il serait donc à présent judicieux de les orienter vers une démarche de professionnalisation, ceci en les intégrant à ce qui pourrait devenir une police de la nature administrée cette fois par l'État et son ministère de l'Écologie. Nous sommes là en effet dans les prémices de métiers spécialisés liés à la défense des troupeaux contre des prédateurs bénéficiant d'un statut de protection. Or, ces métiers, en France comme dans d'autres pays du monde (Canada et États-Unis, notamment) ne peuvent reposer sur la seule bonne volonté des éleveurs et des bergers, mais doivent être pris en charge par d'autres, et notamment par des gestionnaires de la nature et de la grande faune sauvage (Meuret et Chabert, 1998).

5.2 Le chien de protection : une technique ancienne en contexte renouvelé

Selon les associations dédiées à la protection des loups, la technique consistant à protéger les troupeaux de moutons d'attaques de prédateurs à l'aide de chiens spécialisés serait aisée à mettre en œuvre (FNE, 2005 ; FERUS, 2007). Mais comme nous allons le voir à l'occasion de témoignages recueillis auprès d'utilisateurs de ces chiens, elle ne va pas de soi et comporte souvent des inconvénients majeurs.

Une technique oubliée

Les chiens de protection étaient les seuls chiens présents sur les troupeaux en Europe continentale jusqu'au XVIIe siècle, voire même le XXe siècle pour certains pays. Les chiens de travail sur troupeau se sont par la suite nettement imposés grâce entre autres au recul de la population de loups dans le courant du XIXe siècle (de Planhol, 1969). La technique de protection des troupeaux par des chiens a peu à peu disparu des préoccupations des éleveurs, notamment dans les Alpes. Elle s'est maintenue dans le massif pyrénéen, côté espagnol jusqu'aux Asturies pour prévenir les dégâts d'ours comme de loups, et côté français contre les ours (Bobbé, 2000), animaux n'ayant jamais totalement disparu de ce massif.

En France, le chien de protection originaire des Pyrénées, le «Montagne des Pyrénées» ou encore «patou» (photo 2), a été réimplanté dans les troupeaux pâturant dans le massif alpin depuis la décennie quatre-vingt-dix. Conservés par des amateurs, la plupart des sujets existant alors n'avaient plus de contact avec les troupeaux, ce qui a occasionné, et occasionne encore, quelques difficultés de comportement. En 2005, étaient recensés dans le Sud-Est de la France environ 1 200 chiens de protection (fig. 3), dont 77 % de race Montagne des Pyrénées, le reste se répartissant entre des Maremmes Abruzze, des Bergers d'Anatolie, des Bergers du Caucase ou encore des Dogues du Tibet ou divers croisements (Moret, 2007).

Photo 2. Un chien de protection, patou, au travail sur un alpage du Queyras (Hautes-Alpes) (© Marc Vincent/Inra).

Le chien de protection a pour unique fonction de dissuader tout intrus de s'approcher du troupeau. Ce n'est ni un chien de conduite, ni un chien de compagnie et encore moins un chien d'attaque. Il doit présenter quatre comportements principaux : l'attention (rester en permanence avec le troupeau), la loyauté (respecter le troupeau), l'aptitude à la protection (protéger le troupeau contre les prédateurs), la sociabilité (ou tolérance et indifférence) à l'homme sans pour autant être familier. Ces comportements résultent d'une base génétique, d'une technique de mise en place et d'une éducation (Moret, *ibid.*). Des études montrent que peu de chiens ont effectivement des comportements atypiques, voire dangereux (Le Pape *et al.*, 2001). Pourtant, nombre de témoignages recueillis dans le Queyras font ressortir des difficultés. Par ailleurs, quelques affaires mettant en cause des propriétaires de patous agressifs sont venues jusque devant les tribunaux (Vincent, 2005 ; Calendre, 2007).

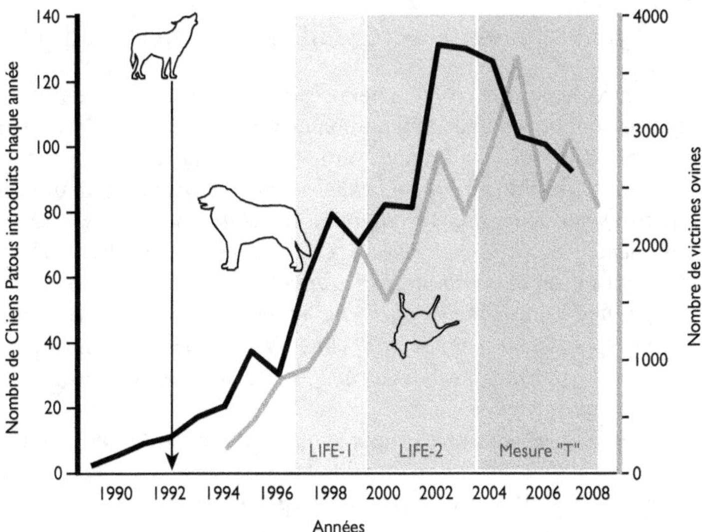

Figure 3. Variation du nombre de chiens de protection patous introduits chaque année dans des troupeaux ovins des Alpes françaises, rapporté à la variation du nombre de victimes ovines. L'introduction des chiens s'accélère à partir de 1992, année de l'officialisation du retour des loups en France, et ensuite par la mise en œuvre des programmes LIFE-1 et LIFE-2 et de leurs incitations financières pour l'achat de ces chiens par les éleveurs. La baisse d'introductions nouvelles de chiens depuis 2004 correspond, soit à un effet de saturation, soit au fait que des éleveurs se procurent à présent ces chiens sans passer par les administrations et leurs aides financières (Sources : directions départementales de l'Agriculture et de la Forêt, Office national de la chasse et de la faune sauvage et ministère de l'Agriculture).

On pourrait penser que grâce à la veille exercée par le patou, le berger peut dormir sur ses deux oreilles. Or, il n'en est rien. Tous les bergers enquêtés nous ont dit combien la situation d'alerte probable, quasi permanente, engendrait chez eux une appréhension ainsi qu'une grande fatigue supplémentaire. Ceci notamment du fait de nettement moins bonnes conditions de récupération durant leur phase de repos nocturne. Le sommeil devenant léger, le premier aboiement des chiens les réveille. Au fil de l'été, la fatigue psychique s'ajoute à celle physique et, lorsque cette situation perdure, la nervosité s'installe et prend le dessus, diminuant d'autant durant le jour la qualité du travail de gardiennage.

«... parce que quand on garde les brebis du 20 juin au 20 octobre et qu'on ne dort pas une nuit [complète]*, et bien en octobre on est fatigué. On a beau dire qu'on a les chiens maintenant, le risque zéro n'y est pas. Au moindre aboiement, allez hop, on est réveillé, on se lève, on va voir. Et bien à la fin de l'automne on en a assez. On est crevé».*

Enfin, sur les alpages, la présence des patous peut poser problème pour le multi-usage de la montagne. Que ce soit les bergers et les éleveurs, concernés au premier chef, ou les randonneurs, peu préparés à devoir partager un espace qu'ils considèrent naturellement comme un lieu de loisir, tous doivent dorénavant intégrer la présence nouvelle de ces grands chiens blancs au comportement assez particulier. Il en est de même de certaines espèces de faune, dont les marmottes, devenues peu farouches dans les parcs naturels du fait de leur statut de protection, mais aussi des friandises distribuées par les randonneurs.

Un patou, ça doit manger des croquettes... pas de la biodiversité

Il est nécessaire de nourrir correctement ces chiens qui, vu leur gabarit, ont un grand appétit. Les conséquences d'une alimentation qualifiée d'«*un peu lâche*» par un berger peut avoir des conséquences inattendues sur la biodiversité alentour :

«*Avec les nouveaux [patous] que j'ai actuellement, ça se passe plutôt bien. Ils sont vraiment fixés au troupeau. Je sais que la nuit, ils ne s'en vont pas. On les soigne régulièrement tous les soirs, même parfois dans la journée. Ça, c'est important. Mais la chasse de proximité existera toujours, sur la marmotte, à proximité des bois. Ils vont aussi aller chasser un quart d'heure ou une demi-heure un chevreuil, et puis finalement, ils reviennent au troupeau et c'est fini. Après, ils ne vont pas partir vingt-quatre heures à la chasse parce qu'ils ont faim. Et si ça se passe comme ça sur des alpages, c'est aux éleveurs de prendre leurs responsabilités et soigner leurs chiens*».

Question : «Vous pensez que c'est parce qu'ils ont faim ? On ne s'occupe pas assez d'eux ?»

«*Ah tout à fait ! Hormis ce que j'appelle la chasse de proximité. [...]. Les chiens patous, il faut absolument les soigner le soir. Le problème, c'est que sur certains alpages, les gens ne les soignent pas et, du coup, les chiens partent à la chasse*».

L'importance de cette alimentation peut être aussi comprise comme une corvée qui vient se surajouter au travail quotidien déjà fort chargé des bergers, surtout en l'absence d'un aide-bergers :

«*Maintenant, en plus des filets de clôture et de la pharmacie, j'ai à porter la soupe des chiens...*»

Parfois, il arrive qu'un patou insuffisamment nourri considère le flux des randonneurs comme une source inépuisable de nourriture. Dans ce cas, le berger doit avoir un certain ascendant sur ses chiens.

«*Si les chiens se mettent à suivre les touristes, il faut les rappeler à l'ordre, et ne pas avoir peur de leur porter à manger quand la couche n'est pas à côté de la cabane. Ce n'est pas tout le monde qui veut le faire. S'ils ne sont pas nourris, ils ne servent à rien. Ils ne seront pas au troupeau. Ils vont manger dans les sacs des randonneurs. Ils vont faire des kilomètres derrière ceux qui leur auront donné à manger. Au troupeau, ils y seront très peu, et ils ne feront rien. Ça part de là. Si on veut des chiens efficaces, il faut qu'ils mangent à leur faim*».

Hélas, alimenter en quantité les patous ne suffit pas toujours. Un éleveur m'a expliqué ainsi avoir eu, durant l'estive, à laisser en plaine de Crau ses deux patous devenus inaptes à rester au troupeau : ils préféraient suivre les groupes de touristes plutôt que les brebis, les premiers entretenant leur gourmandise avec des aliments bien plus alléchants que les croquettes pour chien...

Multi-usage de la montagne : la difficile coexistence entre touristes et chiens patous

Si l'élevage pastoral a pu évoluer sur les alpages français en l'absence de prédateurs sauvages, le tourisme, par contre, y est devenu de plus en plus prégnant. À partir des années soixante, le tourisme de masse a en effet considérablement évolué, d'abord vers un tourisme hivernal orienté vers l'«industrie» de la neige, puis rapidement vers un tourisme estival avec la création des chemins de grande randonnée (Lamour, 1980). En effet, il n'est pas rare qu'un alpage renommé, et proche des voies de communication routière, accueille chaque jour durant l'été plusieurs centaines de randonneurs. Dans ce contexte, l'arrivée des patous dans les alpages n'est pas passée inaperçue…

Lorsqu'un groupe de randonneurs se rend en montagne, le premier patou qu'il croise est généralement celui dessiné sur une pancarte placée au départ du sentier de randonnée balisé traversant l'alpage (photo 3). Depuis quelques années, les offices de tourisme des communes possédant des alpages distribuent également des plaquettes d'information, avertissant en trois langues de la possible rencontre avec des chiens de protection. Ces patous virtuels sont accompagnés de textes assez longs et qui se veulent rassurants. Tout en expliquant aux néophytes le comportement des chiens de protection, ces informations comportent des injonctions telles que : «*Surveillez votre comportement*», «*Gardez vos distances*», «*Descendez de vélo*», «*Tenez vos chiens en laisse*». Elles ne sont donc pas faites pour rassurer, ce qui génère de l'inquiétude et, surtout, contraste assez avec l'image que le touriste conservait de ses randonnées paisibles en montagne.

Photo 3. Pancarte officielle avertissant les autres utilisateurs de la montagne, dont les randonneurs, de la présence probable de chiens de protection des troupeaux (© Michel Meuret/Inra).

Lorsque le randonneur approche du troupeau, généralement quand celui-ci pâture à proximité du sentier, les patous n'apparaissent souvent pas immédiatement aux yeux du profane. De même couleur que les brebis, ils se déplacent à l'allure du troupeau. Dans le cas où plusieurs patous sont adjoints au troupeau, on peut les voir généralement disséminés parmi les brebis. Tel chien va se fondre dans la masse, tel autre va plutôt fermer la marche. Parfois, l'un d'entre eux se rapproche des passants, les flairant, eux ou leur chien de compagnie. Généralement, les interactions se passent sans problème. Mais parfois, il peut y avoir conflit.

Tous les éleveurs et les bergers rencontrés ont été affirmatifs : ils ont tous connu à un moment ou un autre une altercation avec des touristes impressionnés par l'attitude des patous, un conflit ouvert entre leur chien de protection et un chien de passage, ou pire, une convocation en gendarmerie en cas de morsure, avec obligation de contrôle du patou par un vétérinaire. La situation la plus grave, mais heureusement la moins fréquente, étant la convocation de l'éleveur devant un tribunal à la suite d'une plainte. Par exemple, un berger expérimenté a été confronté à la morsure par son patou d'un touriste s'étant introduit dans le parc de nuit parmi les brebis, ceci sans mauvaise intention. Ce geste lui avait valu une bonne morsure. Sans avoir pris le temps de discuter avec le berger, il s'était rendu à la gendarmerie afin de porter plainte. Cela avait valu à l'éleveur propriétaire du patou plusieurs allers-retours entre son domicile en Crau et la commune de l'alpage distante de 300 km, ceci au beau milieu de la saison des foins, déplacements nécessaires pour consulter un vétérinaire chargé de diagnostiquer un éventuel foyer de rage chez son chien.

« Ces chiens nous attirent encore plus d'ennuis, pour le moment, que le loup. […] Les patous sont censés protéger le troupeau. Mais on a eu trois personnes cet été qui se sont fait mordre. Là, ça devient de plus en plus difficile : appel de la mairie, des gendarmes… Un type voulait porter plainte. Je me suis expliqué. Je lui ai dit que les chiens de protection n'étaient pas des chiens hyperdomestiques, que ce n'était pas fait pour ça, et encore que les nôtres étaient sociabilisés, parce qu'on vient d'une zone périurbaine, et qu'on ne peut pas se permettre d'avoir des fauves. Il l'a mordu, mais si cela avait été un fauve, il l'aurait peut-être bouffé ».

Face à ces cas problématiques, les élus locaux réagissent plutôt négativement contre les éleveurs, car ils souhaitent avant tout éviter tout conflit avec le tourisme, importante manne financière pour les petites communes de montagnes :

« Madame le Maire n'est pas contente, parce qu'elle récupère les jérémiades. Elle m'a demandé d'éviter de les faire manger sur le GR ! [sentier de grande randonnée] *Je lui ai expliqué que le GR traversait le quartier d'août de part en part, et que c'était en plein sur le "biais"* [direction de déplacement spontané] *du troupeau. Ce n'est pas possible de faire éviter le GR au troupeau ! Ça va devenir un problème le jour où quelqu'un portera plainte ».*

L'activité touristique prenant aujourd'hui une ampleur considérable, notamment dans un parc naturel régional, il arrive que les patous finissent par générer des nuisances, y compris vis-à-vis du troupeau qu'ils sont chargés de protéger :

« Un touriste passe au milieu du troupeau avec un chien : le patou voit arriver ce touriste, il part comme un fou après le touriste ou après le chien, donc il partage le troupeau en trois ou quatre. De ce fait, les troupeaux sont beaucoup plus dérangés ».

5.3 Les parcs de regroupement nocturne à l'épreuve du terrain

Ultime technique recommandée : le regroupement nocturne du troupeau dans un parc de contention placé à proximité de la cabane du berger (photo 4). En période de transhumance, cette pratique s'est généralisée depuis une décennie dans le massif du Queyras. Si des associations de protection du loup ont réclamé sa mise en place, il n'est pas certain qu'elles en aient mesuré les conséquences, ni sur le travail des bergers, ni sur les écosystèmes montagnards.

Loin d'être une nouveauté, le parcage nocturne du troupeau à l'aide de clôtures mobiles est pratiqué en alpage depuis les années soixante-dix par beaucoup de bergers, avec une gestion parfois sophistiquée tenant compte de la configuration de l'alpage, de la date, de la météo, du «*biais*» des animaux, de la nécessité de faire brouter des plantes moins appréciées et envahissantes, et bien sûr plus récemment de la présence des loups.

Photo 4. Regroupement nocturne du troupeau en alpage à côté de la cabane au moyen de filets mobiles électro-plastiques (© Michel Meuret/Inra).

Un bienfait ou une nuisance pour les ressources pastorales ?

Pour cet éleveur : «*des parcs* [de nuit] *bien employés aident le berger dans son travail*». Pour mieux comprendre cette affirmation, il m'a fallu rechercher les raisons de chacun de recourir au filet électro-plastique, tâche pouvant s'avérer assez acrobatique, souvent pénible, toujours exigeante en temps de travail.

Tel berger garde un troupeau d'estive composé de huit origines d'élevage différentes. Économique pour les éleveurs locaux qui partagent les frais de gardiennage en se regroupant ainsi, une des difficultés de ce système est que, durant les premières semaines en alpage, les brebis mélangées au sein d'un même troupeau conservent la tendance de reformer leurs groupes d'origine. Pour pallier l'inconvénient «*d'avoir plusieurs troupeaux à gérer*», le regroupement nocturne en filet est une bonne technique, car les différents groupes d'élevage étant forcés de cohabiter de nuit et sur une petite surface, ceci accélère la cohésion du troupeau et facilite ensuite le travail du berger.

Pour cet autre berger, le parc de nuit a d'autres raisons d'être. L'une d'elles vient de la configuration particulière de son alpage, qui est tout en longueur, avec des quartiers de début et de fin de saison proches du village. Ceci crée des contraintes qu'il faut apprendre à gérer, y compris pour le bien-être des brebis lorsque certaines conditions météorologiques exigent leur enfermement, ou bien simplement pour protéger les abords du village.

« Je suis obligé de les parquer au début vers le village pour qu'elles restent la nuit, parce que sinon elles partent. Mais plus haut, il y a des quartiers d'août avec des couchades naturelles [sites de repos nocturne du troupeau]. Et puis vers la fin septembre il faut les parquer de nouveau, parce que le matin, si elles repartent trop tôt dans la gelée, ce n'est pas très bon ».

Parfois, le souci de bon entretien des ressources pastorales prend le pas sur la corvée de la confection des parcs de nuit. Plusieurs bergers nous ont en effet décrit à quel point des parcs, soigneusement ajustés sur l'alpage et dans la saison, peuvent devenir de puissants outils de gestion des pelouses alpines :

« Ces parcs sont faits aussi dans l'objectif d'améliorer le pâturage. Après quelques années, j'ai remarqué que si je mettais trop de fumure, je faisais mourir la bonne herbe. Ça devenait plus abondant mais moins bon. Alors j'ai essayé de me mettre là où l'herbe n'était vraiment pas bonne. Et l'année d'après, ça devenait meilleur, et j'essayais de ne plus y refaire de parc l'année suivante ».

Cet autre berger, pratiquant depuis plus de dix ans sur le même alpage, est aujourd'hui fier de sa pratique de « parcs mobiles tournants » :

« Tu ne peux pas t'imaginer comment c'était avant, ce secteur. Il n'y avait que des plaques de Queyrel [Festuca paniculata (L.) Schinz & Thell.], donc c'était immangeable. Mais là, même après deux ou trois ans, je les mets [les 1 200 brebis] la nuit en filet pour quatre jours maximum. Et je tourne... quatre jours ici, quatre jours à côté. Mais, attention, c'est toujours des parcs où il leur reste un peu de place pour manger. Parfois le matin, si j'arrive en retard, ou parfois le soir, si certaines ont encore un peu faim. Et ça, ça a tout changé. C'est devenu de la bonne herbe. Parfois même, c'est devenu les meilleurs endroits de ma montagne, enfin... presque ».

Nous sommes là devant le savoir-faire de quelqu'un ayant choisi de déplacer tous les quatre jours ses parcs de nuit, certains étant assez éloignés des cabanes, mais pour des raisons non liées à la protection contre les loups. Ici, les déjections du troupeau, correctement réparties, améliorent l'état des pelouses. Or sur le terrain, on constate généralement l'inverse. Lorsque les troupeaux passent trop de temps dans un même parc de nuit, à proximité de la cabane pour raison de surveillance, non seulement la pelouse est fortement dégradée par un apport excessif et répété d'azote, mais apparaissent aussi des problèmes de pollution des sources et des cours d'eau, puisque les déjections ne sont plus récoltées comme par le passé afin d'être utilisées ailleurs comme engrais : « En conditions de parcage nocturne pendant 13 h 30 (durée moyenne observée sur la saison d'estive), un troupeau de 1 600 brebis émet au sol 3,3 t d'excréments frais (fèces et urine) correspondant à une restitution moyenne de 630 kg de matière sèche apportant 21 kg d'azote par nuit » (Lapeyronie, 2000-2003).

Les parcs de regroupement antiloups nuisent à une bonne gestion pastorale

Comme il a été vu notamment au chapitre 4, la gestion pastorale d'une estive par un berger repose sur une structuration préalable de l'espace disponible en quartiers et secteurs distincts, tenant compte de la saisonnalité des ressources, mais aussi des polarités naturelles de la montagne pour le troupeau. Une autre règle consiste à localiser les cabanes de bergers à l'abri des fortes intempéries, c'est-à-dire à moindre altitude ou en fond de vallon. Ainsi, lors de l'usage des quartiers d'août, ceux situés les plus en altitude, le troupeau a l'habitude d'utiliser des «couchades naturelles» (sites de repos nocturne), parfois très éloignées de la cabane, en crête ou sur des zones escarpées de l'alpage. Le berger a donc parfois plus d'une heure de marche pour regagner le troupeau avant le lever du jour. Peu de bergers expérimentés s'en plaignent, car il s'agit d'appliquer deux de leurs règles principales : 1) respecter les rythmes d'activité et les choix de déplacement spontanés du troupeau ; 2) ne pas surfréquenter les zones déjà broutées.

Or, avec la menace des loups et la pratique des parcs de protection mesure «t» à situer pour raison de surveillance aux abords immédiats des cabanes, les zones de couchades naturelles ont presque toutes été abandonnées. Les ressources pastorales de l'alpage localisées plus en altitude deviennent donc difficiles à exploiter, car le départ du troupeau au petit matin s'effectue généralement très en contrebas et loin des quartiers d'août.

«Au mois d'août, parquer systématiquement autour d'une cabane alors que les brebis doivent aller en crête, c'est une aberration! […] Il y a des zones trop éloignées, et que les brebis exploitent mal… ou qu'elles n'exploitent plus du tout. Et ça, c'est parce qu'on leur change les biais à cause du parc».

La question devient dès lors : pour continuer à utiliser les quartiers d'altitude, où faire dormir les hommes à proximité du parc de regroupement? Sur la plupart des massifs alpins, un programme de construction de petites cabanes de complément est mis en œuvre actuellement, mais ce nouvel investissement représente des coûts considérables. C'est pourquoi, dans les premiers temps de la prédation, les communes ont dû improviser des solutions de dépannage : caravanes, lorsqu'il y avait une piste carrossable, héliportage d'abris de chantier provisoires et, enfin, pour les plus courageux, les moins bien lotis, voire les plus attaqués, le camping, solution fort peu confortable à haute altitude.

La cabane montée sur roues ne pouvant représenter une solution du fait de l'escarpement excessif des massifs alpins et pyrénéens, le nombre de parcs de regroupement nocturne ne peut donc être que très limité. Ceci conduit le berger à imposer au troupeau d'incessants allers et retours, afin de rejoindre chaque soir le parc à partir de ses différents secteurs de pâturage. En conséquence, il n'est pas rare aujourd'hui de constater sur les trajets des signes de dégradation des pelouses, voire de sol érodé. Cet effet négatif d'une pratique pastorale contrainte est actuellement étudié par le parc naturel régional du Queyras :

«Le parc suit les conséquences du retour du loup sur l'état des pelouses et du terrain. Il y a des dégâts. Avant on pouvait laisser le troupeau en couchade libre. Là, on est obligé de le faire revenir tous les soirs à la cabane. Donc, ça veut dire érosion. Dans certains secteurs, ça se voit! C'est tout sauf des préjugés!».

Des conséquences sanitaires inévitables sur le troupeau

Des parcs de nuit mal entretenus ou surutilisés peuvent provoquer chez les brebis des maladies de pieds bien connues et redoutées par les éleveurs et les bergers. Les couchades naturelles ainsi que les «parcs mobiles tournants» permettaient d'éviter d'avoir à soigner de véritables épidémies. Mais la nécessité de devoir ramener tous les soirs le troupeau dans le même parc, situé à côté de la cabane, peut avoir des conséquences désastreuses pour la santé des brebis, surtout en période de pluie.

«Je cherche à avoir des couchades saines par rapport aux problèmes de pieds. De toute façon, c'est plus sain de faire tourner les parcs».

Les incessants allers et retours ne sont pas non plus sans conséquences sur la santé des brebis. En alpage, il est attendu de ces dernières qu'elles regagnent en état corporel. De plus, en fin d'été, elles sont pour la plupart alourdies par la gestation, ayant à mettre bas à l'automne dès leur retour de montagne.

«Quand on laisse les bêtes tranquilles, elles pâturent tard le soir, et elles vont recommencer tôt le lendemain matin. Là, elles sont dans leur parc. Le berger, il faut quand même qu'il vive. Donc, il les rentre vers 8 heures du soir, puis il les relâche le lendemain matin à 7 ou 8 heures. […] Et donc, elles perdent du temps de pâture et des kilos de viande. Ces heures de pâturage qui manquent, ça va avoir forcément une incidence sur l'état corporel du troupeau, sur la fin de gestation, sur le début de lactation».

Conclusion

La présence nouvelle des loups bouleverse les pratiques des bergers et des éleveurs dans les Alpes françaises. Elle leur impose des changements de pratiques n'ayant pas encore vraiment fait preuve, ni d'opérationnalité, ni d'efficacité, ni même de pertinence (Garde, 2007). Elle remet en cause le rôle principal de l'estive pour les bergers et leurs troupeaux : un indispensable ressourcement. Mais, plus grave encore, elle modifie profondément leur image professionnelle aux yeux des autres usagers et gestionnaires de la montagne.

Jusqu'alors, le pastoralisme alpin n'avait cessé de montrer sa capacité à évoluer, à s'ajuster à de nouvelles donnes, à se réorganiser. Depuis les années quatre-vingt-dix, les politiques agri-environnementales européennes l'avaient conforté pour son rôle dans la restauration ou la conservation des ressources issues de la biodiversité. Dans plusieurs régions, et notamment dans les Alpes, il est ainsi devenu fréquent que des gestionnaires de milieux naturels soient à la recherche de bergers expérimentés, professionnels reconnus pour leurs compétences. Et pour les autres usagers de la montagne, dont les randonneurs amateurs de nature, le berger et son troupeau deviennent l'un des attraits, comme en témoignent bien des documents touristiques.

Mais suite au retour des loups protégés, les éleveurs et les bergers deviennent une contrainte, notamment pour ses défenseurs militants. Ces derniers mettent en exergue des cas de mauvaise gestion pastorale, ayant conduit à des phénomènes de surpâturage et d'érosion. Des cas de troupeaux non gardés sont régulièrement cités dans la presse naturaliste militante, comme si c'était là le nouveau comportement général d'une profession archaïque, ayant perdu son savoir-faire et son sens des responsabilités. Les «bons bergers» sont ceux qui appliquent à la lettre et sans rechigner les mesures de protection, et qui ne s'émeuvent pas publiquement d'avoir à subir chaque année des attaques et des pertes.

Les mesures de protection des troupeaux modifient aussi fortement l'image du berger chez les autres usagers de la montagne. L'espace occupé par le berger, son troupeau et ses chiens, devient en effet «zone à risque» pour les autres. Certes, des bergers peuvent être irrités par l'abondance de touristes souvent assez désinvoltes, et ils sont fort satisfaits de voir des randonneurs contourner parfois à distance le troupeau. Pour autant, ils se refusent à être assimilés à des individus dangereux du fait de l'obligation d'autoprotection envers un prédateur. Par ailleurs, des bergers sont véritablement honteux devant l'insalubrité occasionnée par les parcs de regroupement obligatoire, car ils tiennent à conserver leur éthique de professionnels respectueux des ressources naturelles.

Face à ces attendus contradictoires vis-à-vis de l'élevage pastoral, peut-on légitimement exiger des seuls éleveurs et bergers qu'ils aient à se réorganiser par la protection «passive» (techniques mesure «t») afin de ne plus représenter un frein au bon développement de la population de loups?

Pour sortir des contradictions des politiques publiques, nous proposons une politique de gestion active de la population de loups récemment arrivée en France, politique qui pourrait être qualifiée de «lupotechnie» : «*La percée de l'idée de régulation* [fait son chemin]. [...] *La réussite technique et sociale d'un tel plan d'action suppose la constitution d'une louveterie de type nouveau, à même de s'appuyer sur une solide lupotechnie*» (Chabert *et al.*, 2004). Celle-ci viserait à moduler l'extension de la population et à refréner le comportement opportuniste des loups protégés vis-à-vis des proies issues des activités d'élevage. Car, d'après nous, respecter les loups, c'est aussi leur créer des conditions de vie telles que leurs facultés de grand prédateur soient encouragées en direction des proies issues de la faune sauvage. L'objectif serait de garantir la protection de l'espèce, mais sans risquer l'exclusion du pastoralisme. Car la disparition des bergers, ou leur forte limitation, serait dramatique pour bien d'autres qualités attribuées aux écosystèmes montagnards.

La garantie du bon état de conservation de l'espèce *Canis lupus* en Europe passe par sa compatibilité avec d'autres objectifs de gestion des espaces naturels, ainsi qu'avec les activités de leurs utilisateurs : la protection de la nature ne se réduit pas à la conservation biologique intégrale d'une seule espèce, quel qu'en soit le statut, légal ou politique. Dans la situation actuelle, le loup est une espèce patrimoniale emblématique et intégralement protégée envers et contre tout, y compris au détriment d'autres ressources naturelles, elles aussi pourtant protégées par les mêmes politiques publiques.

La lupotechnie, exigeante en moyens et en compétences humaines spécifiques, quelles que soient les difficultés de sa mise en place, sera toujours plus satisfaisante que la situation actuelle : 1) «laisser-faire» vis-à-vis de l'extension de la population de loups ayant le statut de protection intégrale ; 2) ne pas se donner les moyens de distinguer les individus «déviants» ou les meutes «à problème», car ayant développé un comportement opportuniste de prédation dans les troupeaux, ceci malgré l'abondance des proies sauvages ; 3) positionner tous les moyens de l'État sur la protection des troupeaux et le remboursement des victimes.

Le budget national français consacré aux loups en 2006 avoisinait les 4 400 000 euros (Sénat, 2008). Ceci représente une «part du loup» fort conséquente et assez exceptionnelle au regard des autres budgets alloués en France à la protection des espèces sauvages. Or, selon L. David Mech, biologiste nord-américain faisant autorité et très engagé dans la protection du loup : «*Au fur et à mesure que le coût des indemnisations augmente, le public peut fort bien commencer à demander que les associations de protection de la nature assument ces charges à la place du gouvernement. Dans tous les cas, sans contrôle des populations de loups, les gens pourraient s'opposer aux paiements et aux dégâts causés par le loup*» (Mech, 1996).

C'est lorsque sera mise en œuvre une politique de gestion active du loup et de ses populations que pourra être envisagée une coexistence de nouveau pacifiée entre éleveurs, bergers et protecteurs de la nature. C'est une condition nécessaire pour sortir enfin des ornières dans lesquelles l'application sur le même territoire de deux politiques publiques contradictoires a plongé, non seulement le pastoralisme, mais aussi le monde de la protection de la nature.

Remerciements

Je remercie particulièrement tous les éleveurs et bergers ayant accepté de jouer le jeu de l'enquête de terrain en me faisant part de leurs expériences au sujet des méthodes de protection des troupeaux contre les loups. Christine de Sainte Marie et Jean-Paul Chabert, agro-économistes à l'INRA, François Sigaut, anthropologue des techniques agricoles et directeur d'études à l'EHESS de Paris, et Michel Meuret, ont encadré à divers titres ce travail. Qu'ils en soient tous remerciés très chaleureusement ici.

Bibliographie

ADAM E., 1993. Éditorial. *Terre Sauvage*, 73, p. 4.

ALPHANDÉRY P., BILLAUD J.-P., 1996. Introduction. *In :* ALPHANDÉRY P., BILLAUD J.-P. (eds.), « Cultiver la nature », *Études rurales* (141-142), 9-19.

BOBBÉ S., 2000. « Un mode de garde écologiquement correct : le chien de protection », *Ethnologie française*, XXX (3), 459-472.

BRARD L., 1996a. « Joyeux Noël au loup des Alpes », *Sciences et Nature*, 71, p. 83.

BRARD L., 1996b. « Manifeste pour un loup libre, vivant, sauvage, hors de toute idée de zonage barbelé », *La Lettre du Hérisson*, revue de France Nature Environnement, 177, 9-12.

CALENDRE I., 2007. « Tribunal de police : l'éleveur, le loup et le patou », *Le Dauphiné libéré*, 7 septembre.

CHABERT J.-P., DE SAINTE MARIE C., VINCENT M., 2004. « La régularisation du loup, 1990-2004 », *Forêt méditerranéenne*, XXV (2), 131-142.

DEGIOANNI B., 2003. *Des stages en montagne pour réconcilier les «pro» et «anti» loups.* http://www.hurlements.info (consulté le 7 novembre 2007).

DE PLANHOL X., 1969. « Le chien de berger : développement et signification géographique d'une technique pastorale », *Bull. de l'Association des géographes français*, 370, 355-368.

ESTROSI C., SPAGNOU D., 2003. Prédateurs et pastoralisme de montagne : priorité à l'homme. Rapport fait au nom de la commission d'enquête sur les conditions de la présence du loup en France et l'exercice du pastoralisme dans les zones de montagne. Assemblée nationale, n° 825, mai 2003. tome I : rapport ; tomes II et III : auditions.

FABRE P., LEBAUDY G., 2004. « La mémoire longue d'un métissage : la « métisse » ou la race ovine mérinos d'Arles », *Anthropozoologica*, 39, 107-122.

FERUS, 2004. *Témoignages 2004.* http://ours-loup-lynx.info/spip.php?article263 (consulté le 7 novembre 2007).

FERUS, 2007. *Le loup en France.* Plaquette de 16 p. http://www.ours-loup-lynx.info/IMG/pdf/ PLAQUETTE_LOUP_. pdf (consulté le 7 novembre 2007).

France Nature Environnement, 2005. « Le loup à la loupe », *La voie du Loup*, 20, 4 p.

GARDE L. (coord.), 2007. Loup et élevage : s'ouvrir à la complexité. *In : Actes du séminaire technique des 15 et 16 juin 2006*, Aix-en-Provence. Publication UCP « Pastoralisme méditerranéen », Cerpam ed., Manosque, 248 p.

HÉNAULT M., JOLICŒUR H., 2003. *Les loups au Québec : meutes et mystères.* Société de la faune et des parcs du Québec, direction de l'aménagement de la faune des Laurentides et direction du développement de la faune, 129 p.

Jallet M., Fabre P., 2007. «Organisation du travail face à la prédation : redéfinition des métiers d'alpage». *In :* Garde L. (coord.), Loup et élevage : s'ouvrir à la complexité. *Actes du séminaire technique des 15 et 16 juin 2006*, Aix-en-Provence. Publication UCP «Pastoralisme méditerranéen», Cerpam Ed., Manosque, 108-116.

Journal officiel, 1990. Décret n° 90-756 du 22 août 1990 portant publication de la convention relative à la conservation de la vie sauvage et du milieu naturel de l'Europe, ouverte à la signature à Berne le 19 septembre 1979. *Journal officiel*, 198.

Journal officiel des Communautés européennes, 1992. Directive Habitats Faune Flore, directive 92/43/CEE du conseil du 21 mai 1992 concernant la conservation des habitats naturels ainsi que de la faune et de la flore sauvages, dite directive «Habitats», n° L 206 du 22 juillet 1992, 7-50.

L'Agriculture drômoise, 2007. *Mobilisation des éleveurs contre les prédateurs. Le gouvernement restera-t-il sourd ?* 1811, p. 11.

Lamour P., 1980. *Le cadran solaire*, éditions Robert Laffont, 465 p.

Landrot P., 1999. «L'alpage, une tradition vivante et modernisée», *Agreste, Les cahiers*, 41, 25-33.

Lapeyronie P., 2000-2003. *Parcs à troupeaux et parcs de protection nocturne dans le parc national du Mercantour et les Alpes du Sud : incidences paysagères, impact sur les pelouses des estives.* SupAgro Montpellier, ONCFS, parc national du Mercantour (eds.). Programme LIFE99 NAT/F/006299 «Le retour du loup dans les Alpes françaises», 39 p.

LCI/TF1, 2004. *Entre brebis et loups. Chaque été, des bénévoles aident les bergers à surveiller leurs troupeaux… Témoignage.* http://tf1.lci.fr/infos/(consulté le 8 juillet 2004).

Le Pape G., Blanchet M., Durand C., 2001. *Interactions entre les promeneurs et les chiens de protection de troupeaux ovins dans le massif du Queyras*, université de Tours, PNR du Queyras, Programme LIFE-Loup, ONCFS, 47 p.

Life-Coex, 2006. «Les éco-volontaires, bilan 2005 : "Des moments inoubliables, mais pas un voyage d'agrément" précisait le dossier d'inscription…», *Coexistence Infos*, 2, p. 3.

Mech D. L., 1996. «Le défi et l'opportunité du retour de populations de loup *Canis lupus*», *Faune de Provence* (C E E P), 17, p. 33 à 43. Traduit par Patrick Bayle : Mech D. L., 1995. «The challenge and opportunity of recovering wolf populations», *Conservation biology*, 9, 270-278.

MEDD et MAAPAR, 2004. *Plan d'action sur le loup 2004-2008*, ministère de l'Écologie et du Développement durable et ministère de l'Agriculture, de l'Alimentation, de la Pêche et des Affaires rurales, 8 novembre 2004. http://www.ecologie.gouv.fr/IMG/pdf/Planactionloup.pdf (consulté le 15 novembre 2007).

Mendras H., 1967. *La fin des paysans*, rééd. 1992, Éditions Actes Sud Babel, 440 p.

Meuret M., Chabert J.-P., 1998. «Retour du loup : ses protecteurs sont des éleveurs», *Terroir Magazine*, 49, p. 7.

Moret A., 2007. «L'utilisation du chien de protection dans les Alpes françaises». *In :* Garde L. (coord.), Loup et Élevage : s'ouvrir à la complexité. *Actes du séminaire technique des 15 et 16 juin 2006*, Aix-en-Provence. Publication UCP «Pastoralisme Méditerranéen», Cerpam ed., Manosque, 118-129.

Peillon A., Carbonne G., 1993. «Bienvenue aux loups», *Terre Sauvage*, 73, 23-42.

Sénat, 2008. Rapport d'information fait au nom de la Commission des affaires économiques sur l'avenir de la filière ovine par G. Bailly et F. Fortassin (sénateurs), annexe au procès-verbal de la séance du 16 janvier 2008, p. 49.

Vincent M., 2005. «Loup : un éleveur devant la justice pour son patou», *La lettre du Mérinos*, n° 149.

Vincent M., 2007. Éleveurs de moutons et bergers entre Crau et Queyras : évolution du pastoralisme méditerranéen sous l'effet des politiques de l'agri-environnement et du loup. Mémoire pour le diplôme de l'École des hautes études en sciences sociales, Paris, 316 p.

© Michel Meuret

© Michel Meuret

PARTIE 5

Les écoles de bergers

Chapitre 12

La revalorisation du métier par les formations en écoles de bergers

Michelle JALLET, Marie LABREVEUX et Olivier BEL

Dans ce chapitre, nous évoquons d'abord l'ambition commune des formations actuelles en écoles de bergers : contribuer à la revalorisation du métier. Ensuite, nous dressons un tableau succinct des quatre formations longues organisées par des établissements publics relevant du ministère de l'Agriculture. Nous ne tenons ainsi pas compte de toutes les formations techniques courtes organisées par des associations de bergers ou des organismes professionnels agricoles. Nous développons ensuite les deux cas que nous connaissons le mieux, puisque nous en avons la charge en régions Provence et Rhône-Alpes. Enfin, nous concluons en synthétisant les préoccupations communes aux différentes formations actuelles.

1. Le souhait de revaloriser le métier de berger salarié

1.1 Un point d'histoire

Jusque dans les années cinquante, un maître berger local, appelé le *bayle* dans le Sud-Est, gérait «sa montagne» en organisant le travail de plusieurs bergers salariés. Il instaurait une hiérarchie dans le groupe des bergers, selon l'expérience, l'âge et la santé de chacun (Mallen, 2001).

Les techniques d'élevage ont ensuite très vite évolué, en réponse à l'intensification de l'agriculture, en plaine mais aussi dans les vallées de montagne. Comme le constatait alors René Dumont, célèbre agronome français, au retour d'un séjour dans le massif du Queyras (Hautes Alpes) : «[cette agriculture] *est au niveau de productivité des provinces les plus arriérées de la vieille Chine*» (Dumont, 1956). Il prônait l'exode rural en plaine et sur cultures intensives afin de mieux valoriser la main-d'œuvre agricole de montagne. Il préconisait, pour les pentes sèches situées sous les estives, le boisement avec des pins permettant d'éviter les problèmes de ruissellement et d'érosion. Cette préconisation a eu du succès, puisqu'elle a conduit à la disparition de la presque-totalité des éleveurs locaux. Dans les Alpes, seuls les éleveurs transhumants venus notamment de Provence ont continué d'utiliser les estives, en se chargeant aussi parfois de la garde de troupeaux locaux.

Dans les années soixante-dix, les premières aides agricoles européennes dont certaines étaient destinées à l'élevage de moutons, ainsi que la vague du «retour à la terre» fuyant les conditions de vie urbaine, ont créé de nouveaux emplois de bergers. Ces emplois ont surtout été pourvus par de jeunes urbains venus s'installer en zone rurale. Pour la plupart autodidactes, les plus opiniâtres se sont formés sur le tas et ont su reconstruire le métier en faisant valoir leur expérience et leur professionnalisme. Ils ont acquis leur technicité de berger, mais aussi d'éleveur qui garde son troupeau, en mêlant les pratiques ancestrales et les connaissances techniques modernes. Ce qui était nouveau par rapport à leurs prédécesseurs, c'est qu'ils affirmaient leurs compétences dans plusieurs domaines (garde des troupeaux, mais aussi élevage, gestion des ressources naturelles…), revalorisant ainsi l'image d'un métier devenu multiple et complexe.

Aujourd'hui, le berger autodidacte d'origine urbaine, encore considéré il y a une trentaine d'années comme «marginal» à mettre au ban de la société, s'est forgé une identité fondée sur l'utilité et la reconnaissance sociale de son métier.

1.2 Les sources de valorisation du métier

Cette reconnaissance est récente. En effet, pour la génération des jeunes ruraux du milieu du XXe siècle, l'image du berger contraint à la garde du troupeau était dévalorisante et synonyme d'ennui, de souffrance, de solitude et d'absence de sociabilité (Baumont, 2005). Il en va tout autrement aujourd'hui, où l'image du berger fait plutôt rêver, mais fait aussi vendre. Se développe en plaine ce que l'on pourrait appeler un tourisme pastoral ; des transhumances folkloriques sont organisées qui, bien souvent, se limitent à une traversée de village et, de leur côté, les promoteurs du tourisme montagnard proposent à présent des «rencontres avec le berger».

Aujourd'hui, heureusement, le métier de berger est valorisable de façon multiple, bien au-delà de cette représentation folklorique.
– souvent par la force des choses, il s'inscrit assez bien dans «l'agriculture durable» telle qu'on la qualifie aujourd'hui : peu consommateur d'énergies fossiles, limitant les déplacements motorisés, utilisant des énergies renouvelables, recyclant ses déchets, ne s'embarrassant pas de superflu. Conscience écologiste ou pas, le berger serait donc un «écocitoyen», dont l'image est valorisante auprès des jeunes urbains ;
– il contribue à la réussite économique d'élevages ovins : qualité de l'alimentation au pâturage, reproduction des brebis, qualité de la viande d'agneau ou des fromages, suivi sanitaire du troupeau. En effet, la plupart des bergers ne sont plus seulement aujourd'hui gardiens de troupeaux. Dans les élevages, leurs tâches se sont diversifiées, ce qui contribue aussi à mieux valoriser leur travail ;
– du fait de sa pratique et de son occupation de l'espace, il contribue à des missions environnementales d'importance : maintenir des paysages ouverts, aider à lutter contre l'embroussaillement, prévenir le risque d'incendie de forêt ou celui d'avalanche, aider à conserver la biodiversité et les habitats d'espèces sauvages rares ou en péril ;

– enfin, c'est l'un des métiers situés au cœur des questions de multi-usage de l'espace rural. En montagne comme en plaine, les espaces pastoraux sont en effet aussi des espaces de plus en plus fréquentés par des touristes qui, tous, ne sont pas respectueux du berger et de son troupeau (voir également chapitres 2, 11 et 15). Certains bergers acceptent d'ailleurs parfois d'accueillir des touristes, durant l'hiver, voire même au cours de l'estive. Ils contribuent ainsi à une forme d'agrotourisme, ayant à expliquer leur métier aux visiteurs et à leur suggérer des règles de comportement adéquat dans le cadre du partage de l'espace en montagne.

Depuis une vingtaine d'années, ces multiples formes de reconnaissance du métier se sont traduites par l'amélioration des conditions de vie et de travail des bergers, à laquelle ont travaillé localement trois types d'acteurs : 1) les services pastoraux régionaux ou départementaux (par exemple le Centre d'études et de réalisations pastorales Alpes Méditerranée, la Fédération pastorale de l'Ariège) ; 2) des associations de bergers et vachers (voir encadré ci-dessous) ; 3) des collectivités territoriales et des élus locaux (parc nationaux, parcs naturels régionaux, conseils généraux, communautés de communes…). Les améliorations ont porté sur la rénovation ou la construction de cabanes d'estives pourvues d'eau courante et équipées de panneaux solaires ; des équipements pastoraux (pistes d'accès, parcs de tri et impluviums), l'héliportage, des moyens de communication téléphonique. Ces diverses actions ont contribué à stabiliser les bergers dans leur emploi en diminuant leur isolement et la pénibilité de leur travail.

Exemple d'une association professionnelle de bergers contribuant à revaloriser le métier

L'Association des bergers et vachers des Hautes-Alpes a été créée en 1978. À son actif, il faut noter la création d'une convention collective « Berger d'alpage », dont l'objectif est d'améliorer les conditions de travail et de logement en estive de bergers ou vachers salariés. Elle fut également à l'initiative de l'installation d'un réseau de radiocommunication entre éleveurs et bergers, permettant de faciliter le travail de chacun lors de la saison d'estive.

Elle a créé et met régulièrement à jour un « fichier des alpages » informé par les bergers : caractéristiques du troupeau mené en estive (nombre d'animaux, races, état physiologique…), qualité des pâturages, nombre et confort des cabanes, niveau de salaire du berger et état des relations entre le berger et les éleveurs. Elle a également instauré des formations thématiques courtes : botanique, soins vétérinaires, tonte… Peu coûteuses, ces formations permettent également de créer du lien entre bergers.

Actuellement, elle s'attache principalement à ce que soit maintenue en application la convention collective « Berger d'alpage », assurant de bonnes conditions d'emploi, dont un salaire correct.

Cette association a réussi à être reconnue comme porte-parole des bergers des Hautes-Alpes, sans toutefois devenir une institution, ce qui aurait beaucoup déplu aux adhérents.

À l'échelle nationale cette fois, une opération de « revalorisation du métier de berger » a vu le jour en 2001, à l'initiative de la Société d'économie alpestre de Savoie (SEA 73 et 74, 2001). À partir de la situation du pastoralisme ovin et bovin en Région Rhône-Alpes, il s'agissait de faire des propositions au Groupe interministériel sur le pastoralisme ayant pour mission de dresser l'état du pastoralisme en France (MAPAR,

2002) (voir détails au chapitre 2). Ceci s'est traduit, entre autres, par la reconnaissance de la pluralité du métier de berger et par la définition d'une grille d'emploi de bergers salariés, permettant de distinguer plusieurs niveaux de compétence et de salaire dans une logique de responsabilités croissantes (fig. 1).

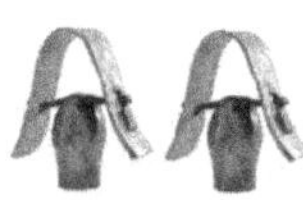

Figure 1. Les trois niveaux de qualifications pour l'emploi de bergers salariés proposés par le Groupe interministériel sur le pastoralisme (MAPAR, 2002). Synthèse du sous-groupe n° 3 : Emploi, formations, métier (coprésidents : P. Aubert et R. Tramier).

Les trois niveaux de qualification proposés englobent progressivement l'ensemble des missions qu'un berger peut actuellement se voir confier. C'est une reconnaissance salutaire qui devrait, théoriquement, contribuer à revaloriser le métier. Mais pour de jeunes postulants, comment accéder aux qualifications de niveaux 2 et 3 présentées à la figure 1 ? C'est la mission des écoles de bergers relevant du ministère de l'Agriculture, qui proposent ainsi des formations qualifiantes et/ou diplômantes tenant compte de la diversification et complexification croissantes du métier.

2. Aperçu des formations longues en écoles de bergers

Cinq formations longues ont été mises en place en France. Celle d'origine était située à Rambouillet, près de Paris, mais elle est aujourd'hui fermée. Les quatre autres sont actives, toutes localisées dans le Sud du pays (fig. 2), et à la charge d'établissements publics relevant du ministère de l'Agriculture.

2.1 L'École nationale de bergers de Rambouillet

Cette école fut créée en 1794 sur le domaine de Rambouillet, acheté onze ans auparavant par le roi Louis XVI qui désirait en faire un domaine de chasse. Mais, en cette fin du XVIIIe siècle, période de forte expansion des villes, la mode chez les élites européennes

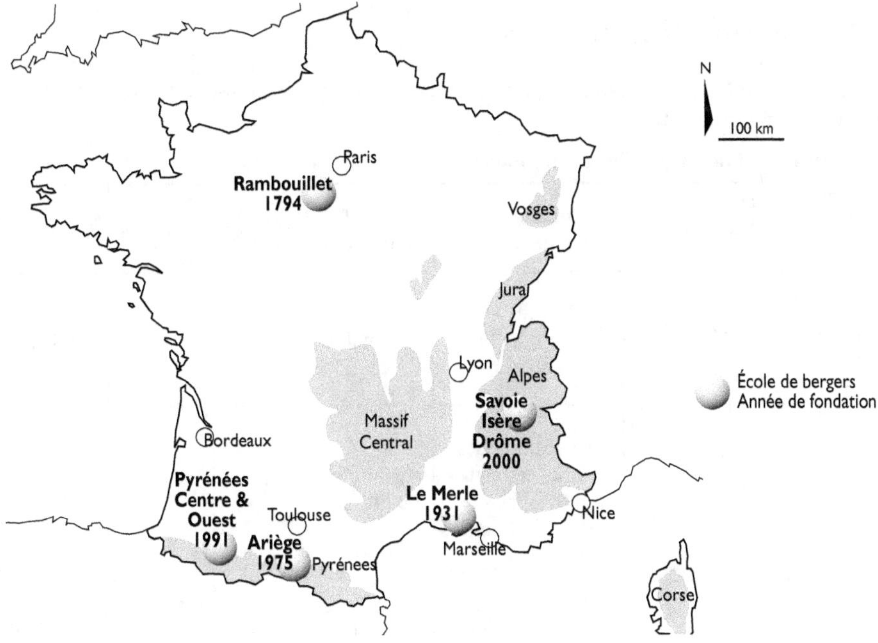

Figure 2. Localisation des formations longues de bergers organisées par des établissements publics relevant du ministère de l'Agriculture. L'École de bergers de Rambouillet, fondée en 1794, est fermée depuis 1989. Les quatre autres, toutes situées dans le Sud du pays, sont en activité.

était également celle du retour à l'ordre naturel et à l'économie agraire. C'est pourquoi, en 1785, le roi décida la construction à Rambouillet de «La Ferme du Roi», ayant une vocation expérimentale en agriculture. Il acheta un an plus tard au roi d'Espagne une troupe de Mérinos, race de mouton choisie pour la qualité de sa laine, principale production ovine de l'époque. Ceci donna lieu aux travaux d'amélioration des races à laine, entreprise dite de «mérinisation», qui se poursuivit en France, mais aussi internationalement, jusqu'à la Première guerre mondiale. Outre les moutons, furent élevés à Rambouillet des vaches suisses, des moutons d'Afrique, des chèvres angora puis, sous Napoléon Bonaparte, des buffles pour la traction ainsi que des chevaux. De nombreuses bergeries qualifiées, selon les époques, de royales ou impériales, furent construites jusqu'en 1870. Elles sont aujourd'hui des monuments historiques (Association des anciens élèves de la Bergerie nationale de Rambouillet, 1986).

L'école de bergers devint en 1939 une école nationale d'élevage ovin et un centre d'apprentissage, ce dernier délivrant, suite à un stage de neuf mois, un brevet professionnel ovin. L'établissement s'est ensuite spécialisé dans l'enseignement zootechnique général, et ses formations se sont beaucoup diversifiées, notamment les formations techniques pour les éleveurs. Celle destinée aux bergers fut supprimée en 1988-1989, et relayée partiellement durant quatre ans par un certificat spécialisé en élevage ovin.

Aujourd'hui, la Bergerie nationale de Rambouillet accueille 80 000 visiteurs par an. Elle poursuit quelques activités liées au mouton, à caractère historique, pédagogique ou festif, tel le Festival des arts de la laine tenu en 2007. Au printemps 2010, y a été tenue la Conférence mondiale sur le Mérinos.

2.2 Les quatre établissements actuels

Les quatre formations longues actuelles sont présentées au tableau 1 par ordre d'ancienneté de leur création.

Tableau 1. Bref descriptif des formations longues actuelles

Année de création	Dénomination actuelle de la formation	Organismes d'enseignement	Type de validation	Durée (mois)	Nombre de stagiaires	Spécialités
1931	« Berger salarié transhumant »	CFPPA du Merle et Montpellier SupAgro	Diplôme national de niveau 5	12	15	Ovins viande
1975	« Pâtres de haute montagne »	Association des pâtres de haute montagne et CFPPA de Pamiers	Attestation de réussite	10	10	Ovins Bovins
1991	« Berger vacher transhumant en montagne pyrénéenne »	LPA Oloron-Sainte-Marie, CFPPA Lannemezan et AFMR Etcharry	Diplôme national de niveau 4	24	12 à 15	Ovins lait Bovins Fromages
2000	« Berger-vacher d'alpage »	CFPPA de la Motte-Servolex, CFPPA de Die et CFPPA de la Côte-Saint-André	Attestation de réussite SIL	7	8 à 12	Bovins Ovins

CFPPA : Centre de formation professionnelle et de promotion agricole ; Montpellier SupAgro : Centre international d'études supérieures en sciences agronomiques ; LPA : lycée professionnel agricole ; AFMR : Association pour la formation en milieu rural ; SIL : spécialisation d'initiative locale, certifiée régionalement.

Les principales caractéristiques de ces formations au moment de la rédaction de cet ouvrage peuvent être résumées comme suit, sachant que nous développerons à la section suivante l'expérience de l'école du Merle (Provence) et de la formation relevant des départements de Savoie, Isère et Drôme (Région Rhône-Alpes). La formation de berger vacher transhumant en montagne pyrénéenne sera présentée en détails au chapitre 13.

La formation du Merle

L'école de bergers du Merle fut créée en 1931 à Salon-de-Provence (département des Bouches-du-Rhône), au cœur d'un domaine agricole de la plaine de Crau (voir chapitre 6). La formation y est organisée par le centre de formation professionnelle et de promotion agricole (CFPPA) du Merle, conjointement avec SupAgro Montpellier, école d'ingénieurs agronomes. Elle est aujourd'hui intitulée «Berger salarié transhumant» et financée par diverses sources, dont le conseil régional Provence-Alpes-Côte d'Azur (PACA). Elle accueille chaque année une sélection de quinze stagiaires durant douze mois, sur la base d'un calendrier de formation qui se calque sur le cycle d'élevage provençal ovin viande transhumant, débutant en octobre, c'est-à-dire au moment des agnelages d'automne dans les troupeaux de Crau. Le diplôme est un brevet professionnel agricole (BPA), délivré suite à l'obtention de dix unités capitalisables portant sur chacun des thèmes pratiques ou plus théoriques enseignés.

La plaquette 2007 de présentation de l'école se conclut par ce texte, écrit par un romancier français célèbre ayant inspiré beaucoup de jeunes d'origine urbaine :

> Berger – « *Il s'agit d'un métier, et qui n'est pas à la portée de tout le monde. Il ne viendrait à l'idée de personne de s'improviser du jour au lendemain serrurier, cordonnier, tailleur, maçon, etc., mais on trouve naturel de s'improviser berger (comme on trouve naturel de s'improviser romancier ou poète ou peintre). On se dit "berger, c'est facile, mener les moutons, c'est par définition à la portée de tout le monde. Au lieu de continuer de venir à ma banque, à ma compagnie d'assurances, à mon bureau de fonctionnaire tous les matins à neuf heures pour y rester assis jusqu'à dix-huit heures, je vais aller garder les moutons dans les collines de Provence parmi le thym et la sarriette ".*
> *Les moutons ne mangent pas de ce thym-là. Rien n'est facile.* » Jean Giono, 1962.

La formation ariégeoise des pâtres de haute montagne

Cette formation fut créée en 1975 dans le département de l'Ariège, situé au centre est du massif des Pyrénées (fig. 2). Depuis 1994, elle est organisée conjointement par l'Association des « *pâtres* » (nom vernaculaire attribué aux bergers) de haute montagne et le CFPPA de Pamiers. Elle s'adresse à celles et ceux désirant devenir, soit vacher, soit berger, et plus généralement exercer un métier en milieu montagnard. Financée par le conseil régional Midi-Pyrénées, elle accueille chaque année une sélection de dix stagiaires ayant déjà une expérience de travail avec des troupeaux.

Le programme se déroule sur dix mois. Il est composé de deux modules (Formation des pâtres de haute montagne, 2005) : 1. une préformation hivernale (janvier à mai), réalisée chez un « maître de stage » éleveur transhumant, permet d'acquérir les connaissances de base sur les animaux, la garde du troupeau et le milieu de la transhumance pyrénéenne ; 2. après validation du premier module, la formation d'été (mai à octobre) se déroule sur une estive, où le stagiaire reste constamment encadré par un vacher ou un berger confirmé. C'est donc avant tout une formation pratique dans l'esprit du « compagnonnage ». Toutefois, en cours de formation, sont organisées huit séances d'une semaine de regroupement des stagiaires, généralement dans des gîtes de montagne, où des intervenants viennent donner des cours sur des thèmes variés : soins vétérinaires, dressage de chiens, météo, botanique, secourisme en montagne, etc. L'Association des pâtres de haute montagne se charge du suivi de chaque stagiaire, afin de vérifier les acquis et de l'aider dans ses choix professionnels et de vie. Après rédaction d'un rapport individuel de stage, la formation est validée devant un jury décernant, ou non, une « attestation de réussite ».

Dans ce département pyrénéen où la pratique de la garde des troupeaux en montagne reste très vivante, et ceci malgré de profonds changements dans l'usage collectif des estives (Eychenne, 2006), cette formation reçoit chaque année près de 150 candidatures. Plus de 80 % des stagiaires trouvent un emploi au terme de la formation, en majorité en tant que vachers car la demande est actuellement plus grande en élevage bovin.

La formation de berger-vacher transhumant des Pyrénées Centre et Ouest

Le massif des Pyrénées dispose depuis 1991 d'une seconde formation de bergers, localisée plus à l'Ouest que la précédente (fig. 2). Son intitulé actuel est « Formation berger-vacher transhumant en montagne pyrénéenne » (voir chapitre suivant). Elle est organisée conjointement par trois organismes : l'Association pour la formation en milieu rural (AFMR) d'Etcharry, le lycée professionnel agricole d'Oloron-Sainte-Marie et le CFPPA de Lannemezan, ces deux derniers étant habilités à délivrer le diplôme. Située à cheval sur deux régions (Aquitaine et Midi-Pyrénées) et trois départements (Pyrénées-Atlantiques, Hautes-Pyrénées et Haute-Garonne), la formation bénéficie de sources diverses de financement. Elle accueille une sélection de douze à quinze stagiaires, pour une formation d'une durée totale de deux ans. C'est donc une formation plus longue que les précédentes, dite « en alternance », puisqu'elle se déroule pour deux tiers sur le terrain et pour un tiers seulement en centre de formation. Les « tuteurs » (des éleveurs bergers, ou « éleveurs qui gardent » au sens de la terminologie utilisée au chapitre 2), sont associés à toutes les phases de la formation : recrutement, stages d'estive et d'hivernage, interventions thématiques en école, évaluation des acquis en cours de formation et validation finale. La formation démarre au mois de mai et, une fois le stagiaire mis en relation avec son tuteur, il l'accompagne dès la mi-juin pour cinq mois d'estive. À l'automne, les stagiaires sont regroupés en lycée agricole. Il s'agit alors pour eux de mettre en commun les diverses expériences individuelles. Il s'agit alors aussi, pour les formateurs, d'ancrer leurs enseignements plus théoriques sur ces retours d'expériences.

Dans l'Ouest des Pyrénées, le gardiennage en estive des brebis laitières, avec transformation fromagère sur place, reste une pratique assez courante. C'est pourquoi il est question de former ici des « bergers fromagers », même si, la pluriactivité restant la règle en vallées pyrénéennes, la formation s'attache également à faire acquérir d'autres compétences professionnelles. La validation des acquis procède par une série d'évaluations individuelles au cours des deux ans, le plus souvent en situation de travail. Ceci permet de remplir un « portefeuille individuel de compétences », comprenant tous les témoignages écrits du stagiaire ainsi que les évaluations. Ce document est le support de la soutenance finale devant jury. Le diplôme (niveau IV) est certifié nationalement, ce qui reste un cas unique en France, à la rubrique « berger » (Répertoire national des certifications professionnelles, 2007).

La formation berger-vacher d'alpage en Rhône-Alpes

C'est la plus récente, mise en place en 2000 à partir de trois centres de formations pour adultes : le CFPPA de Savoie et du Bugey (La Motte-Servolex, département de la Savoie), celui de la Côte-Saint-André (Isère) et celui de Die (Drôme). Ici également, il s'agit de former à la fois des bergers et des vachers ayant à trouver aussi un emploi complémentaire en saison hivernale. Les financements proviennent essentiellement du conseil régional Rhône-Alpes, alerté par l'opération « Revalorisation du métier de berger » (Chambéry en 2000 et La Motte-Servolex en 2001). Les trois organismes formateurs départementaux collaborent ici constamment avec leurs services pastoraux respectifs. La formation sélectionne chaque année huit à douze candidats, pour une formation d'une durée de sept mois. Le calendrier de formation débute au mois d'août, par un premier stage collectif en estive accompagné des formateurs, suivi immédiatement de cinq semaines de stage individuel durant la fin d'une saison d'estive. Suivent cinq mois de formations très diverses réparties dans les trois centres, interrompues par un nouveau stage pratique auprès d'un éleveur en transhumance hivernale dans l'extrême Sud du pays. La formation se termine en février, à la période de recrutement des bergers salariés. Ici, c'est le «cahier d'alpage» qui est le document de capitalisation individuelle. Il sert de base d'argumentation au stagiaire lors de sa soutenance finale devant le jury. Le document certificateur est dans ce cas une «spécialisation d'initiative locale» (SIL), attestation reconnue régionalement.

3. Coup de zoom sur deux centres de formation

3.1 L'école de bergers du Merle

Origine du centre et de sa formation de bergers

L'histoire commence en 1925, date à laquelle la veuve d'un banquier marseillais, Félix Abram, légua un domaine de 400 hectares dénommé «Le Merle» à une organisation chargée de la modernisation agricole (l'Office régional agricole du Midi). Ce domaine est situé à l'ouest de Salon-de-Provence, dans la plaine de la Crau (département des Bouches-du-Rhône). Le legs était accompagné de dispositions testamentaires stipulant que les preneurs devaient s'engager à : 1) créer une ferme expérimentale, dans laquelle seraient conduites des recherches intéressant l'agriculture de la région; 2) former de jeunes agriculteurs à se spécialiser dans la culture des prairies de fauche de Crau et dans la conduite des troupeaux ovins. L'Office régional agricole a transféré le legs en 1941 à l'École nationale d'agriculture de Montpellier, devenue en 2006 «SupAgro Montpellier», centre international d'études supérieures en sciences agronomiques.

Un centre régional d'apprentissage de bergers du Merle fut créé en 1931. Il s'adressait alors à des jeunes de quatorze à dix-huit ans qui effectuaient une formation en deux temps : une partie au centre pour les cours théoriques, avec applications sur le troupeau du domaine, et une période d'apprentissage de dix mois chez un éleveur. Ces deux périodes d'instruction terminées, les apprentis passaient un examen leur conférant, en cas de réussite, le diplôme de berger. De 1931 à 1935, le diplôme était décerné par l'Union ovine de France, puis il fut attribué par le ministère de l'Agriculture. Le centre fonctionna de la sorte de 1931 à 1942 (fig. 3, haut) : promotion 1940-1941), date à laquelle l'occupation allemande étendue au Sud de la France mit fin aux enseignements. Ceux-ci ont repris de 1947 à 1950, date à laquelle ils furent interrompus à nouveau.

Les difficultés survenues à cette époque au Merle en matière de formation ont été décrites par M. Fayn, président du Syndicat Mérinos d'Arles : «[...] *de 1931 à 1950, le Centre forma 136 apprentis bergers. Il faut signaler que de grosses difficultés étaient apparues lors de l'accomplissement des périodes de 10 mois en élevages traditionnels de la région. Très souvent, les apprentis se trouvaient en présence d'un éleveur ou d'un personnel possédant une formation pratique mais acceptant difficilement la mise en application des données inculquées au Centre. Ou bien le stagiaire se pliait aux méthodes de l'éleveur ou des bergers et l'enseignement acquis était perdu, ou bien le stagiaire maintenait son point de vue et des heurts se produisaient. Il fallait alors trouver de nouveaux employeurs. Ces inconvénients amenèrent M. Irénée Denoy, directeur du domaine, et M. Jean Blanc, alors agent régional de la Fédération nationale ovine, à modifier la conception de la formation professionnelle ovine. Ils pensèrent que, dans un premier stade, il fallait informer et recycler l'éleveur et ses salariés. En 1950, fut donc mise au point une formule d'enseignement pour adultes qui fut appelée « session d'information et de perfectionnement pour éleveurs » (Fayn, 1973).*

Figure 3. Promotions des élèves de l'école du Merle en 1940-1941 (haut) et en 2009-2010 (bas). Promotion 1940-1941 : © archives du CFPPA du Merle ; promotion 2009-2010 : © Michel Meuret/Inra.

C'est la raison pour laquelle, à partir de 1950 et en accord avec les clauses du legs de 1925, des sessions de formation et de perfectionnement destinées aux éleveurs ont vu le jour et se sont poursuivies parallèlement à la formation des apprentis bergers. Jusqu'en 1969, plus de 1 000 éleveurs ont ainsi suivi les formations du Merle (Fayn, 1973).

En 1969, est apparu en France le statut de « centre de formation professionnelle et de promotion agricole », instauré par le ministère de l'Agriculture au titre de la formation professionnelle continue. La dénomination encore en vigueur aujourd'hui est donc celle de « CFPPA du Merle ».

Jusque dans les années quatre-vingt-dix, les sessions de formation des apprentis bergers se sont déroulées à raison de deux par an, avec des cycles de huit mois chacune, formant ainsi chaque année près de vingt-quatre élèves. Toutefois, à partir de 1995, des difficultés importantes sont apparues en matière de recrutement, d'image et de valorisation de la formation. Les éleveurs notamment ont pris leurs distances, car ils jugeaient que la formation ne correspondait plus à leurs attentes. C'est pourquoi, le Centre d'études et de réalisations pastorales Alpes Méditerranée (Cerpam), service pastoral de la Région Provence-Alpes-Côte d'Azur, se vit confier l'étude approfondie des relations de travail entre éleveurs et bergers (Legeard, 1996). Parmi les problèmes soulevés par les éleveurs : le besoin « *d'une main-d'œuvre compétente et qui reste !* » (Monneyron, 2003).

À la suite de ses deux années d'enquêtes, le Cerpam proposa de contribuer à revoir le contenu et l'organisation de la formation du Merle. Un groupe de travail fut chargé de rédiger une fiche descriptive des activités confiées à des bergers, ce groupe étant piloté par un comité constitué de représentants des éleveurs et des bergers, des représentants syndicaux, dont la Fédération régionale ovine du Sud-Est, et d'organismes professionnels agricoles. Au terme des travaux, le Cerpam élabora avec le CFPPA du Merle le contenu d'une formation renouvelée, prenant mieux en compte les évolutions du métier et les attentes des éleveurs de la région. C'est le « brevet professionnel agricole de berger salarié transhumant », dont la première session démarra en octobre 1999, et qui reste en vigueur aujourd'hui (fig. 3, bas).

Organisation actuelle de la formation

L'organisation de la nouvelle formule n'a rien à voir avec celle de la précédente. En effet, la principale critique adressée à l'ancienne formation était le fait qu'il y avait deux sessions par an : l'une se déroulant de mars à octobre (S1) et l'autre de juillet à février (S2), avec une période de stage en estive commune aux deux sessions. Le stagiaire, fréquemment non issu du milieu agricole, ne parvenait pas ainsi à se créer des repères dans le calendrier d'élevage ovin. Par exemple, (S1) préparait les béliers pour la période de lutte au printemps et (S2) faisait naître les agneaux ! Et dans le cas des stagiaires formés en (S2), il n'était pas rare que, arrivés en juillet et aussitôt envoyés en estive, ceux qui partaient en montagne comme des vacanciers, avec pour seul bagage leurs tongs et leur short, prennent leurs jambes à leur cou dès le premier orage ! Il y eut ainsi de nombreux abandons, surtout par manque de préparation.

La seconde critique envers la formation précédente était que celle-ci était plutôt conçue pour des chefs d'exploitations agricoles, et non pour des salariés. Ainsi, un gros volume horaire était consacré à des enseignements économiques (gestion, comptabilité, fiscalité…), au détriment des apprentissages techniques. Les stagiaires sortaient de formation en sachant dresser un bilan comptable, mais en ne sachant pas garder des brebis !

Fondée sur ces critiques, c'est une formation longue de douze mois d'affilée qui a été mise en place en 1999 au Merle, dont le calendrier s'échelonne d'octobre à octobre, afin de se caler sur le cycle de production de la brebis transhumante de la région, mettant généralement bas à l'automne. Le calendrier se déroule comme suit, avec six périodes de présence à l'école et trois périodes de stages pratiques (fig. 4) :

– octobre-novembre : six semaines sur les travaux de bergerie durant la période des mises bas et des soins à prodiguer aux agneaux ;

– février-mars : six semaines sur les périodes de tonte et de garde en collines ou autres milieux boisés, avec utilisation de chiens de troupeaux ;

– juillet-août-septembre : quatorze semaines en estive pour la garde et les soins d'un troupeau en montagne.

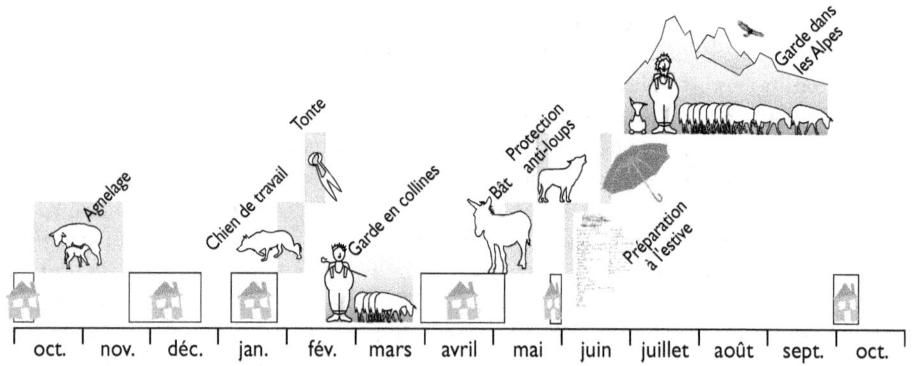

Figure 4. Schéma du calendrier de formation sur 12 mois instauré depuis 1999 à l'école de bergers du Merle, comprenant six périodes de présence à l'école et trois périodes de stages pratiques.

Le choix a été fait d'une formation diplômante au niveau «ouvrier hautement qualifié». Elle permet de bénéficier d'un volume horaire suffisant (1 760 heures), permettant de former une main-d'œuvre salariée compétente, telle que recherchée par les éleveurs : très professionnalisée car elle comprend de multiples séquences d'apprentissages pratiques du métier ; spécialisée dans la transhumance et la garde en estive ; capable également de travailler sur tous les autres postes d'un élevage ovin.

Les formateurs actuels sont tous issus du milieu agricole et ils ont tous pratiqué en élevage ovin en tant qu'éleveurs et/ou bergers. Pour les modules techniques spécialisés, comme le dressage de chiens de travail pour la garde, Le Merle fait appel à des intervenants extérieurs. Lors des périodes de stage réalisées hors de l'école, propices aux transferts des savoirs, savoir-faire et savoir-être, tous les stagiaires sont encadrés individuellement par un éleveur ou un berger confirmé. Durant ces périodes, ils restent suivis par l'équipe pédagogique, dont les membres se répartissent les visites de régulation et d'évaluation sur chaque site.

Le recrutement des stagiaires

Depuis 1999, Le Merle enregistre chaque année un nombre croissant de dossiers d'inscription (fig. 5). La majorité des postulants bergers est aujourd'hui d'origine urbaine, ici tout comme dans les autres centres de formation. Ayant généralement découvert l'existence de l'école sur internet, ils n'ont d'expérience familiale ou personnelle, ni dans la conduite des troupeaux au pâturage, ni même dans l'élevage.

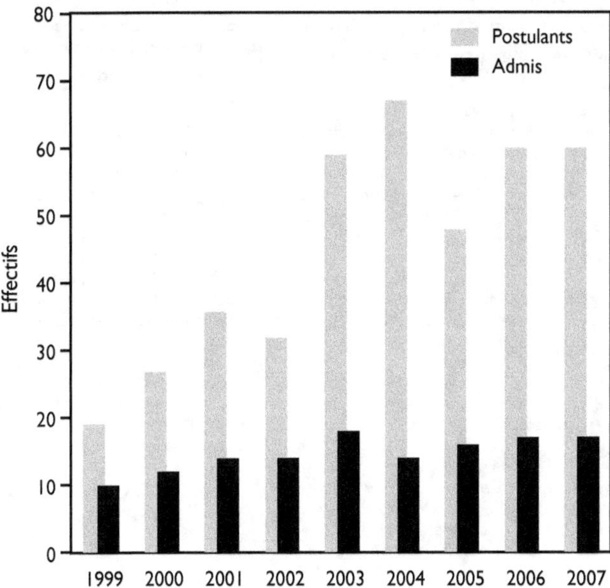

Figure 5. Évolution depuis 1999 des effectifs de postulants et de stagiaires admis à l'école de bergers du Merle.

Le nombre de postulants augmente, alors que le nombre d'admis reste stable (fig. 5), entre quinze et dix-sept par an. La raison est double : d'une part, la structure d'hébergement du Merle reste limitée en capacité d'accueil; d'autre part, la part du financement par le conseil régional est actuellement limitée à douze stagiaires. Le financement des places supplémentaires est à rechercher ailleurs (organismes collectant des fonds pour des formations, entreprises privées, etc.). Ces places supplémentaires bénéficient généralement à des bergers déjà en activité suite à un apprentissage sur le tas, qui éprouvent *« le besoin de faire Le Merle pour mieux maîtriser le métier »*.

Tous les inscrits sont convoqués devant une commission d'admission chargée d'examiner leur dossier, leur parcours antérieur et la pertinence de leur projet professionnel. Depuis 1999, cette commission a pris la forme d'un jury de recrutement composé de formateurs, de bergers salariés, d'éleveurs, d'anciens stagiaires et techniciens d'organismes professionnels agricoles. D'une durée de trente à quarante minutes, les auditions portent sur la motivation des postulants. Deux exemples de lettre de motivation sont présentés figure 6.

Depuis 2004, Le Merle forme également chaque année un groupe à part de cinq à sept aides-bergers (effectif non signalé fig. 5). Un tel groupe est recruté chaque année par un groupement d'éleveurs du département des Alpes-Maritimes, ceci pour une année complète et non uniquement pour la saison d'estive. Il ne s'agit donc pas des aides-bergers saisonniers relevant de la mesure «t» pour la protection des troupeaux contre les attaques de loups (voir chapitres 2 et 11). Le Merle leur assure une formation durant sept semaines réparties dans l'année. Souvent, certains d'entre eux postulent l'année suivante pour la formation de berger.

```
Sujet : Demande d'informations BPA Berger
À : Michelle.Jallet@supagro.inra.fr
Madame,

Je m'appelle X. et je vis en Belgique.
J'ai 28 ans et je suis titulaire d'un
diplôme universitaire en Histoire de
l'Art et Archéologie. Après plusieurs
contrats à durée déterminée en tant que
responsable de fouilles archéologiques,
je désire m'orienter vers un nouveau
projet de vie. Je suis à la recherche
d'une formation de berger ou de berger-
fromager. Ce projet est réfléchi, malgré
la distance qui me sépare du milieu de la
montagne. Je fréquente la montagne tous
les étés depuis tout petit (Dolomites,
dont je suis originaire) et ne me
satisfait plus de ce contact éphémère avec
le milieu montagnard. Ce n'est donc pas
un vague projet de doux rêveur, mais une
aspiration profonde à laquelle je désire
consacrer toute mon énergie. Vivre au
plus proche de la nature et retrouver des
rythmes saisonniers sont mes motivations
les plus fortes. Mes recherches se font
pour l'instant via internet et vous êtes
la première personne que je contacte.
Avant de remplir le dossier de candidature,
j'aimerais avoir certaines informations :

1. La formation est-elle ouverte aux
«étrangers» comme moi ?

2. Quel est le coût de celle-ci ?

Je vous prie Madame d'accepter mes plus
sincères salutations, et espère recevoir
de vos nouvelles très prochainement.
```

```
Sujet : Demande d'inscription au BPA
berger salarie transhumant
À : genevieve.andreis@supagro.inra.fr
Madame,

Ayant eu l'occasion de travailler avec
des éleveurs de ma région, tant auprès
des chèvres que des brebis, je désire
continuer dans cette voie et recevoir une
formation de bergère.
Je crains que la date de ma demande soit
tardive pour mon inscription cette année.
J'espère qu'il existe une possibilité de
m'intégrer à la formation en cours, comme
me l'a suggéré le berger de mon village,
Monsieur Arnaud D., qui m'a fourni vos
coordonnées.
Vous trouverez ci-joint mon curriculum
vitae. Je me tiens à votre disposition
pour tout autre renseignement dont vous
auriez besoin au 04.66.77.XX.XX ou
06.14.55.XX. XX.

En espérant que vous pourrez donner un
avis favorable à ma demande, je vous
prie d'agréer mes plus respectueuses
salutations.
```

Figure 6. Exemples de lettre de motivation écrite par des postulants (dont l'identité a été ici rendue anonyme) à l'école de bergers du Merle.

La validation des compétences acquises

Pour la validation des compétences acquises, la formation étant habilitée à former pour l'obtention d'un brevet professionnel agricole de niveau 5 délivré par le ministère de l'Agriculture, elle s'inspire du référentiel national «Ouvrier hautement qualifié en élevage spécialisé». Elle est donc réglementairement organisée en unités capitalisables (UC), modules de formation indépendants et qui se cumulent pour obtenir le diplôme final (MAP, 2006). Au Merle, existent dix UC, dont sept assez classiques (mathématiques, français, zootechnie…) et trois spécifiques et uniques au niveau régional :
– dressage d'un chien de travail pour la garde du troupeau ;
– utilisation d'animaux de bât dans le cadre du métier de berger ;
– gestion d'une estive située en zone de risque de prédation par des loups ;
– préparation d'une saison en estive : organisation matérielle, résistance aux intempéries, connaissance de la faune et la flore de montagne, etc.

Les modalités réglementaires de validation par UC ne sont toutefois pas figées et laissent place à l'originalité. Par exemple, des évaluations individuelles sont réalisées sur l'estive, où le formateur rendant visite au stagiaire et à son tuteur (éleveur ou berger confirmé) apprécie avec ce dernier les compétences acquises au cours de cette période (organisation de son quotidien en montagne, gestion du troupeau et des ressources pastorales, anticipation des problèmes, etc.). Également, un «carnet de compétences» est progressivement constitué par chaque stagiaire, suite à l'acquisition, lors des stages pratiques ou des chantiers d'une journée dans un élevage, de quinze «fiches de tâches» représentatives du métier.

En cours de formation, un jury composé à parité de professionnels et de formateurs se réunit deux ou trois fois dans l'année afin d'examiner les dossiers individuels et de valider, ou non, les UC obtenues par chacun. C'est le même jury qui propose, en fin de cycle, la délivrance du diplôme sur le parcours complet. Ce système, spécifique à la formation professionnelle continue, est d'une grande souplesse puisqu'il permet en réalité de valider les épreuves sur cinq ans. Il offre ainsi chaque année une seconde chance à quelques stagiaires, ayant échoué à une épreuve lors de l'année de formation, de se représenter afin de faire valider l'UC manquante à leur parcours. Le taux de réussite annuel à l'examen final du Merle est donc peu significatif car, pour une promotion donnée, il peut s'améliorer au cours des années suivantes. Il approche néanmoins chaque année les 70 %, avec une tendance à l'amélioration du fait d'une meilleure politique de suivi individuel des stagiaires.

L'insertion professionnelle

Le besoin en bergers qualifiés dans les élevages ovins pratiquant la transhumance, en estive mais aussi durant l'hiver, se faisant croissant, c'est sans grande difficulté que les bergers fraîchement issus du Merle trouvent un emploi. Généralement, ils sont embauchés dès la première année en contrat saisonnier pour la période d'estive. Le suivi des anciens stagiaires montre que, depuis 1999, près de 66 % des bergers formés au Merle sont toujours en activité, bénéficiant d'au moins un contrat saisonnier dans l'année. Ils exercent leur activité, non seulement sur la région, mais aussi sur tout l'arc alpin. Au fil des années, expérience aidant, certains s'installent parfois comme éleveurs, et sont à leur tour demandeurs de stagiaires bergers pour leur exploitation. La boucle est bouclée !

3.2 La formation de bergers et vachers d'alpage en Rhône-Alpes

Cette formation récente a pour origine une demande des éleveurs bovins de Savoie, producteurs de lait et de fromages d'estive. Elle a pour intitulé : «Formation berger-vacher d'alpage» (fig. 7).

Une première expérience non concluante

Une première formule avait été mise en place en 2000 au CFPPA de La Motte-Servolex (département de la Savoie). Elle avait une durée de trois mois et demi seulement, dont un mois de stage final probatoire, au démarrage de la saison d'estive chez un «maître de stage», éleveur et employeur potentiel du futur vacher. Un contrat de

Figure 7. Extrait de la plaquette de présentation de la formation Savoie, Isère et Drôme.

formation était signé entre cet éleveur et le CFPPA pour la durée du stage. Dans le cas où stagiaire et éleveur étaient en fin de compte satisfaits, un contrat de travail était signé pour le reste de la saison.

Durant trois ans, cette formule courte a généralement assez bien fonctionné, mais dans le cas uniquement de stagiaires déjà issus du monde agricole et ayant juste besoin d'un perfectionnement. Certains éleveurs ne se comportaient toutefois pas toujours en maître de stage, laissant seul le stagiaire dès sa période probatoire. Cette situation a mené au découragement du CFPPA, mais aussi des éleveurs et des stagiaires. C'est pourquoi, il a été décidé de changer de formule, décision renforcée par les débats et conclusions de la « Seconde rencontre internationale des bergers » (SEA-73 et 74, 2001).

Conception de l'actuelle formation

Un changement important a été l'élargissement au-delà du département de Savoie des partenaires impliqués dans la formation. La Société d'économie alpestre de Savoie (SEA-73) a tout d'abord contacté ses homologues des services Alpage des deux départements plus au Sud : la Fédération des alpages de l'Isère (FAI) et l'Association départementale d'économie montagnarde (ADEM) en Drôme. Ces services n'étant pas habilités pour des formations longues, ils ont sollicité l'appui des CFPPA de La Côte-Saint-André (Isère) et de Die (Drôme). La mise en réseau des six structures (trois CFPPA et trois services Alpage) fut aisée, car plusieurs enseignants et techniciens se connaissaient préalablement et partageaient une même motivation pour la revalorisation du métier de berger. L'élargissement à une échelle plus régionale était aussi lié au fait que chaque département n'avait ni les moyens financiers ni l'ambition de monter sa propre formation.

La phase de conception de la nouvelle formation se déroula en 2002 et 2003. L'idée de fond partagée était de réussir à ce que les stagiaires soient en mesure de bâtir un projet professionnel à partir d'un projet de vie de berger. Il fallait donc réussir à leur donner goût à s'impliquer d'avantage sur le territoire que comme simples gardiens de troupeaux, ou trayeurs et fromagers salariés. Inspirés de travaux conduits alors dans la région, ayant trait à l'«agriruralité», les formateurs ont conçu un projet visant à faire acquérir, certes, des compétences de berger d'estive, mais également à stimuler chez chacun l'envie de réussir à combiner dans l'année plusieurs activités (artisanat, forêt, tourisme…) sur le même territoire.

Il a été jugé préférable de réaliser une formation «qualifiante» plutôt que «diplômante», ceci en raison du fait que la délivrance d'un diplôme est assortie d'un cadre contraignant (obligation d'enseigner des matières générales : mathématiques, français, etc.), difficile à ajuster à un projet pédagogique orienté vers des contenus techniques. Mais une autre raison est peut-être plus importante : l'engagement constant au sein de la formation des trois services Alpage départementaux, ayant pour mission de garantir aux éleveurs la bonne qualification de bergers issus de formations et de garantir également aux stagiaires leur placement adéquat auprès d'employeurs. C'est donc un certificat de qualification professionnelle (dit «spécialisation d'initiative locale», SIL) qui a été retenu, certificat reconnu par la Région.

La conception du calendrier de formation a eu pour première ambition de faciliter l'embauche des stagiaires dès leur sortie. Pour une formation «qualifiante», le financement régional impose un cadre de 600 heures au total, cours théoriques et stages pratiques compris. Il fallait donc que les stagiaires aient terminé leurs 600 heures à la date où les éleveurs recrutent des bergers pour l'estive, c'est-à-dire en mars ou avril. Pour ce qui concerne le moment du stage en estive, les concepteurs de la formation ne désiraient pas prendre le risque de se retrouver avec le même scénario que précédemment : un éleveur maître de stage ne jouant pas ou peu son rôle et une absence de berger tuteur. C'est pourquoi, il a été décidé du calendrier suivant :
– accueil des stagiaires fin août ;
– une semaine en groupe sur une estive avec informations sur les bases du métier ;
– cinq semaines de stage pratique individuel au moment d'une fin de saison d'estive ;
– vingt semaines de cours et de formations courtes spécialisées, interrompues courant janvier par une semaine de stage chez un éleveur en transhumance hivernale, individuelle ou en petit groupe ;
– fin de formation fin février, soit à l'ouverture de la période de recrutement des bergers pour l'estive.

Ici comme ailleurs, le stagiaire n'est surtout plus lâché seul en estive avec le troupeau. Il est presque constamment accompagné par le berger en place, ce dernier ayant à remplir le rôle de tuteur. Quant à l'éleveur, il est également primordial qu'il se sente investi du rôle de maître de stage. C'est pourquoi un contrat de stage engage formellement les éleveurs et bergers tuteurs, le tout avec un suivi des formateurs des CFFPA et des services Alpage.

Procédure de recrutement des stagiaires

Depuis 2003, la formation Savoie, Isère et Drôme reçoit une cinquantaine de candidatures par an. Une première étape consiste à lire les lettres de motivation et à éliminer les postulants qui semblent trop idéaliser le métier (par exemple «*j'aime la nature, j'ai toujours cultivé des fleurs sur mon balcon*»). Une vingtaine de candidatures n'est généralement pas retenue. Pour les autres, un jury de sélection est réuni en décembre, puis en avril, c'est-à-dire six ou quatre mois avant le début de la formation. Le jury est composé d'un éleveur bovin ou ovin, d'un berger ou vacher, d'un technicien de services Alpage ou d'un formateur de CFPPA. Les candidats sont auditionnés à tour de rôle pendant environ trente minutes. L'attention du jury porte sur ce qui motive le projet professionnel, dont la maturité de la réflexion sur la saisonnalité du métier de berger. Parfois, face à un candidat n'ayant visiblement jamais vu un troupeau, le jury propose de réaliser un séjour pratique de deux semaines auprès d'un éleveur, ce dernier contribuant alors au processus de sélection. Une quinzaine de candidats est ensuite retenue et prévenue par courrier. Dans les faits, seuls huit à douze se présentent à la fin août, les autres ayant sans doute changé de projet professionnel.

Les stagiaires retenus sont originaires de tous milieux sociaux et professionnels. Ils sont plutôt d'origine urbaine, âgés de 19 à 50 ans (moyenne : 30 ans). Ce sont majoritairement des hommes, mais il y a chaque année environ un tiers de femmes. Ils ont tous eu une ou plusieurs expériences professionnelles dans des secteurs d'activité très divers et, parfois, leurs grands-parents ou arrières grands-parents furent agriculteurs ou éleveurs.

Le cahier d'alpage : comment tirer parti d'une expérience pratique

Remplir son «cahier d'alpage» est un élément central de la formation. Dans le monde des bergers salariés rhône-alpins, c'est là une pratique professionnelle devenue courante. Le cahier est alors conçu pour faire le lien entre le berger, les éleveurs et le service alpage, le berger le transmettant en fin de saison à ses patrons pour faire le point et envisager les améliorations pour la saison suivante.

Ce document de travail n'a donc pas été élaboré spécifiquement pour la formation et les rubriques qu'il contient sont le fruit des travaux de divers services et associations pastorales. Dans le cas des stagiaires, il est à utiliser comme un carnet de bord relatant les expériences vécues par chacun, notes, cartes et petits dessins personnels à l'appui. Y sont également inscrites toutes les questions que le stagiaire aimerait soumettre à ses formateurs à la redescente d'estive. Il est aussi un outil essentiel pour l'évaluation finale des compétences (voir plus loin).

Les cours : avantages et inconvénients d'un enseignement sur plusieurs sites

Les cours se déroulent alternativement durant quinze jours dans chacun des trois CFPPA, ce qui oblige les stagiaires à «transhumer» assez fréquemment. L'ambition est de leur présenter les contextes spécifiques des trois départements en matière de pastoralisme, leurs problématiques et leurs possibilités d'emploi. Les cours sont donnés par les formateurs des CFPPA, mais également par les services Alpage qui traitent, par exemple, des réglementations en vigueur sur les estives. Des spécialistes sont aussi mobilisés sur des thèmes tels que : dressage d'un chien, bâtage d'un mulet, maîtrise de l'énergie solaire...

Les stagiaires sont conviés à apprendre chacun, aussi bien le métier de berger que celui de vacher. Si leur stage d'estive s'est déroulé avec des brebis, ils sont donc placés avec des éleveurs de vaches lors du stage hivernal, et inversement. Ils ont obligation de suivre tous un module de cours sur la fabrication fromagère, mais aussi de contribuer à la traite des vaches au CFPPA de La Motte-Servolex.

Cet enseignement sur plusieurs sites permet aux stagiaires de tirer profit d'intervenants variés et aux centres de formation de se répartir les compétences et les charges de travail. Mais il a aussi bien des inconvénients : un coût élevé de déplacement et d'organisation pour les stagiaires ayant à trouver plusieurs logements; des rencontres et échanges d'information parfois difficile à organiser pour les formateurs et leurs partenaires.

La difficulté à former aussi à la pluriactivité en montagne

La réalité du métier de berger d'estive salarié, c'est aussi la fin du contrat de travail à la redescente de montagne. Les contrats de vacher sont de cent jours et, même lorsqu'ils sont bien rémunérés, ceci ne leur offre pas de quoi faire vivre correctement une famille. Il en est de même pour la plupart des bergers, même si leurs durées de contrat sont plus diverses. C'est pourquoi la formation a tenu à présenter aux stagiaires plusieurs possibilités de salariats et de création d'emploi en régions de montagne. Le module de dix jours est illustré par des exemples concrets de combinaison d'activités, avec recours à des intervenants travaillant de la sorte. Ce module est actuellement trop court. Mais surtout, il se confirme que c'est une gageure de chercher à motiver à un emploi lorsque le stagiaire est venu se former à un autre. Le suivi des anciens stagiaires montre que ceux-ci trouvent le plus souvent depuis 2003 des solutions classiques d'emploi précaire dans le salariat saisonnier agricole.

La validation des compétences et la recherche d'emploi

Les acquis sont testés tout au long de l'année et les évaluations sont communiquées aux stagiaires. Il s'agit de tests écrits pour chacun des thèmes enseignés, mais aussi des évaluations pratiques en situation, par exemple lors de la traite des vaches. En fin de formation, c'est la façon dont le cahier d'alpage individuel a été rempli qui constitue l'outil principal d'évaluation. Son contenu est présenté oralement devant le jury par chaque stagiaire. La discussion qui en découle est de même nature que celle qui aurait lieu avec un berger professionnel ayant à dresser à ses employeurs le bilan de la saison. Les stagiaires en sont conscients, et ceci les motive beaucoup. Chaque stagiaire est d'abord évalué sur la façon dont il rend compte de l'organisation globale de l'estive, puis du déroulement de cette estive durant la saison à laquelle il aura contribué. Il est également évalué sur la façon dont il aura su tirer profit des enseignements théoriques et pratiques afin de répondre aux questions soulevées durant l'estive. Les résultats sont bons : un seul échec en cinq ans.

Quelle est la réussite de cette formation récente en matière de recherche d'emploi ? Les stagiaires disposent de l'aide rapprochée des trois services Alpage départementaux et de leurs listes d'employeurs bien mises à jour. Terminant fin février, ils sont immédiatement disponibles. Les suivis des anciens stagiaires montrent que la majorité a été embauchée pour la saison d'estive suivant la fin de formation. Les autres, ayant choisi de ne pas encore travailler seuls, sont d'abord devenus «aides-bergers». Tous sont devenus bergers ou vachers dans les deux ans suivant la formation, les femmes étant plutôt devenues bergères de vaches et non de moutons.

Conclusion

Des conceptions différentes mais des préoccupations communes

Hormis en Région Auvergne, il existe une école de bergers dans toutes les régions de France où se pratique la transhumance, chaque école affichant ses spécialités (bovins, ovins lait, ovins viande). Les diverses formations longues se distinguent surtout par des différences en matière de durée et d'organisation. Mais, pour ce qui concerne les aspects fondamentaux, les formations affichent bon nombre de points communs.

Le premier est le fait qu'elles s'adressent toutes à un public adulte dans le cadre de la formation professionnelle continue. En effet, il n'existe pas en France de formation de berger en formation initiale et scolaire (c'est-à-dire avant l'âge de 18 ans). Seuls existent des modules de découverte du pastoralisme dans des sections professionnelles ou technologiques de lycées agricoles.

Le second point commun est que le cadre de la formation professionnelle continue a la particularité de devoir répondre, à la fois, aux besoins formulés au niveau d'un territoire régional et aux besoins d'une profession. Avec les écoles de bergers, on est en accord avec ce concept, puisque toutes les formations proposées actuellement ont été initiées suite à une demande de professionnels de l'élevage cherchant à maintenir ou développer des pratiques pastorales reconnues comme ayant du sens à l'échelle régionale (notamment celle des grandes transhumances).

Un autre point commun porte sur la conception des formations proposées. Toutes se déclinent en référentiel de compétences par objectif («être capable de...»). Et s'il apparaît facile d'enseigner les techniques de base, on se heurte toutefois à la difficulté d'enseigner également les «savoir-faire» et «savoir-être» du berger (voir chapitre 14). Comment en effet enseigner et évaluer les objectifs du savoir-être, le «être capable de s'adapter, d'observer, d'anticiper...», le «être capable d'avoir l'œil»?

Ceci explique le choix des différents centres de formation de concevoir des formules d'apprentissage privilégiant les situations de travail en milieu réel, où la transmission des savoirs s'appuie sur l'expérience de bergers ou d'éleveurs confirmés. «Tutorat», «compagnonnage»..., sous des appellations diverses, l'objectif est le même : maintenir des savoir-faire, tout en n'apportant pas de réponses normées, mais plutôt des pistes de compréhension. L'appropriation de ces savoirs exige cependant du temps car le métier de berger est réellement un métier d'expérience.

La plupart des formations ont intégré la notion de saisonnalité du métier. À des degrés d'intensité divers et avec des formules variées, elles proposent ainsi aux stagiaires des façons de réussir à combiner durant l'année des emplois complémentaires : berger/tondeur, berger/forestier, berger/dameur de pistes de ski, berger/artisan, berger/guide de randonnée, etc.

Une dernière préoccupation commune a trait au nombre de stagiaires accueillis par an. Toutes écoles confondues, le cumul des formations longues ne représente qu'une petite cinquantaine de bergers/vachers formés par an. Ceci est donc loin de correspondre à la demande, puisque cela ne représente qu'environ 2,5 % de renouvellement de l'actuelle population de bergers de moutons (voir chapitre 2). Si l'on estime qu'environ un nombre équivalent de jeunes, non préalablement formés dans les écoles, tentent également chaque année de devenir bergers (voir ci-après), on demeure encore assez loin du taux renouvellement de 20 % qu'exigerait une population de bergers devenue assez âgée à l'échelle nationale (Legeard, 1996). Pour rappel, on peut estimer à environ 150 candidats par an le nombre de celles et ceux n'ayant pas eu accès à une formation. Même si beaucoup de non-sélections par les jurys sont justifiées par un manque assez évident de motivation du candidat, il devient tout de même urgent de se pencher sur la question du nombre limité de places dans les formations, celles-ci dépendant principalement du montant de leurs financements.

Par choix personnel, ou parce qu'ils n'ont pas été admis en formation, beaucoup de bergers apprennent donc le métier exclusivement « sur le tas ». On ne s'attardera pas à énumérer ici les avantages et les inconvénients des différentes façons d'apprendre à devenir berger (Moneyron, 2003 ; Tolley, 2004 ; Baumont, 2005), ni à opposer les méthodes d'apprentissage (Bachelard, 2002), un chapitre entier n'y suffirait pas. Mais il est néanmoins légitime de se demander pourquoi deux types de stagiaires se retrouvent chaque année à suivre la même formation : le néophyte, « celui qui n'a jamais vu un mouton de sa vie », et l'expérimenté qui, après plusieurs années de métier, « décide un jour de retourner à l'école » ?

Profil des bergers en formation et chances de réussite dans le métier

« Naître ou ne pas naître berger… », *that is the question*. Les non-informés pensent que ce métier se transmet encore sous forme d'héritage : « *Grand-père était berger, moi aussi, donc tu seras berger, mon fils !* ». En réalité, cette « voie génétique » n'est plus celle de l'apprentissage du métier. Et fort heureusement, car des formations de bergers dont l'accès serait réservé aux fils d'éleveurs, de bergers, voire même à celles et ceux issus de familles rurales, accentueraient encore la pénurie de bergers qualifiés, ceci dans un pays composé aujourd'hui à plus de 80 % d'urbains. De plus, les fils et filles d'éleveurs se destinent souvent à reprendre plutôt l'exploitation familiale. Ils préfèrent donc acquérir une capacité professionnelle par des études de responsable d'exploitation agricole, qui sont d'un niveau plus élevé que les formations de bergers.

La plupart des centres de formation s'accordent à dire que leurs stagiaires sont à 80 % environ issus du monde urbain, ayant des racines rurales de plus en plus lointaines (voir également chapitre suivant). Cette origine ne pose pas de problème particulier. Cependant, cela leur impose un double apprentissage : d'une part les savoirs techniques ; d'autre part les savoirs culturels, y compris l'appropriation du langage des bergers.

À l'entrée en formation, ces stagiaires d'origine urbaine ont généralement un niveau d'études souvent équivalent, voire supérieur, à celui pour lequel ils postulent. Ils ont pour la plupart déjà exercé une activité professionnelle et, vu la diversité des cas, il est délicat d'en tirer des statistiques pertinentes. Sans vouloir brosser trop de portraits, cela peut aller du professeur d'anglais en reconversion professionnelle, au stewart d'Air France qui tient à réaliser un rêve d'enfant…, en passant par l'informaticienne en rupture affective.

Se situant dans la tranche d'âge 26-30 ans, ils sont le plus souvent célibataires. Mais le métier se féminise car, depuis quelques années, on note une proportion d'apprenties bergères de l'ordre de 30 à 40 %. Ces jeunes femmes affichent une forte motivation et des compétences recherchées par les éleveurs, surtout pour les travaux de bergerie liés à la période délicate des mises bas. Elles sont en effet souvent plus «maternelles», plus sérieuses et endurantes. Elles n'ont ainsi aucun mal à trouver leur place dans des élevages, ovins, caprins, mais aussi bovins, y compris pour les périodes d'estive.

Pour ce qui concerne celles et ceux désirant travailler spécifiquement avec des ovins allaitants, on relève un dénominateur commun : la recherche d'un métier, certes, mais surtout l'accession à un mode de vie, à une qualité de vie comme disent les stagiaires : *«où on aurait un peu la paix»*, du moins durant l'estive, et *«où on ne serait plus coincé par cette dépendance à la société de consommation»*. Il s'agit donc d'un projet de vie, de rapport aux autres, aux biens matériels, bien avant un réel projet professionnel, ce dernier restant le plus souvent à construire durant la formation, et par la suite.

Une évolution observée ces dix dernières années est la présence de plus en plus importante de postulants bergers ayant une formation de base liée à la protection de la nature. Ceux-ci acceptent bien entendu très aisément les nouvelles pratiques liées aux mesures agri-environnementales. Ils font parfois même preuve d'inventivité, comme par exemple l'ajustement de leurs circuits de garde pour faire pâturer plus volontiers par le troupeau des zones habituellement délaissées.

L'approche plus globale de ces bergers «naturalistes», observateurs attentifs du comportement animal, leur permet d'acquérir plus spontanément, et surtout plus rapidement que les autres, de la connaissance sur le comportement du troupeau face aux particularités d'un territoire. Cependant, confronter leur approche à celle des bergers expérimentés ayant des pratiques plus traditionnelles n'est pas chose aisée, car les jeunes bergers inventeurs n'apprécient pas toujours les conseils des anciens.

En tout cas, c'est peut-être en associant ces différentes sensibilités et approches que se dessinera peu à peu le profil du berger qualifié du XXIe siècle.

Remerciements

Nous remercions ici toutes les personnes qui, de près ou de loin, nous ont aidés ou inspirés pour la rédaction de ce texte, et en particulier :
– Geneviève Andréïs (coformatrice à l'école du Merle) et Fabrice Cartier (technicien pastoral à l'Association départementale d'économie montagnarde, Drôme) ;
– tous les acteurs de la filière ovine (éleveurs, animateurs et techniciens, partenaires professionnels et présidents d'organismes professionnels agricoles) pour leur concours et leur soutien à nos formations de bergers ;
– chacun des directeurs successifs des CFPPA ayant assuré la bonne marche de la formation en Savoie, Isère et Drôme ;
– Michel Meuret pour sa disponibilité, ses encouragements et son aide précieuse à la rédaction ;
– Guillaume Constant et Marc Bouillon, nos compagnons bergers ayant également pris le temps de relire patiemment ;
– sans oublier nos anciens stagiaires, devenus aujourd'hui bergers, avec qui nous partageons la même passion.

Bibliographie

Association des anciens élèves de la Bergerie nationale de Rambouillet, 1986. *La Bergerie nationale de Rambouillet : histoire du mérinos et d'une école.* Doc. Association des anciens élèves de la Bergerie nationale de Rambouillet, 150 p.

Bachelart D., 2002. *Berger transhumant en formation : pour une tradition d'avenir*, L'Harmattan, Paris, 273 p.

Baumont I., 2005. Berger, un authentique métier moderne. Master 2 de recherche en sociologie, département des sciences sociales, Faculté des sciences humaines et sociales, université René Descartes-Paris V-Sorbonne, 150 p. + annexes.

Dumont R., 1956. *Voyage en France d'un agronome* (nouvelle édition), Genin M-T. (ed.), Librairie de Médicis, Paris.

Eychenne C., 2006. *Hommes et troupeaux en montagne : la question pastorale en Ariège,* L'Harmattan, Paris, 314 p.

Fayn M., 1973. «La formation professionnelle au Domaine du Merle», *Pâtre*, 205, 11-21.

Formation des pâtres de haute montagne, 2005. http://www.pamiers.educagri.fr/cfppa/formations/detailpatre.cfm (consulté le 8 novembre 2007).

Giono J., 1962. *Rien n'est facile.* Origine : Chronique pour Var Matin. Nouvelle édition : Giono J, 1984, *Les trois arbres de Palzem*, éditions Gallimard, Paris, 200 p.

Legeard J.-P., 1996. *Les bergers d'alpage en chiffres : résultat des enquêtes auprès des responsables d'alpages et de leurs bergers en fin d'estive 1995.* Doc. multigr. Cerpam, Manosque, 51 p. + annexes.

Mallen M., 2001. *En quête d'identité, les bergers salariés dans les Alpes du Sud.* http://adam.mmsh.univ-aix.fr/adam/adam.htm (consulté le 12 novembre 2007).

MAPAR, 2002. Rapport du Groupe interministériel sur le pastoralisme au ministre de l'Agriculture, de l'Alimentation, de la Pêche et des Affaires rurales. http://www.ladocumentationfrancaise.fr/ rapports-publics/024000454/index.shtml (consulté le 22 novembre 2007).

MAP (ministère de l'Agriculture et de la Pêche), 2006. *Les unités capitalisables d'adaptation régionale et à l'emploi.* http://www.chlorofil.fr/certifications/textes-officiels/referentiels-fiches-rncp-et-grilles-horaires/ucare.html (consulté le 23 décembre 2007).

Moneyron A., 2003. *Transhumance et écosavoir : reconnaissance des alternances écoformatives.* L'Harmattan, Paris, 236 p.

Répertoire national des certifications professionnelles (RNCP), 2007. *Berger vacher transhumant.* http://www.cncp.gouv.fr/fiche_gp. php ? idfiche = 4459 (consulté le 22 décembre 2007).

Société d'économie alpestre de Savoie et Haute-Savoie (SEA-73 et 74), 2001. *Profession berger : synthèse. Opération «revalorisation du métier de berger».* Deuxième rencontre internationale des bergers, La Motte-Servolex, 14-15 mai 2001, 27 p.

Tolley C., 2004. «Formation scolaire ou formation sur le tas chez les bergers de Provence : différenciation des pratiques et conflit de légitimité ?», *Sociétés contemporaines*, 55, 115-138.

Chapitre 13

La formation berger vacher transhumant en montagne pyrénéenne

Pierre GASCOUAT, Danielle LASSALLE et Sandrine VERDIER

En l'an 2000, un diplôme de «berger vacher pluriactif» a été homologué par l'État français à partir d'un référentiel métier créé et mis en œuvre dans la moitié ouest du massif des Pyrénées (AFMR Etcharry et LEPA Oloron-Sainte-Marie, 1995). D'Ouest en Est (fig. 1), sont concernés les trois départements des Pyrénées-Atlantiques, des Hautes-Pyrénées et de la Haute-Garonne. Intitulé aujourd'hui «berger vacher transhumant», le diplôme est de niveau IV, un niveau qui, en France, certifie l'autonomie dans le travail. Cette certification nationale est à ce jour unique en son genre (Répertoire national des certifications professionnelles, 2007). Deux centres de formation, le lycée professionnel agricole (LPA) d'Oloron-Sainte-Marie et le centre de formation professionnelle et de promotion agricole (CFPPA) de Lannemezan sont habilités à délivrer le diplôme.

La construction de cette formation originale est l'objet de la première partie. À l'origine, se situe un dispositif intitulé «formation/développement de berger vacher pluriactif en montagne pyrénéenne». Il fut mis en place en 1991 dans les Pyrénées-Atlantiques par un ensemble d'institutions (organisations professionnelles agricoles, centres de formation, associations de bergers) soucieuses du maintien d'une activité pastorale dans les hautes vallées des Pyrénées occidentales et centrales. La conception de ce dispositif s'est appuyée sur les travaux d'une équipe pluridisciplinaire (chercheurs, formateurs, techniciens et professionnels) et interinstitutionnelle[1]. Ainsi, c'est une démarche de recherche-action qui a permis d'élaborer et de tester un cadre de formation par alternance, qui lie les outils péda-gogiques aux questions de terrain apportées par les professionnels de l'élevage pastoral.

---

1. Association pour la formation en milieu rural (AFMR) d'Etcharry, LPA d'Oloron-Sainte-Marie, Centre départemental de l'élevage ovin (CDEO) des Pyrénées-Atlantiques, services pastoraux des Hautes-Pyrénées.

Ces questions ont un fort ancrage historique dans les spécificités de l'organisation du gardiennage en estive, c'est-à-dire au cours de la transhumance estivale en altitude. C'est pourquoi la deuxième partie présente ces spécificités. Elles permettent de bien situer le recrutement des apprentis et des professionnels qui les tuteurisent, puis le calendrier de formation, calé sur le rythme des saisons de deux années consécutives. C'est l'objet de la troisième partie. Elle montre notamment à quel point le formateur s'implique dans la rencontre entre tuteur et apprenti.

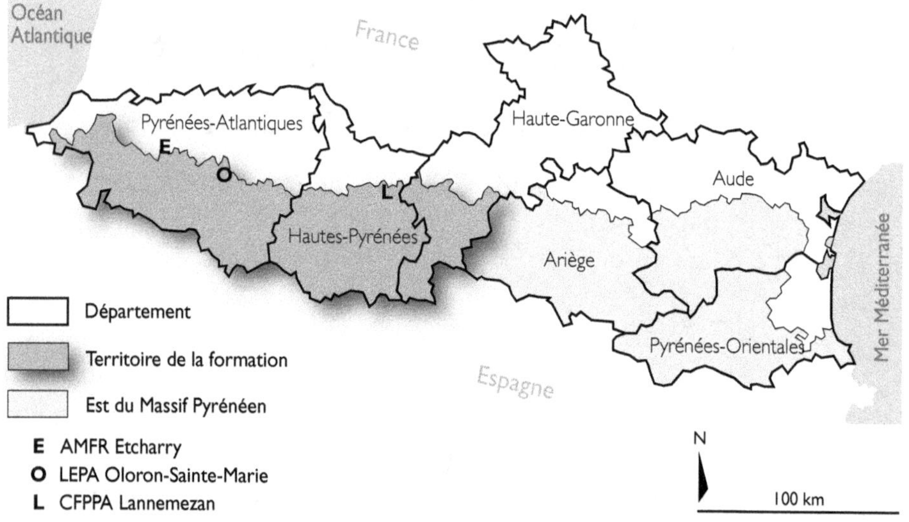

Figure 1. Localisation de la zone d'activité du dispositif de formation «berger vacher transhumant en montagne pyrénéenne».

Dans les conditions sévères de l'estive, acquérir l'autonomie dans le travail est un enjeu essentiel de la formation. C'est ce que montre la quatrième partie, sur l'exemple de l'apprentissage de la fabrication fromagère en estive, avec des phases d'échanges et de formalisation. Ensuite, la cinquième partie fait retour sur la construction des outils de formation, à partir de l'expérience acquise sur le comportement et la conduite du troupeau, thème qui fait l'objet d'un module de formation spécifique. La conclusion résume l'ambition de cette construction d'identités professionnelles : qualifier des personnes non issues de la société locale sans rupture avec les singularités d'un monde pastoral qui doit s'adapter pour durer.

1. Les principales phases de construction de la formation

1.1 La phase des pionniers : fin des années quatre-vingt

La première phase a été très expérimentale. Investir dans une formation spécifique pour des bergers vachers représentait une prise de risque pour les deux principaux initiateurs, un institut technique d'élevage (CDEO) et un centre de formation à caractère national (AFMR). Dans le contexte professionnel, économique et technique de l'époque, dominait en effet une certaine indifférence, voire une condescendance, envers une activité pastorale jugée obsolète. Cependant, cette phase, qui s'est déroulée jusqu'au milieu des années quatre-vingt-dix, a pu définir les principaux axes de travail ainsi que tous les outils pédagogiques, lesquels sont encore utilisés aujourd'hui.

La structure de formation conçue à cette époque est, en résumé, une formation par alternance, d'une durée de deux ans, pour des apprentis qui sont alternativement en situation de travail (en été et en hiver) et en centre de formation (au printemps et à l'automne). La répartition en temps est la suivante : deux tiers sur le terrain avec accompagnement d'un «tuteur d'été» pour la transhumance estivale, sur l'estive, et d'un «tuteur d'hiver» pour l'activité hivernale complémentaire, un tiers en centre de formation où les enseignements sont adaptés aux spécificités du métier. Toutes les phases de la formation impliquent les tuteurs. Ce sont majoritairement des éleveurs-bergers (des «éleveurs qui gardent», selon la terminologie proposée au chapitre 2 par Legeard *et al.*) et leurs estives sont reconnues comme lieux de formation à part entière. Durant ces deux ans, chaque apprenti est donc accompagné individuellement, de façon à inscrire au mieux son projet professionnel dans la gamme des activités spécifiques à la vallée où il est formé.

La validation du parcours de formation est réalisée à partir d'un outil pédagogique d'origine canadienne : le «portefeuille de compétences» (Robin, 1988) et d'évaluations en situation de travail. La soutenance finale se déroule oralement devant un jury composé de formateurs, de techniciens pastoraux et d'éleveurs-bergers en activité. Pour l'apprenti, il s'agit alors de montrer sa capacité à décrire son expérience et de démontrer plus largement à ses pairs quelles ont été les compétences acquises durant les deux ans. La qualité du dialogue entre apprenti, praticien et technicien pastoral est en effet un enjeu majeur du dispositif de formation. L'accent est fortement mis sur la complémentarité entre les savoirs pratiques des bergers, à caractère empirique, et le savoir des formateurs, plus théorique et scientifique, ce dernier étant progressivement distillé en fonction de l'expérience pratique déjà acquise par l'apprenti.

1.2 La phase d'intégration : de 1995 à nos jours

À partir de 1992, le contexte du pastoralisme a commencé à changer en France, sous l'influence conjointe de la refonte de la politique agricole commune européenne et de la montée en puissance des politiques environnementales. L'intérêt vis-à-vis de pratiques d'élevage plus respectueuses de l'environnement et de ses ressources s'accroît (voir chapitre 1). Il donne de la légitimité au dispositif de formation de berger.

Plus visible, ce dispositif est cependant concerné par les débats politiques nationaux à propos du recrutement et de la rémunération de bergers salariés. En effet, si l'État français et les collectivités locales se proposent d'aider à financer l'emploi de bergers salariés, c'est sous certaines conditions, par exemple des pratiques favorables à la préservation de la biodiversité (habitats d'espèces rares ou en péril). À cela, la plupart des éleveurs pyrénéens, y compris ceux pratiquant le pastoralisme en montagne, ont réagi pour le moins assez vivement. Tous ont revendiqué pour leur activité une finalité qui reste avant tout productive, c'est-à-dire la fabrication de denrées alimentaires. Ce climat de tension a obligé les responsables de la formation à entreprendre une lecture plus sociologique de la culture pastorale pyrénéenne. Il s'agissait de veiller à poursuivre la bonne intégration dans cette culture d'aspirants-bergers pour la plupart venus du monde urbain par le biais de l'appropriation des savoirs et des pratiques spécifiques, nécessaires à l'exercice du gardiennage.

2. Bref historique de l'organisation du gardiennage dans les Pyrénées occidentales et centrales

Les conditions historiques de l'élevage transhumant pyrénéen ont généré un mode de vie particulier. La forte proximité avec la montagne et les animaux a entraîné un mode de pensée et des manières d'agir dont le gardiennage révèle l'originalité.

L'élevage pastoral pyrénéen est le fait d'une société de très petits propriétaires, dont l'organisation économique et politique est basée sur une communauté villageoise de « maisons ». Au sens pyrénéen du terme, la *maison* réunit, en un ensemble complexe, une terre, une habitation, des animaux domestiques, du matériel et l'accès à divers biens et services, dont les pâturages d'altitude collectifs (Cavaillès, 1931 ; Lefebvre, 1963 ; Cazaurang, 1968 ; Soulet, 1974 ; Taillefer, 1974 ; Bourdieu, 2002). La *maison* s'appelle *etxe* en basque, *ostal* en occitan. La pérennité de la *maison*, d'une génération à l'autre, est un impératif. Elle implique la cohésion de toute la famille vis-à-vis de la distribution des biens, des activités et, au-delà, des droits dans la sphère économique, sociale et politique. Le pivot en est le droit d'aînesse intégral : la *maison* est attribuée à un héritier unique, en principe le premier-né, qui, à la suite de son père, prend en charge le groupe domestique. Ce mode de transmission, très inégalitaire, définit donc des « cadets » par leur rang secondaire dans la fratrie. En général, les *cadets* qui restent dans la *maison* s'occupent principalement des animaux, de même que les éventuels domestiques, eux aussi inclus dans la *maison*. Dans beaucoup de vallées, ils ont un rôle décisif dans le gardiennage en cours d'estive.

L'organisation de ce gardiennage a été de longue date, et reste encore aujourd'hui, la clé de voûte d'un système pastoral spécifique. Cette activité implique de développer des compétences spécifiques vis-à-vis de l'herbe et du bétail et de faire preuve d'autonomie dans le travail dans un contexte contraignant.

Ce type d'organisation est apparu entre le XIIe et le XIVe siècle (Cavaillès, 1931 ; Le Roy Ladurie, 1975 ; Grosclaude, 1993 ; Ott, 1993), puis s'est développé progressivement dans la majeure partie des vallées pyrénéennes. Il est à l'origine, avec les singularités de chaque contexte local, de ce qui est aujourd'hui la grande diversité des pratiques pastorales pyrénéennes (Lassalle, 2007). De manière très simplifiée, on peut dire qu'au cours des siècles et jusqu'à nos jours, l'éleveur propriétaire de bétail pratique deux façons de faire garder son bétail en estive : soit par des membres de la *maison*, soit par des tiers. Dans ce second cas, soit il conclut un contrat à mi-fruit avec le ou les éleveurs qui s'occupent de son bétail, soit il joint son bétail à celui d'autres éleveurs qui, ensemble, embauchent un berger. Berger est un terme générique, même s'il s'agit de vaches.

À partir de la fin du XIXe siècle et, plus fortement encore, à partir des années cinquante, le système de la maison est désorganisé par la réduction puis la quasi-disparition de la main-d'œuvre familiale. Il en résulte en fait une rupture majeure dans la société pastorale. Les conséquences pour la conduite des troupeaux sont directes. En effet, non seulement la force de travail fait défaut, mais c'est aussi et surtout la fin de la division du travail, avec les tâches spécialisées qu'implique l'inscription spatiale de l'élevage transhumant.

La société locale doit alors chercher à attirer et intégrer des personnes venant de l'extérieur. Elle doit aussi s'ouvrir du fait que les éleveurs et leurs *maisons* ne sont plus le groupe social dominant. Ils doivent partager l'espace avec d'autres utilisateurs de la montagne. C'est dans ce contexte socio-économique que s'inscrit notre expérience de formation d'apprentis bergers menée depuis les années quatre-vingt-dix.

3. Une aventure à trois : tuteur, apprenti et formateur

Nous allons entrer dans le concret de la formation en décrivant les apprentis qui y sont accueillis, puis les préparatifs et le calendrier de formation sur deux ans.

3.1 Les apprentis

Réglementairement, le système français de formation continue s'adresse à des personnes n'ayant plus d'obligations scolaires, c'est-à-dire ayant plus de 16 ans. Il n'y a pas d'âge limite. En réalité, nous accueillons des apprentis dont l'âge se situe entre 18 et 35 ans. En 1991, la première promotion était essentiellement masculine. Depuis, le nombre de femmes n'a cessé d'augmenter. En 2007, la neuvième promotion comporte 40 % de femmes. Le nombre moyen d'apprentis est de douze, mais certaines promotions ont été réalisées avec des effectifs plus réduits, en accord avec une politique pédagogique validée par les bergers professionnels et que l'on peut résumer ainsi : « Mieux vaut un seul bon berger que plusieurs mauvais ! ».

Les apprentis sont majoritairement d'origine urbaine et en provenance de toutes les régions de France. Ils ont parfois des grands-parents agriculteurs. Leur niveau d'étude, assez bas lors des premières promotions, n'a cessé d'augmenter. La promotion 2007, comptant 15 apprentis, est caractéristique de cette évolution (voir tableau 1).

Tableau 1 : Caractéristiques des apprentis de la formation « berger vacher transhumant » (promotion 2007-2009).

Filles	6
Garçons	9
Type de diplôme	
Aucun	1
Professionnel	4 (ouvrier agricole – plâtrier – plombier)
Enseignement général	4 (baccalauréat)
Enseignement supérieur	6 (master sport, tourisme, loisir – technicien audiovisuel – technicien gestion et protection de la nature – technicien agricole – licence de langue occitane et d'ethnologie)
Tranche d'âge	
18-28 ans	11
29-38 ans	3
39 ans et plus	1

Les enfants d'éleveurs ne sont qu'un ou deux par promotion. L'entrée en formation par vocation est assez rare, même si une majorité exprime l'envie de travailler en « milieu naturel ». Parmi les quinze apprentis arrivés en 2007, seuls trois affirment le goût des animaux d'élevage et le désir de vie en montagne quelles qu'en soient les contraintes.

L'augmentation du nombre d'apprentis avec un niveau d'étude supérieur est à mettre en relation avec la grande précarité actuelle des jeunes, qui peinent à trouver place sur le marché du travail. La plupart d'entre eux n'ont pas de logement fixe et vivent souvent dans une camionnette, avec un chien pour seul compagnon. Nous commençons aussi à relever chez certains de sérieux problèmes de santé qui traduisent un manque de prise en charge personnelle, vraisemblablement lié à une assurance santé incomplète. Ce constat est fait dans toutes les branches de la formation continue en France.

Nous devons consacrer de plus en plus de temps à la résolution de ces problèmes, ceci au détriment de la pédagogie. En effet, l'engagement dans le métier de berger a d'importants prérequis, tant physiques que psychiques. Or les apprentis, non issus du milieu agricole en montagne, en disposent de moins en moins souvent. En conséquence, l'apprentissage leur apparaît très rude. Les témoignages sont nombreux. À titre d'exemple, voici la lettre d'une apprentie bergère, écrite dans un atelier d'écriture durant sa formation :

Le 3 mai 2002.

Chers A. et J.,

Mes amis,

J'aimerais vous parler de mon métier de bergère. Vous savez, ce n'est pas toujours facile, bien qu'il ait fait beau cette année.

J'ai eu des crevasses, ça n'en finissait jamais, les mains qui me faisaient mal à chaque fois que je pressais un trayon.

Des moments de peurs et de paniques.

Que faire ? Je suis une incapable, même les brebis ne veulent pas de moi, pourquoi je suis dans cette galère ?

Et je pleure, je tape, je crie. Et quand j'ai épuisé cette haine, alors reviennent le courage et la détermination, et là on se rend compte que tout est possible finalement. Quel bonheur une fois réussi, et quel coup de fatigue également.

Et les moments de peur… Je ne pleurais pas, je ne parlais pas, j'avais l'impression de jouer ma vie dans une partie de cartes. C'est aussi un moment de grande solitude. J'avais l'impression de ne pas avoir vu mes parents depuis très longtemps.

Les soirs où je rentrais à la cabane, j'attendais une petite compassion, une écoute. Mais non, les questions restaient les mêmes :

« Où sont les brebis ? »

« Je ne te crois pas ! »

« T'as pas fait ça ! »

« Bon, mais tu y es arrivée ! »

Et la discussion s'arrêtait là, Les détails ne l'intéressaient pas.

En contrepartie, il y a toujours des récompenses. Les balades où on a le temps de profiter de ce qui nous entoure, des animaux, des fleurs, des cloches, du paysage toujours différent d'un endroit à l'autre. Des moments où on peut chanter à tue-tête avec les brebis. Des impressions de sécurité, de solidité, une impression d'être forte et pas grand-chose en même temps, une impression d'avoir grandi.

Des instants superbes, le matin à la traite, ce lever du soleil qui t'ouvre toutes les portes de ton cœur en même temps. Un moment où tu ne peux que profiter de l'instant présent. Aujourd'hui, en repensant à tout cela en même temps, en mélangeant le tout, j'obtiens une mayonnaise épaisse, ferme et bonne.

Le positif a pris le dessus et demain, si je peux, je remonterai dans la montagne.

H.

(Promotion 2001-2002).

Nous avons aussi et fort heureusement chaque année de bonnes surprises, comme celle de cet apprenti de 19 ans entré en formation en 2007. Monté sur une estive laitière du Béarn très exigeante en temps de travail, il s'est d'abord investi avec enthousiasme dans la traite des brebis et la fabrication fromagère. Puis, en bon accord avec son tuteur, il est parti garder le troupeau aux limites de la frontière espagnole, passant plusieurs nuits dans une cabane au confort plus que rudimentaire (voir extrait, fig. 2).

Figure 2. Extrait du témoignage d'un apprenti parti garder à la frontière espagnole.

3.2 Le choix des tuteurs et de l'estive

Pour les apprentis, les tuteurs représentent souvent le premier point d'ancrage dans une nouvelle vie professionnelle. Nous attendons donc de ces tuteurs qu'ils deviennent vecteurs d'intégration, ce qui va bien au-delà de la transmission des gestes et des savoirs de berger.

Nous veillons à proposer à chaque apprenti des «ateliers d'estive» adaptés à son parcours de formation, tenant compte de son niveau de compétences préalable ainsi que de ses préférences géographiques. Le dispositif de formation ne recourt pas à des tuteurs attitrés. Nous préparons pour chaque promotion un lot de nouveaux tuteurs et de nouvelles estives. Pour ce faire, nous avons l'aide des services pastoraux départementaux et des autres services d'appui technique à l'élevage, et aussi de réseaux d'éleveurs et de bergers. Nous avons ainsi un répertoire, à présent bien établi et enrichi chaque année, de sites envisageables pour les promotions en cours et à venir.

De la part des tuteurs, les motifs d'accueil d'un apprenti sont variés. Il peut s'agir d'un berger ou vacher salarié en place qui décide de ne plus poursuivre, par exemple parce qu'il s'installe à son compte ou qu'il part à la retraite, mais qui désire former un successeur avant son départ. Il peut s'agir également (exemple 1 ci-dessous) d'un berger cadet qui n'est plus à même d'assurer pleinement son travail de berger dans la *maison* (voir définitions à la section 2 de ce chapitre). Enfin, il peut s'agir (exemple 2) d'éleveurs qui s'organisent pour embaucher un berger ou vacher sur une estive où jusqu'ici les animaux étaient surveillés par leur propriétaire; ils en attendent une meilleure surveillance du troupeau, un gain de temps et une meilleure gestion du pâturage.

▶ Exemple 1 – Une estive en vallée d'Ossau

J., cadet de la famille H., garde le troupeau familial depuis sa jeunesse et assure la traite et la fabrication fromagère. Mais il a plus de 70 ans et, à terme, la famille, réduite à un jeune couple avec des enfants en bas âge, n'aura personne qui puisse rester en estive tout l'été. Le neveu de J., héritier de la *maison*, envisage une nouvelle organisation, laquelle suscite des questions à la fois d'ordre économique et sociologique : comment payer la personne qui va remplacer J. et comment intégrer cette personne auprès du vieux berger sans qu'il se sente mis à l'écart ? Cette situation est caractéristique du système traditionnel, quand il n'y a plus ni *cadet* ni domestique pour assurer les tâches de gardiennage.

▶ Exemple 2 – Une estive de Vieille-Aure

À l'automne 2006, le président du groupement pastoral a pris contact avec nous. Ce groupement de cinq éleveurs conduit en estive un troupeau de 300 à 350 bovins viande. Jusque-là, chaque éleveur assurait à tour de rôle la surveillance du troupeau, en plus de ses diverses autres tâches dans la vallée, dont la production de fourrages et de céréales. Sur les cinq, trois éleveurs pratiquent le vêlage en estive, ce qui leur nécessite deux ou trois visites par jour durant les périodes de mise bas. Or, l'estive est située à 15 kilomètres de piste carrossable des élevages, et les visites sur les lieux de pâturage, pour la plupart fort éloignés de la piste, imposent une à quatre heures de marche ainsi que, nous ont dit les éleveurs : «*des frais de véhicule, de la fatigue, le sentiment d'un travail bâclé…* ». C'est la raison pour laquelle ceux-ci ont décidé de former un apprenti vacher issu de notre formation.

Notre travail de recherche d'ateliers d'estive est permanent, quoique plus actif en fin d'hiver et au printemps. Saisis d'une offre d'embauche d'un apprenti, nous rencontrons les gestionnaires de l'estive. L'objectif est d'abord de bien identifier le besoin actuel, mais aussi, à plus long terme, d'aider la création d'un emploi de berger ou de vacher.

Nous évaluons les atouts et contraintes de cet atelier d'estive potentiel : le secteur géographique, la configuration et l'amplitude du relief de l'estive, la nature du cheptel, son effectif et sa spécialisation, les équipements et la gamme des tâches à accomplir par l'apprenti, la personnalité du tuteur, les éleveurs concernés et les sources potentielles de conflits… Nous expliquons ensuite, en détail, le déroulement de la formation : qui sont nos apprentis, quelle sera l'importance du tutorat et quel devra être l'engagement de chacun dans cette «aventure à trois» (apprenti, tuteur, formateur). Les sites demandeurs peuvent ne pas être retenus : faute d'encadrement, du fait de dissensions entre éleveurs, ou de conditions d'estive trop rudes (isolement, intensité du travail...) ou, à l'inverse, d'un niveau d'exigence insuffisant.

Les ateliers d'estive retenus sont répertoriés, mais leur attribution dépend de la sélection des candidats apprentis. Cette recherche des ateliers d'estive s'opère en effet avant de connaître l'identité des apprentis, leurs expériences professionnelles préalables ainsi que leurs projets. Une fois les candidats retenus, il nous faut donc être très attentifs à la mise en relation de l'apprenti et de son tuteur.

3.3 Le calendrier de formation sur deux ans

Lors de l'élaboration collective des référentiels de métier, ce sont les représentants professionnels qui ont demandé d'allonger le temps passé sur le terrain avant de délivrer une qualification. Les éleveurs transhumants et les bergers des Pyrénées ont une représentation très fine et très perfectionniste de leur métier. Ils refusent fermement tout ce qui pourrait le déqualifier. Leur premier souhait était qu'au moins trois années avec saison d'estive soient validées, durée qui a été finalement ramenée à deux ans.

Tous les deux ans, nous accueillons donc une quinzaine d'apprentis. La première année, ceux-ci sont pris en charge financièrement par l'État ou la Région. La seconde année, ils signent un contrat de travail avec un groupement d'employeurs intégré au dispositif de formation. C'est une préparation concrète à leur intégration professionnelle dans les vallées.

Le calendrier de formation par alternance est calqué sur le rythme des saisons. De ce fait, l'apprenti est en phase avec le troupeau dont il s'occupe. La formation commence en mai par une période de quatre à cinq semaines de préparation à l'estive, ceci en centre de formation et aussi sur l'exploitation du tuteur.

C'est durant une semaine, en général fin mai, que l'apprenti découvre la famille du tuteur et ses différentes activités de production. Il participe à la préparation de la cabane d'estive et s'informe de l'organisation des semaines à venir. Si ce premier contact est positif, rendez-vous est pris pour la date, vers la mi-juin, à laquelle le troupeau qui va monter en estive est constitué.

En juin, l'apprenti monte en estive avec son tuteur pour y contribuer à toutes les tâches importantes de cette saison en montagne. Dès le début, courant juin, le formateur responsable se rend sur le site afin d'établir un contrat de suivi pédagogique à signer entre les trois parties : tuteur, apprenti et formateur. Ce document explicite les caractéristiques et spécificités de l'estive et de son organisation actuelle. Il précise les responsabilités de l'apprenti et les compétences qu'il devra acquérir ou développer en cours de saison : surveillance du troupeau et gardiennage, suivi sanitaire, traite et fabrication des fromages, contribution à l'organisation de la vie quotidienne... Ainsi, chaque contrat est différent, car il tient compte soigneusement des particularités du site, des demandes précises du tuteur, ainsi que du niveau de compétence de l'apprenti en début de formation.

À l'automne, après la descente du troupeau dans la vallée, l'apprenti revient en centre de formation, pendant quatre à cinq semaines. Il s'agit d'une forte période de questionnement, après ce qui a été le plus souvent une toute première expérience en estive. Elle comporte des séquences pédagogiques conçues comme complémentaires des connaissances empiriques accumulées durant l'été. Ces séquences sont articulées autour des modules suivants : soins aux animaux (ovins et bovins), conduite et comportement du troupeau, connaissance de l'estive, adaptation à la vie en montagne, connaissance du milieu agropastoral, production fromagère.

Au cours de l'hiver, chaque apprenti doit d'abord contribuer à une période de mises bas. Il s'agit généralement du troupeau avec lequel il est monté en estive. Ensuite, il doit choisir une ou plusieurs autres activités hivernales, pour la plupart en lien direct avec l'élevage. Le déroulement est ici le même que durant l'été : mise en situation de travail, avec accompagnement d'un tuteur et suivi d'un formateur.

Au printemps suivant, une fois prise la décision de passage en deuxième année, la formation est organisée sur le même principe qu'au cours de la première année. Le critère principal de décision de passage est le niveau d'autonomie déjà atteint après une année sur le terrain.

En fin de deuxième année, l'apprenti est soumis à deux évaluations en situation de travail et soutient son «portefeuille de compétences» devant un jury composé, comme indiqué précédemment, de professionnels de l'élevage, de formateurs et de techniciens pastoraux. Si on ne lui reconnaît pas le niveau requis, il lui est demandé de justifier d'une troisième estive.

4. La rencontre des tuteurs et des apprentis : acquérir l'autonomie en situation de travail

Au cœur de la construction des identités professionnelles, se situe l'acquisition de l'autonomie en situation de travail. C'est un attribut essentiel du berger qui se doit de réagir rapidement et efficacement à tous les problèmes et opportunités rencontrés dans son travail.

La formation offre aux apprentis le choix entre trois spécialités : «traite et fabrication fromagère», «gardiennage de troupeaux ovins», «gardiennage de troupeaux bovins». Mais tous font l'apprentissage de la fabrication fromagère. Cet apprentissage leur montre concrètement que les savoirs et pratiques empiriques validés par leur ancrage historique ne sont pas à opposer, mais à associer aux connaissances scientifiques et techniques modernes.

Le fromage traditionnellement fabriqué en montagne pyrénéenne est un fromage à pâte pressée qui pèse cinq à six kilos, mais un à trois au Pays Basque. Dès leur arrivée en formation au début mai, les apprentis ont à fabriquer leur premier fromage dans l'atelier de fabrication du LPA d'Oloron-Sainte-Marie. Ce fromage de lait de brebis est évalué et dégusté à l'automne, c'est-à-dire après six mois d'affinage. La connaissance et la promotion de ce produit font en effet partie des enjeux de la formation des bergers.

▶ **Phase 1 : initiation à la fabrication du fromage au chaudron en centre de formation**

Les apprentis réalisent ensemble leur premier fromage, participant chacun à l'une des étapes du processus de fabrication : durée de chauffe puis de caillage du lait, brassage, rassemblage et égouttage du caillé, puis mise en moule avant le pressage pour évacuer le lactosérum.

C'est dans un chaudron traditionnel que le lait des brebis du lycée est préparé, et non dans une cuve aux normes européennes. C'est pourtant la technique de la cuve agréée qui est habituellement en usage au LPA, mais c'est la technique du chaudron que les apprentis rencontreront le plus souvent en estive chez les éleveurs.

Temps d'initiation à une activité essentielle à l'économie de la montagne pyrénéenne, temps d'approche sensorielle des processus, par l'odorat notamment, cette phase est pour les apprentis fromagers la pose de la première pierre d'une construction complexe : celle d'un apprentissage qui doit les conduire à la maîtrise autonome de la fabrication du fromage. Cette maîtrise implique une bonne compréhension des étapes et de leur enchaînement logique, une capacité à repérer les dysfonctionnements, à les analyser et à envisager d'éventuelles solutions.

«Rassembler le caillé délicatement avec les deux mains, sur le bord du chaudron en le prenant lentement de façon à former une boule […] » (Mylène V., apprentie bergère 2003-2005).

Le technicien fromager qui intervient alors au lycée apporte les bases théoriques élémentaires en rapport avec la démonstration. Il est affilié à l'Association d'appellation d'origine contrôlée «Ossau-Iraty». En dehors de la formation, il passe beaucoup de temps avec des fromagers professionnels. Il est ainsi porteur des récentes avancées technologiques.

▶ Phase 2 : chez le tuteur, première immersion dans le monde professionnel

En mai et juin, dans les élevages de la région, les brebis laitières sont encore en forte production. Dans les exploitations ou sur les montagnes intermédiaires, avant la montée en estive, la fabrication fromagère occupe beaucoup les éleveurs qui fabriquent alors plusieurs fromages par jour. C'est dans ce contexte et en compagnie d'un ou de plusieurs bergers confirmés que se situe la première confrontation de l'apprenti avec les pratiques du monde professionnel pyrénéen.

L'apprenti est dans un premier temps totalement absorbé à s'imprégner de la façon d'agir de l'éleveur-berger devenu son tuteur. Il garde cependant en mémoire les tous premiers conseils reçus du formateur au lycée. Dès ce stade, en général, le tuteur montre, ou démontre, puis place l'apprenti en situation de réaliser par lui-même l'ensemble des étapes de la fabrication du fromage.

Cette pratique d'apprentissage rejoint un aspect essentiel de notre interprétation du métier de berger : une approche globale, totale, d'un ensemble de tâches indissociables et nécessairement maîtrisées. Ainsi, au cours de la fabrication du fromage, le tuteur attire l'attention de l'apprenti sur l'usage des «temps morts» : il est important de rester vigilant, même à distance, face aux imprévus, tels qu'un mouvement du troupeau ou un changement météorologique préoccupants. Une telle disposition d'esprit dans le travail, associée à la confiance du tuteur envers l'apprenti, favorise la prise d'autonomie de ce dernier, même s'il doit respecter strictement les règles de fabrication habituelles du tuteur.

Après cette étape dans l'exploitation d'élevage en vallée, la montée en estive est pour l'apprenti un nouveau choc expérientiel. L'activité fromagère va dès lors dépendre étroitement de la durée nécessaire pour la traite. Elle contribue au rythme d'une journée harassante, journée au terme de laquelle l'apprenti s'écroulera sur sa couche jusqu'au lever du jour. Cette période d'apprentissage, d'environ cent jours, est donc toujours très chargée, cumulant découverte de la montagne et initiation à de nouvelles tâches. Elle est propice aux erreurs : pour rester synchrone avec un berger expérimenté, l'apprenti, nécessairement plus lent, travaille souvent dans la précipitation.

▶ Phase 3 : la montée sur l'estive du formateur, un temps réflexif partagé

La venue du formateur fromager à la rencontre du tuteur et de l'apprenti sur leurs lieux de travail permet avant tout un moment de réflexion. Généralement, l'apprenti se trouve alors dans une période de non-maîtrise de l'ensemble de ses actes, tant il est confronté à la nouveauté de sa situation. L'échange à trois, formateur, tuteur, apprenti, permet la confrontation d'observations, l'expression de questionnements propices à la construction progressive des connaissances. Après accord du tuteur, le formateur assiste à une fabrication de fromages par l'apprenti. Il aide ensuite ce dernier à formaliser par écrit le processus de fabrication. Pour finir, il prend le temps de répondre à toutes les questions que l'apprenti désire lui poser, questions apparues depuis le début de son séjour en estive. Il prend note des principales difficultés, rencontrées tant par l'apprenti que par son tuteur. Elles seront relevées et débattues collectivement au lycée, lors de la phase de regroupement d'automne des apprentis.

Cette rencontre est un moment de coconstruction des connaissances, le tuteur étant partie prenante et souvent particulièrement intéressé lors des échanges. Elle procède en effet à l'analyse faite en commun des dysfonctionnements et des rectifications possibles des erreurs face à tous les incidents qui peuvent survenir. C'est la situation de tous les praticiens avec un faible niveau de maîtrise du milieu naturel où ils opèrent. Dans la fabrication des fromages en estive, le froid, la pluie, la neige, et même la boue, ont un impact.

▶ Phase 4 : premier regroupement d'automne, le temps des échanges et de la formalisation des expériences

Au terme de leur première saison d'estive, tous les apprentis sont réunis au LPA d'Oloron-Sainte-Marie. Ils sont alors moins tendus que lors de leur premier passage au printemps, car libérés de l'angoisse de devoir se confronter à un monde inconnu et potentiellement menaçant. La curiosité, l'éveil, l'intérêt pour les expériences des autres sont alors de règle, de nombreuses questions étant en attente de réponses. L'apprenti trouvera ces réponses dans les interventions des formateurs, mais aussi auprès de ses camarades.

Cette phase de formation commence par un compte rendu oral : chacun décrit le mode de fabrication des fromages auquel il a contribué. Chaque mode est étroitement lié à un contexte particulier, notamment géographique, mais il résulte aussi de l'organisation de la production chez le tuteur, de son savoir-faire et de son tour de main personnel. Cette phase révèle une palette de situations, dont les points communs, mais aussi les singularités, enrichissent le stock de connaissances que l'apprenti engrange depuis le début de sa formation.

Par la suite, les apprentis sont conviés à soigneusement écrire ce qu'ils ont appris et comment ils l'ont appris, en précisant le contexte : durée, lieu, incidents climatiques, rythme de travail...

«Fabrication de fromage sur l'estive de Couecq en vallée d'Aspe (de juin à septembre 2003) :

[...] Puis je réalise le décaillage, qui consiste à diviser le caillé en grains les plus réguliers possible (taille d'un grain de maïs) pour accroître les surfaces d'exsudation du petit lait. C'est à la main que je tranche le caillé. D'abord, je fais le tour du chaudron pour décoller le

caillé, puis j'essaie d'obtenir doucement les grains en faisant remonter le caillé du fond du chaudron à la surface et en insistant sur les bords. Si le décaillage est effectué trop tard, le caillé sera plus difficile à égoutter. » (Xabi I, apprenti berger et vacher 2003-2005)

C'est à ce moment que les apprentis vont également goûter et évaluer par analyse sensorielle leur premier fromage fabriqué avant de monter en estive. En général, chacun rapporte aussi au lycée un échantillon de sa fabrication réalisée en estive, ce qui élargit l'échantillon soumis à dégustation.

Durant les deux ans de formation, les allers et retours successifs entre expérience pratique et échanges dans la triade apprenti-tuteur-formateur se poursuivent, y compris durant l'hiver : les agnelages et vêlages font partie des nouveaux thèmes techniques abordés.

Ainsi, notre formation engage l'apprenti dans un double processus d'apprentissage. Il comporte d'une part la construction progressive d'une autonomie reconnue, par l'acquisition de savoir-faire et l'imprégnation de la culture technique locale. Il comporte d'autre part et simultanément, le développement d'une réflexion personnelle qui, à partir de la reproduction du savoir-faire du tuteur, se nourrit d'apports de connaissances, d'échanges et de comparaisons avec les expériences vécues par les camarades de promotion.

5. La construction d'outils de formation pertinents : l'exemple du module « conduite et comportement du troupeau »

Dès les premières années de la formation, conformément au Référentiel métier, nous avons mis en œuvre un module «Conduite et comportement du troupeau» (fig. 3). À l'époque, il s'appuyait sur les rares travaux scientifiques consacrés aux pratiques pastorales empiriques et visant à les modéliser : Landais et Deffontaines (1988); Deffontaines *et al.* (1989); Landais et Balent (1993); El Aïch et Bourbouze (1999). Ce module était et reste dispensé au centre de formation lors du regroupement des apprentis qui suit leur première expérience en estive.

En fait, les formateurs en charge du module se sont placés en situation de devoir apprendre en même temps que leurs apprentis. Ces derniers retenaient bien quelques repères : pour le rythme d'un troupeau en estive, à l'échelle d'une journée et à l'échelle d'une saison (voir chapitre 4), pour les formes de troupeau qui peuvent informer sur sa motivation au pâturage (voir chapitre 5), etc. Mais ce n'est pas suffisant pour rendre compte des expériences personnelles de gardiennage et en tirer ensemble la leçon. Chaque expérience apparaît en effet liée à un contexte d'estive (géologie, altitude, exposition, relief, nature de la végétation), à un troupeau (espèce, race, effectif, état physiologique), à une pratique de gardiennage…

Désormais, les formateurs demandent aux apprentis d'inclure l'observation des pratiques des tuteurs et le recueil de leurs savoirs, et de réaliser un compte rendu de leur expérience personnelle d'apprenti lors de la garde du troupeau. C'est ainsi qu'aujourd'hui, lors de leur premier séjour en estive, les apprentis saisissent sur des fonds de carte, plus rarement sur des photographies aériennes, les zones de repos du troupeau, les pierres à sels, les passages dangereux ainsi que les lieux d'observation aisée de l'ensemble du troupeau. Ils localisent les principaux circuits de pâturage en fonction de la pousse de l'herbe au cours de la saison et aussi du climat de la journée. Dans

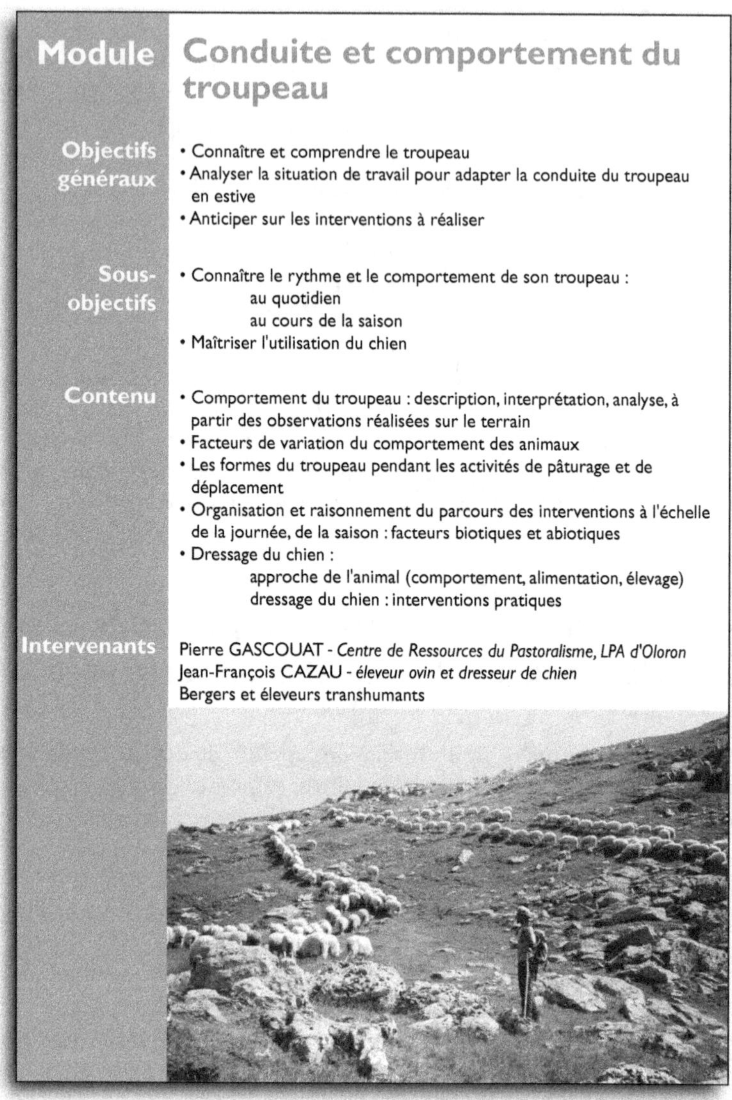

Figure 3. Fiche de présentation du module «Conduite et comportement du troupeau».

la plupart des cas, ils tiennent un «carnet de bord», où sont indiqués et horodatés chaque jour les évènements marquants vécus lors d'un circuit de garde. Certains apprentis choisissent pour support le croquis (fig. 4), le dessin à main levée, voire même le montage photographique pour expliquer différentes phases et enjeux d'un circuit de garde (fig. 5).

Lors du regroupement d'automne au lycée, les retours d'expérience sont le plus souvent personnalisés et d'une très grande richesse. Cependant, l'option pédagogique est à améliorer. En effet, le passage de la description détaillée de chacune des expériences à leur analyse transversale en vue d'une interprétation à valeur plus générale

Figure 4. Croquis d'une estive dessinée par un apprenti.

s'avère encore très difficile. Les apprentis mettent le plus souvent en exergue les singularités de leur vécu personnel : c'est que chacun a été immergé dans des conditions particulières et aussi que, pour la plupart, c'était une toute première expérience.

Quant à ce qui est transmis par le tuteur en matière de conduite du troupeau, nos évaluations lors des suivis en estive constatent un niveau d'acquisition qui reste assez faible. Les apprentis manquent de curiosité envers les raisons des pratiques de garde du tuteur. Mais intervient sans doute aussi la difficulté des tuteurs à les énoncer. Car c'est pour eux un réel travail supplémentaire que de trouver comment expliquer et argumenter des pratiques qu'eux-mêmes ont apprises par contact et par imprégnation.

Figure 5. Extrait d'un montage photographique réalisé par un apprenti afin d'expliquer des phases et enjeux d'un circuit de garde.

La piste actuellement envisagée est celle d'encourager nos apprentis à développer le même niveau de curiosité envers les tuteurs et leurs pratiques qu'envers les troupeaux et leur comportement. L'objectif proposé est de dégager quelques règles communes pour la garde d'un troupeau, à adapter ultérieurement par chacun, au cas par cas. Il ne s'agit pas d'adopter un point de vue trop normatif : la richesse des situations individuelles est à conserver, elle est source de pratiques innovantes.

Notre module pourrait ainsi se dérouler en trois phases : 1) des témoignages, au lycée, de bergers professionnels et de techniciens pastoraux, ceci en vue d'aiguiser la curiosité des apprentis et leur sens de l'observation ; 2) le recueil, tel que réalisé actuellement, des expériences particulières sur les estives, ; 3) la mise en commun des retours d'expériences, incluant désormais les règles de conduite similaires entre les tuteurs et les modes comparables de comportement des différents troupeaux. Les deux arguments à développer pour motiver nos apprentis à procéder de la sorte sont d'une part notre ferme opposition à former des bergers « exécutants », et d'autre part la nécessité pour un jeune issu de formation de ne pas uniquement exceller dans une situation particulière, mais aussi de réussir à s'adapter face à des contextes nouveaux ou changeants.

Conclusion : « former sans rupture »

Les travaux de Bertrand Schwartz (1994) liés à la rénovation et à la requalification des métiers anciens nous ont beaucoup inspirés. Ce n'est pas « moderniser sans exclure » qui nous préoccupe ici, mais « former sans rupture ». Il s'agit en effet pour nous de réussir à qualifier des « néobergers », c'est-à-dire des personnes non issues de la société agropastorale pyrénéenne, en lien étroit avec la continuité historique, sociale et culturelle du métier de berger vacher-fromager.

Notre démarche pédagogique vise à immerger nos apprentis dans une culture professionnelle qui leur est au départ étrangère, tout en leur offrant la possibilité de développer leur sens critique en l'exerçant sur des pratiques concrètes. Il ne s'agit pas d'éviter les inévitables incompréhensions, voire conflits, entre des éleveurs-bergers porteurs d'une culture rurale spécifique, au sens social, anthropologique et géographique, et des apprentis issus d'une culture essentiellement urbaine. Il s'agit de dépasser ces tensions dans l'apprentissage de façons de faire, de façons d'agir. Entre personnes formées différemment, le dialogue et l'échange en situation de travail contribuent à renforcer des identités personnelles en même temps que se construisent des identités professionnelles.

Dès sa mise en place, cette formation s'est inscrite dans la continuité du modèle traditionnel basé sur la transmission intergénérationnelle des connaissances et des pratiques au sein d'un système familial. A priori, souligner son caractère expérimental est paradoxal. Mais cette option répond en fait à la nécessité de s'inscrire dans une culture pour l'aider à rester vivante et active. Ce faisant, elle reconnaît aux éleveurs-bergers le droit d'accorder considération à leur propre pensée (Darré, 2006) et d'être acteurs du changement induit au sein de leur espace de travail. C'est une condition indispensable pour garder une place reconnue dans leur société.

Après chaque descente d'estive, la singularité du monde pastoral et de son mode de fonctionnement transparaît au travers des récits des formateurs : comportement des troupeaux, réactions des éleveurs et des apprentis aux aléas, impacts psychiques d'une activité exercée dans des circonstances peu ordinaires, telles sont les pistes de réflexion et de synthèse que partagent les formateurs en début de chaque automne.

Par exemple, durant l'été 2006, les vaches de la commune de Buzy ont quitté leurs quartiers de pâturage habituels, s'éparpillant dans la montagne au grand désespoir de l'apprenti vacher, épuisé par ses allers et retours incessants pour les rassembler. Aux dires des éleveurs, c'était la première fois depuis plus de trente ans et ils avaient du mal à expliquer ce comportement de leur bétail, même si les conditions météorologiques exceptionnellement froides du mois d'août pouvaient en partie en être la raison. En septembre de la même année, dans la haute vallée d'Ossau qui apparaissait étrangement verte, les fortes pluies rongeaient le moral des bergers encore présents. Par ailleurs, de retour d'une estive sur une montagne très escarpée, un apprenti nous a décrit avec grande précision le bruit des brebis s'écrasant au pied d'une falaise. Vingt et une brebis tuées, huit disparues : un bilan qui peut laisser des traces dans le psychisme, une rencontre avec la mort violente des animaux qui croise des peurs intérieures probablement inexprimées...

Monde pastoral : étrange monde. Paradoxalement, il nous pose la question, essentielle, des apprentissages pour les nouvelles générations. Elles sont en effet éduquées dans un environnement où la machine relaie la puissance physique et la présence du corps. Le rapport direct à la nature, l'inévitable confrontation aux éléments, qui nous a aussi construits en tant qu'humanité, n'a plus cours aujourd'hui dans nos sociétés urbaines industrielles. Les bergers, les marins et quelques autres rares professions, sont les derniers représentants d'un mode de vie où travailler signifie aussi lutter et se construire au contact des forces de la nature, où l'extrême développement des capacités sensorielles est un outil indispensable à l'action, mais aussi un gage de survie.

La disparition de ces connaissances et de ces savoir-faire pastoraux est, d'après nous, aussi grave que la perte de la biodiversité. Il en va après tout de notre capacité d'adaptation et, durer, c'est s'adapter...

Bibliographie

AFMR Etcharry et LEPA Oloron-Sainte-Marie, 1995. *Référentiel métier berger vacher pluriactif en montagne pyrénéenne 1993-1995*. Doc. polygr., 22 p.

BOURDIEU P., 2002. *Le bal des célibataires : crise de la société paysanne en Béarn*, Le Seuil, Paris, 266 p.

CAVAILLÈS H., 1931. *La vie pastorale et agricole dans les Pyrénées des Gaves, de l'Adour et des Nestes*, Librairie Armand Colin, Paris, 413 p.

CAZAURANG J.-J., 1968. *Pasteurs et paysans béarnais : naissance, mariage, décès*, Marrimpouey éditions, Pau, 359 p.

DARRÉ J.-P., 2006. *La recherche coactive de solutions entre agents de développement et agriculteurs*, GRET, Paris, 112 p.

DEFFONTAINES J.-P., GARABEDIAN D., LANDAIS É., SAVINI I., 1989. *L'espace d'un berger : pratiques pastorales dans les Écrins*. Vidéo Inra ENS Fontenay Saint-Cloud, ENS Prod., 6 modules, 60 min.

EL AÏCH A., BOURBOUZE A., 1999. *Parole d'éleveurs en montagne*. Documentaire vidéo CIHEAM-IAMM, Arragon Pierre (prod.)., 60 min.

GROSCLAUDE M. *(traduction, notes et commentaires par)*, 1993. *La coutume de la Soule*, éditions Izpegi, Pau, 164 p.

LANDAIS É., BALENT G. (dir.), 1993. «Pratiques d'élevage extensif : identifier, modéliser, évaluer», *Ét. Rech. Syst. Agr. Dév.* (Inra, Paris), 27, 380 p.

LANDAIS É., DEFFONTAINES J.-P., 1988. *André L. : un berger parle de ses pratiques*, Inra publications, Versailles, 113 p.

LASSALLE D., 2007. Berger pyrénéen : une identité professionnelle, culturelle et sociale, en question (Pyrénées occidentales et centrales), thèse de sociologie, université de Toulouse Le Mirail, école doctorale Temps, Espaces, Sociétés, Cultures, 396 p.

LEFEBVRE H., 1963. *La vallée de Campan : étude de sociologie rurale*, PUF, Paris, 224 p.

LE ROY LADURIE E., 1975. *Montaillou, village occitan de 1294 à 1324*, Gallimard, Paris, 642 p.

OTT S., 1993. *Le cercle des montagnes : une communauté pastorale basque*, CTHS eds., Paris, 267 p. Trad. de *The Circle of mountains : a Basque shepherding community*, Univ. of Nevada Press, Reno, 262 p. (1ʳᵉ éd. 1981, Oxford).

Répertoire national des certifications professionnelles (RNCP), 2007. «Berger vacher transhumant». http://www.cncp.gouv.fr/fiche_gp. php ? idfiche = 4459 (consulté le 22 décembre 2007).

ROBIN G., 1988. *Plus qu'un CV, un «portfolio» de ses apprentissages : guide en reconnaissance des acquis*, Bourcheville, éditions G. Vermette, Ottawa, Canada, 125 p.

SCHWARTZ B., 1994. *Moderniser sans exclure*, La Découverte, Paris, 244 p.

SOULET J. F., 1974. *La vie quotidienne dans les Pyrénées sous l'ancien régime du XVIe siècle au XVIIIe siècle*, Hachette littérature, Paris, 319 p.

TAILLEFER F., (dir), 1974. *Les Pyrénées, de la montagne à l'homme*, éditions Privat, Toulouse, 520 p.

PARTIE 6

Le métier
vu de l'intérieur

Chapitre 14

Être berger salarié dans les Alpes

Isabelle BAUMONT

d'après : Baumont I., 2005. *Berger, un authentique métier moderne.* Master 2 de recherche en sociologie, département des sciences sociales, faculté des sciences humaines et sociales, université René Descartes-Paris V-Sorbonne.

«*Comment es-tu devenu berger ?*» est une question que tous les bergers se voient souvent poser, moi y compris, car j'ai exercé ce métier dans les Alpes du Sud durant quatre estives, avant de reprendre des études de sociologie. Pour répondre à cette question, les sociologues considèrent classiquement le parcours biographique des individus (Dubar, 1991). Pour ma part, je pense que pour expliquer comment un individu devient berger, il est aussi intéressant de considérer les modalités concrètes et pratiques de l'apprentissage puis de l'exercice du métier de berger.

L'analyse présentée ici associe des données issues de ma propre expérience de bergère, et relatives à la pratique du métier, à des données provenant d'une quinzaine d'entretiens qualitatifs portant sur le sens que des bergers confèrent à leur métier. J'ai mené ces entretiens avec des bergers salariés en Provence, dans les départements des Alpes-de-Haute-Provence et des Hautes-Alpes. Dans un souci d'anonymat, les prénoms des personnes enquêtées ont été modifiés.

Le principal outil du berger est son corps, notamment durant la garde, activité la plus exigeante en temps de travail et la plus prestigieuse des activités d'élevage. Or, mis à part en ergonomie du travail, le corps a été peu pris en compte par les sciences humaines. Pourtant, des auteurs comme Mauss (1950), Schilder (1950), ou plus récemment Foucault (1975 ; 1976-1988) et Bourdieu (1980), ont pressenti que la manière dont le corps est façonné par une activité – qu'elle soit professionnelle, sociale, religieuse ou autre – est déterminante dans la construction de l'identité des individus, de leurs représentations et de leur subjectivité. Dans cette perspective, qui a été théorisée par Warnier (1999), puis par Julien et Rosselin (2005), ce qui fait que l'on se qualifie «berger» est avant tout inscrit dans le corps. Autrement dit, considérer les pratiques ou traitements corporels que ce métier implique, aide à comprendre le sens que les bergers donnent à leur métier, et notamment quelle est la signification affective de leur relation avec les brebis et leur pâturage.

1. Comment le métier de berger fait-il intervenir le corps?

1.1 Le corps dans l'environnement pastoral

Le berger vit dans le même espace temps que le troupeau dont il a la garde. Parce qu'il ne peut le quitter, il vit dans l'environnement et au rythme qui est le sien. Son travail suppose donc une adaptation du corps qui doit supporter les mêmes conditions de vie que celles du troupeau. Cette expérience est fondatrice pour le berger, au sens où elle marque profondément son corps. Pour les bergers salariés, la saison d'estive en montagne est l'essence même du métier, entre autres parce qu'elle implique un usage du corps très spécifique, pleinement et entièrement dédié à la vie pastorale.

Nécessité et plaisir de la marche

Le corps du berger doit d'abord s'adapter à l'environnement dans lequel évolue le troupeau. Il est avant tout un moyen de locomotion qui permet au berger de suivre tous les déplacements du troupeau, au même rythme et sur les mêmes lieux, y compris à 2600 mètres d'altitude sur la crête d'une montagne escarpée. Il développe donc la musculature et l'agilité nécessaires à la marche en montagne ou en sous-bois. La marche sur des reliefs peut être comparée à celle des marins sur leurs bateaux, qui compensent constamment le mouvement de la mer. En descendant de montagne pour faire un ravitaillement, j'ai d'ailleurs souvent eu l'impression que mon équilibre était perturbé, et le sol plat me donnait l'impression de voler. En outre, en altitude, la raréfaction de l'oxygène demande une adaptation du corps, qui produit un taux de globules rouges d'autant plus élevé. Le temps d'adaptation nécessaire à l'altitude provoque toujours une fatigue lors des premiers jours en montagne. Ensuite, la garde exige une mobilité constante. La marche quotidienne, prolongée sur la journée et par toutes conditions météorologiques, est une forme d'entraînement qui confère l'endurance au berger et devient une hygiène nécessaire au corps. S'il devait être confiné et immobile, il serait en souffrance. On peut d'ailleurs se demander si la production d'endomorphines faisant suite à l'effort physique ne contribue pas au plaisir de la marche quotidienne éprouvé par certains bergers.

S'équiper sérieusement mais sobrement

De nombreuses situations font que le berger ne peut pas quitter le troupeau durant la journée, ce qui suppose de devoir rester dehors avec lui et ceci quoi qu'il arrive. Étant donné la durée quotidienne de la garde, toutes les activités «vitales» pour le berger doivent être réalisées dehors, même en cas de fortes intempéries. Supporter le froid, le soleil, le vent, la pluie, la neige, est ainsi un élément important du rapport du berger à son corps. Une erreur de prévision météorologique peut conduire le berger à devoir passer une journée entière sans être suffisamment protégé du froid ou de la pluie. J'ai ainsi souvent vu des bergers qui, trempés après un orage imprévu et n'ayant pas d'autres vêtements à disposition pour se changer, finissaient leur journée dans des vêtements mouillés. Il est aussi fréquemment nécessaire d'«*emporter la biasse*», c'est-à-dire le sac avec le repas de midi. Lorsqu'ils partent ainsi garder toute la journée, les bergers disent «*manger du sec*» pour qualifier les aliments qui se conservent et qui se transportent aisément : pain, fromage et charcuterie, qui constituent les éléments de base du repas du berger et qui ne varient guère. Enfin, garder, c'est aussi avoir à dormir dehors, pendant les transhumances pédestres, ou plus souvent en été pendant la sieste, de manière à adopter le rythme des brebis, et se lever assez tôt pour «*être aux brebis*» dès le petit matin, voire avant l'aube.

Le corps doit donc être protégé au mieux. Ne pas se couvrir suffisamment, être trempé de la tête aux pieds, c'est risquer de tomber malade et donc ne pas pouvoir garder, ou plus sûrement, devoir garder avec 40 °C de fièvre. L'attention que les bergers portent au choix de leurs chaussures de marche est à ce titre significative. En théorie, il ne faut pas qu'elles soient trop lourdes, ni trop fragiles, il faut qu'elles soient étanches et confortables. Mais le fait que les bergers préfèrent souvent les chaussures de montagne en gros cuir, très pesantes, montre que c'est le critère de solidité qui l'emporte, de manière à résister à une utilisation intensive, sur des sols pierreux, escarpés, qui exigent de bien protéger les pieds. Mettre les chaussures de marche et les enlever est une action chargée de sens : c'est le début et la fin du travail. Rares sont les bergers que j'ai rencontrés qui ne mettaient pas de pantoufles le soir, une fois leur journée terminée. Et comme pour les chaussures, les bergers accordent une importance particulière au choix de leurs vêtements, choix guidé avant tout par des critères pratiques. En montagne, les vêtements permettent d'ailleurs de distinguer aisément les bergers des randonneurs. Par exemple, un berger m'a signalé, en voyant arriver des personnes au loin : «*Tiens, il y a des touristes*». Quand je lui ai demandé comment il s'en était aperçu, il m'a répondu qu'il ne connaissait pas de berger qui porte des vêtements blancs. La raison principale en est la nature salissante du travail du berger, mais également le mode de vie rustique dans des cabanes mal isolées, alimentées par une petite batterie à l'électricité solaire, sans eau à l'intérieur, qui conduit à des normes d'hygiène sensiblement différentes de celles du monde urbain. Plus généralement, ce sont toutes les normes de confort qui diffèrent. La mobilité professionnelle des bergers leur demande de réduire au minimum la quantité d'objets du quotidien : la cabane est le plus souvent déjà équipée en vaisselle et, quand ce n'est pas le cas, le minimum suffit. Quelques livres, quelques disques et un petit poste de radio, un sac de couchage, un téléphone mobile…, forment l'essentiel du confort matériel de la plupart des bergers. Notons qu'une des différences fondamentales entre les bergers et les éleveurs réside dans le rapport au mode d'habiter et aux objets. Ce niveau de confort, dont la sobriété est en décalage au regard des normes plus courantes de notre époque, incite les bergers à nettement privilégier leur rapport à l'environnement extérieur.

La dimension humaine des grands espaces pastoraux

L'activité de garde du troupeau induit chez le berger une appréhension spécifique de l'environnement qui n'est pas la même que celle qu'en aurait un individu dans le même milieu mais exerçant une activité différente. L'appréciation d'un lieu par un berger est toujours et avant tout évaluée par l'utilisation qu'en fait, ou qu'en ferait probablement, un troupeau de brebis, notamment pour la qualité et la quantité de ses ressources pastorales. J'ai souvent entendu des bergers parlant de lieux pourtant renommés pour leurs paysages grandioses comme étant «*de mauvais quartiers*», parce qu'ils présentaient selon eux une qualité de pâturage médiocre.

La perception de l'espace d'une estive par le berger est structurée par les déplacements du troupeau au pâturage. En effet, sur un espace donné, le troupeau se déplacera toujours un peu de la même manière. C'est ce que les bergers appellent «*le biais*» (voir chapitre 4), et ils perçoivent ainsi l'espace en fonction des différents biais qui structurent la montagne. Cette structure est inscrite au sol : une multitude de petits sentiers naturels, les «*drailles*», tracés par les brebis à force de passages répétés. Les vastes pelouses de montagne ou les étendues boisées, considérées par le néophyte comme homogènes, sont donc perçues par le berger comme des espaces différenciés selon l'usage qu'en font les brebis : ici est une zone de passage préférentielle, ici un lieu de repos de nuit, ou de jour, ici un pâturage confortable pour les jours de pluie. Les brebis sont même à l'origine de la connaissance très approfondie que le berger a de son pâturage :

Alice : «*Combien de fois je me dis que je ne serais jamais passée à cet endroit si je n'avais pas des brebis à aller chercher*».

Le fait que les estives soient souvent perçues comme de grands espaces n'empêche pas le berger de développer un sentiment d'intimité avec son territoire. Ceci notamment du fait qu'il l'appréhende à pied et au rythme du troupeau. L'espace du berger est en quatre dimensions : les trois dimensions d'un espace en relief, plus la dimension temporelle des déplacements. La fréquentation régulière des lieux, les passages réitérés aux mêmes endroits, construisent peu à peu une connaissance du moindre recoin. Ainsi, distances et difficultés s'amenuisent. L'espace pastoral prend alors une dimension humaine, mesurée à l'aune des capacités physiques du berger qui se l'est approprié. Cette connaissance et cette «signification affective» des lieux, selon l'expression de Noschis (1984), développent un sentiment d'intimité qui fait que le berger se sent sur une montagne «comme chez lui». Ce sentiment est d'autant plus fort qu'il est généralement le seul à connaître et utiliser l'espace selon ce mode d'appropriation particulier.

Le bien-être d'un « chez soi »

Le dénuement et la sobriété de l'environnement pastoral, dans ce qui peut apparaître comme un paradoxe, sont à l'origine du bien-être des bergers. Les grands espaces, qui s'apparentent à des déserts dont l'ampleur est souvent oppressante pour ceux qui n'y sont pas habitués, sont la condition de ce bien-être. Un berger âgé d'une soixantaine d'années évoque ainsi ses années passées en Basse-Provence à garder dans la plaine de la Crau (voir chapitre 6), avant que cet espace ne soit accaparé par des activités d'origines agricole, industrielle et urbaine :

Louis : «*La Crau, ça me plaît. C'est génial, tu es seul, tranquille. Dans la Crau, on décompresse, il n'y a que le large devant nous. […] J'avais acheté un appartement à Salon* [petite ville située en bord de Crau]*, mais je l'ai vendu. À Salon, je suis resté 14 jours, et j'ai pété les plombs, je ne sais pas pourquoi… Je ne me sentais pas bien, je ne sais pas l'expliquer… Je me sentais isolé de tout.* »

L'intensité quantitative des objets et des individus qui occupent l'espace urbain donne lieu à une forme de malaise chez les bergers. Je pense que l'expression de Louis «*je me sentais isolé*» signifie qu'il n'était pas intégré au monde urbain, parce que son corps n'était plus adapté aux objets, aux rythmes et aux valeurs de ce monde. Chez les bergers salariés, ce sentiment d'exclusion est d'autant plus fort car, étant pour la plupart très mobiles en cours d'année, les lieux où ils gardent sont les seuls où ils ont le sentiment d'être véritablement «chez eux». Tout au long de l'entretien réalisé juste après sa descente d'estive, Céline dit que «[sa] *vraie maison est dehors*», ce qui s'explique par la manière dont son corps s'est adapté à la vie pastorale. Elle souligne la spécificité de cet environnement par l'expression «*monde des bergers*». Cette expression me paraît être révélatrice de la différence ressentie entre les deux mondes, qui imposent chacun des logiques comportementales à ce point opposées que la logique du monde urbain apparaît souvent incompréhensible au berger, une fois sa saison d'estive terminée :

Céline : «*Moi, l'effet que ça m'a fait en descendant de montagne, c'est que j'ai l'impression que le monde est complètement taré. Je trouve que les gens se tournent vers des futilités, que tout le monde est pressé, que personne n'a le temps de rien, et que le fric est… que le fric mène tout le monde par le bout du nez!*»

En montagne, la connaissance et l'appropriation intime de l'estive par le berger sont approfondies chaque jour, chaque mois, parfois chaque année. Ce pré, cette combe, ce torrent, cette crête…, deviennent aussi connus, aussi appréciés, aussi chargés affectivement qu'un «chez soi». La cabane, la montagne, les lieux où l'on a passé quatre mois, six mois, deviennent des lieux d'ancrage, géographiques et sentimentaux, pour le berger salarié qui n'en a généralement pas d'autres. Ainsi, savoir qu'on ne reviendra plus sur «une place» d'estive est souvent douloureux, car ce lieu est toujours constitutif d'une identité. Un berger sans troupeau ni pâturage, qui est-il?

1.2 Le corps durant l'activité de garde

Schématiquement, on peut considérer la garde comme une interaction permanente entre le berger et les brebis. Le troupeau est constamment en mouvement puisque pour manger les brebis doivent avancer. Par exemple, un mouvement soudain de plusieurs brebis dans une direction peut être interprété par le berger comme leur volonté d'aller à tel endroit. Faire un pas vers ces brebis signifie que le berger veut les empêcher d'y aller, même si, en réalité, il souhaite surtout éviter le risque qu'elles entraînent tout le troupeau à leur suite. Le travail du berger est donc la gestion de ce mouvement par le sien propre, avec l'aide du chien[1].

Le corps du berger est le principal moyen d'interagir avec le troupeau, car sa seule présence, immobile ou en mouvement, est signifiante pour les brebis. Il peut être protecteur ou effrayant, être un guide ou marquer une limite. Par exemple, un berger qui mène son troupeau à pâturer dans un pré se place devant pour guider, et ensuite quand il s'arrête puis se retourne face au troupeau au bord de ce pré, il marque une limite. Cette polysémie de la signification du corps du berger est parfois mal comprise par les brebis. Dans notre exemple, elles peuvent continuer à le suivre jusqu'au bord du pré, car elles n'ont pas compris le sens de son changement de posture. Le corps est un outil d'intervention à distance très précis, puisqu'il suffit parfois d'un geste ou d'un seul pas en avant pour interrompre l'avancée du troupeau. Il suffit aussi parfois d'un cri du berger, déjà connu des brebis comme étant celui du désaccord, pour faire opérer un demi-tour complet au troupeau (voir chapitre 8). Le corps est aussi un outil complexe, qui demande

---

1. Le rôle du chien et sa relation avec le berger mériteraient de longs et riches développements, à savoir un chapitre entier. Qu'il soit juste précisé ici que le travail du berger est impossible sans le concours d'un ou de plusieurs chiens.

une grande maîtrise, notamment lorsqu'il s'agit de prodiguer des soins à une brebis, au milieu de plusieurs centaines de ses congénères. Pour attraper cette brebis, il faut réussir à s'en approcher avec discrétion, sans provoquer de mouvement collectif de panique, la suivre avec souplesse, la saisir avec agilité, puis la tenir avec force.

L'interaction entre le berger et les brebis peut être considérée comme une forme de communication gestuelle. Même si le terme de « communication » concernant des brebis peut paraître inapproprié, il est intéressant parce qu'il fait intervenir les deux parties : le troupeau et le berger. Le corps de ce dernier n'est pas seulement un moyen d'action, mais aussi un outil qui permet d'obtenir des informations concernant le troupeau, sans lesquelles l'anticipation de la conduite à tenir est impossible. Cette communication se fait à distance, c'est-à-dire qu'en règle générale le berger ne touche pas le troupeau. Comment d'ailleurs le toucher physiquement, puisqu'il est composé de plusieurs centaines d'individus ? Pour ce faire, le berger supplée son corps par trois attributs, de manière à étendre l'ampleur de ses champs d'observation et d'action :
– le bâton est le premier objet qui complète le corps du berger. Véritable troisième jambe, il soutient la marche autant que la position immobile et, dans les pentes trop raides, il permet un équilibre plus assuré. Il permet aussi, en prolongeant le bras lorsque le berger se place en tête du troupeau, d'orienter ou de freiner la progression ;
– les jumelles sont une extension de la vue. Elles permettent de surveiller un espace immense, sur lequel le berger doit potentiellement intervenir sans toujours avoir à se déplacer. Un vieux berger me disait : *« il vaut mieux manquer de pain que de jumelles ! »* ;
– le chien est le meilleur suppléant du corps du berger. Il permet au berger de déployer son champ d'action sur l'espace du pâturage dans toute son ampleur, donnant un fort sentiment de puissance. De plus, il confère une forme d'ubiquité au berger, qui peut alors agir sous deux visages : celui qui guide et celui qui effraye.

Le milieu pastoral et l'interaction avec des animaux vivants et nombreux se caractérisent par l'existence d'imprévus et de situations de risque pour le berger. Dans ce milieu, et pour cette activité, les capacités d'observation sont capitales pour décider des actions à mener. La recherche des informations de toute nature fait ainsi intervenir plusieurs sens : la vue, l'ouïe, l'odorat et le toucher. Ce sont là des outils essentiels du travail avec les brebis, et tous interviennent au cours de la garde :
– la vue d'abord, qui permet d'observer très fréquemment afin d'ajuster la conduite et aussi de repérer un éventuel dysfonctionnement. C'est *« l'œil du berger »*, dont il est question dans tous les discours. Il désigne la capacité de remarquer tous les indices qui favorisent une gestion efficace du troupeau. Repérer les brebis boiteuses ou malades, celles qui sont sur le point de mettre bas, quelques brebis à l'écart qui se confondent avec les pierres, tout ceci demande *« d'avoir l'œil »* ;
– l'ouïe est aussi utile à la conduite d'un troupeau. Une technique pastorale consiste en effet à faire porter à plusieurs brebis des *« sonnailles »* (cloches) qui renseignent sur le comportement d'ensemble du troupeau. Les sonnailles deviennent un signe auditif qui peut se substituer à la vue, ou la compléter. Elles forment un orchestre, dont l'intégrité indique celle du troupeau. S'il manque un instrument, c'est qu'il manque une partie du troupeau. Elles indiquent aussi un rythme. Sans apercevoir le troupeau, le son des sonnailles suffit au berger pour savoir ce que font les brebis : si elles mangent paisiblement, si elles se déplacent à un rythme plus ou moins soutenu, si elles ruminent ou si elles dorment. Enfin, lorsque la garde s'effectue sur un lieu sans visibilité, dans le brouillard ou dans un épais sous-bois, elles indiquent où est le troupeau. Elles permettent ainsi, soit

de retrouver le troupeau, soit de s'informer dans quelle direction et à quelle allure il se déplace. En outre, il est important de percevoir les sons émis par les brebis elles-mêmes, dont certains bêlements typiques peuvent être le signe d'un problème qui demande l'intervention du berger ;

– l'odorat permet de déceler un endroit qui a été récemment fréquenté par les brebis. Certains bergers disent que chaque troupeau a une odeur particulière. Également, certaines plaies courantes se distinguent mal, selon l'endroit où elles sont placées, et le berger peut alors les repérer à l'odeur. L'odeur des excréments peut aussi indiquer certaines maladies. C'est aussi souvent l'odeur qui permet de retrouver des cadavres de brebis ;

– le toucher ne concerne bien entendu pas tout le troupeau, mais il est utile au berger pour se renseigner au sujet d'une brebis. Il permet de juger de son état corporel, ce que cache souvent la toison notamment lorsque la laine a bien repoussé en fin de saison : état d'engraissement, état de la mamelle…

La garde du troupeau suppose donc une forme de communication entre l'homme et l'animal qui, en mobilisant le corps et les sens, implique la subjectivité. Tous les bergers parlent de leur relation avec les brebis sur une tonalité affective. En cela, la pratique du métier engage à un investissement personnel important envers le troupeau, d'autant plus que le métier est «prenant», au sens où l'incertitude liée au travail avec du vivant sollicite constamment les sens et l'esprit.

2. La dimension affective de la pratique du métier

2.1 De l'interconnaissance à la communication avec les brebis

Si nous avons parlé de communication entre le berger et les brebis, c'est que leur interaction ressemble à une forme de compréhension réciproque. C'est le fruit d'un travail de domestication qui permet d'instaurer une interconnaissance entre le berger et les brebis. Petit à petit, tel mouvement du berger, signifiant un encouragement à avancer, ou au contraire un désaccord, va être compris de plus en plus vite. Lorsque le troupeau connaît son berger, un pas, un cri ou un sifflement spécifique, sont des signes auxquels les brebis répondent et qui suffisent au berger pour imprimer au troupeau le mouvement désiré (Salmona, 1994). Il en est d'ailleurs de même de la communication entre le chien et le berger : un certain signe de la main, ou un type de sifflement, suffit à donner au chien un ordre souvent très précis. Réciproquement, le berger apprend peu à peu à reconnaître que tel mouvement de telle brebis qui se tient toujours devant, ou que tel comportement d'ensemble du troupeau, a une certaine signification (voir chapitre 5). On ne peut donc pas à proprement parler de «code de communication» qui reposerait sur des gestes institués, volontaires, conscients. Par contre, il s'agit de gestes réalisés dans un but précis, et qui prennent finalement pour l'autre le sens de la réalisation de ce but.

Même lorsque la garde paraît être une pratique assez passive aux yeux d'un observateur non encore avisé, il n'en est rien en réalité. Car le berger est constamment en éveil à tout ce qui peut attirer son attention, à l'imprévu. Il garde, et ce verbe même indique l'état de vigilance. En effet, dans le travail avec du vivant, l'imprévu est prévisible :

Céline : «*En restant tout le temps… je ne sais pas comment dire… en restant en éveil, aux aguets, c'est comme ça que tu ne vas pas louper une brebis qui avait une mammite, ou* *que tu vas repérer qu'il manque un agneau, qui est resté là-bas... Je suis toujours épatée quand les éleveurs me racontent des histoires de vieux bergers qui savaient exactement que le soir il leur manquait une bête, ou qu'ils pensaient l'avoir perdue à tel endroit. Donc, à force d'observation, ils savent toujours où ils en sont. Mais oui, si je continue dans ce boulot, j'aimerais arriver à un niveau de vigilance comme celui-là. »*

Le savoir-faire du métier repose donc en grande partie sur l'observation, qui préside toujours à l'action. L'action fait toujours suite à une décision qui intervient après l'analyse de la situation ; et souvent l'action n'est finalement pas nécessaire. Encore faut-il que le berger sache la nature et la signification de ce qui doit être remarqué, et anticipe suffisamment le comportement du troupeau pour décider s'il doit agir ou non, et comment. La garde suppose donc une intime connaissance des brebis pour pouvoir s'adapter à des situations toujours différentes, connaissance qui s'acquiert à mesure des expériences antérieures. Aussi, pour les bergers, *« on apprend toujours dans le métier »*, c'est-à-dire qu'avec la pratique se réalise une progression du savoir-faire, qui tient à cette connaissance jamais achevée du comportement du troupeau.

Pourtant, c'est la capacité du berger à déchiffrer le sens des actions du troupeau qui lui permet de garder les brebis de manière optimale, puisque c'est de cette manière qu'il pourra anticiper à la fois le comportement du troupeau et le sien. S'il anticipe bien, le berger se rendra maître du parcours du troupeau ; mais dans le cas inverse, il s'adaptera à *« la volonté du troupeau »*. En effet, seule une anticipation suffisamment précoce permet au berger de guider le troupeau en se plaçant à l'endroit approprié.

La garde est donc un perpétuel ajustement entre le troupeau et le berger. Un berger qui *« m'expliquait sa montagne »*, à savoir me décrivait ses quartiers et ses secteurs de garde, me disait souvent : *« Là-bas, elles n'y vont pas ! »*. Malgré mon insistance, il ne m'a jamais précisé dans ses explications si les brebis n'y allaient pas parce que le troupeau n'y allait pas spontanément, ou si elles n'y allaient pas parce qu'il les empêchait d'y aller. Finalement, j'ai compris combien ma question manquait en réalité de pertinence : il n'y avait pas de réponse à donner, car ce troupeau et ce berger ajustaient l'un à l'autre leur comportement de manière très fine, ce qui est la meilleure manière de les faire pâturer. La difficulté, voire l'impossibilité, de déterminer une origine stricte à un comportement du troupeau, ici au fait qu'*elles n'y vont pas*, est révélatrice de l'assimilation du berger à son troupeau et, plus généralement, des situations où chacun des deux répond si finement à l'autre que l'on ne sait plus trop qui domine.

Un tel ajustement, résultat de l'interconnaissance entre le berger et le troupeau, passe par un long apprentissage réciproque. En témoigne l'effet des maladresses, voire des *« malentendus corporels »*, qui peuvent se produire entre le corps maladroit du berger encore débutant, le troupeau et le chien. Céline m'a fait une description de sa première garde, réalisée après avoir passé quelques jours en montagne auprès d'un berger nommé Jean-Claude. La précision de son récit tient au fait que j'ai pu mener cet entretien juste après sa descente d'estive. Bien que cette description soit longue, elle me paraît être très illustrative des difficultés que peut éprouver un débutant, et c'est pourquoi je la restitue ici intégralement :

Céline : *« Pendant une semaine, j'ai accompagné [Jean-Claude] tous les jours avec le troupeau, en ne voulant pas le déranger, en étant toujours derrière lui, à observer comment il faisait. Et puis, au bout de la semaine, il m'a dit : « Bon, tu te sens de passer une demi-journée toute seule à garder les brebis ? ». J'étais morte de trouille, mais je lui ai dit oui. En plus c'était facile, parce que c'était une espèce de grande cuvette, où les brebis mangeaient le* *matin. Il fallait laisser s'étaler le troupeau, et puis faire attention à ce qu'elles ne sortent pas de cette cuvette, ce n'était pas compliqué. Il m'a confié son chien qui obéit à n'importe qui, et il m'a laissée là. De toute façon, il n'était pas loin, à la cabane. Mais j'étais morte de trouille… d'avoir un troupeau, il y avait 900 bêtes. Et je me disais : mais ce n'est pas possible, s'il y en a une qui s'en va par là-bas, je ne vais jamais pouvoir gérer. Je n'avais vraiment aucun sens de rien. Et en fait, ça s'est bien passé, jusqu'au moment où il y a eu trois malheureuses brebis qui sont parties un peu sur le côté. Moi j'ai paniqué, je me suis dit que si elles partent par là, tout le troupeau va y aller. Du coup, j'ai envoyé le chien, alors que j'aurais dû plutôt y aller à pied, les retourner tranquillement. Le chien a retourné les brebis, ça a fait un mouvement de panique, elles se sont toutes regroupées, elles ont commencé à chômer et, du coup, j'ai perdu une heure ou deux de pâturage. Une autre fois, [Jean-Claude] m'a fait réessayer. Mais cette fois, il m'avait donné un truc bien précis à faire. Il fallait que je rassemble le troupeau, et que je le fasse arriver à un endroit en passant par un autre endroit bien précis. Et la première chose qui se passe, j'envoie le chien…, mais il part à l'inverse de ce que je lui avais dit, et, du coup, le troupeau est parti complètement à l'opposé de ce que je voulais. C'était la panique totale, je ne savais plus quoi faire. J'ai appelé Jean-Claude au secours, et il est venu me filer un coup de main. […] Et après, j'avais l'impression qu'un troupeau, c'était intenable, incontrôlable. »*

Aussi, on peut dire que plus sera intime la connaissance d'une estive, d'un troupeau et de son comportement, plus le berger sera en mesure d'anticiper, ce qui lui rendra le travail plus aisé et minimisera sa fatigue. Beaucoup de bergers disent d'ailleurs : «*On ne fait bien une montagne que la troisième année*». Et lorsque des bergers déjà très expérimentés, tel Louis qui a presque cinquante ans de métier, se retrouvent à garder sur une nouvelle estive, ils ont encore à faire face à des imprévus, car ils «*ne connaissent pas*» :

Louis : «*Quand tu ne connais pas, tu sais, c'est dur, une montagne. J'étais resté une journée entière à chercher les brebis. J'étais passé à côté et je ne les avais pas vues.* »

Les compétences du berger sont donc de l'ordre d'une connaissance empirique du comportement des brebis dans leur environnement. Mais cette connaissance n'est pas totalement transmissible, ni de manière discursive, ni même par mimétisme. Elle n'est donc pas toujours perceptible par un berger novice. Comme le dit Alice à propos de ses débuts dans le métier : «*Ça paraît tellement simple quand tu regardes un autre qui sait faire…* ».

La connaissance réciproque entre le berger et les brebis construit une forme de reconnaissance de l'un pour l'autre. Cette intime familiarité entre l'homme et les brebis est inscrite dans les discours des bergers, où ce qu'ont enduré les brebis et le berger, leurs déplacements et leurs rythmes, est assimilé. Finalement, à écouter les bergers, on se demande s'ils ne font pas partie de leurs troupeaux, tant ils s'y identifient.

2.2 L'identification du berger au troupeau

L'identification du berger au troupeau est liée d'abord à la nécessité de «*rester aux bêtes*» puisque, le plus souvent, le travail de garde suppose une présence continue durant la journée auprès du troupeau. Les conditions vécues par le troupeau et le berger sont donc très similaires : pluie, chaleur, froid, mais aussi et surtout les rythmes d'activités qui varient selon les saisons. Citons par exemple quelques faits qui, dans la pratique, font que le bien-être des brebis est associé à celui du berger :
– les brebis pâturent aux heures où la température de l'air est la plus confortable ;

– en cas de forte pluie durant la journée, elles se réfugient pour pâturer sur les zones les plus abritées et caillouteuses, ce qui leur permet d'éviter la boue ;
– à la suite de plusieurs jours de pluie, elles apprécient de rester quelques heures à se réchauffer au soleil ;
– lorsque la nuit a été froide, elles s'interrompent le matin pour se réchauffer face aux premiers rayons du soleil ;
– elles n'apprécient pas d'avancer avec un vif soleil dans les yeux ;
– en été, elles dorment deux fois par jour : la nuit et au cours d'une longue sieste.

L'intimité du berger avec son troupeau est aussi olfactive. L'odeur d'un troupeau est une odeur forte, qui imprègne les vêtements et le corps du berger. Les bergers disent souvent qu'ils aiment cette odeur, parce qu'«*elle fait partie du métier*».

L'identification du berger et des brebis se manifeste aussi dans le langage, où l'analogie des qualificatifs relatifs au comportement du berger ou à celui de ses brebis est récurrente. En règle générale, le berger doit avoir toutes les qualités qui confèrent au troupeau le meilleur comportement possible, pour que celui-ci «*fasse bien*». À ce titre, l'ambivalence des significations du mot «biais» est révélatrice : les bergers disent «*il a du biais*», autant d'un troupeau qui se mène facilement parce qu'il sait où il doit ou ne doit pas aller, que d'un berger qui sait y faire. Le travail en interaction permanente conduit d'ailleurs à ce qu'un troupeau acquière peu à peu les habitudes que le berger lui donne, qu'il en adopte même, dit-on, «le tempérament». Par exemple, un éleveur me disait à propos de sa bergère : «*Elle est calme cette fille, et moi je n'ai jamais vu un troupeau aussi calme*». À l'inverse, Alice m'a expliqué à propos d'une éleveuse pour qui elle avait travaillé durant l'estive :

Alice : «*C'est une femme qui est trop stressée ! Et* [depuis que je lui ai redescendu le troupeau] *je n'ai jamais vu un changement de comportement d'animaux à ce point-là. Elle a stressé son troupeau, rien que par son stress à elle.* »

Chez les bergers, la proximité homme-animal s'exprime souvent aussi par des métaphores qui prêtent aux brebis une morphologie humaine. Un berger qui retrouve une brebis morte dira par exemple : «*Je la vois, les jambes en l'air.* » On entend aussi : «*Je suis resté tout le jour derrière leurs culs.* » L'humanisation des brebis est spécifiquement féminine, car «*elles*» est le pronom que les bergers, mais aussi les bergères, utilisent couramment à leur sujet. Cela provient d'abord du fait que la langue française ne dispose pas de neutre. Mais ceci résulte aussi du fait que, dans ce cas, l'usage du mode féminin ne se limite pas à un genre. En effet, les brebis ne sont pas uniquement des femelles, elles s'apparentent à des femmes. Elles sont donc couramment désignées par des expressions affectueuses, telles que «*les filles*», «*les copines*», ou dans un autre registre par les injures spécifiquement adressées aux femmes... Ceci contribue à créer des relations particulières, personnalisées, où la relation entre le berger et le troupeau prend la forme d'un véritable échange interpersonnel :

Camille (bergère) : «*Mais c'est vrai que je trouve que... je ne sais pas si tu as eu cette sensation mais, des fois, on a l'impression que les brebis nous parlent, dans la façon dont elles te regardent, la façon dont... je ne sais pas... *».

Aussi, même lorsqu'ils sont salariés pour une saison seulement, la plupart des bergers développent le sentiment que le troupeau leur appartient :

Patrick : «*[...] Tu fais comme un marin-pêcheur, c'est ton bateau..., c'est ton troupeau, même si ce n'est pas le tien... ce n'est pas ta propriété, mais tu vas te l'approprier, inconsciemment. La bête qui boite, c'est toi, quoi... et puis, tu as envie que ce soit le plus joli troupeau !*».

Ce sentiment d'appropriation domine d'ailleurs ouvertement le rapport de propriété, car on entend souvent les bergers désigner un troupeau, non par le nom du propriétaire, mais par celui du berger qui en a la charge à ce moment-là : *«C'est le troupeau de Fred!»*. Par conséquent, il leur est parfois moralement pénible de devoir restituer le troupeau aux éleveurs lorsque le contrat se termine en fin de saison. Par exemple, le jour de la redescente du troupeau dans la vallée et une fois la dernière brebis montée dans le camion, un berger me disait : *«Voilà, c'est fini...»*. Le ton de gorge nouée, ainsi que le long silence qui a suivi, dissimulaient mal sa confusion : fierté du travail bien fait, des brebis en bonne santé et prêtes à faire l'agneau, mais aussi vif sentiment d'abandon et de vide.

2.3 Responsabilité et investissement

La relation affective qui lie le berger au troupeau aide à comprendre son investissement dans le travail. *«Être berger, c'est avoir la responsabilité de son troupeau, c'est s'en occuper de A à Z»*, m'a dit un berger. Descendre en fin d'estive un beau troupeau, c'est-à-dire bien engraissé, avoir *«le compte»*, c'est-à-dire aucune bête manquante, font la fierté du berger et la preuve de ses compétences professionnelles. Celle-ci ne peut résulter que d'un état de vigilance constante – de stress, pourrait-on dire – pour assumer au mieux la garde et les soins du troupeau. Outre la vigilance quasi permanente, la plupart des choix dans la façon de mener et de soigner relèvent d'une prise de risque consciente, dans ce qui ressemble à une improvisation : mais avec le vivant, l'imprévu est toujours sûr.

L'appréciation d'une situation délicate, et de la façon de la gérer, est améliorée bien plus par la pratique et l'expérience personnelle que par les conseils donnés par d'autres bergers. Par exemple, il ne suffit pas de conseiller à un berger novice : *«Quand il pleut, donne du large!»*, pour qu'il comprenne vraiment ce que signifie «donner du large», et aussi comment en donner plus ou moins pertinemment selon les lieux de la montagne et selon les habitudes du troupeau. C'est pourquoi, au début de l'exercice du métier, les conséquences des actions sont toujours évaluées au pire, et l'investissement du berger auprès du troupeau est d'autant plus fort :

Gabriel : *«Moi, la première année, j'étais toujours au cul des brebis... je ne les lâchais jamais. Quand il pleuvait, je restais quand même avec elles, parce que j'avais peur qu'elles s'en aillent, qu'elles couchent l'herbe... Claude* [le berger voisin]*, me disait "laisse-les, laisse-les... ne t'inquiète pas!". Mais moi, j'étais toujours derrière elles. »*

Avec l'expérience, le berger devient moins anxieux, car il évalue mieux les risques. Il sait mieux interpréter le comportement du troupeau et il comprend que tel ou tel comportement ne porte pas trop à conséquences. Aussi, il acquiert de la confiance et réduit peu à peu au minimum ses interventions :

Alice : *«Plus tu avances dans le métier, plus tu laisses souvent faire* [le troupeau]. *Peut-être parce que tu as plus confiance en toi..., je ne sais pas ce qui se passe. »*

Mais réduire la fréquence ou l'ampleur de ses interventions ne signifie pas pour autant la réduction de son travail d'anticipation et de vigilance car, même après de longues années d'expérience, tout événement peut encore advenir de manière imprévisible. Ces imprévus peuvent être interprétés par le berger, de manière fondée ou non, comme la conséquence d'une incompétence ou une faute professionnelle, ce qui génère chez lui un sentiment de culpabilité dans le cas où advient un événement malheureux au troupeau. Perdre des brebis, ne pas repérer une brebis malade, qu'une partie de son troupeau endommage des cultures ou se mélange avec le troupeau du voisin parce que celui-ci s'est divisé en deux groupes sans que le berger s'en aperçoive, tout ceci peut advenir parce que *«le berger ne garde pas»*, c'est-à-dire qu'il n'a pas eu le niveau de vigilance et d'anticipation nécessaire. Un mauvais état sanitaire de troupeau, tel que le berger n'arrive plus à y remédier, peut conduire ce dernier à démissionner, tant son investissement et son identification au troupeau engagent chez lui un fort sentiment de culpabilité.

3. La «passion» du berger

Le berger adapte donc son corps au troupeau de brebis et à l'environnement pastoral et, ce faisant, il s'investit affectivement dans son travail, ce qui est lourd de conséquences pour ce qui concerne la relation salariale. Les bergers qui prennent la responsabilité d'un troupeau ne leur appartenant pas se lient à ce troupeau, et se lient donc aussi à l'éleveur qui les embauche. Dans le groupe professionnel, la compétence la plus souvent citée du *«bon berger»* est *«sa passion»*. Je fais ici l'hypothèse que la passion désigne l'investissement total de l'individu dans son métier, selon la discipline que demandent la garde des brebis et les soins à leur prodiguer. Comme toute discipline, elle est à la fois physique et morale. Elle façonne le corps et l'esprit pour construire le système de représentations et de valeurs de l'individu. Appliquée à un métier, cette discipline revient à une norme professionnelle, que se doivent de respecter ceux qui le pratiquent :

Isabelle : «*C'est quoi la passion ?*»

Thomas : «*C'est quand tu te lèves et que tu ne penses qu'à ça, que tu te couches et que tu ne penses qu'à ça, et que dans la journée, tu ne penses qu'à ça..., que tu vas te promener, et que tu...* ».

La passion, qu'un éleveur m'a décrite comme un *«virus»*, désigne le fait que, dans la pratique, un berger se doit de rester auprès des brebis, chaque jour et tout au long du jour. Aussi, le terme de *«passion»*, dont l'étymologie latine signifie «souffrir», reflète bien l'ambivalence avec laquelle les bergers vivent leur métier.

3.1 La discipline pastorale

Certains bergers insistent sur le fait que la garde, et plus généralement le travail auprès des brebis, prend au cours d'une saison d'estive une importance de plus en plus grande pour eux. Tout se passe comme si la discipline imposée par les brebis se renforce d'elle-même parce qu'elle s'intériorise peu à peu :

Camille : «*Plus ça va, moins je lis, moins je m'active à autre chose, et plus je passe de temps à regarder mes brebis*».

Cette discipline se renforce d'elle-même du fait de plusieurs mécanismes internes. Tout d'abord, et comme déjà évoqué, c'est une activité qui exige une constante vigilance envers le capital vivant que représente le troupeau. Cette responsabilité est source d'anxiété :

Jean-Baptiste : «[...] *Et j'étais très anxieux, j'avais peur quelles partent, pendant le mois de juillet, quand il y avait la pleine lune, et des fois je n'arrivais même plus à dormir, je n'arrivais pas non plus à faire la sieste.* »

Aussi, le repos du berger exige sérénité, et que rien de préjudiciable n'advienne au troupeau. Or, il ne peut trouver cette sérénité qu'auprès du troupeau. Rester auprès des brebis devient donc la condition du bien-être du berger.

Isabelle : «*Et vous ne les quittez jamais ?*»

Louis : «*Non, je ne peux pas, sauf pendant l'agnelage, quand elles sont parquées. Mais sinon, je ne les quitte pas. Il n'y a que là que je suis bien !*»

Le corollaire en est une normalisation de l'activité de garde comme activité exclusive, puisqu'elle demande l'investissement total du berger. Lors de mes entretiens, j'ai d'ailleurs remarqué que lorsque les bergers évoquaient, à propos de leurs collègues, le fait de «*ne pas être aux brebis*», ceci était toujours lié au fait que ces autres bergers s'adonnaient à une activité généralement condamnée par les éleveurs : trop dormir par fainéantise, descendre fréquemment au village, boire ou courir les filles et, pour certains, lire, ce qui empêcherait d'accorder une attention suffisante aux brebis. La seule activité légitime reste donc celle de la garde.

Un signe fort de la discipline est le fait «*qu'il faut y aller*», comme disent les bergers, même lorsqu'ils tombent malades. Daniel, rappelé au téléphone le lendemain soir de l'entretien, était couché avec une gastro-entérite, mais il avait néanmoins gardé toute la journée et envisageait d'aller garder le lendemain. De même, Patrick, dont les vertèbres cervicales étaient bloquées, était allé garder, bien qu'étant officiellement en arrêt maladie.

Cette discipline n'est donc pas vécue de manière coercitive. Elle est d'autant mieux acceptée que les bergers présentent l'exercice du métier comme un choix personnel. À ce sujet, Bastien fait preuve d'une assez grande lucidité :

Bastien : «*Ça* [rester au troupeau]*, je pense que c'est une contrainte. Mais après, je n'y pense même pas, je le dis ici parce qu'on en parle... D'habitude, je suis avec mes brebis, point final. J'ai vraiment mis des œillères... je ne me pose pas de questions. C'est clair que depuis que je fais ce métier, je crois qu'il n'y a que maintenant que je me réveille le matin et que je suis content de me lever, pour aller voir mes bêtes. Alors que quand je travaillais en cuisine ou en pâtisserie, pour aller boulot, pff!... *»

De plus, les contraintes vécues ici sont présentées comme «naturelles». Elles n'apparaissent donc pas arbitraires, mais comme faisant partie d'un ordre immuable, dont participent le temps de la garde, les soins aux bêtes, et auquel le berger se soumet, notamment lorsqu'il a connu d'autres métiers en ville :

Alice : «*Justement, c'est ça qui est fort dans ce métier : il faut vivre le moment présent. Il n'y a pas de notion de temps ou d'heure... Il n'y a pas de contraintes. La seule contrainte, c'est de suivre le rythme de la nature, parce que ce sont les bêtes qui te le donnent. C'est le temps, le soleil, la pluie. Ce sont tes seules contraintes. Tu te fonds dans ton environnement, tu es dans la nature. Et c'est là que tu ressens des choses fortes, parce que tu essaies de t'adapter à ce qui t'entoure. Enfin, pour moi c'est ça.* »

Comparé à un travail salarié plus ordinaire, par exemple en usine, celui-ci est perçu comme laissant une grande liberté. Les bergers que j'ai enquêtés étaient en effet tous salariés, donc payés par des éleveurs pour réaliser le travail au mieux. Mais durant la saison d'estive notamment, le travail quotidien n'est pas directement dirigé par un patron, ce qui leur apparaît essentiel :

Louis : «*C'est une vie dure, mais on l'accepte parce qu'on n'a personne sur le dos. [...] Je ne me voyais pas aller à l'usine, regarder la montre. [...] Je voulais être libre !*»

Le berger ne travaille pas pour son patron, mais pour les brebis, desquelles il accepte la discipline comme constitutive de son être et de sa liberté. L'investissement personnel dans le métier est donc toujours total et le travail n'est plus seulement considéré comme l'une des composantes de la vie de l'individu. Être berger n'est plus un métier, c'est un « mode de vie ».

Lorsque la vie professionnelle devient équivalente à la vie personnelle, la première empiète totalement sur la seconde. Cet empiétement n'est pas mal vécu tant qu'il reste choisi. Néanmoins, en s'investissant de la sorte, le berger se coupe de toute autre activité et de toute sociabilité :

Patrick : «*C'est un métier qui est assez prenant, c'est un truc assez dévorant. [...] Tout ça, ça te bouffe et tu ne t'en rends même pas compte. [...] Tu te refermes sur toi et tu te fais un monde... on va dire parallèle... Et puis, le reste..., à partir du moment où tes brebis elles mangent, tu es bien, quoi. Et puis ta famille commence à se disloquer, tu le vis différemment, tu te sépares de plus en plus, et puis tu dis un jour : Merde, je suis tout seul !*»

3.2 Des grands espaces à l'enfermement

Tant que le berger considère qu'il trouve son bien-être en étant auprès des brebis, et qu'il donne à son existence le sens de la réalisation d'une «vocation», ou d'une «passion», pour ses brebis, la discipline et les contraintes sont acceptables et acceptées, consciemment ou non. Par contre, lorsque le berger ne peut plus donner un tel sens à son travail, il n'est plus en mesure d'exercer le métier :

Jean-Baptiste : «*En fait, ce que j'aime, c'est la liberté. Et je croyais que berger, c'était un métier qui me permettrait ça, mais c'est tout le contraire. C'est ça qui me freine, même si je me sens bien au milieu des brebis. Mais à un moment, je me suis rendu compte que ça me bouffait plus que ça ne m'apportait.*»

À mesure de sa pratique du métier, le berger se projette de moins en moins dans un autre avenir. Il n'envisage plus la possibilité d'exercer un autre métier, ni même celle de vivre dans un autre environnement. Cela est peut-être lié au fait que ce métier représente pour lui le meilleur métier qui soit, celui qui permet l'accomplissement personnel le plus abouti. Une autre explication serait peut-être aussi la manière dont ce métier façonne très particulièrement le corps, ce dont nous avons précédemment traité. Quoi qu'il en soit, ce métier prend la forme d'un enfermement qui marginalise l'individu. Aussi, si les bergers peuvent embrasser le métier pour ce qu'il représente, ils persévèrent souvent du fait des pratiques qu'il implique (Becker, 1963) :

Patrick : «*Je m'étais mis des chaînes, parce que je m'étais dit : "je ne sais faire que berger, j'ai toujours fait que berger." [...] C'est arrivé dans un tel cercle, que tu ne peux pas t'en sortir. [...] C'est déjà un peu marginal, comme métier... mais si tu arrives à te rabaisser par rapport à la vie qui t'entoure, et que tu perds totalement confiance dans tes moyens, tu as une certaine peur du... de l'extérieur. C'est sûr que sur ta montagne, tu as vite fait d'être le maître du monde. Il n'y a personne pour te dire : "Oh, faut redescendre !". Ça va là, il n'y a personne au-dessus de toi* [pour te commander]. *Mais en bas, il y a encore du monde, il y a des gens intéressants à rencontrer. C'est ça qui est insidieux, c'est que tu te fais gagner par cette habitude, qui va te scléroser un peu... Tu te fais un monde dans la lecture, et tu quittes un peu... j'ai quitté les réalités à un moment donné...*».

La marginalisation provient aussi du fait que la pratique de ce métier n'est en concordance, ni avec les lieux, ni avec les rythmes, de la plupart des autres : l'espace de travail est éloigné et souvent difficilement accessible ; les horaires de travail, surtout l'été, ne concordent pas avec les horaires plus conventionnels ; quant aux saisons, le berger est en pleine activité lorsque presque tout le monde est en vacances, notamment les enfants. Le réseau de sociabilité des bergers se restreint donc souvent au seul monde pastoral, à moins qu'ils n'exercent périodiquement un autre métier.

Gabriel : «*Moi, une année, j'ai pété les plombs. Je me suis dit : "C'est bon, quoi, qu'est-ce que tu fais, là ?". Tu sais, je ne parlais plus à personne… j'étais… enfin, j'étais hyperrenfermé. À force d'être toujours tout seul, de ne rien dire, d'être là…, et je me suis dit : "D'accord, tu gagnes des sous, mais tu en fais quoi ? Qu'est-ce que tu fais de ta vie ? Tu es huit mois au cul des moutons de Robert, et après ?…"* »

Autrement dit, la discipline du berger, à la fois contraignante, exclusive, et désocialisante, a un coût social extrêmement élevé. Deux exemples de ce coût me paraissent mériter d'être étudiés particulièrement : le célibat, qu'impose souvent le métier, et les moyens d'évasion plus ou moins destructeurs qui aident le berger à accepter les contraintes de sa discipline.

3.3 Le célibat

L'exercice du métier de berger s'avère souvent inconciliable avec une vie familiale. Nombreux sont donc ceux pour qui toute velléité de vie familiale a été empêchée ou vite brisée. L'investissement qu'exige ce métier, où l'on travaille sept jours sur sept et souvent toute la durée du jour, laisse peu de temps à une vie conjugale et familiale. Une alternative possible est que le ou la conjointe rejoigne le ou la bergère sur son lieu de travail. La conjointe de Gabriel évoque dans ces termes la période où celui-ci était berger :

Lucie : «*J'amenais les gamins à la plage le soir, on a fait des pique-niques quand il faisait jour tard, mais il ne pouvait jamais venir… Je le voyais seulement si j'allais garder les brebis avec lui. Et je le voyais tard le soir, quand il avait fini la journée, et qu'il allait encore donner un coup de main* [à un collègue]… *Tu ne partages rien… J'aurais vraiment aimé qu'on aille à la plage ensemble.* »

En outre, si la compagne désire habiter avec le berger, cela exige qu'elle supporte de vivre aussi dans son logement de travail. Or, l'été, le confort souvent minimal des cabanes pastorales n'est pas toujours compensé par la beauté du paysage, ni surtout idéale pour organiser une vie familiale, notamment avec un ou des jeunes enfants. Aux autres saisons, le logement du berger dispose rarement de plus de confort. Il est souvent situé aux abords des bergeries, ce qui est synonyme de mouches, de fumier, de bruit… Ceci peut incommoder le conjoint, qui parfois n'aime pas l'odeur du mouton, et qui surtout réalise assez vite que, tel une «seconde épouse», il ou elle doit accepter de partager le berger avec les brebis :

Patrick : «*Toi, tu es avec ton troupeau, et tu vis en fonction de ton troupeau, et tu ne vis plus en fonction de la personne avec qui tu es. Même si cette personne a connu le métier de berger.* »

Une solution parfois évoquée par les bergers salariés pour réussir à créer et maintenir une vie familiale consiste à accepter «*une place à l'année*», c'est-à-dire un emploi auprès d'un même éleveur et généralement durant plusieurs années consécutives. Mais en réalité, cette solution n'en est pas forcément une, car cela signifie souvent ne plus avoir de jours de congés dans l'année, ni surtout la possibilité de voyager, pour faire des rencontres, à plus d'une journée du lieu de l'élevage. Patrick, lorsqu'il est devenu père, recherchait un peu de stabilité :

Patrick : «*Quand tu travailles à l'année* [chez un éleveur]*, tu vas demander : "J'aimerais un jour de repos hebdomadaire, c'est la loi…". Et on va te répondre : "La porte est* *grande ouverte ! " Et si tu arrives, comme moi, à être tellement dans le système que tu ne sais même plus dire non à ce genre de chose, et puis "bon, on verra plus tard"…, au bout de quatorze ans, tu t'aperçois que tu as pris un mois pour toi, en comptant le mariage de ta sœur, la naissance de ta fille, la mort de ton grand-père, ça te laisse trois jours sur les trente que tu as pris, tellement tu es dans le machin… Ma belle-mère, pour reconsolider un peu notre couple, elle nous avait offert un voyage au Sénégal. C'était au mois de novembre, et comme Robert [l'éleveur], il n'avait personne [d'autre, comme berger], j'avais dit : "Ben non, je ne vais pas au Sénégal, je reste avec mes moutons". À faire l'idiot, à poser des filets là-haut dans la neige… ».*

Ceci explique que bien des bergers salariés demeurent assez longtemps célibataires. Lorsque le couple désire s'investir ensemble sur un troupeau, le plus souvent, l'un ou l'autre acquiert alors le statut d'éleveur.

3.4 Des moyens d'évasion...

Quoi que les bergers puissent dire de leur amour des brebis, du plaisir d'être auprès d'elles, la garde est une astreinte qui empêche tout divertissement. Faute de pouvoir quitter le pâturage physiquement, il existe d'autres moyens de le quitter spirituellement. Si tous les bergers n'y recourent pas forcément pendant le temps de garde, certains y recourent pendant les soirées solitaires.

La lecture est le premier de ces moyens. Bastien, qui ne lisait jamais avant d'être berger, et malgré le bien-être qu'il dit trouver auprès des brebis, s'est mis « *à dévorer les livres* ». La lecture est en effet le moyen le plus commode de se divertir : une bougie ou une lampe à pile ou à pétrole suffisent pour lire le soir si la cabane n'est pas électrifiée, un livre se transporte aisément et certains sont suffisamment épais pour occuper de longues heures. Les livres sont donc fréquemment sur la liste des affaires personnelles à emporter en montagne, ou des courses à faire en cours de saison. D'autres bergers sculptent le bois, et parfois la pierre. Une activité ancienne des bergers était de sculpter les « *clavettes* » pour les « sonnailles » des brebis. Les clavettes sont de petits morceaux de bois servant à faire tenir latéralement au collier de bois le morceau de cuir sur lequel pend la sonnaille, et qui doivent être ajustés. On trouve à présent des clavettes vendues sur les foires, mais elles étaient auparavant toutes fabriquées par les bergers. Des bergers poursuivent la tradition de la sculpture des clavettes. Ceux-ci sculptent aussi leur bâton, leur manche de couteau, ou toute autre pièce de bois pas directement utilitaire.

Le vin, ou encore le pastis, et pour certains le hachisch, peuvent être considérés aussi comme un autre moyen d'évasion, prégnant dans le milieu des bergers. Leur place au sein du métier est ambivalente. L'alcool est relativement admis dans le groupe professionnel, ceci historiquement. De nombreux récits oraux se recoupent en attestant qu'après-guerre, des bergers étaient maintenus dans la soumission par leur patron grâce à un litrage de vin hebdomadaire conséquent, distribué en guise de salaire. Aujourd'hui, sans qu'il soit conscient ou organisé par les éleveurs, ce mécanisme de soumission demeure auprès de certains bergers, pour qui l'évasion dans l'alcool répond à l'enfermement dans le métier. Mais l'alcool est aussi souvent une boisson festive, qui accompagne les repas entre voisins bergers, les retrouvailles prévues comme lors des foires, ou impromptues… Après parfois des jours sans parler, sauf au chien, retrouver ceux qui vivent la même expérience est toujours un fort moment d'émotion. Quelques bouteilles de vin sont alors de la fête, pour aider à l'évasion depuis la solitude et la compagnie des animaux vers le partage d'un moment entre bergers.

Conclusion

Les bergers salariés que j'ai pu enquêter ont souvent fait preuve d'une grande réflexivité au cours des entretiens. D'après moi, ceci est provoqué par le fait que, en Provence et dans les Alpes, ils ont été confrontés au cours de leur vie, et se confrontent encore pour la plupart, à des mondes sociaux qu'ils présentent comme opposés : le monde pastoral et le monde urbain. Par une réflexion comparative, ceci leur permet de mettre à jour certains mécanismes qui leur seraient restés invisibles autrement. Dans les propos recueillis, les deux mondes apparaissent indissociables. Et cela d'autant plus que l'environnement urbain, que certains bergers ont bien connu, a souvent fait l'objet d'un rejet ayant été en partie à l'origine de leur accès au métier. La part effective de ce rejet ne peut être distinguée ici de celle provoquée par l'incorporation du mode de vie pastoral. Il m'aurait fallu pour cela interroger des individus juste avant qu'ils deviennent bergers. Mais ce qui d'après moi est important à considérer, c'est que la pratique du métier n'amoindrit pas ce refus et probablement le renforce. Céline affirme que c'est la difficulté de supporter le monde urbain qui l'a incitée à exercer le métier. Mais on peut se demander si, dans cette affirmation, Céline n'inverse pas le rapport de causalité : c'est parce qu'elle exerce le métier de berger que le monde urbain lui est difficile à supporter, car la «discipline» qu'elle a incorporée par le travail avec les brebis est inadaptée au monde urbain actuel, au comportement qu'il demande et aux valeurs qui le régissent.

J'ai souvent entendu des bergers parler du métier comme d'un «*virus*», d'un milieu dans lequel «*on tombe*», et qu'on ne peut plus quitter. Un berger m'a dit, la première fois qu'il m'a vue, c'est-à-dire au matin du départ d'une transhumance à pied qui était ma toute première expérience en tant que bergère salariée : «*Ne fais pas ça, car tu vas le regretter!*». Je pense maintenant qu'il voulait parler de cette expérience incorporée qu'est l'exercice du métier, et qui est irrémédiable, au sens où elle marque durablement le corps et l'esprit, durement ou agréablement, mais intensément et, ce faisant, marque pour toujours celui qui a fait le berger.

Remerciements

Merci à Vinciane Despret pour sa lecture, son intérêt et ses conseils, à Marc Vincent pour avoir pointé les ambiguïtés et imprécisions du texte et à Michel Meuret pour sa contribution patiente et méticuleuse.
Merci surtout à tous les bergers qui m'ont accueillie et qui ont bien voulu se raconter.

Bibliographie

BECKER H.-S., 1963. *Outsiders*, éditions Métailié, Paris.

BOURDIEU P., 1980. *Le sens pratique*, Les éditions de minuit, Paris.

DUBAR C., 1991. *La socialisation. Construction des identités sociales et professionnelles*, éditions Armand Colin, Paris, 280 p.

Foucault M., 1975. *Surveiller et punir. Naissance de la prison*, éditions Gallimard, Paris.

Foucault M., 1976-1988. *Dits et Écrits*, Coll. Quarto, éditions Gallimard, Paris.

Julien M.-P. et Rosselin C., 2005. *La culture matérielle*, éditions La Découverte, Paris.

Mauss M., 1950. « Les techniques du corps », *Sociologie et anthropologie*, PUF, Paris.

Noschis K., 1984. *La signification affective du quartier*, éditions du Méridien, Paris.

Salmona M., 1994. *Les paysans français, le travail, les métiers, la transmission des savoirs*, L'Harmattan, Paris.

Schilder P., 1950. *L'image du corps.* Coll. Tel, éditions Gallimard, Paris (rééd. 1968).

Warnier J.-P., 1999. *Construire la culture matérielle. L'homme qui pensait avec ses doigts*, PUF, Paris.

Chapitre 15

Notre métier de berger en débat

Roger MINARD, Olivier BEL, Émilien BONNET, Jean-Do GUYONNEAU, Pascaline KROPP, Jean-Lou MEUROT et Hervé TRIPARD

Nous avons été invités chez Roger Minard au soir du 5 décembre 2007 pour débattre de notre métier, Michel Meuret désirant conclure cet ouvrage par un écrit issu du débat et à signer par nous. Nous avons choisi l'option du débat enregistré et retranscrit, car nous sommes plutôt de tradition orale. De plus, nous sommes trop occupés et géographiquement dispersés pour nous engager dans une rédaction collective. C'est d'ailleurs aussi la raison pour laquelle des collègues pyrénéens et corses n'ont pas pu s'associer, la route étant trop longue.

L'invitation comportait, outre une information sur l'esprit et le plan de l'ouvrage, des suggestions de thèmes à débattre. Comme au moment du débat, nous n'avions lu aucun des chapitres précédents de l'ouvrage, nos idées et arguments ne sont donc pas à considérer comme des réponses. Le débat s'est déroulé à une heure tardive, de 21 heures à 23 heures 30. En effet, une fois la garde et les soins au troupeau terminés, plusieurs d'entre nous avaient quelques heures de route à faire pour rejoindre la réunion. Nous n'avons donc pas pris le temps de traiter tous les thèmes suggérés, mais nous avons pris la liberté d'en traiter d'autres qui nous tenaient à cœur. Pour la plupart d'entre nous, ce débat fut l'occasion d'une première rencontre. Il a toutefois été très spontané.

La retranscription intégrale du débat a été réalisée à l'Inra et nous en avons ensuite tiré le texte qui suit. De façon plus condensée, et parfois plus explicite pour des lecteurs qui ne seraient pas du métier, il reprend nos idées essentielles.

Nos propos pourront apparaître bien sombres au lecteur, en donnant l'impression d'un métier qui, dans les Alpes et en Provence tout au moins, ne comporterait plus que des inconvénients. À l'évidence, ils contrastent avec l'image idyllique et folklorique du berger sur sa montagne, telle que privilégiée parfois dans d'autres ouvrages. Pourtant, nous ne sommes pas aigris. Nos âges et nos expériences sont divers (voir section suivante), et nous aimons tous profondément notre métier. Nous avons simplement tenu à dire ici les choses comme nous les vivons, comme un message d'alerte. Car pour toutes celles et ceux qui, dans le pays, apprécient non seulement de bons agneaux ou fromages, mais aussi des espaces naturels vivants, il devient urgent de s'enquérir de nos conditions de travail, même si le constat actuel est parfois rude à entendre.

1. Les participants

Roger – 53 ans. Originaire de Bretagne. Fils de paysans (cultures céréalières et élevage bovin lait). De 16 à 22 ans : aide familial. De 22 à 25 ans : activités professionnelles diverses, dont paysagiste. À 26 ans : formation en école de berger. Depuis et jusqu'à ce jour : berger salarié sur troupeaux de brebis allaitantes, dont 10 ans à l'année chez un éleveur transhumant de Crau (Bouches-du-Rhône). Depuis 1992 : berger saisonnier : Hautes-Alpes en été ; Alpes-de-Haute-Provence et Bouches-du-Rhône en hiver. Depuis 2004 : vice-président élu de l'Association des bergers et vachers des Hautes-Alpes.

Olivier – 48 ans. Originaire de la région parisienne. Formation agricole. Berger salarié durant une bonne vingtaine d'années, principalement en alpages et collines : Isère, Hautes-Alpes, Cévennes et Alpes-de-Haute-Provence. Également accompagnateur en montagne. Actuellement berger et éleveur dans les Hautes-Alpes, pratiquant la transhumance estivale et hivernale. Formateur à l'école de bergers du Merle pour la préparation des stagiaires à l'estive.

Émilien – 26 ans. Études techniques supérieures agricoles pour les productions végétales. En 2003 : formation de berger transhumant, suite à une attirance pour la montagne. Employé deux ans comme berger salarié. Depuis, berger-éleveur avec 350 brebis. Chaque été, berger d'un troupeau collectif en estive comprenant aussi ses brebis.

Jean-Do – 46 ans. Fils de militaire et de professeur de mathématiques. De 1980 à 2002 : berger salarié auprès d'éleveurs privés : Bouches-du-Rhône, Isère et Var. Recruté depuis par l'Institut national de la recherche agronomique comme berger du domaine expérimental du Merle (Bouches-du-Rhône). Participe aussi à l'encadrement des stagiaires en formation à l'école de berger.

Pascaline – 32 ans, mariée, deux enfants. Études universitaires, spécialité : management du sport. Puis, formation en aménagement de la montagne et diplôme d'accompagnatrice en montagne. Devient bergère salariée sur les conseils d'amis bergers et éleveurs. Depuis 2000 : bergère durant 5 mois d'estive chaque année. Travaille actuellement aussi chez un éleveur durant l'hiver. Projet de devenir éleveuse de brebis, tout en restant bergère.

Jean-Lou – 61 ans. Originaire de la région parisienne. Ouvrier agricole saisonnier, puis berger salarié durant une quinzaine d'années sur troupeaux de brebis laitières et brebis allaitantes (Aveyron et départements limitrophes). Puis, formation en lycée technique agricole. Depuis 1987 : installé en tant qu'éleveur de brebis laitières avec son épouse Danielle, fromagère, dans les Préalpes drômoises (Diois).

Hervé – 54 ans. Originaire de Paris. À la fin des années soixante, suite à une rupture avec son milieu social et scolaire, quelques expériences en communautés et stages pratiques chez des éleveurs bovins et ovins. À 18 ans, formation à l'école de berger de Rambouillet. Stage de tonte et deux saisons comme berger d'estive. À 20 ans, rencontre avec Longo Maï, «mouvement des coopératives autogérées», qui développe à cette époque l'élevage de moutons et la filière laine en Provence. Création et gestion à plusieurs bergers de troupeaux dans divers pays d'Europe et régions françaises, avec pratique des transhumances estivale et hivernale. Actuellement investi sur le troupeau Mérinos d'Arles de Longo Maï et ses transhumances, la sélection lainière, la tonte et la transformation de la laine à la filature de Chantemerle (Hautes-Alpes).

2. Le débat

2.1 Méconnaissance et maladresse de la part des touristes en montagne

Jean-Do : *Les touristes nous voient en montagne par beau temps et ils se disent : «Ah ben, il est peinard là-haut!». Mais quand il pleut, qu'il y a du brouillard ou qu'il neige, ils ne sont plus là, ou ils ne nous voient pas. Donc, quand tu es sur la route avec le troupeau par mauvais temps, ils vont dire : «Pauvres brebis!» et pas «Pauvre berger!». La réalité du métier, il n'y a pas beaucoup de monde qui en voit les inconvénients.*

Pascaline : *J'ai des copines qui habitent comme moi à Briançon* [petite ville des Hautes-Alpes]. *Ce sont des montagnardes qui, au bout de deux ou trois ans, m'ont demandé : «Au fait, tu fais quoi exactement ?». Elles ont toujours vécu là, elles ne viennent pas juste en vacances. Et pourtant, elles ne comprenaient pas quand je leur disais que c'était dur et pourquoi c'était dur : «Mais qu'est-ce que tu fais, tu marches ?».*

Jean-Do : *Il y a une méconnaissance!*

Hervé : *Et je crois que ça s'aggrave. Il y a un décalage de plus en plus évident entre nous et toute cette population qui utilise la montagne pour le tourisme, la chasse ou la pêche. Le pire, c'est le tourisme de masse et son absence de savoir-vivre. Car on n'apprend rien aux gens qui vont en montagne et qui approchent les bergers. On les laisse faire. Surtout, qu'ils apportent de l'argent aux communes en taxes d'habitation, et aux commerçants. On ne veut surtout pas leur donner de contraintes. Par contre, les bergers et les agriculteurs qui fauchent leurs prairies doivent être accueillants avec les touristes. Et nous, on souffre de ça. D'autant plus qu'on est isolés sur l'alpage, et que cette multitude de gens assez désinvoltes, on la ressent plutôt comme une agression. Même si ce n'est pas 100 % des cas, il y en a suffisamment pour te gâcher la matinée : une histoire de chien, une engueulade…*

Olivier : *C'est vrai que sur certains alpages, il y a une telle augmentation de la fréquentation touristique qu'on peut voir 500 personnes par jour. Donc forcément, le pourcentage de gens capables de comprendre ce qu'est le travail du berger est infime. C'est presque un choc des cultures. Ce sont deux mondes qui se croisent.*

Pascaline : *C'est vraiment ça : un choc des cultures. J'étais cet été sur une montagne vraiment très touristique. Les gens me regardaient comme si j'étais dans une bulle de verre.*

Olivier : *Et ce qui est paradoxal, c'est que les alpages doivent être notamment rendus attrayants par leur décor stéréotypé de brebis et de bergers. Il faut que ce soit bien mis en évidence sur les plaquettes de promotion touristique. Mais il ne faut surtout pas montrer la réalité du travail des bergers, avec les problèmes auxquels ils sont confrontés. Par exemple, depuis l'arrivée des loups, on a des soucis avec les patous* [chiens de protection], *car les touristes ne comprennent pas qu'on leur demande de ne pas monter sur les alpages avec leurs chiens, ou de les tenir en laisse. Il y en a certains qui disent : «Mais si je ne peux plus me promener dans ces montagnes avec mon chien, où est-ce que je vais l'emmener ?». Et quand tu leur expliques que l'éleveur paye la location de cet alpage, que* *l'herbe n'y est pas gratuite, que c'est un travail, que ça a du sens dans le cycle de production du troupeau sur l'année…, ils n'y comprennent absolument rien. J'ai l'impression qu'il y a dix ou quinze ans, c'était moins le cas. Mais aujourd'hui, ça devient de plus en plus flagrant.*

Jean-Do : *Cette méconnaissance est surtout liée à l'insouciance de l'activité de loisir. Quand des touristes bousculent les brebis et te coupent le troupeau, ils ne pensent pas faire de mal : «On s'approchait juste pour la photo, parce que le sentier passe au milieu!».*

Hervé : *C'est aussi cette idée du «risque zéro» des loisirs en montagne. Par exemple, j'ai vu un jour arriver les gendarmes me demandant si c'était bien mon troupeau qui était sur cet alpage à telle heure. Une compagnie d'assurance recherchait la cause de la chute d'une pierre, pour une cliente qui avait été blessée en marchant sur un chemin. Ils recherchaient la cause pour mettre éventuellement la responsabilité sur le propriétaire du troupeau. Je n'avais pas vu comment l'accident s'était passé. Je voulais bien admettre que c'était moi le berger, mais je ne voulais pas devenir responsable de l'accident, même si, effectivement, il y avait un chemin et que le troupeau se tenait au-dessus dans la pente. Mais si les gens qui empruntent des chemins de montagne sont incapables d'évaluer les risques, c'est qu'ils ne sont pas éduqués au point de passer à un endroit très raide juste au-dessous d'un troupeau. On en est là. Les gens qui vont en montagne, c'est juste pour la beauté des lieux. Mais si des bergers représentent un risque, ils sont capables de les traîner en justice. J'ai eu un autre problème avec un gars qui courait et qui m'a agressé parce que mes chiens l'avaient dérangé. Il était en train de faire son footing, il avait un horaire à respecter, et tout un attirail pour contrôler ses battements de cœur. Il s'est fait aboyer par mes patous qui l'ont vu arriver de loin. Il a été prévenu. En plus, il courait avec un jeune chien. Quand je lui ai crié d'arrêter de courir parce qu'il excitait mes chiens, il est venu vers moi et a voulu me casser la gueule. En plus, c'était quelqu'un du coin qui était en train de préparer une formation de secouriste en montagne… Il y a de drôles de situations. Mais le jour où il tombe sur un ours, à qui va-t-il se plaindre ?*

2.2 Un troupeau fait des crottes et encombre parfois les routes

Émilien : *Pour moi qui suis éleveur et berger à l'année dans les collines d'un parc naturel régional [Luberon, Vaucluse], c'est pareil qu'en montagne, mais 365 jours par an. On traverse des routes, on est obligé de passer dans le village avec le troupeau, et c'est toujours conflictuel. Il y a deux catégories de gens. Il y a le mec du coin qui part bosser. Il a choisi d'habiter à la campagne, mais il lui faut tout de même une demi-heure ou une heure de bagnole pour aller bosser en ville. Et toi, tu es juste à ce moment-là sur la route avec tes brebis… et tu gênes. Et puis, à l'inverse, il y a le touriste de base qui a tout son temps, qui prend la photo du troupeau, qui fait venir ton patou, et qui te bloque quand tu passes dans le village.*

Jean-Lou : *Chez nous, c'est ça aussi. Nous vivons en Drôme dans un petit village assez isolé de 35 habitants, enfants compris. Et il y a un conflit avec la famille du maire qui aurait voulu faire un joli village fleuri… Mais ce n'était pas possible avec la présence des brebis. Et puis, l'été il y a les mouches des bergeries qui rentrent dans les maisons. Et les brebis, ça crotte aussi en passant dans la rue.*

Roger : *Il y a des villages où la municipalité a tout simplement interdit de passer avec des brebis. À Abriès [Queyras, Hautes-Alpes], il y a plus de 10 ans que l'éleveur ne traverse plus le village, parce que ses brebis broutaient les fleurs plantées au bord des maisons.*

Pascaline : *Il y a aussi les locaux dans leurs chalets devenus maisons secondaires. Ils te demandent de ne pas approcher parce que leurs petits enfants vont arriver pour le week-end et qu'ils vont voir les crottes des brebis. Par contre, les mêmes viennent en famille admirer ton troupeau et le prendre en photo. Avant, les bergers pouvaient circuler sans problème aux abords des villages. Maintenant, on se plaint pour des crottes !*

Roger : *Je pense que c'est lié au fait que ces villages se sont développés en résidences secondaires et qu'on ne souhaite pas qu'une seule brebis entre dans les jardins.*

Émilien : *Résidents secondaires et aussi «rurbains»* [qui habitent toute l'année à la campagne mais qui travaillent en ville].

Olivier : *C'est vrai que quand tu fais un peu de route avec un troupeau, tu vois comment tu es accueilli. Les gens ont complètement perdu l'habitude de voir des troupeaux sur les routes. Et puis, chacun a des délais de trajet hypercalculés. Si tu perds 20 minutes derrière un troupeau, ça ne va plus.*

Roger : *Ils n'ont plus le contact avec l'animal. On a l'impression que ce sont les moutons qui vont les agresser. Même en montagne, ils n'ont pas l'approche vis-à-vis de l'animal. C'est devenu pour eux quelque chose d'étranger.*

Émilien : *Parce qu'ils ont l'habitude de les voir derrière des clôtures.*

Jean-Do : *Ou à la télévision.*

Olivier : *Il y a aussi les locaux qui ne sont ni éleveurs ni bergers, mais qui revendiquent d'être nés ici, d'être «du pays» comme ils disent, et qui t'expliquent que tes brebis n'auraient jamais dû être là, à ce moment-là. Ils prétendent avoir une compétence sur ce qu'on fait. C'est fréquent, mais c'est un discours qui ne correspond plus à rien aujourd'hui.*

Hervé : *Il y en a un comme ça chez nous, qui me faisait la leçon, et à qui j'ai dit : «Ça fait tout de même 17 ans qu'on est sur cet alpage !». Et il m'a répondu : «Je ne t'ai jamais vu ici, tu n'es pas du pays !». C'était à la limite du racisme. Mais lui, «il est du pays» et il a le droit de faire ce qu'il veut. De toute façon, tu es en tort : «tes brebis mettent le bordel, elles salissent tout, elles abîment la montagne».*

Jean-Do : *Il n'y a pas si longtemps, leurs parents ou grands-parents vivaient de ça. Ils ont d'ailleurs sculpté la plupart des paysages ruraux. Mais maintenant, il y a rupture et refus d'un certain passé, voire même de ses origines. Il y en a donc qui n'apprécient pas les bergers parce qu'ils ne veulent pas admettre qu'eux-mêmes viennent de là.*

Jean-Lou : *Ils ne veulent pas admettre que, pour certains, ils ont quitté la terre. Ils étaient enfants de paysans et ils l'ont quittée parce qu'ils ont cru, ou qu'on leur a fait croire, qu'ils ne pourraient plus vivre de la terre. Alors, ils constatent aujourd'hui que des éleveurs, qui ne sont pas forcément natifs du même endroit, arrivent à avoir un troupeau et à survivre. C'est inadmissible pour eux, car c'est la démonstration d'une faiblesse qu'ils ont eue.*

2.3 En slalom sur le foncier mité des collines

Hervé : *En collines, le problème c'est aussi qu'on n'a pas la maîtrise du foncier ! On assiste, impuissants, à une transformation de l'usage des pâturages en collines qui deviennent de vastes terrains de jeu… c'est l'invasion surprise de motos vertes, de quads et d'autres engins 4x4. C'est aussi l'emprise de la chasse avec ses cultures à gibier. Là, ce sont surtout de toutes petites parcelles* [parfois 0,2 ha]*, ou des plus grandes mais avec des bouts de cultures sur d'anciennes friches agricoles qui servent à attirer le gibier* [ex. jeunes pousses de céréales d'hiver]*. Ce mitage du foncier, ces parcelles disséminées au milieu du territoire* *de garde, ce sont comme des abcès, puisqu'on n'a pas le droit d'y aller même si nos bêtes n'ont que ça en tête dans la journée.*

Jean-Do : *Et maintenant, pour faire signer un bail de pâturage, c'est de plus en plus compliqué. Pour défricher occasionnellement avec le troupeau, ça va, mais il y a de plus en plus de difficultés pour stabiliser un projet à long terme. Les gens veulent rester entièrement maîtres de leur domaine, de leur propriété, même s'ils n'y viennent que deux ou trois semaines dans l'année.*

Hervé : *Sur cette question du foncier et de son accès pour les bergers, j'ai l'impression qu'il y a eu un revirement depuis une trentaine d'années. Avant, les espaces publics domaniaux* [terrains de l'Office national des forêts, ou terrains communaux confiés en gestion à l'Office] *étaient complètement fermés aux bergers. Puis, avec l'exode rural d'après guerre* [années cinquante], *il y a eu énormément d'espaces libérés, mais qui étaient plutôt des terrains privés. Depuis les années soixante-dix, de gros efforts ont été faits par les services pastoraux régionaux pour la réappropriation des espaces publics, même en forêt. Mais maintenant, ce sont plutôt les espaces privés qui se ferment, par de la réinstallation saisonnière touristique, ou même par des habitations à l'année. J'ai l'impression que tous les petits espaces privés dont on disposait avant et pour lesquels on s'arrangeait avec le propriétaire en le payant avec un agneau par ci, un autre arrangement par là, sont en train de disparaître. Ce retour d'investissement foncier dans des régions comme ici* [Alpes-de-Haute-Provence], *qui étaient considérées comme abandonnées au niveau agricole, les régions de collines, ça va devenir un obstacle pour les jeunes générations de bergers. Car les gens, même s'ils n'ont pas le droit de construire, achètent un bois. Éventuellement ils y chassent, ou s'arrangent pour le faire cultiver, puis ils y mettent une petite cabane. Ils ont quelque chose à eux. Ce ne sont pas forcément des gens de la région, ils viennent du Nord de la France ou d'ailleurs. Il y a donc une offensive en ce moment, même sur du foncier qui aurait une valeur plus pastorale qu'autre chose. Je le vois autour de chez nous, parce qu'on a été tranquilles pendant trente ans et maintenant ça s'accélère. On se sent de plus en plus cernés.*

Jean-Do : *J'ai pas mal gardé dans le Var, sur la commune de Fréjus, dans des zones qui étaient plus ou moins constructibles* [au bord de la mer Méditerranée]. *L'herbe ne coûtait rien, mais on pouvait t'y interdire l'accès du jour au lendemain. Tu ne pouvais donc pas te fixer un plan de pâturage à moyen terme.*

Émilien : *Quand ce n'est que pour le pâturage, tu peux encore arriver à gérer, même de façon précaire. Mais quand tu arrives avec ta petite famille et ta caravane, car qui dit brebis, dit berger, et le berger doit pouvoir habiter quelque part, et il n'y a pas de cabanes habitables partout. Nous, on est dans des coins «rupins», où une caravane, tu ne la poses pas n'importe où.*

Jean-Do : *Tu n'es pas accepté…*

Émilien : *Tu es considéré comme un Manouche !*

Jean-Do : *Et ça ne plaît pas…*

Émilien : *Ah non, il faut que ça reste joli ! Et une caravane, un mobilehome ou un autre habitat léger, ce n'est pas forcément du plus esthétique. Tu es un berger, ou un éleveur, qui débarque avec tes moutons, mais aussi avec tout le reste… ta vie qui prend aussi de la place.*

Jean-Lou : *On partage ça avec d'autres, car le logement devient un véritable problème dans ce pays. Il n'y a plus rien à louer, et compte tenu du prix des terres constructibles, de plus en plus de monde vit à l'année dans des caravanes ou des cabanes. D'ailleurs, dans un parc national non loin d'ici, les élus et le parc auraient pris des décisions contre ce qu'ils appellent la «cabanisation de l'espace». En fait, ça veut dire : «Mettez les dehors !». Donc* *nous bergers, pour trouver à se loger, on devrait mettre dans la balance l'utilité des troupeaux pour la société, l'utilité du pastoralisme, son rôle pour maintenir les milieux ouverts, pour prévenir les incendies. Mais je crois qu'on devrait aussi revenir, avec d'autres, sur la question de l'appropriation de l'espace. Pas l'appropriation au sens juridique de la propriété, mais la possibilité d'usage de l'espace.*

Olivier : *Le droit d'usage !*

Jean-Lou : *Car toutes ces propriétés privées, occupées juste pour les vacances, elles pourraient être pâturées de temps à autre, mais sans les clôturer. Sinon, ça s'enfriche complètement, et ce sont alors de bons pâturages qui disparaissent.*

Hervé : *Chez nous, tant qu'on pouvait passer dans les collines, on avait à peu près 500 hectares de pâturages disponibles. Là-dessus, on payait selon la surface un ou deux agneaux à quelques propriétaires avec qui on s'était entendu. Et au milieu, il y avait tout un tas de petites parcelles dont personne ne connaissait les propriétaires, sauf lorsque l'un d'entre eux se faisait une petite coupe de bois. Tout ça, c'est devenu à présent des zones considérées comme «espace naturel», donc non constructibles. Mais les gens sont restés propriétaires. Soit ils coupent du bois, ce qui est le moins grave, soit ils amènent une caravane, ou ils veulent labourer un ancien champ pour semer des cultures à gibier, ou planter des truffiers, mais sans rien protéger du tout. Ils restent fermement propriétaires et, surtout, ils cherchent à affirmer leurs droits. Donc, malheureusement pour toi, en tant que berger, ça commence à devenir un slalom de plus en plus difficile. Nous, on a l'habitude d'avoir chaque année 300 ou 400 bêtes et, avec un tel troupeau, tu ne peux pas faire du slalom dans la colline entre les petites propriétés non clôturées. Donc je pense qu'il y aurait vraiment quelque chose à faire. Il y a eu ces essais d'AFP [associations foncières pastorales, voir chapitre 2] il y a déjà quelques temps, mais il paraîtrait que ça a été assez difficile à mettre en place. Est-ce que ce serait mieux aujourd'hui, avec l'argument de l'obligation de défricher autour de chez soi, pour éviter les départs d'incendie ? Est-ce qu'il n'y aurait pas des choses comme ça à proposer ? Des regroupements de terres qui soient pâturables par des bergers ? Sans vouloir atteindre à la propriété privée, sans aller jusqu'à dire : «On était là avant vous, et même si vous avez acheté, on s'en fiche !», car on aurait parfois tendance à réagir comme ça. Mais il y aurait peut-être des moyens de légitimer le pâturage, ou de légaliser de fait.*

Olivier : *C'est redonner un sens au droit d'usage.*

Hervé : *De remettre à jour ce droit d'usage, en fonction des nécessités pour la collectivité.*

Roger : *Là où s'implantent des truffières, ça m'étonnerait que ce soit possible.*

Hervé : *Mais ça pourrait au minimum être clôturé. C'est ce que je disais à un propriétaire : «Si ton terrain vaut de l'or, pourquoi tu ne mets pas une clôture autour ?».*

2.4 Le dernier des Mohicans derrière le MacDo

Émilien : *Il faut aussi enlever des zones pâturables toutes les surfaces de vallées ou de plaines qui ont été transformées en zones industrielles.*

Jean-Do : *La ZAC [zone d'activités commerciales] de Saint-Martin-de-Crau [Bouches-du-Rhône], a été installée sur les meilleures prairies de l'endroit !*

Émilien : *Cet automne en descendant de montagne, comme c'était très sec, je n'avais pas assez d'herbe sur mes secteurs habituels en collines. Je me suis donc retrouvé dans la zone industrielle d'Apt [Vaucluse], parce que c'est là qu'il y a des anciens prés. Mais c'est devenu complètement aléatoire ! Je me suis retrouvé à garder entre la route nationale, la ligne de* *chemin de fer et la grosse usine. J'ai eu l'impression d'être le dernier des Mohicans sur un terrain encore en friches, derrière un MacDonald. Il y a plein de moments comme ça où on est complètement décalé, on a l'impression d'être sur une autre planète. Que ce soit quand tu gardes en Crau [voir chapitre 6], où tu es logé dans un vieux cabanon sans électricité ni eau, à côté d'une route à quatre voies avec de gros camions qui passent à toute allure et des usines partout. Et toi, tu jongles avec tout ça, tes moutons… Des fois, c'est assez surréaliste !*

Olivier : *Quelle place la société donne au rôle des nomades, des pasteurs ? Il y a peu de gens qui se posent cette question, même pour l'installation des jeunes agriculteurs. Quand tu es dans un système de pâturage avec beaucoup de mobilité et que tu jongles avec des autorisations verbales, c'est impossible de rentrer dans les critères de la PAC [Politique agricole commune européenne], des contrôles administratifs, vétérinaires, ou de ceux des assurances : «Où est situé votre siège d'exploitation…, quelles sont vos surfaces disponibles pour cinq ans ?».*

Jean-Lou : *Mais ce qu'on décrit là pour la France, c'est le même cas partout dans le monde ! En Afrique, en Asie, les éleveurs pastoraux sont confrontés à la fois à l'urbanisation et à l'industrialisation. Et puis, en Afrique, il y a une vieille concurrence entre pasteurs nomades et agriculteurs sédentaires. Les politiques tendent en général vers l'élimination du nomadisme et des pasteurs. En réaction, les pasteurs ont fait un code pastoral valable pour plusieurs pays d'Afrique. Ils ont traduit en langage juridique le droit coutumier. Je crois qu'il serait intéressant de prendre connaissance de ça et de s'en inspirer. On a des connaissances, mais il faut le systématiser, le mettre noir sur blanc et pourquoi pas avec l'aide de juristes : faire passer dans le droit français un certain nombre de choses vitales pour notre activité.*

2.5 Un service de défrichement ?

Olivier : *Quand tu pratiques la garde, tu peux parfois garder un pied dans les espaces privés qui s'enfrichent. Mais si tu commences à vouloir y poser des clôtures, c'est fini. Quand tu gardes, la perception qu'en ont les propriétaires des terrains conduit à une forme de tolérance. C'est peut-être l'une des raisons qui fait que des propriétaires viennent parfois te voir pour te dire : «Là, tu peux y aller. Fais manger ce coin-là». Ça existe ça, quand même. Alors que si tu vas poser un parc clôturé dans une zone où tu n'as pas réellement d'autorisation, c'est certain que tu te feras sortir.*

Hervé : *… ou tu te feras couper les clôtures.*

Émilien : *Par rapport à ceux qui te disent qu'il faudrait aller faire manger ce coin-là…, du coup, tu es obligé d'aller voir pour leur faire plaisir. Tu perds ta matinée à aller voir un quartier où tu découvres que, en fait, il n'y a que de la grosse herbe, vieille et haute comme ça ! Et comme tu as donné ton accord, il faut ensuite te débrouiller pour bien la faire manger. Souvent, les gens qui te trouvent de l'herbe, si tu ne l'avais pas repérée par toi-même avant, c'est que ça ne valait vraiment pas le coup.*

Jean-Do : *Dans le Var, où j'ai eu l'occasion de garder, il y avait parfois des propositions intéressantes, si le travail et la présence du berger apportaient un peu de réouverture du milieu, du débroussaillement. Parce que les gens du village avaient fini par comprendre que les églantiers, quand on les coupe à la main, ils rejettent ensuite de partout ! Mais ça, c'est quand ils voyaient que le berger était avec ses brebis, et que les brebis ne faisaient pas n'importe quoi… Par contre, si le berger se contente d'ouvrir un parc le matin, et de récupérer ses bêtes le soir… et surtout si elles commencent à aller visiter les jardins, alors là, plus rien. Mais c'est vrai qu'il y a l'importance du berger qui garde, du «meneur de troupe».*

Émilien : *C'est vrai que quand tu deviens berger, tu penses pouvoir être tranquille à garder tes moutons. Mais en réalité, si tu veux avoir de l'herbe, c'est un travail permanent de relations sociales. Tu dois parfois jouer au «psy» pour réussir à faire manger une demi-heure tes brebis!*

Hervé : *C'est la réalité, ce rôle social. Car les espaces pâturables pour les bergers varient en fonction de la société, des intérêts qu'elle a pour son sol. Pour les nouvelles générations, il y a des espaces qui se ferment, mais il y en a peut-être aussi de nouveaux qui s'ouvrent. Il faut donc qu'on s'informe bien les uns les autres, que les organismes comme le Cerpam* [Centre d'études et de réalisations pastorales Alpes-Méditerranée, service pastoral régional] *soient accompagnés pour que ça devienne une réalité reconnue. Or, j'ai l'impression que ça bute en ce moment. C'est peut-être parce qu'on n'est pas assez nombreux à revendiquer.*

2.6 Quelle pédagogie pour mieux se faire comprendre et respecter?

Hervé : *Dans des revues spécialisées de randonnée en montagne, qui suggèrent avec parfois beaucoup de précisions les meilleurs circuits à faire, j'ai souvent repéré notre alpage, qui est assez connu. Or, il n'y a strictement rien d'indiqué sur le fait qu'il y a là aussi chaque été un berger avec son troupeau, et qu'il faut donc faire un peu attention.*

Roger : *À l'inverse, j'ai lu cette année deux guides touristiques qui t'expliquent de façon idyllique : «Là-haut, vous allez rencontrer le gentil berger», ou un truc dans le genre. On devient des curiosités, au même titre que le lac, la cascade, ou le dernier caillou qu'il y a tout en haut et qu'il est important d'aller voir... Mais on n'est pas plus que ça.*

Jean-Lou : *J'aimerais tout de même nuancer ce qu'on dit de la perception qu'auraient de nous les gens qui ne sont pas nés dans le milieu agricole ou d'élevage. En Drôme, on a chaque printemps une opération «fermes ouvertes» qui dure un week-end entier et qui s'appelle De ferme en ferme. Ce sont les Civam* [centres d'initiatives pour valoriser l'agriculture et le milieu rural] *qui organisent ça, et nous, on y participe depuis plusieurs années. Les gens, surtout des urbains ou des rurbains, en entendent parler par la radio ou dans les journaux. Les agriculteurs qui le désirent sont présents sur leur ferme pour accueillir pendant ces deux jours. Et comme visiteurs, on a absolument de tout : ceux qui viennent juste superficiellement voir quelques brebis, comme un truc exotique, et puis il y a tous ceux qui désirent rencontrer des éleveurs pour mieux comprendre comment se passe l'élevage. C'est un peu la même démarche qu'aller acheter sa nourriture directement chez un paysan d'une Amap* [association pour le maintien d'une agriculture paysanne]. *C'est une consommation, mais avec un lien direct avec le producteur, avec un intérêt à mieux se connaître. Chez nous, les visiteurs voient quelques brebis dehors, mais ils rentrent aussi dans la bergerie voir nos agneaux. Ils ont donc une toute autre image de notre travail. Car ce que voient les gens l'été, c'est seulement un peu la garde du troupeau. Mais c'est autre chose le métier. C'est l'agnelage par exemple. Parce que je crois qu'on ne peut pas parler de notre métier sans évoquer l'agnelage.*

Olivier : *Dans les Hautes-Alpes, et je crois aussi dans les Alpes-de-Haute-Provence, il y a des journées «découverte de l'alpage» organisées par la chambre d'agriculture et ses partenaires. Ça rejoint donc un peu les pratiques des fermes ouvertes. Ça permet d'expliquer aux gens comment adopter une certaine discipline en alpage pour respecter aussi le travail des bergers. Après, je ne suis pas sûr que les consignes soient bien appliquées quand les gens sont lâchés dans la montagne.*

Jean-Lou : *Ce ne sont peut-être pas les mêmes qui viennent s'informer lors de ces journées et ceux qui restent très désinvoltes.*

Roger : *Pas les mêmes du tout !*

Olivier : *Oui mais il y a beaucoup de monde qui vient à ces journées. Elles ont un succès terrible, et pourtant elles sont très encadrées et souvent assez techniques au niveau des informations qui y sont données.*

Émilien : *Il faut effectivement mieux informer les gens de ce qu'on fait. Il n'y a aucun doute là-dessus. Mais attention, ça prend combien de temps à un berger de recevoir un groupe de visiteurs au milieu de ses brebis ? À la montagne, tu y es pour garder tes bêtes, pour faire un boulot. Et si j'ai choisi ce boulot, ce n'est pas pour faire professeur, ni instituteur ! C'est pour faire un bon travail technique et redescendre de jolies brebis… en tenant compte, bien sûr, du monde dans lequel on vit. Donc, quelle participation on nous demande à ces journées ? Comment ça s'organise ? Car s'il va pleuvoir le lendemain, tu auras à te réorganiser avec le troupeau, et tu ne pourras donc pas te tenir pour la visite à l'endroit prévu.*

Pascaline : *Chez nous, il y avait un accompagnateur qui venait me voir sur l'alpage avec son groupe. Et ce qui était bien c'est qu'il parlait beaucoup, et que je n'avais qu'à intervenir au moment de la «chôme» [phase de repos de midi des brebis], c'est-à-dire quand j'étais posée, que j'avais un peu plus le temps pour répondre aux questions. Le reste du temps, il me suivait, et si le groupe ne désirait plus suivre au rythme du troupeau, il restait avec lui et me retrouvait plus tard. Donc, je n'avais absolument rien à changer à ma façon habituelle de travailler. C'est tout de même intéressant, car c'est bien de pouvoir informer. Ce que je vois avec les touristes, c'est qu'ils ne veulent pas mal faire, mais qu'ils ne savent pas du tout comment bien faire avec le troupeau et les chiens. Donc, je pense que c'est vraiment bien d'arriver à les informer. Il faut avoir de la patience et le vouloir.*

Émilien : *Mais il faut que ça puisse être très bien organisé, comme tu le décris. Parce ce qu'on n'est tout de même pas là pour ça.*

2.7 Organisations collectives ?

Jean-Lou : *On dit souvent : «On n'a pas le temps de s'organiser collectivement !». Mais il faut prendre le temps ! Et puis, il y a les solidarités syndicales.*

Olivier : *Avec l'Association des bergers des Hautes-Alpes [voir chapitre 12], on avait pensé un moment être en mesure de faire ce lien entre les bergers. Au départ, c'était même envisagé sur tout l'arc alpin… et ça ne s'est jamais concrétisé. Mais dans le monde des éleveurs, le monde paysan, c'est vrai qu'il y a déjà des liens qui existent.*

Roger : *Ce sont des pistes à creuser pour les bergers éleveurs, parce que pour les bergers salariés, je n'y crois plus trop [Roger est vice-président élu de cette association depuis 2004], il n'y a pas assez de capacité d'investissement de leur part pour se lancer dans ce genre d'opération. C'est mon opinion. Mais pourquoi ne pas repartir d'un groupe informel comme celui de ce soir… intéressé par le sujet, en parler autour de soi et voir qui ça intéresse, tout simplement ?*

Émilien : *Moi, je n'ai pas le temps ! Tout de suite, ça ne se trouve pas. Je suis assez jeune dans le métier, en train de m'installer, en train de bosser à fond. Quand je me fais remplacer deux jours, c'est quand il faut que j'aille couper du bois pour me chauffer. On a donc aussi besoin de gens pour nous aider à créer ces liens-là, de gens qui sont plus installés… Dans la profession, il faut qu'il y ait des échanges, déjà entre nous, puis entre bergers salariés et* *éleveurs, entre jeunes éleveurs et éleveurs plus expérimentés et qui arrivent à dégager du temps. Et ça, ça n'existe pas, ou je ne l'ai pas encore rencontré.*

Jean-Do : *Il y a une part d'individualisme à ce niveau-là. Et puis, comme pour la réunion de ce soir, il y a aussi le gros problème de l'éloignement. Il faut avoir le temps, parce que, outre le temps passé ensemble, il faut aussi compter avec le temps de route. Donc organiser quelque chose à plusieurs, c'est difficile. Pour des bergers, ce n'est pas évident d'arriver à se rencontrer.*

Olivier : *Moi je pense qu'il faut qu'il y ait des gens qui s'investissent forcément toujours plus que d'autres pour faire avancer ce genre de collectif. Et ça peut être justement le rôle de certains bergers salariés, qui ont déjà «un peu de bouteille», de faire avancer nos revendications par rapport au travail, par rapport aux missions.*

Roger : *Il y a beaucoup de bergers salariés qui s'arrêtent aux revendications salariales. Mais après, s'intéresser d'une façon globale au métier, à nos pratiques, je suis beaucoup plus prudent au niveau des salariés… Je n'ai pas dit qu'il n'y en a pas qui sont intéressés, mais je le dis tout de suite : je crois plus aux jeunes qu'à ceux de ma génération !*

Olivier : *Oui mais, parmi les jeunes, il y en a beaucoup qui viennent à ce métier par refus de la société de consommation et de loisirs qu'on a décrit tout à l'heure. Et ce refus fait naître une forme de repli sur soi. C'est assez flagrant avec les stagiaires. Dès que tu leur parles de choses plus générales, des problèmes de confrontation de cultures entre les pratiques pastorales et la société moderne, ce n'est pas très écouté. Et à mon avis, c'est justement là qu'il faut insister. C'est là que ceux qui ont de l'expérience peuvent jouer un rôle primordial.*

Roger : *Les expérimentés, il y en a beaucoup qui sont déçus de leur vie de berger, parce que ça n'a jamais vraiment avancé pour eux, ou que ça n'a pas avancé comme ils l'auraient voulu. Les conditions de travail, de logement, toutes ces choses ont pesé très lourd pour eux et, du coup, ils n'ont plus trop envie de s'investir face à des questions plus globales et collectives. Ils se battent encore aujourd'hui pour des niveaux de salaire, la rénovation d'une cabane, des trucs comme ça. Mais ils ne se sont plus trop ouverts vis-à-vis d'autres sujets. Alors que les jeunes, ils ont encore l'esprit tout frais et relativement ouvert. Donc ça les intéresse d'avantage, même si, en même temps, les premières années, ils désirent surtout s'investir sur du concret, bien apprendre le métier, avant de franchir une autre étape et s'intéresser aux problématiques qu'il y a autour.*

Pascaline : *Tout de même, il y en a qui ont beaucoup d'expérience et qui sont encore là, à se battre pour une meilleure reconnaissance et valorisation du métier !*

Roger : *Tout ce qui concerne par exemple l'agri-environnement et les mesures qui ont été mises en place, sans parler du problème du loup…, il n'y a pas beaucoup de bergers qui se sont vraiment impliqués. Et ça, je pense que c'est également lié à cet effet de «turn-over» rapide des bergers sur les alpages.*

Hervé : *Tu veux dire que d'une année sur l'autre, sur une même montagne, le berger est souvent quelqu'un de différent ?*

Roger : *Oui, et ça se répercute sur la motivation à s'investir au-delà du travail de garde. Il faut tout de même voir les choses comme elles sont.*

2.8 Pour apprendre à garder : diversifier ses expériences

Jean-Do : *Dans ma logique, quand j'ai abordé le métier il y a une petite trentaine d'années, j'avais une place stable en Crau chez le même patron. Durant six hivers, je suis* *toujours descendu chez ce même éleveur. Par contre, l'été, je changeais systématiquement de montagne pour découvrir autre chose. C'est ce que j'ai fait avant de rentrer en tant que stagiaire au Merle* [école de berger, voir chapitre 12]. *Changer fréquemment, ça a été pour moi une façon d'apprendre, et j'ai fait à peu près toutes les Alpes. En début de carrière, en changeant chaque année de montagne, on côtoie plusieurs façons de garder, plusieurs éleveurs, plusieurs régions. Tu vas apprendre beaucoup de choses différentes, mais en même temps, tu vas apprendre des généralités que tu vas pouvoir ensuite resituer. Car en montagne, il y a certaines choses qui ne varient pas : les brebis te feront un peu toujours pareil. Ce ne sera pas exactement le même cas de figure à chaque fois, mais tu pourras te dire : «Ça, ça m'est déjà arrivé à tel autre endroit!». Et avec l'âge, quand tu arriveras à un nouvel endroit, tu essayeras de pérenniser ce savoir, d'optimiser sur un lieu en faisant varier l'impact du troupeau : «Ces crêtes, je ne veux pas qu'elles soient surpâturées, ou ce mélézin, je veux au contraire qu'il soit bien pâturé!». Par contre, si tu restes de ta première à ta dernière année de berger chez le même patron, c'est-à-dire aux mêmes endroits, tu ne vas pas avoir cette ouverture d'esprit. D'ailleurs, pour la garde en pré, quand j'ai fait le Merle, au bout de six ans, effectivement, j'étais bon, même peut-être plus que bon. Mais quand je suis allé chez les autres, et bien j'ai constaté que j'avais en fait encore beaucoup de choses à apprendre. Il faut donc garder cette ouverture d'esprit. Et si on ne l'a pas acquise dès le début, une fois qu'on s'installe dans cette espèce de confort du même lieu, d'un «chez soi» qu'on connaît par cœur, ça devient la routine : «Je sais que mes bêtes vont partir là. Elles ne changent pas, ça a toujours fait comme ça!». Mais peut-être qu'en modifiant légèrement la manière dont tu les envoies, ou en les tenant un peu plus, et bien, tu feras mieux manger une partie de ta montagne, ou éviter un peu d'érosion.*

Roger : *Mais en changeant de montagne chaque année, tu ne vois pas les conséquences de ta garde sur le milieu, sur comment ça va repousser ensuite.*

Jean-Do : *C'est vrai que ce n'est pas sur une année que tu vas pouvoir bien te rendre compte de ça. Moi, ça va faire six ans que je me partage sur deux estives, et je commence à peine à voir l'évolution du boulot qu'on a fait, les mesures d'ouverture de l'espace, d'entretien par le pâturage. Mais l'important, c'est que même au bout de vingt ans d'expérience, il te faudra toujours essayer de trouver l'astuce qui va améliorer encore un peu. Et cette remise en question, tout le monde n'a peut-être pas envie de la faire. Car c'est peut-être plus facile de s'installer dans le confort de la routine.*

Émilien : *Cette expérience de travailler sur plusieurs endroits, je suis en train de la faire. Enfin, de la subir…, parce que ce que j'ai trouvé la première année n'est pas terrible. Donc, tu changes forcément, tu évolues pour aller sur quelque chose que tu espères meilleur. C'est un côté agréable du métier, et qui m'y a fait venir. Le fait de pouvoir avoir ton troupeau à toi, mais tout en gardant ce côté nomadisme, ce dépaysement. Aller pâturer un été en Savoie, puis éventuellement le suivant dans les Alpes-de-Haute-Provence, c'est agréable.*

Jean-Do : *Mais c'est plus difficile de le faire avec ton troupeau, que si tu n'as, comme moi, qu'à emporter ton sac à dos! Et ta façon de garder, elle va s'en ressentir aussi, parce que tes bêtes prennent l'habitude d'une montagne. Toi, tu pourras toujours t'adapter, mais tes bêtes auront parfois plus de mal… un coup en Savoie, un coup dans les Alpes-de-Haute-Provence, non ?*

Émilien : *Mon but, c'est effectivement de me stabiliser un jour sur une montagne, mais…*

Hervé : *Nous, dans les années 1970-1980, on a eu du mal à trouver une montagne sur laquelle on puisse signer un contrat à long terme, parce que c'était une période de forte pres-*

sion sur les alpages. Dès que tu avais réussi à trouver une montagne, tu te la faisais embarquer l'année d'après par un autre éleveur. C'était à celui qui payait le plus. Aucune solidarité.

Jean-Do : *Et ça allait même parfois plus loin…*

Hervé : *À cette époque, beaucoup de communes ne faisaient pas de contrat de plus d'un an. Elles mettaient chaque année les montagnes aux enchères. Il suffisait que l'autre gars sache combien tu avais payé l'année d'avant, et il mettait un peu plus. Et puis, il surchargeait… il envoyait plus de bêtes, pour pouvoir rentabiliser la différence de prix. C'était un peu l'escalade. Et c'est là où ça a commencé à aller très mal, car on peut payer assez cher une montagne du moment qu'on met cent ou deux cents bêtes en plus. Seulement après, ta montagne, tu la surcharges et tu la pourris. Donc, on a mis du temps avant de trouver. C'est aussi un travail relationnel avec la commune, une certaine confiance qui peut s'instaurer. Maintenant, on est depuis dix-sept ans sur le même alpage… et on a pu remettre en état la cabane… au bout de quinze ans. Tout ça est très lent, mais ça n'empêche que si on change chaque année… rien ne se fait. D'un autre côté, j'admets très bien que cette période-là, où moi aussi j'étais plus jeune, ça ne me déplaisait pas de partir chaque année à la découverte d'une autre montagne. En même temps, ça nous a parfois coûté, parce qu'on a eu des accidents assez terribles, des accidents de conduite de troupeau, où on a eu beaucoup de pertes de brebis. Je ne regrette donc pas d'avoir passé cette étape.*

2.9 Le berger remplacé par de la ferraille

Jean-Do : *À l'époque où les communes mettaient chaque année les pâturages aux enchères, que ce soit en montagne ou en plaine, les bergers aussi étaient mis, si on peut dire, « aux enchères ». Des éleveurs donnaient à un berger 100 francs de plus par mois, et ils le récupéraient. Alors là aussi, solidarité pastorale très limitée !*

Olivier : *Ce qui joue aussi beaucoup sur le fait de rester ou non durant plusieurs années sur un même alpage, c'est la relation du berger avec les éleveurs. Et pour la plupart des bergers, même salariés : « le troupeau, c'est ton troupeau ! », malgré le fait que le berger n'a pas toutes les préoccupations des éleveurs. Et c'est là quelque chose qui est difficile à faire comprendre à beaucoup d'éleveurs. Surtout à la jeune génération, celle qui a perdu le savoir-faire de la garde. Il y a quinze ou vingt ans, les parents de ces éleveurs gardaient les troupeaux, ils connaissaient donc leurs alpages. Mais maintenant, les jeunes éleveurs ne gardent plus. Ils mettent le troupeau en parc clôturé, même en montagne. Ils ne peuvent donc plus t'expliquer leur montagne et la relation avec le berger est ainsi plus compliquée.*

Hervé : *J'ai surtout l'impression que l'image du berger qui garde a été fortement dévalorisée. Pas forcément dans le sens qu'on donnait dans les années 1950-1960 : « Regardez le berger, c'est le dernier, l'idiot du village ! ». Ça, je pense qu'on en est sorti. Mais à présent, c'est par rapport à la modernité. Nous, ça fait trente-cinq ans qu'on est dans la région. Et on n'a pas cessé de voir les organismes de développement de l'élevage prôner quelque chose de nouveau qui pourrait remplacer le berger, remplacer ce métier, ce coût, cette contrainte. On a toujours présenté ça comme une contrainte et comme une activité devenue inutile. Il y a trente ans, tu voyais les petits vieux, les petites vieilles, garder des petits troupeaux un peu partout, cinquante à cent bêtes. Mais maintenant, l'élevage ovin est devenu une spécialisation agricole et les troupeaux doivent contenir un minimum de cinq cents à six cents bêtes. Je me rappelle très bien que le Cerpam a lancé un tas de journées de formation pour les éleveurs portant sur les clôtures 4 fils. L'argument était simple : à notre époque, ce n'est plus* *assez rentable de payer un berger ! Donc, on se reporte sur du matériel agricole. Mais en fait, si on avait fait le bilan écologique de cette situation, on utilise de la ferraille, on fait tourner des industries, mais on ne fait pas forcément pâturer nos régions correctement. On retire des gens actifs dans les campagnes, et après on a des situations d'embroussaillement, d'incendie… Avec les clôtures, on retire de la présence humaine, parce que la fonction du berger, c'est aussi d'être présent. Il y a beaucoup de bergers qui aperçoivent des départs d'incendie, des gens qui peuvent être mis en difficulté. Ils sont présents pendant un certain temps sur un territoire et ils vont pouvoir te dire ce qui s'y passe. C'est quand même intéressant, et ce n'est pas du tout mis en valeur actuellement. Et puis, la garde, c'est surtout pour le berger un moment privilégié d'observation du troupeau, de relation intense avec les bêtes et de réflexion… bref, tout ce que les systèmes de clôtures nous occultent.*

Émilien : *La garde, c'est une pratique valable face au changement climatique aussi ! Parce que moi, je pensais dégager du temps à la descente de montagne en mettant cet automne mes brebis aux filets [clôtures électrifiées] dans des prés. Et bien, il m'a fallu aller garder, parce qu'il n'avait pas plu une goutte, que rien n'avait repoussé, même pour mes trois cent cinquante brebis. Du coup, face aux variations climatiques auxquelles on va être de plus en plus souvent confrontés, est-ce que la garde ne serait pas justement une solution qui va s'imposer, parce qu'on ne pourra pas faire autrement ? Car tu ne vas tout de même pas parquer 1 000 hectares… juste pour laisser trois cent cinquante brebis y trouver de quoi manger.*

Jean-Do : *Tout de même, quand tu te retrouves avec tes brebis vides d'un côté et tes agnelées de l'autre, la mise en parc est une solution. Parce qu'avec seulement trois cent cinquante bêtes, tu n'as pas de quoi te payer un second berger pour garder. Il faut donc voir le pour et le contre. Le parcage à outrance, avec des filets ou d'autres clôtures, ce n'est pas une bonne chose, mais il ne faut pas non plus totalement dénigrer cette pratique.*

Émilien : *Je les aurais mises en filets, si j'avais pu !*

Hervé : *Je ne parlais pas de tirer quelques filets. Je parlais plutôt de clôturer des dizaines ou des centaines d'hectares !*

Roger : *Je crois qu'on en revient un peu du «tout clôturé», avec le recul qu'on a maintenant et aussi suite aux années de sécheresse. Mais les filets, on peut les utiliser intelligemment en complément de la garde.*

2.10 Les formations en écoles de bergers

Émilien : *Il y a eu récemment un bel article dans les journaux : «Les formations agricoles de la région ont organisé un concours de berger». C'était pour élire le meilleur jeune berger en formation. Et en fait, qu'est-ce qu'il y avait comme épreuves ? Le maniement des brebis : j'en attrape une, je l'assois, je la retourne, je lui «fais les pieds» [tailler les onglons]. Il y avait aussi une manœuvre avec un quad, et de la pose de filets. Mais il n'y avait aucune épreuve portant sur la garde, même juste sortir des brebis d'une luzerne, ou donner une «soupade» [dernière phase d'un repas] bien carrée dans un pré. La garde, ça ne faisait pas partie du concours. Ça m'a bien fait rigoler. Et pourtant, c'était un concours de berger ! Un concours dont le gagnant partait ensuite en finale nationale à Paris, au Salon de l'Agriculture.*

Jean-Do : *Ce n'est vraiment pas très représentatif de ce qu'on peut vivre et apprendre en tant que berger.*

Émilien : *Dans les formations agricoles, et plus spécialement dans les formations de bergers, les techniques de garde, on n'en parle pas. Et quand tu abordes ce problème avec* *des formateurs, ils ne comprennent pas quand tu leur dis : «On aimerait apprendre à garder!». Ils te répondent : «Tu auras ton stage en estive». J'ai une expérience sur l'école de bergers du Merle, un lycée agricole en Auvergne et un BTS [brevet de technicien supérieur en agriculture].*

Hervé : *J'ai fait l'école de bergers de Rambouillet, en 1972. Et déjà, on ne parlait plus de garde. On ne parlait plus que de qualité fourragère et de rations alimentaires. Ils venaient aussi d'arrêter l'élevage de beaucerons [célèbre race de chien de travail pour berger, originaire de la Beauce, plaine au sud de Paris]. Comment veux-tu apprendre la garde dans les écoles de bergers sans apprendre ce que c'est qu'un chien de berger? La façon dont tu vas t'entendre avec ton chien, c'est la moitié du boulot, ou plus.*

Jean-Do : *Pour ce qui concerne la garde, même s'il y a quelques savoirs qui peuvent se transmettre, c'est vrai que c'est avant tout une aventure individuelle, une confrontation... ta façon de garder, c'est toi qui va te la faire. Et avec un peu d'expérience, tu rentres dans une bergerie, et tu vois immédiatement au comportement du troupeau quelle est la personnalité du gars qui a l'habitude de s'en occuper. Si ça commence à sauter sur les murs, tu vas dire : «Celui-là, il a les chiens qui vont un peu vite», ou «c'est le berger qui est trop nerveux...». La manière de mener tes bêtes, ça fait aussi partie d'une évolution personnelle et d'une somme d'expériences qui fait que tu vas peu à peu réussir à tenir compte de tout un tas de choses. Et ça, c'est vrai que c'est assez dur à faire passer à de jeunes stagiaires.*

Roger : *Ça va aussi dépendre s'ils ont eu une petite expérience personnelle avant, ou s'ils arrivent brutalement en formation.*

Jean-Do : *À mon époque, avant de rentrer en formation, il fallait avoir au moins six mois d'expérience personnelle. Maintenant, pour la commission d'admission, une lettre de motivation et un entretien d'une demi-heure suffisent... ce sont les seuls éléments à partir desquels le jury fait son choix. Pour ma part, je trouve ça très dur.*

Olivier : *Je tiens à réagir un peu... parce que les formations ne prétendent pas définir et enseigner la garde! Théoriser la garde, bonjour... ce serait un sacré truc! Je me suis beaucoup posé la question personnellement en aidant chaque année des stagiaires à réaliser leur préparation à l'estive. Actuellement, on essaie plutôt de leur donner des pistes de réflexion, quelques astuces de bergers expérimentés, mais même ça, ce n'est pas facile. Ce que je vois, c'est qu'il y a eu toute une génération de bergers qui a commencé «sur le tas» et, les premières années, il y a eu parmi eux bien du dégât : ceux qui n'ont pas fini leurs estives, ceux qui se sont retrouvés dans des situations impossibles... Alors qu'avec les formations actuelles, il y a encore certains stagiaires qui lâchent en cours de route, mais il y en a quand même pas mal qui arrivent au bout de leur saison d'estive. Et parmi ceux-là, on s'aperçoit que beaucoup ont réussi à faire du lien entre ce dont ils avaient entendu parler en formation et ce qu'ils ont eu à vivre concrètement sur l'estive. Donc, ils n'avaient pas eu l'impression de devoir toujours improviser. Et c'est là que je pense que les formations font gagner du temps. Moi, j'ai commencé sans formation de berger. La première estive, j'ai tenu, c'était limite..., sans chien, c'était même parfois n'importe quoi. J'avais fait un lycée agricole, donc j'avais un peu de connaissances théoriques et, au niveau du sanitaire, ça allait donc à peu près. Mais au niveau de la garde, c'était l'improvisation totale, la «patauge» complète. Je pense qu'avec les formations actuelles, tu as quand même une approche, un lien avec des éleveurs, tu rencontres des bergers déjà expérimentés, d'autres gens...*

Pascaline : *Et pour ta première estive, tu es quand même suivi. Parce que c'est à ta première que tu galères vraiment. Si pour ta première, tu as un éleveur qui vient te voir... rien que ça : c'est énorme.*

Jean-Do : *Je ne dénigre pas les formations… elles te donnent d'excellentes bases, mais il faut juste être conscient que ce n'est pas tout, que ce n'est qu'une étape dans une vie professionnelle.*

Olivier : *C'est quand même un peu dur, ce que tu dis !*

Jean-Do : *Oui, mais moi, je travaille dans une école, je vois ce que ça donne. Je sais les attentes qu'ont les stagiaires. Mais c'est vrai que ce n'est pas facile de transmettre la manière de garder… ou de le transcrire par des mots.*

Émilien : *C'est peut-être pour ça qu'il y en a qui essaient de faire des livres* [clin d'œil en référence à cet ouvrage, alors en préparation].

2.11 « Un métier où tu ne peux pas te mentir »

Hervé : *En fait, la garde, c'est le moment où le berger se retrouve avec lui-même…*

Jean-Do : *Où il ne peut pas se mentir !*

Hervé : *Et pour ça, il n'a pas besoin d'école. Enfin, tout ce qu'il aura appris à l'école, même si c'est un très bon technicien, s'il a été un très bon élève, et bien, il y a des moments où il ne supportera pas la solitude en montagne. J'ai eu d'ailleurs un très bon copain qui avait fait une formation de berger et, durant le premier alpage qu'il faisait en tant que stagiaire, il avait craqué complètement. Il ne supportait pas d'être seul. Il a fait venir des tas de copains, mais il n'a tout de même pas fini sa saison. J'en ai croisé un autre, cet été, c'était un peu pareil. Donc, la garde est particulière à ce mode d'élevage. Il faut aimer le nomadisme, bouger, la solitude, des situations imprévues…*

Émilien : *Il faut y être tous les jours !*

Hervé : *Il faut aimer la routine aussi, par certains côtés.*

Jean-Lou : *Je voudrais dire quelque chose à propos de la solitude. En fait, on n'est jamais seul quand on garde : on est avec les brebis. Ce qui est particulier pour le berger, c'est le lien qu'il a avec les animaux, avec les brebis. Et ce qui ne marche pas quand des gens ne supportent pas la solitude, c'est qu'en fait, ils n'arrivent pas à établir ce lien avec les brebis, qui est un lien très étroit avec un regard bien particulier que seuls ont les bergers ou les éleveurs qui font fonction de berger. Sinon, un vrai berger qui a ce lien avec les bêtes, il peut avoir par moments des coups de fatigue, mais au contraire, le lien qu'il a avec les brebis l'aide à trouver une certaine joie s'il est triste et à surmonter ses coups de déprime.*

Pascaline : *Je connaissais un berger qui a gardé vingt ans et qui ne voulait plus garder parce qu'il ne supportait plus de se retrouver seul à la cabane le soir. Tant pis s'il faisait un métier stupide en plaine, au moins il allait voir ses copains le soir. Même après vingt ans de pratique, ça lui pesait trop.*

Jean-Do : *Il était passionné ?*

Pascaline : *Je pense que oui. Tu sentais qu'il adorait les brebis, mais il n'en pouvait plus d'être seul. La journée, je pense que ça allait, mais c'était le soir ou à la «chôme»* [phase de repos de milieu de journée]*, d'être seul, de ne pas pouvoir parler, ça lui pesait trop. Peut-être qu'il n'avait pas la passion à ce point-là.*

Roger : *Il travaillait toute l'année comme berger ?*

Pascaline : *Non.*

Émilien : *On se revendique assez facilement «berger» ! Tu dis fièrement : «Cet été, je pars faire une estive comme berger !». L'image, on se la donne. Quand je dis «on», ce sont les jeunes bergers. Mais je pense qu'on n'est pas berger lorsqu'on a fait juste une estive ou deux, et qu'on a aussi éventuellement gardé deux hivers en bas. Tu deviens berger au fur et* *à mesure. À partir de quel moment, peut-on dire : «Et bien lui, c'est un berger»? D'ailleurs, j'ai rencontré un ancien berger qui, quand il m'a vu la première fois sortir le troupeau, il m'a dit : «Alors le jeune, tu fais le berger?». Et c'est vrai qu'au début, tu essaies de «faire le berger», avant de l'être.*

Jean-Do : *Mais si tu n'y vas que pour l'image, tu ne vas pas rester. Car en montagne, tu vas pouvoir te mentir quinze jours, mais après ça sera fini. Tu es en face de toi! Tu es tout seul à te faire la popote, à suivre les brebis, à aller chercher ta flotte, à aller faire tes courses, à laver ton linge… Au premier orage, tu y es sous la pluie, et là, si tu n'as pas ce réconfort des brebis, ce partage avec elles… ça fait un tout. C'est comme en pleine mer sur un bateau. Ou alors, tu abandonnes et, dans ce cas, il faut encore que tu puisses te regarder dans une glace. Tu as un côté de passion, là-dedans! Il faut que tu ailles au bout. Ce n'est pas un métier où tu peux être malhonnête avec toi-même. Tu peux l'être avec les autres, en paroles, mais tu ne peux pas l'être avec toi. Tu ne tiens pas. Ce n'est pas possible! Avec des mots, tu peux faire croire n'importe quoi. Mais dans ces situations, tu ne peux pas te mentir. Ce n'est pas possible! «Moi, je reste sous la foudre!» : si le troupeau se fait foudroyer, mais que toi, tu étais à la cabane, tu pourras le dire, mais au fond de toi, tu sauras qu'en réalité, tu étais resté collé à l'abri dans la cabane.*

2.12 Résistance face au risque de récupération?

Olivier : *Les bergers qui ont été mobilisés pour des projets d'aménagement de cabanes, certains ont participé aux réflexions avec des communes ou des parcs nationaux, pour définir les surfaces des cabanes, leurs équipements… Et je me rappelle de certains qui disaient : «Il ne faut rien faire; on n'a pas besoin de panneaux solaires!». Je comprends cette attitude de certains bergers, parce qu'il y a un tel décalage entre le mode de vie des bergers et le mode de vie moderne, et toutes les structures qui accompagnent ça et qui essayent de normaliser le métier…*

Roger : *Ils avaient l'impression de se faire récupérer.*

Hervé : *C'est une forme de résistance.*

Émilien : *Il faut avouer qu'il y a parfois entre nous une petite gloire de réussir à vivre dans des conditions pourries.*

Pascaline : *Je ne suis pas d'accord!*

Émilien : *Moi non plus, mais ça existe.*

Hervé : *Ça conforte aussi certains éleveurs pour justifier des mauvaises cabanes : «Avant, les bergers dormaient sous les tôles!».*

Pascaline : *Mais justement, il faut arrêter!*

Jean-Do : *Il y a vingt ans, je partageais cette envie de résistance. Mais maintenant, j'ai quarante ans et je commence à payer au niveau des rhumatismes, des genoux, etc. J'ai des plaques et des vis un peu partout, et je me dis : si ta cabane avait été un peu mieux isolée, s'il n'avait pas fallu se déplacer en fonction des gouttières [fuites du toit], voire pire, j'aurais signé peut-être plus vite. Maintenant, à la cabane, j'apprécie d'avoir les toilettes, la douche et l'électricité. J'assume. Cette année, c'est ma vingt-septième montagne et je suis content d'avoir un peu de confort là-haut.*

Pascaline : *Je trouve que c'est dommage de devoir attendre plus de vingt ans pour avoir l'électricité à la cabane…*

Jean-Do : *Je n'ai pas mis vingt ans à évoluer! Mais quand j'ai fait mon stage de forma-tion, on m'avait montré la cabane d'août : c'était deux tôles ondulées, un mur de pierres* *sèches, des mottes de terre en guise de toit, deux banquettes de pierre pour s'asseoir, la porte faisait office de table et le mec m'a dit : «C'est ta cabane d'août!»... J'avais 23 ans, et je commençais déjà à me rendre compte. Mais à cette époque-là, c'était «marche ou crève!».*

Pascaline : *Je crois qu'il ne faut plus se laisser avoir... Chez moi, en 2007, ils viennent enfin de me refaire une cabane. Mais quand tu entends Madame le Maire qui décrète que «la bergère n'a pas besoin de W-C!»... alors là, j'explose! Parce que j'adore mon métier, mais j'adore aussi prendre une douche chaude. C'est ça qu'il faut aussi réussir à faire évoluer. Pourquoi le berger vivrait dans... rien? Quelle est cette image du berger qui n'a pas besoin de se laver? On vit en famille. Mes deux enfants sont là. On ne demande pas des trucs énormes. On demande deux pièces : une partie chambre et une partie cuisine, qu'il y ait un minimum. On existe, et on a besoin de pouvoir se laver, avoir de l'eau potable, et c'est tout. Il faut le dire et surtout ne pas s'en cacher.*

Roger : *Résistance face au risque de récupération..., c'est une question que je me suis posée il y a une quinzaine d'années quand le Cerpam a débarqué avec les «mesures agri-environnementales» en montagne. Des collègues me disaient alors : «Il ne faut pas travailler avec eux, parce qu'on va se faire récupérer!», ou des choses de ce genre. Mais aujourd'hui, je vois bien que, au point où en est le pastoralisme, si on reste dans cet esprit-là, je crois qu'on n'existera plus dans quinze ans.*

Olivier : *Ça me fait penser à cette polémique autour de la création de la «Maison du berger» dans les Hautes-Alpes [inaugurée en octobre 2007]. Chez les bergers salariés, il y a des réactions très contrastées. Certains pensent que ça va être un musée, donc que ça va encore renforcer l'imagerie folklorique du berger. Et d'autres, au contraire, pensent que c'est bien en s'investissant, en étant dedans, qu'on va arriver à faire passer un message, à faire évoluer des choses. Donc, ça fait polémique! Et ce n'était pas il y a dix ans, c'est maintenant.*

Roger : *Chez les éleveurs, c'est pareil.*

Jean-Do : *C'est vrai que les bergers, c'est un petit monde, mais qui a souvent du mal à communiquer et à se mettre d'accord. Tout le monde se connaît plus ou moins par «on-dit», mais, en même temps, il n'y a pas grand-chose qui fédère du fait, entre autres, du peu de disponibilité en temps. Et puis, c'est un petit monde très divers : il y a le berger à l'année, le berger de saison, et l'éleveur de montagne, des Alpes, des Pyrénées, de Crau ou d'autres pays. Ce n'est pas tout à fait les mêmes rythmes et les mêmes approches.*

Hervé : *Moi ce qui me fait peur, c'est que je ne vois pas, pour l'instant, ni à travers les écoles de bergers, ni à travers la profession, ni à travers l'image qu'en donnent les médias, comment aller vers le renouvellement du métier dans le contexte d'une société qui va complètement à l'inverse. Quel est l'intérêt pour notre société actuelle, avec son rapport de plus en plus artificialisé avec les animaux et la nature, d'amener des jeunes à comprendre et apprécier ce qu'est la garde d'un troupeau?... ce qui veut dire un engagement par rapport à des individus animaux, à un environnement, à un type de relations sociales, à un type d'engagement qui est relativement global et complexe. On a vu que nos espaces se referment, que les normes sanitaires prennent plus d'importance que la pensée du berger sur sa sélection animale, et qu'on dépend de plus en plus de «mesures agri» [mesures agri-environnementales européennes], comme des béquilles pour nous soutenir financièrement.*

Jean-Do : *Ça fait déjà un moment...*

Hervé : *On en est là!*

Jean-Do : *Le côté positif, c'est que dans chacune des écoles de bergers, il y a tous les ans trois ou quatre jeunes qui se démarquent, qui ont cette envie et cette volonté, que ce soit en* tant qu'éleveur, ou même dans un premier temps en tant que berger salarié. Vu les conditions qu'on leur propose à la sortie de la formation, s'ils y restent c'est vraiment qu'ils sont motivés. Ce n'est donc peut-être pas inutile d'essayer de continuer dans ce chemin-là ?

Jean-Lou : *Et puis, quand les gens nous voient, ils peuvent penser qu'on est des survivants du passé, mais on est peut-être aussi porteurs de solutions pour l'avenir. En tout cas, pour une partie de la population qui remet actuellement en question ses modes de consommation et qui recherche autre chose.*

Imprimé pour vous par Books on Demand (Allemagne)